Zu diesem Buch

Zu diesem Buch

gehören 1 Anlagen

Ökologische Bewertung von Fließgewässerlandschaften

Springer

*Berlin
Heidelberg
New York
Barcelona
Budapest
Hong Kong
London
Mailand`
Paris
Santa Clara
Singapur
Tokio*

Norbert Niehoff

Ökologische Bewertung von Fließgewässerlandschaften

Grundlage für Renaturierung und Sanierung

 Springer

AUTOR:
Dr. rer. nat. Norbert Niehoff
Dipl.-Geograph
Alte Straße 4
D-37176 Nörten-Hardenberg

Titelbild: Blick auf eine Fließstrecke an der Unteren Oker im Naturraum „Obere Allerniederung". Das Gewässerbett wurde am Anfang des 20. Jahrhunderts auf einer Länge von ca. 2 km ausgebaut und befindet sich in fortgeschrittener Entwicklung zu einem naturnahen Zustand. Die standortstypischen Ufergehölze stocken nahe der Mittelwasserlinie und tragen zum Uferschutz sowie zur Beschattung des Gewässers bei.

Der Originaltitel der Dissertation aus dem Jahre 1995 an der Universität Göttingen lautet: Entwicklung eines Verfahrens zur ökologischen Bewertung von Fließgewässerlandschaften - Grundlage für Renaturierungs- und Sanierungsmaßnahmen, am Beispiel der Oker (Niedersachsen); Referent: Prof. Dr. J. Hagedorn, Korreferent: Prof. Dr. J. Schneider. Tag der mündlichen Prüfung: 18. April 1995.
D 7

ISBN 3-540-60512-6 Springer-Verlag Berlin Heidelberg New York

Die Deutsche Bibliothek - CIP-Einheitsaufnahme
Niehoff Norbert: Ökologische Bewertung von Fliessgewässerlandschaften: Grundlagen für Renaturierung und Sanierung / Norbert Niehoff. - Berlin ; Heidelberg ; New York ; Barcelona ; Budapest ; Hong Kong ; London; Mailand ; Paris ; Santa Clara ; Singapur ; Tokio ; Springer 1996
Zugl.: Göttingen, Univ., Diss., 1995 u.d.T.: Entwicklung eines Verfahrens zur ökologischen Bewertung von Fliessgewässerlandschaften ISBN 3-540-60512-6

Dieses Werk ist urheberrechtlich geschützt. Die dadurch begründeten Rechte, insbesondere die der Übersetzung, des Nachdrucks, des Vortrags, der Entnahme von Abbildungen und Tabellen, der Funksendung, der Mikroverfilmung oder der Vervielfältigung auf anderen Wegen und der Speicherung in Datenverarbeitungsanlagen, bleiben, auch bei nur auszugsweiser Verwertung, vorbehalten. Eine Vervielfältigung dieses Werkes oder von Teilen dieses Werkes ist auch im Einzelfall nur in den Grenzen der gesetzlichen Bestimmungen des Urheberrechtsgesetzes der Bundesrepublik Deutschland vom 9. September 1965 in der jeweils geltenden Fassung zulässig. Sie ist grundsätzlich vergütungspflichtig. Zuwiderhandlungen unterliegen den Strafbestimmungen des Urheberrechtsgesetzes.

Die Wiedergabe von Gebrauchsnamen, Handelsnamen, Warenbezeichnungen usw. in diesem Werk berechtigt auch ohne besondere Kennzeichnung nicht zu der Annahme, daß solche Namen im Sinne der Warenzeichen- und Markenschutz-Gesetzgebung als frei zu betrachten wären und daher von jedermann benutzt werden dürften.

© Springer-Verlag Berlin Heidelberg 1996
Printed in Germany

Satz: Reproduktionsfertige Vorlagen vom Autor
SPIN: 10507541   30/3136 – 5 4 3 2 1 0 – Gedruckt auf säurefreiem Papier

Vorwort

Die Grundlage des vorliegenden Buches bildet eine Dissertation des Autors, die am Geographischen Institut der Universität Göttingen erarbeitet wurde.

Wesentliche Anregungen für den mehrperspektivischen Ansatz bei der Gewässeruntersuchung ergaben sich aus der Kooperation mit der Arbeitsgruppe "Fluviale Morphodynamik" am Geographischen Institut und den Abteilungen "Umweltgeologie" und "Chemische Geologie" am Institut für Geologie und Dynamik der Lithosphäre der Universität Göttingen. Wichtige Impulse lieferte auch eine mehrjährige Tätigkeit des Autors in der niedersächsischen Wasserwirtschaft.

Bei Prof. Dr. Jürgen Hagedorn möchte ich mich an dieser Stelle für die Annahme des weitgreifenden Dissertationsthemas und die vielfältige Unterstützung bedanken. Prof. Dr. Jürgen Schneider übernahm freundlicherweise das Korreferat, auch verdanke ich Ihm zahlreiche Anregungen und Hinweise.

Mein Dank gilt auch dem Leiter des StAWA–Braunschweig Baudirektor Horst –Dietrich Fleer, der mir in der Zeit meiner dortigen Tätigkeit die Durchführung umfangreicher Voruntersuchungen an der Oker ermöglichte.

Mit Dr. Karl–Heinz Pörtge konnte ich mehrfach klärende Gespräche führen, ich verdanke ihm weiterhin vielfältige Hinweise, insbesondere bei der Erarbeitung von Veröffentlichungen und bei der Literaturrecherche.

Für die anregende Diskussion gewässerökologischer Fragen danke ich Dr. Dieter Leßmann.

Die Durchführung umfangreicher geochemischer Analysen an Sedimentproben wurde freundlicherweise von Privatdozent Dr. Jörg Matschullat und Prof. Dr. Hans Ruppert übernommen, denen ich auch für ausgiebige weiterführende Gespräche danken möchte.

Großen Dank schulde ich den Kartographen des Geographischen Instituts in Göttingen Herrn Andreas Flemnitz und Herrn Erwin Höfer, die aus zahlreichen Kartenentwürfen und Profilzeichnungen druckfertige Abbildungen anfertigten. Herr Fritz Sailer stellte dankenswerterweise die hierfür notwendigen Photovorlagen her.

Dr. Eberhard Dreschhoff gewährte mir freundlicherweise Einblick in die von ihm während der Durchführung von Bohrarbeiten in der Okeraue erstellten Bohrmanuale. Für tatkräftige Unterstützung bei den Bohrarbeiten und der Einmessung von Gewässerbettprofilen danke ich Herrn Lothar Fliss, Dipl.-Geol. Matthes Möller, meinem Bruder Peter Niehoff, Dr. Kurt Pretsch, Dipl.-Geol. Volker Ratmeyer und Dr. Jürgen Thomas.

Mein besonderer Dank gilt Dipl.-Biol. Bernadett Lambertz, die mich bei den Vegetationsaufnahmen unterstützte und einen Großteil der für den Aufbau der Literaturdatenbank erforderlichen Dateneingabe übernahm. Birgitt Bertram, Ulrike Heise und Dr. Dorothee Pielow lasen dankenswerterweise das umfangreiche Manuskript Korrektur.

Beim Springer Verlag möchte ich mich sehr herzlich für die Publikation des Buches bedanken. Wichtige Hinweise für die Buchveröffentlichung verdanke ich Prof. Dr. Wolfram Achtnich, Baudirektor Horst–Dietrich Fleer, Prof. Dr. Jürgen Hagedorn und Dr. Albrecht Otto.

Mein Dank gilt auch meiner Mutter Elisabeth Niehoff, die das gesamte Projekt ökonomisch und ideell unterstützte.

Göttingen, im Januar 1996   Norbert Niehoff

Inhaltsverzeichnis

Teil A Untersuchungs- und Bewertungsverfahren

1	**Einführung und Übersicht**	3
1.1	Einführung	3
1.2	Stand der Forschung und Literatur	4
1.3	Übersicht und methodische Einordnung des Verfahrens	9
2.	**Ökologisch–morphologische Teilräume und Zonen in der Gewässerlandschaft**	13
2.1	Ökologisch–morphologische Teilräume im Gewässerquerprofil	13
2.2	Ökologisch–morphologische Zonen im Gewässerlängsprofil	20
2.3	Typisierung von Fließgewässern	29
3.	**Grundlagen des Verfahrens**	31
3.1	Herleitung eines Referenzrahmens zur Charakterisierung und Bewertung von Landschaftszuständen	31
3.2	Ökologische Bewertungskriterien	32
3.3	Auswahl beschreibender Merkmale	34
3.4	Definition und Skalierung von Bewertungs- und Häufigkeitsstufen	35
3.4.1	Definition und Skalierung des Naturschutzwerts	35
3.4.2	Definition und Skalierung der Störungsintensität	37
3.4.3	Skalierung der Verbreitungshäufigkeit	38
3.5	Auswahl und Beschreibung von Bewertungskriterien und Klassifikation ihrer Ausprägungen	40
3.5.1	Kriterienauswahl	40
3.5.2	Bewertung der Hydrodynamik	42
3.5.2.1	Bewertungskriterium Abflußcharakter	42
3.5.2.2	Bewertungskriterium Hochwasserdynamik	44
3.5.3	Bewertung der abiotischen Gewässerstruktur	46
3.5.3.1	Bewertungskriterium Ausbauzustand	46
3.5.3.2	Bewertungskriterium geomorphologische Struktur	54
3.5.4	Bewertung der Stoffbelastung	58
3.5.4.1	Bewertungskriterium Gewässergüte	58
3.5.4.2	Bewertungskriterium Sedimentzustand	60
3.5.5	Bewertung aquatischer Biotope (Stillgewässer)	65

3.5.6	Bewertung der Vegetation	72
3.5.6.1	Bewertungskriterium Vegetationszustand	72
3.5.6.2	Gehölzdominierte Vegetationseinheiten	75
3.5.6.3	Weitgehend gehölzfreie Vegetationseinheiten	86
3.6	Ausweisung von Störungsfaktoren	98
4.	**Erfassung, Bewertung und Darstellung der Landschaftszustände sowie Hinweise zur Auswahl von Maßnahmen**	**101**
4.1	Vorbereitung der Untersuchung	101
4.1.1	Voruntersuchung, Festlegung des Untersuchungsumfangs und Modifikation des Untersuchungsverfahrens	101
4.1.2	Abgrenzung gleichwertiger Untersuchungsabschnitte	102
4.1.3	Ausweisung repräsentativer Detailuntersuchungsgebiete	105
4.2	Beschreibung historischer Landschaftszustände und Herleitung der Umweltgeschichte	106
4.2.1	Historische Karten- und Quellenanalyse	106
4.2.2	Sedimentuntersuchungen	107
4.3	Erfassung des aktuellen Gewässerzustands	109
4.3.1	Auswertung ökologisch–planerischer Quellendaten	109
4.3.2	Gewässeraufnahme mit Hilfe standardisierter Erhebungsbögen	109
4.3.2.1	Übersicht	109
4.3.2.2	Verzeichnis der Abkürzungen und Klassifikationsstufen	111
4.3.2.3	Gewässererhebungsbogen Hauptfließgewässer	113
4.3.2.4	Gewässererhebungsbogen Stillgewässer	130
4.3.3	Kommentar zum Gewässererhebungsbogen	133
4.3.3.1	Kommentar Hauptfließgewässer	133
4.3.3.2	Kommentar Stillgewässer	158
4.4	Bewertung der Gewässerlandschaft	161
4.4.1	Zum Problem der Zusammenführung ökologischer Basisdaten	161
4.4.2	Übersicht über die Bewertungsebenen	162
4.4.3	Bewertung des Hauptfließgewässers	164
4.4.3.1	Unterstützung der Bewertung mit Hilfe von Formbögen	164
4.4.3.2	Kriterienebene	164
4.4.3.3	Teilraumebene	166
4.4.3.4	Beispiel zur Bewertung eines Uferbereichs	167
4.4.4	Bewertung der Stillgewässer	171
4.5	Darstellung der Untersuchungsergebnisse	174
4.5.1	Charakterisierung des Einzugsgebiets	174
4.5.2	Zusammenfassende Beschreibung der Untersuchungsergebnisse	174
4.5.3	Tabellarische Darstellung	175
4.5.4	Gewässer–Diagramm	175
4.5.5	Photographische Darstellung	177

4.5.6	Kartographische Darstellung	177
4.5.7	Profildarstellung	179
4.6	Entwicklung von Maßnahmekonzepten zum Gewässerschutz	180
4.6.1	Formulierung von Planungszielen unter Berücksichtigung von Leitbildern und Umweltqualitätsstandards	180
4.6.2	Gesetzliche Vorgaben	181
4.6.3	Entwicklung eines Maßnahmeverbunds	181
4.6.4	Wissenschaftliche Begleitung und Erfolgskontrolle	183

Teil B   Fallbeispiel Gewässerlandschaft Oker

5	**Vorbereitung der Untersuchung**	**187**
5.1	Voruntersuchung	187
5.2	Festlegung des Untersuchungsumfangs und Präsentation der Ergebnisse	187
5.3	Methodik	188
5.4	Abgrenzung des Untersuchungsgebiets und Ausweisung repräsentativer Detailuntersuchungsgebiete	189
6	**Das Einzugsgebiet der Oker**	**193**
6.1	Literaturübersicht	193
6.2	Lage und naturräumliche Gliederung	194
6.3	Klima	196
6.4	Gewässernetz	196
6.5	Zur Ausbaugeschichte der Oker	198
6.6	Besiedlungsdichte und wirtschaftsräumliche Einheiten	203
6.7	Abriß der Siedlungs-, Wirtschafts- und Umweltgeschichte	204
7	**Naturraum Oberharz**	**207**
7.1	Naturräumliche Ausstattung	207
7.2	Charakterisierung des Lebensraums Okertal	210
7.3	Detailuntersuchungsgebiet (DUSG) I: Okertal oberhalb von Goslar–Oker	211
7.3.1	Repräsentanz im Naturraum	211
7.3.2	Herleitung historischer Landschaftszustände	212
7.3.3	Naturschutzwert	213
7.3.4	Störungsintensität und Störungsfaktoren	215
7.3.5	Untersuchungen zur Schadstoffbelastung der Gewässersedimente	220
7.3.6	Formulierung ökologischer Planungsziele für die Auswahl von Sanierungs- und Renaturierungsmaßnahmen	222

8	**Naturräume Nördliches Harzvorland und Ostbraunschweigisches Hügelland**	223
8.1	Naturräumliche Ausstattung	223
8.2	Charakterisierung des Lebensraums Okeraue	226
8.3	Detailuntersuchungsgebiet (DUSG) II: Okeraue nördlich von Schladen	227
8.3.1	Repräsentanz im Naturraum	227
8.3.2	Herleitung historischer Landschaftszustände	228
8.3.3	Naturschutzwert	229
8.3.4	Störungsintensität und Störungsfaktoren	232
8.3.5	Untersuchungen zur Schadstoffbelastung der Gewässersedimente	234
8.3.6	Formulierung ökologischer Planungsziele für die Auswahl von Sanierungs- und Renaturierungsmaßnahmen	237
9.	**Naturräume Ostbraunschweigisches Flachland und Obere Allerniederung**	239
9.1	Naturräumliche Ausstattung	239
9.2	Charakterisierung des Lebensraums Okeraue	241
9.3	Detailuntersuchungsgebiet (DUSG) III: Okeraue bei Braunschweig–Watenbüttel	242
9.3.1	Repräsentanz im Naturraum	243
9.3.2	Herleitung historischer Landschaftszustände	243
9.3.3	Naturschutzwert	245
9.3.4	Störungsintensität und Störungsfaktoren	246
9.3.5	Untersuchungen zur Schadstoffbelastung der Gewässersedimente	252
9.3.6	Formulierung ökologischer Planungsziele für die Auswahl von Sanierungs- und Renaturierungsmaßnahmen	254
10	**Zusammenfassung wichtiger Untersuchungsergebnisse in den Naturräumen des Okergebiets**	257

Zusammenfassung 265

Literatur-, Karten- und Quellenverzeichnis 269

Verzeichnis der Abbildungen, Tabellen, Anhänge und Beilagen 287

Sachverzeichnis 289

Verzeichnis der Abkürzungen 301

Anhang 303

Teil A
Untersuchungs- und Bewertungsverfahren

1 Einführung und Übersicht

1.1 Einführung

Fließgewässer bilden ein wesentliches Element im Landschaftsgefüge, ihnen kommt neben der Biotopfunktion auch in ästhetischer und ideeller Hinsicht hohe Bedeutung zu (LEIBUNDGUT 1986; KUMMERT & STUMM 1987).

Im mitteleuropäischen Bereich unterliegen die Gewässer jedoch häufig intensiven Nutzungsansprüchen, so daß in zunehmendem Maße ihr landschaftsprägender Charakter gefährdet und ihre Funktion im Landschaftshaushalt gestört ist. Von der Öffentlichkeit und den Umweltschutzverbänden wird an die Wasser- und Naturschutzbehörden sowie die Gewässernutzer und -anlieger der Anspruch herangetragen, die ökologische Funktion der Gewässer zu erhalten oder wiederherzustellen. Dem wird von legislativer Seite durch entsprechende Gesetze und Verordnungen bereits seit längerem Rechnung getragen (vgl. z.B. NMLW 1973; BNatSchG v. 1976; WHG v. 1976).

Die Anwendung der Gesetze erfordert die Formulierung von Renaturierungs-, Sanierungs- und Schutzzielen. Hierzu ist eine sichere Datengrundlage zum Zustand der Gewässerlandschaften sowie eine Methodik zur Einschätzung ihres aktuellen Naturschutzwerts und den Auswirkungen und Intensitäten anthropogener Eingriffe Vorraussetzung.

Für den Bereich der BRDeutschland liegen die benötigten Basisdaten sowie regional abgeleitete Bewertungsmethoden bisher nicht in hinreichendem Maße vor. Die von den Wasserbehörden publizierten Gewässergütekarten und die seit neuerem erarbeiteten Gewässerbewirtschaftungspläne (z.B. Bewirtschaftungsplan Leine[1], Bewirtschaftungsplan Oker[2]) dokumentieren hauptsächlich den Zustand des Gewässerkörpers, die Gewässerlandschaft als Ganzes wird nur marginal bearbeitet. Die zahlreichen in der neueren Literatur (s. Kap. A.1.2) vorgestellten Verfahren zur Bewertung von Gewässerlandschaften beziehen sich meist nur auf relativ kleine Teilstrecken, lassen sich auf andere Gewässer nicht übertragen oder sind zu aufwendig, um in der Praxis schnell genug planungsrelevante Ergebnisse liefern zu können.

Die skizzierten Problemfelder des praktischen Gewässerschutzes und die Literaturdiskussion zur Gewässerbewertung (s.u.) lassen die Notwendigkeit erkennen,

---

[1] Vgl. PLANUNGSGRUPPE PILOTPROJEKT LEINE (1985).
[2] Vgl. BEZIRKSREGIERUNG BRAUNSCHWEIG (1987a).

ein Verfahren zur Untersuchung und Bewertung von Fließgewässerlandschaften zu entwickeln. Im vorliegenden Buch soll hierzu folgender Beitrag geleistet werden:

1. Auf regionaler Ebene wird am Beispiel einer repräsentativen Fließgewässerlandschaft ein ökologisch orientiertes Untersuchungs- und Bewertungsverfahren entwickelt, das auf andere Gewässer übertragbar ist.
2. Dazu wird ein quantitativer Bewertungsansatz erarbeitet, der die Probleme der Subjektivität des Beobachters einerseits, und eines zu hohen Abstraktions- und Agglomerationsniveaus mit Verlust an Detailinformation andererseits, weitgehend vermeidet bzw. so gering wie möglich hält. Dem verstärkten Einsatz thematischer Karten kommt hierbei wichtige Bedeutung zu.
3. Aufbauend auf den Ergebnissen gewässerkundlicher Untersuchungen und Bewertungen werden häufig Maßnahmepläne zur Verbesserung des ökologischen Zustands in der Gewässerlandschaft entwickelt. Da die Maßnahmen auf jedes Gewässer im Einzelfall abgestimmt sein müssen, werden keine fertigen Konzepte geliefert, sondern lediglich Hinweise zur Implementierung von Einzelmaßnahmen und zur Entwicklung eines Maßnahmenverbunds gegeben werden.

Die Flußlandschaft der Oker stellt aufgrund ihrer vielfältigen naturräumlichen Ausstattung für die Erprobung des Verfahrens ein geeignetes Gewässer mit repräsentativem Charakter dar: Sie durchfließt auf relativ kurzer Strecke 5 naturräumliche Einheiten sowie 3 Höhenstufen, zusätzlich sind die wirtschaftsräumlichen Bedingungen und somit die anthropogenen Einflüsse auf das Ökosystem sehr vielfältig.

Von Seiten der Wasserwirtschaft liegen für die Oker langjährige Pegelmeßreihen vor, weiterhin existieren zahlreiche ökologische Gutachten und wissenschaftliche Publikationen zu Teilabschnitten der Oker die ausgewertet und in die Untersuchung integriert werden können.

1.2 Stand der Forschung und Literatur

In der folgenden Übersicht werden Arbeiten zur Methodik der Gewässerbewertung und zur Auswahl vorzusehender Schutz- und Renaturierungsmaßnahmen im Bereich der Gewässer und ihrer Niederungen vorgestellt.

Wegen der besonders in den letzten zehn Jahren stark angewachsenen Zahl von Veröffentlichungen zu diesen Themenbereichen kann hier nur eine Auswahl an Literatur aufgeführt und in Kürze gewürdigt werden:

Von den Veröffentlichungen zur **Bewertung und Typisierung von Gewässerlandschaften** ist die Mehrzahl quantitativ orientiert[3]. Häufig werden die vorgefundenen Ausprägungen der untersuchten Merkmale mit Hilfe von Punktesystemen operationalisiert (vgl. BAUER 1971; BRUNKEN 1986; FLIEGER 1978; MRASS 1977; PIEPER & MEIJERING 1981).

---

[3] Eine Auswahl der in Deutschland angewandten Verfahren zur Aufnahme und Bewertung von Fließgewässern wird von FRIEDRICH & LA COMBE (1992) vorgestellt und diskutiert.

Mit dem Ziel der Ausgliederung naturnaher Bereiche im Rheintal untersucht MRASS (1977) unter Anwendung einer Prozentskala den "Natürlichkeitsgrad" der Rheinniederung vom Bodensee bis zur niederländischen Grenze.

Am Beispiel zahlreicher osthessischer Gewässer bewerten PIEPER & MEIJERING (1981) den limnologischen Einfluß der Ufergehölze. Der hierbei als Meßgröße fungierende Grad des geschlossenen Auftretens von Gehölzen entlang der Gewässerstrecken wird mittels einer logarithmischen Wertskala eingestuft.

In halbquantitativ ausgerichteten Arbeiten werden zumeist einige Teilbereiche der Gewässerlandschaft aufgenommen, soweit wie möglich quantitativ bewertet und die so gewonnenen Ergebnisse ohne weitere mathematische Verknüpfung deskriptiv dargestellt (vgl. BAUER et al. 1967; LÖLF & LWA (1985).

In einem von LÖLF & LWA (1985) vorgestellten Untersuchungsverfahren werden im Gewässerniederungsbereich fünf räumliche Bereiche unterschiedlicher Intensität der Beeinflussung durch das Gewässer ausgewiesen und nach dem Grad ihrer anthropogenen Beeinflussung mit Hilfe einer ordinalen Punkteskala bewertet. Die für die Teilräume gewonnenen Werte werden nicht weiter miteinander verknüpft, sondern unabhängig voneinander dargestellt. Das Verfahren ist für die sehr detaillierte Kartierung des Arteninventars einzelner Gewässerabschnitte beispielsweise im Rahmen von Beweissicherungsverfahren konzipiert. Die explizite Erfassung von Einzelfaktoren anthropogener Störungen ist nicht vorgesehen.

Vom WASSERVERBANDSTAG NIEDERSACHSEN (1987) wird ein Fließgewässeruntersuchungsverfahren vorgeschlagen, das sich relativ eng an die Methodik von LÖLF & LWA (1985) anlehnt. Aquatischer Bereich und Uferbereich der Gewässer werden anhand von Bewertungsfaktoren mit Hilfe von Gewässererhebungsbögen aufgenommen und klassifiziert. Zusätzlich werden die außerhalb der Gewässerufer liegenden Bereiche der Gewässerniederung im Hinblick auf ihren landschaftsästhetischen Wert eingestuft. Das Verfahren bietet bezüglich seiner Praktikabilität gegenüber der Methodik von LÖLF & LWA (1985) erhebliche Vorteile; es hat daher in Niedersachsen Eingang in die Planungspraxis der Wasser- und Bodenverbände gefunden.

Ein von der LAWA (1993) vorgelegter Verfahrensentwurf für die Aufnahme der "Gewässerstrukturgütekarte" der BRDeutschland baut auf der Untersuchungsmethodik der LÖLF & LWA (1985) auf. Die Struktur des Gewässerbetts und der Uferzone wird i.w. mit Hilfe geomorphologischer Parameter mittels einer Punkteskala bewertet. Bezugshintergrund sind die Verhältnisse in der Naturlandschaft. Die für die Bewertungsparameter gefundenen Punktesummen werden arithmetisch gemittelt und einer ökologischen Wertklasse zugeordnet. Das Verfahren soll der Ergänzung der Gewässergütekarten dienen, eine explizite Erfassung von Einzelfaktoren anthropogener Störungen nicht vorgesehen. Die außerhalb des Uferstreifens liegenden Bereiche der Gewässerlandschaft werden nur marginal berücksichtigt.

In anderen Arbeiten, besonders von schweizerischen Landschaftsökologen, wird der quantitative Bewertungsansatz problematisiert. Es werden überwiegend qualitative Methoden auf ökologischer und ästhetischer Basis für die Bewertung von

Gewässerlandschaften vorgeschlagen (vgl. BORN 1986; LEIBUNDGUT & HIRSIG 1984; LEIBUNDGUT 1986; WETZEL 1984).

LEIBUNDGUT (1986) berücksichtigt zur Beurteilung des Schutzwerts von Uferlandschaften meßbare und visuelle ökologische Kriterien. Die Gewässerabschnitte werden mit Hilfe eines Bestimmungsdreieckes, das 19 qualitativ definierte Landschaftstypen beinhaltet, in Abhängigkeit von ihrem ökologischen Wert eingeordnet.

Eine morphologische Klassifizierung von Bächen anhand geologischer, geomorphologischer und klimatischer Faktoren wurde von OTTO & BRAUKMANN (1983) vorgestellt. Die von OTTO (1991) vorgenommene Weiterentwicklung der Typologie berücksichtigt zusätzlich die geomorphologische Talentwicklung und die Sedimentbildung im Gewässer.

Weitere Autoren bewerten **Teile der Gewässerlandschaft**, z.B. den Gewässerkörper anhand des Saprobienindex', quantitativ (vgl. LIEBMANN 1962; LIERSCH 1989; Güteberichte der Wasserwirtschaftsverwaltung) oder andere Teile der Gewässerlandschaft anhand der vorgefundenen Vegetationsausstattung qualitativ (DISTER 1980; HABER & KÖHLER 1972; LOHMEYER & KRAUSE 1975; MEISEL 1977).

In den Güteberichten der Wasserwirtschaftsverwaltung werden die Fließgewässer mit Hilfe des Saprobienindex' ökologisch klassifiziert. Die hierauf ausbauend vorgestellten Maßnahmen haben in erster Linie die Verbesserung der Gewässergüte und den Schutz des Grundwassers vor Immissionen zum Ziel.

In der Mehrzahl der Arbeiten werden die Bewertungsverfahren an kurzen, exemplarischen Gewässerabschnitten dargestellt. Ausnahmen hiervon bilden die Publikationen aus der Schweiz (s.o.) und die Veröffentlichungen von DAHL & HULLEN (1989) und HERR et al. (1989a,b), die eine ökologische Bewertung der Fließgewässer erster und zweiter Ordnung im gesamten Land Niedersachsen auf Grundlage vegetationskundlicher Kriterien sowie ihre kartographische Darstellung in kleinem Maßstab beinhalten.

Auf **methodische Probleme** bei der Landschaftsbewertung, wie beispielsweise die Subjektivität des Beobachters, weisen BAUER et al. (1967), BORN (1986) und LÖLF & LWA (1985) hin. Die Probleme möglicher "Scheinobjektivität" und implizit vorhandener, aber nicht gekennzeichneter Wertfunktionen bei der Quantifizierung ökologischer Faktoren werden von LUDER (1980) behandelt, während KIEMSTEDT et al. (1975), LEIBUNDGUT (1986) und LÖLF & LWA (1985) Fragen zur Höhe des Agglomerationsniveaus quantitativer ökologischer Daten diskutieren.

Planungs- und maßnahmenorientierte Handbücher mit starkem Praxisbezug liegen für den Gewässer- und speziell für den Landschaftsschutz vor. Sie wurden vornehmlich von Landschafts- und Umweltplanern verfaßt und enthalten neben umfangreichen Maßnahmekatalogen zur Verbesserung des ökologischen Zustands häufig auch kurze qualitative Verfahren zur Aufnahme ökologisch relevanter Sachverhalte (BUCHWALD & ENGELHARD 1968; DVWK 1984; KERN 1994; KUMMERT & STUMM 1987; LANGE & LECHER 1986).

Mit dem Ziel, bei künftigen Ausbau- und Unterhaltungsmaßnahmen an Fließgewässern ökologische Belange in weitaus höherem Maße als bisher berücksichtigt zu sehen, werden vom DVWK (1984) überregional gültige Maßnahmeempfehlungen gegeben und an zahlreichen Fallbeispielen erläutert. Hierbei wird auf den Bereich der wasserbaulich–technischen Maßnahmen wie Rückbauten an naturfernen Gewässerprofilen oder Neuanlagen von Gewässerbetten vertieft eingegangen. Einen weiteren thematischen Schwerpunkt bilden die im Gewässerprofil oder -nahbereich vorzusehenden Bepflanzungsmaßnahmen zur Initiierung einer naturnahen Vegetationsentwicklung.

KUMMERT & STUMM (1987) gehen nach einer Einführung in die ökologischen Grundlagen natürlicher Gewässer auf deren Beeinträchtigungen durch die verschiedenen Nutzer ein. Weiterhin werden Schutzmaßnahmen am Gewässerkörper und Sanierungsmaßnahmen an den Emissionsquellen beschrieben, wobei der Effizienzunterschied zwischen sanierenden und präventiven Maßnahmen besondere Beachtung findet.

In einem von KERN (1994) verfaßten, gewässermorphologisch ausgerichteten Handbuch werden Grundlagen und Leitlinien der naturnahen Gewässerbehandlung vorgestellt.

Speziell an der naturnahen Unterhaltung der Gewässerrandstreifen orientierte Maßnahmeempfehlungen verschiedener Autoren finden sich in einer vom DVWK (1990) herausgegebenen Aufsatzsammlung.

Eine Sonderstellung nehmen die **Gewässerbewirtschaftungspläne** und die **Kartierungen der Wasserverbände** ein: Unter Federführung des Umweltbundesamts erschien ein von der PLANUNGSGRUPPE PILOTPROJEKT LEINE (1980–1985) herausgegebener, 18 Bände umfassender Projektbericht zum "Bewirtschaftungsplan Leine": Mit dem Ziel, planungsrelevante Unterlagen zu erstellen, wurde erstmals in der Bundesrepublik Deutschland ein Gewässer dieser Größenordnung in nahezu ganzer Länge unter verschiedenen Aspekten aufgenommen und bewertet. Zwar standen Probleme der Gewässergüte, der Modellierung des Abflußverhaltens und des Hochwasserschutzes im Vordergrund, jedoch können aus dem Bericht auch Maßgaben für die ökologische Einschätzung von Nutzungsansprüchen an Gewässern abgeleitet werden[4].

Der von der BEZIRKSREGIERUNG BRAUNSCHWEIG (1987a) vorgelegte, am Wasserwirtschaftsamt Braunschweig bearbeitete "Bewirtschaftungsplan Oker" stellt ein nach Erfahrungen aus dem "Bewirtschaftungsplan Leine" erarbeitetes Planungsinstrument dar. Ausgehend von Gewässergüteuntersuchungen und den summarisch erfaßten anthropogenen Einflüssen auf den Gewässerkörper wird die Oker abschnittsweise einem vierstufigen Nutzungsklassensystem zugeordnet. Der "Bewirtschaftungsplan Oker" beinhaltet zwar einen umfangreichen Maßnahmekatalog zur Verbesserung der Gewässergütesituation, da jedoch Angaben zur ökologischen Ausstattung und detaillierte Aufnahmen der anthropogenen Störungen in

---
[4] Weitere Ausführungen zum "Bewirtschaftungsplan Leine" finden sich bei DAHL (1983) und SCHILLING (1983 u. 1989).

der Gewässeraue weitgehend fehlen, lassen sich ökologisch orientierte Planungs- und Handlungsstrategien in Bezug auf die Auelandschaften nur begrenzt ableiten.

Bei den Untersuchungen der Wasserverbände handelt es sich meist um unveröffentlichte Planungsunterlagen, die auf der Basis der bereits oben genannten vom WASSERVERBANDSTAG NIEDERSACHSEN (1987) vorgelegten Untersuchungsmethodik durchgeführt wurden (vgl. z.B. LEINEVERBAND 1993).

Ebenfalls eine Sonderstellung kommt einem vom Niedersächsischen Landesverwaltungsamt herausgegebenen vierbändigen Planungswerk zum Niedersächsischen Fließgewässerschutzsystem zu[5], das auf den Ergebissen von DAHL & HULLEN (1989) aufbaut. Hierin werden für den gesamten niedersächsischen Bereich Fließgewässer mit Vorrang für den Naturschutz insbesondere im Hinblick auf die Biotopvernetzung ausgewiesen. Die Bewertung der Gewässer erfolgt i.w. anhand der Kriterien "Repräsentanz im Naturraum", "Auftreten von Querbarrieren im Gewässerbett" und "Einleitung von Abwässern".

Ähnlich wie bei den Bewirtschaftungsplänen Leine und Oker liegt der Schwerpunkt der Untersuchungen auf der Betrachtung und Klassifikation des Gewässerkörpers und des Gewässerbetts. Die angrenzende Auenlandschaft wurde nicht in die Bewertung einbezogen und im Maßnahmeplan nur sehr untergeordnet berücksichtigt.

Besonders in neueren Arbeiten wird verstärkt auf sozioökonomische Probleme bei der Durchführung von Umweltschutzmaßnahmen sowie auf die Notwendigkeit der Vernetzung von Einzelmaßnahmen hingewiesen (vgl. DAHL & HULLEN 1989; DRL 1983; HEYDEMANN 1983; JEDICKE 1990; KUPHAL 1989; MADER 1983; ROWECK et al. 1987; SCHULZE 1989).

SCHULZE (1989) stellt am Beispiel des Altlastenstandorts Harznordrand/ Oker–Harlingerode die Probleme der Planungs- und Umweltbehörden im Spannungsfeld zwischen den Vorgaben des Umweltrechts und den Interessen der Industrieunternehmen sowie die aus ökonomischen Abhängigkeiten resultierenden Vollzugsdefizite im Bereich des Umweltschutzes dar.

Ergebnisse der Literaturauswertung:

1. In nahezu allen Publikationen wird die Quantifizierung der im Landschaftsgefüge ökologisch wirksamen Natur- und Störfaktoren als problematisch eingeschätzt.
2. Rein quantitative Ansätze finden in der Praxis aufgrund ihrer Komplexität selten Anwendung und basieren wegen der notwendigen Operationalisierungen auf so hohem Abstraktionsniveau, daß die Gefahr der ungenügenden Berücksichtigung wesentlicher Einzelelemente oder -aspekte des ökologischen Wirkungsgefüges besteht.
3. Ausschließlich qualitative Ansätze beinhalten das Problem der Subjektivität des Beobachters und der u.U. mangelhaften Reproduzierbarkeit der Ergebnisse.

---

[5] Von den vier Bänden des Werkes ist bisher lediglich Band 2 erschienen, vgl. RASPER et al. (1991).

4. Arbeiten, in denen Bewertungsmaßstäbe aus der Aufnahme einzelner Aspekte des ökologischen Wirkungsgefüges, wie z.b. der Gewässerchemie oder -vegetation hergeleitet werden, werfen das Problem auf, inwieweit die untersuchten Einzelkriterien repräsentativ und als Indikatoren ökologischer Zusammenhänge geeignet sind.
5. Bei Untersuchungen einzelner isolierter Gewässerabschnitte tritt ebenfalls das Problem ihrer Repräsentanz in Relation zum gesamten Gewässerlauf auf.
6. Diese Schwierigkeiten werden bei Untersuchungen, in denen ein Fließgewässer in ganzer Länge oder zumindest auf langer Strecke einschließlich der Gewässerniederung unter verschiedenen Aspekten untersucht wird, weitgehend vermieden. Bei den wenigen derartigen Untersuchungen zeigt sich allerdings, daß die verwendeten Methoden aufgrund des sehr hohen Untersuchungsaufwands in der Praxis schlecht anwendbar sind, weiterhin treten Probleme der Übertragbarkeit auf andere Gewässer auf.
7. Die meisten der in der Literatur vorgeschlagenen Maßnahmen zum Gewässerschutz sind vorwiegend technisch orientiert und betreffen hauptsächlich den Gewässerkörper. Der Emissionsvermeidung an den Schadstoffquellen, der Stützung des autochtonen Regenerationsvermögens der Ökosysteme und der Notwendigkeit der Maßnahmenvernetzung wird (noch) zu wenig Beachtung geschenkt.
8. Fast allen Publikationen gemeinsam ist der äußerst sparsame Einsatz kartographischer Darstellungen, der allein durch die hohen Druckkosten nicht erklärt werden kann. Hier spielt m.E. das Problem der kartographischen Umsetzung komplexer ökologischer Zusammenhänge und raumbezogener Phänomene eine wesentliche Rolle.

1.3 Übersicht und methodische Einordnung des Verfahrens

Das vorliegende Buch gliedert sich in 2 Teile:

– In **Teil A** wird das Untersuchungs- und Bewertungsverfahren entwickelt und beschrieben. Im Rahmen einer theoretischen Begründung werden die Methoden und Grundlagen vorgestellt und diskutiert, auf die sich das Verfahren gründet.
– Der **Teil B** umfaßt die exemplarische Anwendung der Untersuchungsmethodik auf die Gewässerlandschaft der Oker.

In Abb. 1 wird der Verfahrensablauf der Gewässeruntersuchung und die hierauf aufbauende Planung und Kontrolle von Sanierungsmaßnahmen in einem Flußdiagramm schematisch wiedergegeben.

Für die Aufnahmen wird die Gewässerlandschaft im Talquerprofil in verschiedene ökologisch–morphologische Teilräume und im Längsprofil in gleichartige Untersuchungsabschnitte unterteilt.

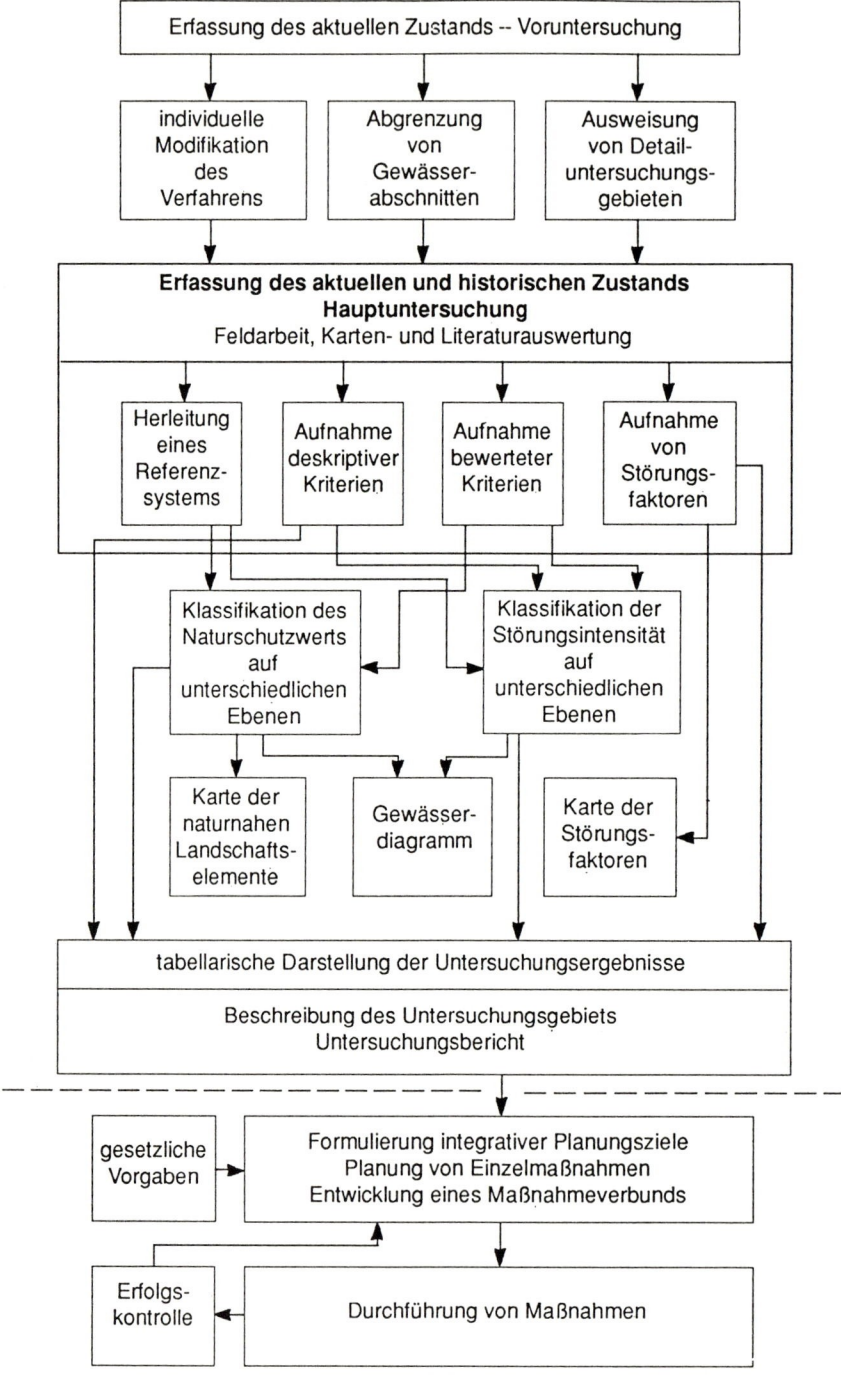

Abb. 1: Schematische Übersicht über das Untersuchungsverfahren

An längeren Gewässern werden exemplarische Detailuntersuchungsgebiete ausgewiesen, in denen das Untersuchungsverfahren in vollem Umfang durchzuführen ist, zusätzlich können Spezialuntersuchungen vorgenommen werden. In den dazwischen liegenden Bereichen kann auf das verkürzte Verfahren zurückgegriffen werden.

Zur Aufnahme und Bewertung der aktuell vorgefundenen Landschaftszustände werden zahlreiche Qualitätskriterien ausgewählt, die in den Teilräumen zunächst einzeln untersucht und bewertet und später auf höheren Bewertungsebenen miteinander verknüpft werden. Zusätzlich werden anthropogene Störungsfaktoren nach Verursachern geordnet ausgewiesen, die in den Teilräumen der Gewässerlandschaft ebenfalls aufgenommen werden.

In Abhängigkeit von der Fragestellung der Untersuchung und von lokalen Gegebenheiten können weitere Kriterien in das Verfahren integriert werden; ergänzend ist im Rahmen von Spezialuntersuchungen eine Betrachtung einzelner Kriterien, Faktoren und Teilräume möglich.

In das Referenzsystem für die Bewertung der Umweltqualität in den Gewässerlandschaften gehen historische Landschaftszustände ein, die aus historischen Karten, anderem Quellenmaterial oder Ergebnissen geologischer Untersuchungen herzuleiten sind; neben anthropogen nicht beeinflußten Zuständen werden Verhältnisse, die ökologisch angepaßten traditionellen Nutzungsformen entsprechen, berücksichtigt.

Das im folgenden vorgestellte Verfahren ermöglicht es, mit Hilfe standardisierter Erhebungsbögen ökologisch–planerisch relevante Sachverhalte relativ schnell zu erfassen und zu dokumentieren. Die Schemata sind auch für die Darstellung der Untersuchungsergebnisse geeignet, sie können im Einzelfall den Erfordernissen der jeweiligen Fragestellung angepaßt werden. Es besteht weiterhin die Möglichkeit, Ergebnisse aus vertiefenden Untersuchungen, die an jedem Gewässer individuell vorzusehen sind, in den Bewertungsprozeß einzubeziehen. Die in den Detailuntersuchungsgebieten gewonnenen Ergebnisse werden über die Wiedergabe im Gewässerbogen hinaus ausführlich in Berichtform beschrieben und kartographisch dargestellt.

Da Maßnahmen zur Verbesserung des ökologischen Zustands und zur Sicherung wertvoller Biotopelemente in der Gewässerlandschaft auf jeden Einzelfall abgestimmt sein müssen, werden hier keine fertigen Konzepte geliefert, sondern grundlegende Hinweise für die Erarbeitung von Maßnahmekonzepten gegeben.

Das Untersuchungsverfahren kann Anwendung finden bei:

1. der Aufstellung regionaler Landschaftspläne
2. der Dokumentation aktueller Landschaftszustände bei Beweissicherungsverfahren
3. der Erarbeitung von Umweltverträglichkeitsstudien und der Durchführung von Umweltverträglichkeitsprüfungen
4. der Ermittlung des Naturschutzwerts und der Intensität anthropogener Störungen in Gewässerlandschaften für die Ausweisung von Schutzgebieten
5. der Planung und Entwicklung regionaler Biotopverbundsysteme

Im Hinblick auf eine methodische Einordnung kann die vorgestellte Methodik grundsätzlich als "geoökologisches" bzw. "landschaftsökologisches" Verfahren bezeichnet werden, da es sich auf Untersuchungen zur "Struktur, Funktion und Entwicklung von Landschaften" (ANL 1991, S. 60) bezieht[6]. Sie ist weiterhin durch den Begriff "synökologisch" charakterisierbar, da "Wechselwirkungen zwischen den in einer Biozönose zusammenlebenden Arten untereinander und mit ihrer Umwelt" (ebd.) in die Untersuchung aufgenommen werden.

Das Verfahren kann als ganzheitlicher[7] quantitativer Ansatz betrachtet werden. Bei der Einstufung der für die Bewertung ausgewiesenen Qualitätskriterien (i.f. "Bewertungskriterien" genannt) und der Störungsfaktoren kommen Verhältnis- und Nominalskalen zur Anwendung; die Aufnahme isolierter Gewässerlebensräume oder anderer Teilbereiche wird zugunsten einer synoptischen Betrachtung der Gewässerlandschaft vermieden.

Im Prinzip handelt es sich bei einer nach der folgenden Methodik durchgeführten Gewässeruntersuchung um eine Momentaufnahme der Landschaft. Selbst die Merkmalsausprägungen derjenigen Bewertungskriterien, die aufgrund längerer Beobachtungen eingestuft wurden (Abflußcharakter, Gewässergüte) oder die ein Integral von Umweltbelastungen darstellen (Qualität der Gewässersedimente), können sich durch anthropogene Eingriffe relativ schnell verändern; insofern gilt eine derartige Untersuchung strenggenommen nur für den Zeitraum der Erhebung, sie hat jedoch in jedem Falle dokumentarischen Wert.

Die Untersuchungsmethodik wurde derart konzipiert, daß sie zur Aufnahme kleiner und mittlerer Fließgewässer im Flachland und im Bergland herangezogen werden kann.

Das Verfahren wurde an der Oker, die auf einer Länge von ca. 110 km aufgenommen wurde, exemplarisch erprobt, die Untersuchungsergebnisse sind im Buchteil B dargestellt. Zusätzlich zur Oker wurde an der Elsenz, einem kleinen Fluß, der bei Neckargemünd in den Neckar mündet, ein ca. 4 km langer Streckenabschnitt untersucht. Es ergaben sich keine wesentlichen Probleme bei der Adaption der Methodik an ein Gewässer in einem anderen Naturraum (vgl. GEBHARDT 1993).

Aufgrund der hohen Komplexität der Fließgewässerlandschaften ist eine fächerübergreifende Zusammenarbeit sowohl bei der Gewässeruntersuchung als auch bei der Planung, Durchführung und Erfolgskontrolle von Sanierungs- und Renaturierungsmaßnahmen wünschenswert.

---

[6] ENGELHARDT (Hrsg.)(1983) faßt den Begriff der Landschaftsökologie weiter und zählt die praktische Anwendung der Ökologie in der Raumnutzung und -gestaltung ebenfalls zu den Aufgaben der Landschaftsökologie; zum Ökologiebegriff s.a. SCHMIDTHÜSEN (1974) und TREPL (1987).

[7] Zur Diskussion und Kritik am Paradigma der landschaftlichen "Ganzheit" in der Geographie und den ökologischen Wissenschaften vgl. u.a. SCHRAMKE (1975), TREPL (1987) sowie NIEHOFF, N. & NIEHOFF, P. (1994) zum Problem der Umsetzbarkeit "ganzheitlicher" Lehrkonzepte bei der Vermittlung gewässerökologischer Themen im Geographieunterricht.

2 Ökologisch–morphologische Teilräume und Zonen in der Gewässerlandschaft

In der Hydrologie und der Gewässerökologie werden die Fließgewässer häufig in ihrem Längs- und Querprofil nach ökologisch–morphologischen[8] und biozönotischen Kriterien gegliedert und typisiert. Die dabei benannten ökologischen Teilräume und Gewässerzonen bilden als Ganzes in ihrer flächenhaften Ausdehnung die **Gewässerlandschaft**[9] (LEIBUNDGUT & HIRSIG 1984). Diese umfaßt alle Bereiche, die mit dem Gewässerlauf in unterschiedlicher Intensität in einem Wirkungszusammenhang stehen, sie kann als "Geosystem" (NEEF 1976, S. 700) bezeichnet werden.

Die Gewässerlandschaft wird im hier vorstellten Verfahren auf Grundlage der im Landschaftsquerprofil ausgewiesenen ökologisch–morphologischen Teilräume untersucht und bewertet. Die unten wiedergegebene Gewässerlängsgliederung nach ökologischen Kriterien wird zur Typisierung und allgemeinen Charakterisierung des jeweils betrachteten Laufabschnitts herangezogen.

2.1 Ökologisch–morphologische Teilräume im Gewässerquerprofil

Im Querprofil der Gewässerlandschaft lassen sich ein aquatischer, ein amphibischer und ein terrestrischer Bereich als Teilräume unterschiedlich starker Beeinflussung durch das Gewässer unterscheiden; zusätzlich kommen Quellen und Stillgewässer vor, die als eigenständige Biotope mit spezifischen Merkmalen anzusehen sind (LÖLF & LWA 1985).

Im vorliegenden Verfahren wird die Einteilung der LÖLF & LWA (1985) modifiziert. Zur Untersuchung und Bewertung der Gewässerlandschaft können die

---

[8] Der Begriff "ökomorphologisch" wird i.f. bewußt nicht verwendet. Er wurde von WERTH (1987) bei der Untersuchung österreichischer Fließgewässer eingeführt und bezieht sich auf einen Bewertungsansatz, der die Klassifikation anthropogener Einflüsse am Gewässerbett unter vorwiegend geomorphologischen Aspekten zum Ziel hat.

[9] Der in der methodologischen Literatur häufig diskutierte Begriff der Landschaft (vgl. z.B. HARD 1970, der dazu eine Arbeit aus wissenschaftspsychologischer und sprachwissenschaftlicher Sicht vorlegt oder TROMMER 1989, der mehr den historisch–politischen Aspekt betont) wird im weiteren im Sinne von NEEF (1976) verwendet.

folgenden **ökologisch-morphologischen Teilräume**[10] unterschieden werden (vgl. Abb. 2):

1. der Aquatische Bereich,
2. der Uferbereich,
3. der Gewässernahbereich,
4. der Auebereich,
5. der Übergangsbereich.

Die hier benannten und i.f. ausführlich unter ökologischen Aspekten beschriebenen Teilräume sind nicht überall in idealer Weise ausgeprägt. Besonders im Auebereich können in Abhängigkeit von den geomorphologischen Gegebenheiten und vom Gewässercharakter starke Schwankungen der lateralen Ausdehnung auftreten.

Die Stillgewässer werden nicht als eigene Teilräume ausgewiesen, sondern innerhalb des Gewässernahbereichs und des Auebereichs miterfaßt und bewertet (s. Kap. A.3.5.5). Auf eine Untersuchung der Quellbereiche in den Gewässerniederungen kann im hier gegebenen Zusammenhang verzichtet werden.

Der **Aquatische Bereich** besteht aus dem frei fließenden Gewässerkörper (Pelagial) und den wassergefüllten Porenräumen der Gewässersohle (Interstitial). Diese umfaßt die in vielen Gewässern vorhandene Verebnung am Gewässergrund, die geomorphologischen Elemente der Gewässersohle und den Fuß der Uferböschung bis zur Höhe des mittleren Niedrigwasserspiegels (MNW[11]).
Die Gewässersohle ist, von extremen Niedrigwasserständen und einzelnen größeren Strukturelementen abgesehen, ständig von Wasser benetzt.

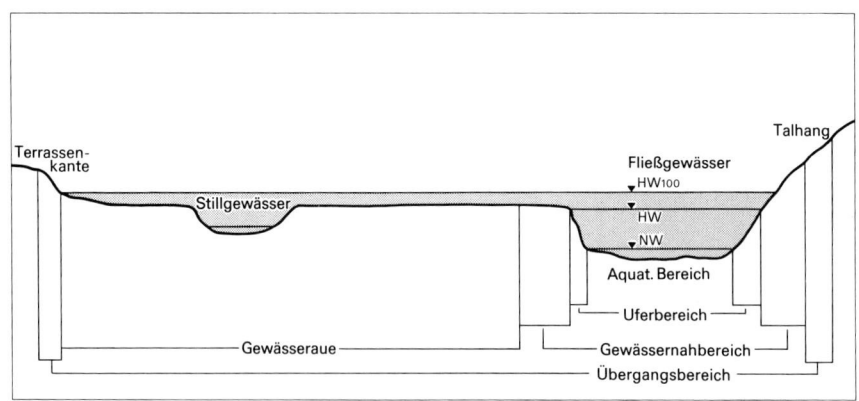

Abb. 2: Ökologisch-morphologische Teilräume im Querprofil der Fließgewässer
Quelle: eigener Entwurf, Profil in Anlehnung an BITTMANN (1968)

---

[10] Diese werden i.f. häufig nur kurz "Teilräume" genannt.
[11] Die Benennung hydrologischer Begriffe und Abkürzungen erfolgt nach DIN 4049 (1989).

Häufig werden Gewässersohle und Gewässerufer zusammenfassend als "Flußbett" oder "Gewässerbett" bezeichnet (MANGELSDORF & SCHEURMANN 1980).

An weitgehend natürlichen Gewässern kommen an der Gewässersohle i.d.R. geomorphologische Strukturelemente[12] vor, von denen manche zeitweise aus dem Wasser herausragen. Derartige größere Strukturelemente werden dem Aquatischen Bereich zugeordnet.

Durch die kleinräumigen geomorphologischen Unterschiede stellt die Gewässersohle ein "Mosaik von Kleinbiotopen dar, die sich insbesondere durch unterschiedliche Lage zur Strömung und zum Licht unterscheiden" (LÖLF & LWA 1985, S. 3). Weiterhin treten auf kurzer Distanz z.T. große Unterschiede im Sohlsubstrat auf (MENZE 1990), die zu einer weiteren Differenzierung des Lebensraums beitragen. Der Gewässersohle kommt als Lebensraum in vielen Flüssen zentrale Bedeutung zu, erst bei Wassertiefen, die 2 m übersteigen, dominiert der frei fließende Wasserkörper (Pelagial) als Lebensraum (SCHWÖRBEL 1984); die Gewässersohle bietet tierischen Organismen und zahlreichen Wasserpflanzen, die erheblich an der Selbstreinigungsleistung beteiligt sind, ein Habitat. Besonders im Lückenraum unter und neben der Gewässersohle (hyporheisches Interstitial) hält sich ein hoher Anteil der am Gewässergrund lebenden tierischen Organismen auf. Diese gehören zu den wichtigsten Lebewesen der Fließgewässer (NIEMEYER–LÜLLWITZ & ZUCCHI 1985). Der Sohlenbereich bietet den Biota auch Rückzugsmöglichkeiten bei Temperaturstürzen und Hochwässern.

Der **Uferbereich** wird von der Wasserwechselzone im Bereich der Uferböschung oberhalb und unterhalb des Mittelwasserspiegels gebildet, er erstreckt sich von der Linie des mittleren Niedrigwasserspiegels (MNW) bis zur oberen Böschungskante. Besonders an Gewässern mit Prall- und Gleithängen kann die Breite des Uferbereichs stark schwanken.

In der Literatur wird z.T. das Gewässerufer mit den ersten Metern des angrenzenden Gewässernahbereichs (s.u.) als "Uferstreifen" oder "Gewässerrandstreifen" bezeichnet (DVWK 1990). Es handelt sich hier jedoch weniger um eine gewässerkundliche als um eine an der Praxis der Gewässerunterhaltung orientierte Abgrenzung[13].

Der Uferbereich wird in Abhängigkeit von der Wasserführung periodisch oder episodisch überflutet, in ökologischer Hinsicht handelt es sich somit um einen amphibischen Lebensraum.

Das Ufer bildet das Bindeglied zwischen dem Gewässer und der Gewässerniederung und ist im natürlichen Zustand in Abhängigkeit von Abflußverhältnissen und Ufersubstrat einem ständigen Wechsel unterworfen (BAUER 1990). Ähnlich wie an der Gewässersohle kommt es zur Ausbildung biotopbildender Formenelemente, die

---

[12] Als "geomorphologische Strukturelemente" werden i.f. Elemente des fluviatilen geomorphologischen Formenschatzes angesprochen (s. Kap. A.3.5.5.3.2).
[13] Im folgenden wird den Erfordernissen der besonderen Betrachtung eines breiten "Uferstreifens" durch die Ausweisung eines gesonderten "Gewässernahbereichs" Rechnung getragen (s.u.).

dem fluvialen geomorphologischen Formenschatz zuzuordnen sind. Aufgrund der engen Wechselbeziehungen zwischen dem Aquatischen Bereich und der Gewässeraue fungiert der Uferbereich als biotopvernetzendes Landschaftselement und stellt einen wichtigen Teil des Großlebensraums Fließgewässer dar. So spielen beispielsweise Flachwasseruferbereiche als Habitate gefährdeter Pflanzen eine wichtige Rolle (WEINITSCHKE 1986), der Bestandesabfall an Pflanzen und Tieren des Uferbereichs dient kleinen Wasserorganismen als Nahrungsgrundlage (DVWK 1990).

Die Lichtverhältnisse im Aquatischen Bereich hängen weitgehend vom Zustand der Gehölze im Uferbereich und im Gewässernahbereich ab, dadurch wirken die Ufergehölze über die Temperatur und den Sauerstoffgehalt des Gewässerkörpers auf das Pflanzen- und Tierwachstum im Gewässer ein (ANSELM 1990).

Der Zustand des Uferbereichs hat erheblichen Einfluß auf die Selbstreinigungsvorgänge, den Stoffhaushalt und die mechanische Uferstabilität des Gewässers sowie die Höhe der Abflußspitzen (PETER & WOHLRAB 1990).

Der **Gewässernahbereich** schließt sich als Geländestreifen landwärts an den Uferbereich an. Er ist Teil des terrestrischen Bereichs und ist der dem Gewässerbett am nächsten gelegene Teil der Gewässeraue.[14]

Die Ausweisung eines gesonderten, im folgenden als "Gewässernahbereich" angesprochenen Geländestreifens innerhalb der Gewässeraue erscheint notwendig, da in diesem Teilraum vielfältige Nutzungsansprüche bestehen. Ähnlich wie im Uferbereich werden hier häufig wasserwirtschaftliche Bau- und Unterhaltungsmaßnahmen durchgeführt, zusätzlich unterliegt der Bereich oftmals landwirtschaftlichen Nutzungen.

In der Literatur wird der Gewässernahbereich häufig gemeinsam mit dem Gewässerufer als "Uferstreifen" oder "Gewässerrandstreifen" bezeichnet (s.o.). Diese Einteilung erscheint problematisch, denn es werden zwei ökologisch sehr unterschiedliche Bereiche, ein amphibischer und ein terrestrischer, zusammengefaßt. Für eine genaue Aufnahme der Gewässerlandschaft sind die Bereiche m.E. zu trennen[15].

Aufgrund der häufig intensiven anthropogenen Beanspruchungen und der hohen ökologischen Relevanz findet der ufernahe Teil des Gewässernahbereichs in der neueren gewässerkundlichen und wasserbaulichen Literatur besondere Beachtung (vgl. BOHL 1986; BJÖRNSEN & TÖNSMANN 1986; ERFTVERBAND 1989; KRAUSE, G. 1990).

Die notwendige minimale Breite von gewässerparallelen naturnahen Geländestreifen wird in der Literatur unterschiedlich beurteilt: BOHL (1986) gibt pauschal eine Breite von 5–10 m an, während der ERFTVERBAND (1989) in Abhängigkeit von den Gewässerquerschnittsmaßen eine Breite von bis zu 15 m für notwendig hält. Im folgenden wird der "Gewässernahbereich" mit einer Breite von 25 m

---

[14] Bei der Beschreibung ökologischer Sachverhalte oder den Auswirkungen anthropogener Einflüsse werden Gewässernahbereich und Auebereich i.f. teilweise gemeinsam betrachtet.

[15] Für das Ziel der gesetzlichen Verankerung von Schutzbestimmungen für Gewässerufer und -auen kann die Benennung eines "Uferstreifens" jedoch zunächst sinnvoll sein.

A.2.1 Ökologisch-morphologische Teilräume im Gewässerquerprofil

ausgewiesen. Die vom Erftverband angegebene Breite von maximal 15 m, die das Ufer bereits miteinschließt, ist m.E. besonders in intensiv genutzten Gewässerauen und an größeren Flüssen zu gering; dagegen erscheint andererseits die in der Schweiz festgeschriebene Breite von pauschal 50 m (vgl. LEIBUNDGUT 1986) im hier gegebenen Zusammenhang als zu hoch. Dieses auch deshalb, da die gewässerferneren Bereiche der Aue separat in die Betrachtung einbezogen werden (s.u.). Die angenommene Breite von 25 m hat insgesamt eher Arbeitscharakter und soll zur Diskussion gestellt werden.[16]

Der Gewässernahbereich bildet neben dem Uferbereich ein weiteres Vernetzungselement in der Gewässerlandschaft und erfüllt damit eine wichtige ökologische Funktion. In weitgehend natürlichem Zustand weist er oftmals auf kurzer Distanz stark wechselnde Substratverhältnisse auf. Die häufig im Gewässernahbereich auftretenden gewässerparallelen Uferwälle und Uferdämme sind als geomorphologische Strukturelemente anzusprechen; sie sind gegenüber dem Ufer und dem restlichen Auebereich durch besondere Standortsbedingungen gekennzeichnet (DISTER 1980).

Die Vegetation naturnaher Gewässernahbereiche bildet besonders bei landwirtschaftlicher Intensivnutzung im angrenzenden Auebereich wichtige Rückzugsräume und bietet Platz für eine vielfältige Fauna (HEMKER 1985; OLSCHOWY 1984). Weiterhin schützt sie den Aquatischen Bereich vor Immissionen von Agrarchemikalien.

Der Auebereich grenzt außen an den Gewässernahbereich und umfaßt die weiteren von Überschwemmungen und Grundwasser beeinflußten Teile der Gewässerniederung. Im vorliegenden Verfahren wird der Auebereich anhand hydrologischer, geomorphologischer und anthropogener Merkmale abgegrenzt:

Im Flachland und Hügelland wird für Gewässer mit weitgehend anthropogen nicht beeinflußter Abflußdynamik die Überschwemmungsgrenze des hundertjährigen Hochwassers (HW_{100}) als äußere Begrenzung der Gewässeraue angenommen.

In wasserbaulich beeinflußten Gewässerauen, die eine künstliche Einengung des Überschwemmungsgebiets aufweisen, wird die HW_{100} – Grenze akzeptiert, sofern die Breite des bei Hochwasser überfluteten Bereichs mehr als 100 m beiderseits des Gewässers beträgt. Ansonsten wird ein mindestens 75 m breiter Streifen beiderseits der Gewässernahbereiche als Auebereich angenommen, wenn nicht schon vorher der morphologische Auenrand oder der Talrand erreicht wird. Zur Arrondierung kann in Abhängigkeit von den örtlichen Gegebenheiten auch über die HW_{100} – Grenze hinaus gegangen werden.

Im Bergland werden die Auesäume unter natürlichen Verhältnissen bei Hochwasser z.T. nur in geringer Breite überflutet, jedoch stocken auch außerhalb des Gewässernahbereichs stellenweise Bachuferwälder. Daher werden die Talböden außerhalb des meist engen Hochwasserüberschwemmungsbereichs parallel zu den

---

[16] Es wäre ebenfalls vorstellbar die Breite des Gewässernahbereichs von der durchschnittlichen Breite des Gewässerbetts im betrachteten Laufabschnitt abhängig zu machen. Eine derartige Abgrenzung führt jedoch zu einer m.E. unnötigen Komplizierung des Untersuchungsverfahrens.

Gewässernahbereichen bis zu einer Breite von maximal 75 m als Auebereich angesprochen.

Im Bereich geschlossener Siedlungen ist der Auebereich meist sehr schmal ausgeprägt und reicht i.d.R. über den Gewässernahbereich nicht hinaus. Um eine einheitliche Betrachtungsweise zu ermöglichen, werden in derartigen Gewässerabschnitten nur der Aquatische Bereich, die beiden Uferbereiche und die sich daran anschließenden Gewässernahbereiche in die Untersuchungen einbezogen.[17]

Der Auebereich bildet in natürlichem Zustand einen vielfältigen Lebensraum, der in Abhängigkeit von Talgefälle, Abfluß und Feststofführung des Gewässers ständigen Veränderungen der ökologischen Bedingungen unterliegt. Unter dem zusätzlichen Einfluß von Grundwasserstand und Hochwasserhäufigkeit kommt es zur Ausbildung verschiedenartiger Landschaftselemente wie Altwässern, Flutmulden und Tümpeln (WWF 1988), die die Auelandschaft als Kleinlebensräume bereichern. Weiterhin weist der Auebereich in Abhängigkeit von den Substratverhältnissen und von Grundwasserstand und -dynamik unterschiedliche Böden auf. Besonders über die Hochwasserdynamik besteht ein enger Zusammenhang zwischen Gewässer- und Auevegetation (LÖLf & LWA 1985).

In wasserwirtschaftlicher Hinsicht stellen Auen ebenfalls wichtige Bereiche in der Gewässerlandschaft dar. Indem sie als Retentionsräume große Wassermengen zu speichern vermögen, haben sie Anteil an der Grundwasserneubildung, dämpfen Hochwasserspitzen und tragen zum Hochwasserschutz der unterstrom liegenden Bereiche bei (WWF 1988). Die Selbstreinigungsleistung des Gewässers wird durch Sedimentation und Abbau organischer Substanz in der Gewässeraue bei Überschwemmungen erhöht. Die Auebiotope können als biologische Regenerationszellen der Gewässer fungieren, im Falle eines Unfalls mit hohem Schadstoffeintrag und folgendem Artensterben im Gewässer kann eine Rückbesiedlung mit Organismen aus Auebiotopen erfolgen (ders.).

Der Lebensraum der Gewässeraue ist häufig sehr stark anthropogenen Einflüssen ausgesetzt. Durch Gewässerausbau und -eindeichung kommt es i.d.R. zu zahlreichen Störungen. An erster Stelle sind hier der Rückgang der Hochwasserhäufigkeit sowie Grundwasserabsenkungen zu nennen. Dies führt generell zu Veränderungen der Flora und Fauna und in bisher extensiv genutzten Teilen der Aue zu Intensivierungen der landwirtschaftlichen Nutzung. Infolge von Gewässerregulierungen ist es in den Auen vieler Gewässer zu einem Rückgang der Artenvielfalt und Individuendichte sowie zu Schäden am Landschaftsbild gekommen (LANGE & LECHER 1986).

Der **Übergangsbereich** schließt sich an den äußeren Rand der Gewässeraue an und umfaßt einen in Abhängigkeit von den topographischen Gegebenheiten mehr oder weniger breiten Bereich, der zwischen Gewässerniederung und der umgebenden Landschaft vermittelt.

---

[17] Angaben zur Abgrenzung von Gewässerabschnitten in bebauten Bereichen finden sich in Kap. A.4.3.3.1.

Die Notwendigkeit der zusätzlichen Ausgliederung dieses Teilraums ergibt sich aus den Beziehungen der Flußniederung zur umgebenden Landschaft (vgl. LEIBUNDGUT 1986; DISTER 1985).

Ein Übergangsbereich wird i.f. an denjenigen Teilstrecken des Gewässers ausgewiesen und untersucht, in denen das natürliche oder gesetzliche Überschwemmungsgebiet an einen Terrassenrand oder Talhang stößt bzw. ihm bis auf ca. 100 m nahekommt. Dieses ist auch an regulierten Flüssen der Fall, wenn der ersatzweise neben den Gewässernahbereichen aufzunehmende maximal 75 m breite Geländestreifen (s.o.) dem Talrand nahekommt. In den anderen Fällen wird auf die Ausweisung eines Übergangsbereichs verzichtet.

Im Flachland und im Hügelland wird der Übergangsbereich häufig von den Hängen pleistozäner Terrassen gebildet. Die Terrassenhänge werden in einer Breite von bis zu 50 m als Übergangsbereiche akzeptiert.

Im Bergland sind Terrassenkanten nur selten als begrenzendes Lineament der Gewässeraue anzutreffen, die meist nur schmalen, saumartigen Auebereiche bzw. Talböden stoßen direkt an die Talhänge. Hier wird der untere Hangbereich, der vom HW_{100} erreicht oder nahezu erreicht wird (s.o.), als Übergangsbereich akzeptiert. Eine äußere Abgrenzung anhand des Reliefs ist nicht ohne weiteres möglich, daher wird die Breite des Übergangsbereichs in den Talhang hinein i. f. mit maximal 50 m an jeder Seite der Gewässeraue bzw. des Auesaums angenommen. Diese relativ große Breite erscheint notwendig, da im Bergland in den meisten Fällen der Auesaum recht schmal ausgebildet ist und daher die Talhänge entsprechend nahe an das Gewässer heranreichen. Besonders bei standortsfremder Bestockung gewässernaher Hangbereiche, wie sie z.B. von DRACHENFELS (1990) für viele Bäche und kleine Flüsse im Westharz beschrieben wird, muß von einem Einfluß pedohydrologischer Prozesse in den unteren Hangbereichen mit Stoffeintrag in die Gewässer ausgegangen werden. Weiterhin ist mit Wirkungen der im Bereich steiler Talränder ablaufenden geomorphologischen Prozesse auf die Gewässeraue, u.U. sogar auf das Gewässerbett zu rechnen. So treten beispielsweise an der Oberweser immer wieder Hangrutschungen an steilen, vom Flußlauf unterschnittenen Talhangbereichen auf. Vor der Aufnahme der Intensivunterhaltung an der Weser entstanden durch das eingetragene Material im Flußbett Stromspaltungen, Inseln und andere geomorphologische Strukturen (BUSCHMANN & UNGER 1992).

Der Wert natürlicher Übergangsbereiche besteht für die Gewässerlandschaft i.w. in ihrer Pufferfunktion gegenüber Stoffeinträgen aus angrenzenden Flächen und in der Biotopfunktion.

2.2 Ökologisch-morphologische Zonen im Gewässerlängsprofil

Eine Zonierung[18] der Fließgewässer in ihrem Längsprofil kann auf Grundlage der Gewässergröße, der ökologisch-morphologischen Verhältnisse und anhand von biozönotischen/ fischereibiologischen Kriterien durchgeführt werden.

Bei Fließgewässern lassen sich hinsichtlich der Größe Bäche, Flüsse und Ströme unterscheiden. Von LÖLF & LWA (1985) wird die Grenze zwischen Bächen und Flüssen mit etwa 3–5 m Wasserspiegelbreite angegeben. Dagegen ist der Unterschied zwischen Flüssen und Strömen häufig nicht quantitativ festzulegen. Im hier gegebenen Zusammenhang werden größere Flüsse, die als Bundeswasserstraßen fungieren (Gewässer 1. Ordnung), als Strom und die anderen natürlichen Fließgewässer, die größer als Bäche sind, als Fluß klassifiziert.

Bei der Gewässerlängsgliederung nach flußmorphologischen Kriterien werden die Fließgewässer üblicherweise in Ober-, Mittel- und Unterlauf eingeteilt. Dabei wird der oberste Abschnitt des Oberlaufs häufig Quellauf genannt, er ist typischerweise durch eine geringe Jahrestemperaturamplitude[19] (durchschnittlich < 5° C) gekennzeichnet. Stark verallgemeinert ist der Bereich des Oberlaufs mehr durch Erosion, der Unterlauf hauptsächlich durch Akkumulation und der Mittellauf vorwiegend durch Transportprozesse gekennzeichnet. Häufig läßt sich im Mittellaufbereich eine "Verwilderungsstrecke" mit Materialaufschüttung und Verzweigungen des Gewässerbetts und eine flachere Mäanderstrecke mit Erosions-/ Akkumulationsgleichgewicht unterscheiden (MANGELSDORF & SCHEURMANN 1980). Der unterste Unterlaufbereich bei Strömen wird als Mündungslauf angesprochen; er unterliegt bereits dem Einfluß der Gezeiten.

Aufgrund biozönotischer Kriterien, die sich hauptsächlich am Vorkommen wirtschaftlich wichtiger "Leitfische" und zusätzlich an der übrigen Fauna orientieren, können im Längsprofil der Gewässer in Mitteleuropa unter weitgehend natürlichen Verhältnissen unterschiedliche Fischregionen ausgegliedert werden; diese sind im Idealfall mit den morphologischen Gewässerzonen parallelisierbar (s. Tabelle 1 u. Abb. 3). Insbesondere die biozönotisch abgegrenzten Zonen sind nicht immer in idealer Weise ausgeprägt. Von NIEMEYER-LÜLLWITZ & ZUCCHI (1985) wird darauf hingewiesen, daß die Verbreitungsgrenzen von Übergangsarten der Leitfische z.T. über die einzelnen Flußregionen hinausgehen und nicht alle Fische in ihrer Region stationär leben.

---

[18] Der Begriff der "Zone" bzw. der "Zonalität" wird in der Geographie zur Beschreibung und Zusammenfassung von Phänomenen herangezogen, die auf die Kugelgestalt der Erde und die damit einhergehende unterschiedliche Strahlungsintensität zurückzuführen sind (NEEF 1976). In der Limnologie dagegen werden als "Zonen" diejenigen Großlebensräume angesprochen, die bei der ökologischen Einteilung von Gewässern ausgewiesen wurden (vgl. u.a. SCHWÖRBEL 1984). Dieser (letzteren) Auffassung wird im weiteren gefolgt.

[19] Der Begriff der Jahrestemperaturamplitude wird i.f. für die jährliche Temperaturamplitude der Monatsmittel verwendet.

A.2.2 Ökologisch–morphologische Zonen im Gewässerlängsprofil

Tabelle 1: Zonierung natürlicher Fließgewässer nach morphologischen und fischereibiologischen Kriterien

Gewässerzone	Fischregion	
Quelle/ Quellauf	**Krenal**	
Oberlauf	**Rhitral**	Salmonidenregion
	Epi–Rithral	obere Forellenregion
	Meta–Rithral	untere Forellenregion
	Hypo–Rithral	Äschenregion
Mittellauf	**Potamal**	Cyprinidenregion
Unterlauf	Epi–Potamal	Barbenregion
Mündungslauf	Meta–Potamal	Brassenregion
	Hypo–Potamal	Kaulbarsch–Flunder–Region

Quelle: nach NIEMEYER–LÜLLWITZ & ZUCCHI (1985) und SCHWÖRBEL (1984)

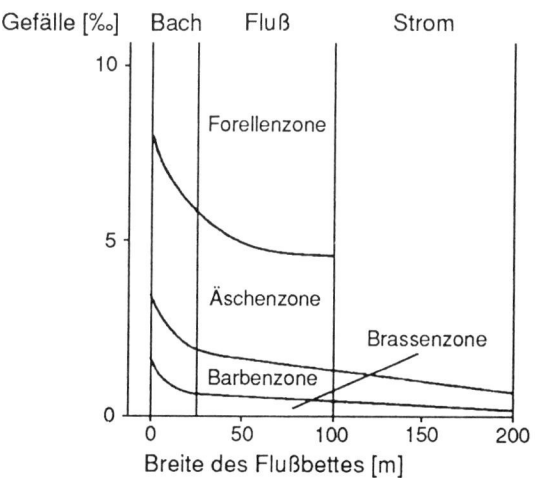

Abb. 3: Ökologische Fließgewässerzonierung nach Sohlgefälle und Gewässergröße
Quelle: nach MATTHEY et al. (1989)

Im Unterschied zu diesem Ansatz der eine Unterteilung der Gewässer in diskrete Zonen vorsieht, begreift das "River–Continuum–Konzept" (vgl. VANNOTE et al. 1980) ein Fließgewässer als einen sich kontinuierlich in seiner Längsausdehnung verändernden Lebensraum. In diesem Ansatz wird postuliert, daß, da sich die geomorphologisch relevanten Faktoren wie z.B. Sohlsubstrat, Fließdynamik etc. in einem Gewässer im Verlauf der Fließstrecke kontinuierlich verändern, dieses auch analog hierzu bei der "biologischen Organisation" (LAMPERT & SOMMER 1993, S. 341) des Gewässers der Fall sei.

Im Gleichgewicht mit den abiotischen Faktoren im und am Gewässerbett erreichen die Produzenten- und Konsumentengesellschaften der aquatischen Fauna ein Fließgleichgewicht, das jedoch durch die Einflüsse einmündender Nebengewässer modifiziert werden kann (dies.). Entsprechend seinem Ansatz sieht das River-Continuum-Konzept eine Feinzonierung der Gewässer in Längsrichtung nicht vor, lediglich die Bereiche des Ober- Mittel- und Unterlaufs werden anhand des Verhältnisses von Produzenten und Respirenten in den aquatischen Lebensgemeinschaften ausgewiesen.

Eine ökologische Kennzeichnung einer Gewässerstrecke nach dem River-Continuum-Konzept setzt intensive Untersuchungen der aquatischen Fauna vorraus, die den hier gegebenen Rahmen sprengen würden. Im folgenden wird daher zur Charakterisierung der Untersuchungsabschnitte eine Zuordnung der jeweiligen Gewässerstrecken zu den oben genannten Fischregionen vorgenommen, zusätzlich wird die Gewässergröße, die Gewässerzone und die Höhenstufe angegeben (s. Kap. A.4.3.3.1, Pkt. 26).

In den folgenden Abschnitten werden die ökologisch-morphologischen Zonen im Längsprofil der Gewässerlandschaft beschrieben, wobei i.w. die Verhältnisse, die unter natürlichen Bedingungen anzutreffen wären, dargestellt werden. Extensive Wirtschaftsformen werden im Hinblick auf ihre spezifischen Vegetationseinheiten und -elemente berücksichtigt. Auf die Zustände des Übergangsbereichs wird nicht im einzelnen eingegangen, da sich im Längsprofil nicht so gravierende Unterschiede ergeben wie in den anderen Teilräumen. Ein schematischer Längsschnitt durch die Vegetation in Fließgewässerlandschaften ist in Abb. 4 wiedergegeben.

Bei der Systematisierung der i.f. aufgeführten Vegetationsbestände werden die von ELLENBERG (1986) genannten Wortendungen der pflanzensoziologischen Nomenklatur verwendet. So kennzeichnet die Endung **-etea** eine Klasse, die Endung **-etalia** eine Ordnung, die Endung **-ion** einen Verband oder Unterverband und die Endung **-etum** eine Assoziation. Die Bezeichnung der Pflanzenarten erfolgt nach EHRENDORFER (1973). Bei der Benennung faunistischer Elemente wird in Anlehnung an DAHL & HULLEN (1989) und DRACHENFELS et al. (1984) bei den höheren Tieren auf die Verwendung der binären Nomenklatur im allgemeinen verzichtet und jeweils der deutsche Name verwandt.

Die **Quellregion** der Gewässer (Krenal) besteht aus der Quelle und dem Quellbach. Die Quellen als Ort des Gewässeraustritts aus der Erdoberfläche lassen sich typologisch in Sicker- oder Sumpfquellen (Halokrenen), Tümpelquellen (Limnokrenen) und Sturzquellen (Rheokrenen) untergliedern. Die Quelltypen werden von NIEMEYER-LÜLLWITZ & ZUCCHI (1985) im allgemeinen und von DAHL &

HULLEN (1989) für den niedersächsischen Bereich ausführlich unter ökologischen Aspekten beschrieben.

Die Quellbäche, die sich unmittelbar an die Quellen anschließen, werden zur Quellregion gezählt, sofern die Jahresamplitude der Wassertemperatur 5° C nicht überschreitet (NIEMEYER–LÜLLWITZ & ZUCCHI 1985). Neben der gleichmäßigen Wassertemperatur ist der Sauerstoffreichtum der Quellbäche ein charakteristischer ökologischer Faktor.

In Abhängigkeit von Quelltyp, Relief und anstehendem Gestein können die Sohlbereiche der Quellbäche sehr unterschiedliches Material wie Steine, Sand oder Schlamm aufweisen. Aufgrund der in Relation zu den unterliegenden Fließstrecken meist geringen und gleichmäßigen Wasserführung treten geomorphologische Strukturelemente (z.B. Strömungsrippeln) i.a. an Quellbächen nur untergeordnet auf und sind nicht sehr markant ausgeprägt.

An floristischen Elementen kommen generell, je nach Ausgangsgestein und Höhenlage, Fragmente von Hochmoorvegetation (Oxycocco–Sphagnetea), Quellfluren kalkarmer und kalkreicher Standorte (Montio–Cardaminetea), Bachröhrichte (Glycerio–Sparganion), Fluthahnenfußgesellschaften (Ranunculion fluitantis) und Erlen–Eschen–Quellwälder (u.a. Carici remotae Fraxinetum) vor (DAHL & HULLEN 1989; PREISING et al. 1990).

Charakteristische Faunenelemente sind u.a. Populationen der kaltstenothermen Wirbellosenfauna oligotropher Quellen (PREISING et al. 1990). In fischereibiologischer Hinsicht gehören die Quellbäche des Berglands zur Forellenregion, die Tieflandquellbäche kommen der Forellenregion der Berglandbäche sehr nahe (LÖLF & LWA 1985).

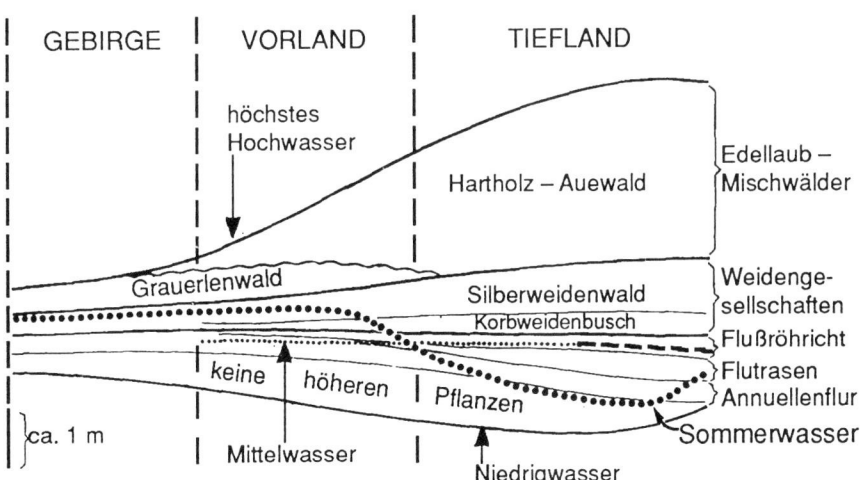

Abb. 4: Schema der Vegetationszonierung im Längsprofil von Fließgewässerlandschaften
Quelle: nach Ellenberg (1986)

An die Quellregionen schließen sich die **Oberläufe** der Gewässer an. In typischer Ausprägung kommen sie hauptsächlich im Mittelgebirge und Hügelland, in sehr kurzer Ausprägung auch im Flachland vor (BAUER 1990).

Im Bergland weisen die Oberläufe i.d.R. schmale Gerinnebetten geringer Wassertiefe mit unausgeglichenem hohem Gefälle auf; die Strömung ist turbulent bis sehr turbulent, Flachwasserzonen mit ruhiger Strömung sind selten. Das Abflußregime ist durch Frühjahrs- und Sommermaxima mit sehr großen Abflußschwankungen gekennzeichnet (ders.).

Für die Gewässersohle ist eine rauhes Bett mit grobem Gesteinsmaterial charakteristisch. Der Uferbereich weist insgesamt ein vielfältiges Kleinrelief auf. Neben den streckenweise anzutreffenden steilen Felsufern sind geomorphologische Strukturelemente wie einzelne Steine, Felsblöcke und schmale Uferbänke aus Grobschotter und Kies typisch.

Die Wassertemperatur ist mit durchschnittlich 5°–10° C als kühl anzusehen, die Sommermaxima betragen selten mehr als 10° C. Die Jahrestemperaturamplitude ist gegenüber der Quellregion erhöht, Werte >10° C treten i.d.R. nicht auf (LÖLF & LWA 1985). Der natürliche Nährstoffgehalt des Wassers ist gering, der Sauerstoffgehalt und die Sauerstoffsättigung dagegen hoch.

An floristischen Elementen kommen im Wasser hauptsächlich submerse Flechtengesellschaften sowie Wassermoos- und Rotalgen-Gesellschaften (Chiloscypho-Scapanietum, Lemnaetum fluviatilis, Hildebrandietum rivularis) vor (WEBER-OLDECOP 1977). Zusätzlich treten an höheren Pflanzen die Hakenwasserstern-Tausendblatt-Gesellschaft (Callitricho-Myriophylletum) und die Fluthahnenfuß-Gesellschaft (Ranunculetum fluitantis) auf (RUNGE 1980). Am Ufer und in der Gewässerniederung sind Waldhainsimsen-Erlen-Uferwälder und Waldhainsimsen-Bergahornuferwälder (Luzulo sylvatici–Alnetum, Luculo sylvatici–Acer pseudoplatanus–Gesellschaften) sowie montane Uferstaudenfluren (Chaerophyllo hirsuti–Filipenduletum, Petasites albus-Bestände) und vereinzelt Bachröhrichte (Glycerio-Sparganion) kennzeichnend (DAHL & HULLEN 1989). Bei extensiver landwirtschaftlicher Nutzung treten in den Bachauen artenreiche Grünlandgesellschaften auf, es handelt sich im montanen Bereich i.d.R. um Glatthaferwiesen (Arrhenaterion), in tieferen Lagen um Feuchtwiesen (Calthion); zusätzlich kommen Brachestadien mit Hochstaudenfluren (Filipendulion), Großseggenriedern (Magnocaricion) und Feuchtgebüschen (Salicion cinereae) vor (dies.).

Unter fischereibiologischem Aspekt gehören die Gewässeroberläufe des Berglands zur oberen Forellenregion. Typische Faunenelemente sind Steinfliegenlarven (*Leuctra*-, *Isoperla*- und *Nemoura* -Arten), Köcherfliegen (*Agapetus*-, *Lithax*- und *Drusus* -Arten), sowie die Larven der Lidmücke (*Liponeura spec.*).

Im Flachland weisen die Oberläufe der Gewässer meist ein schwaches Gefälle bei niedriger Fließgeschwindigkeit und ausgeglichener Wasserführung auf.

An der Gewässersohle befinden sich i.w. Ablagerungen sandigen und schlammigen Materials. Nur bei Hochwasser kommt es zu Erosions- und Akkumulationsprozessen, die zur Bildung geomorphologischer Strukturelemente führen. Durch den häufigen Wechsel von durchströmten Bereichen und Stillwasserzonen tritt eine große Biotopvielfalt auf. Bereits im Oberlauf kommen an Flachlandbächen häufig Mäander unter Bildung von Altwässern vor.

Die Wassertemperatur kann stark schwanken; die Jahrestemperaturamplitude ist gegenüber dem Bergland erhöht, für die niedersächsischen Bördengewässer beispielsweise sind Amplituden von <20° C kennzeichnend. Der natürliche Nährstoffgehalt ist gering bis mäßig, bei durchschnittlich hoher Sauerstoffsättigung (DAHL & HULLEN 1989).

An floristischen Elementen kommen im Wasser häufig Bestände der Einfachen-Igelkolben-Gesellschaft (Sparganium emersum-Gesellschaft) und der Hakenwasserstern-Tausendblatt-Gesellschaft (Callitricho-Myriophylletum) vor (dies.). Am Ufer und in der Gewässerniederung treten Bachröhrichte und Röhrichte sowie Hainmieren-Schwarzerlenwälder und Traubenkirschen-Erlen-Eschenwälder auf. Bei den genannten Vegetationseinheiten handelt es sich um folgende Verbände und Assoziationen: Glycerio-Sparganion, Phalaridion, Stellario-Alnetum, Carici elongatae-Alnetum und Pruno-Fraxinetum. Für den Vegetationsbestand extensiver Nutzungsformen sind Feuchtwiesen (Calthion u. Molinion) typisch.

Die Gewässeroberläufe des Flachlands gehören zur Forellenregion. Aufgrund der im Verlauf der Fließstrecke schnellen Erwärmung des Gewässers ist der Rhitralbereich häufig sehr kurz, so daß die Äschenregion des Berglands fehlt (NIEMEYER-LÜLLWITZ & ZUCCHI 1985). Wegen der großen Biotopvielfalt weisen die Gewässeroberläufe des Flachlands eine artenreiche Wirbellosenfauna auf (DAHL & HULLEN 1989). Durch die geringen Fließgeschwindigkeiten bedingt, kommen auch Arten stehender Gewässer wie Wasserläufer (*Velia sp.*) oder Taumelkäfer (*Gyrinus sp.*) vor (LÖLF & LWA 1985); weitere typische Faunenelemente sind Eisvogel und Uferschwalbe.

Die **Mittelläufe** der Gewässer besitzen sowohl ökologische Elemente des Ober- als auch des Unterlaufs und sind somit als "Übergangszonen" anzusprechen. Da sich die Verbreitungsgrenzen tierischer Organismen durchdringen, kommen Arten, die eng an die Lebensbedingungen des Ober- oder Unterlaufs angepaßt sind (stenöke Arten), hier nicht vor. Die Gewässermittelläufe weisen im allgemeinen eine größere Tiefe und eine geringere Fließgeschwindigkeit als die Oberläufe auf. In typischer Ausprägung kommen sie hauptsächlich im unteren Mittelgebirge und im Hügelland, seltener im Flachland vor. Innerhalb des Flußbetts befinden sich die Prozesse der Erosion und Akkumulation insgesamt im Gleichgewicht (DVWK 1984), lokal kann es zu einem häufigen Wechsel von Erosion und Sedimentation kommen.

Im Bergland sind im Bereich der Gewässersohle Sand- und Schluff-, seltener Schlammablagerungen charakteristisch. Weiterhin kann es zur Ausbildung von flachen Sand- und Kiesbänken kommen. In Abhängigkeit von der Talbreite ist die Entwicklung von Mäandern und Altarmen unter Bildung von Gleit- und Prallhängen möglich, hierbei treten an der Gewässersohle häufig Materialsortierungen auf. Das Gewässerbett kann auch als verzweigtes Gerinne ausgeprägt sein. Das Abflußregime der Mittelläufe ist durch etwa gleich hohe Winter- und Sommermaxima der Abflußhöhe gekennzeichnet, insgesamt treten sehr große Abflußschwankungen auf. Die Strömung ist i.d.R. turbulent bis fließend. Kleinräumig können Stillwasserzonen ausgebildet sein (BAUER 1990).

Die Wassertemperaturen schwanken im Jahresverlauf, die Jahresamplitude der Temperatur ist gegenüber dem Oberlauf erhöht und kann Werte bis zu 15° C erreichen (LÖLF & LWA 1985). Der natürliche Nährstoffgehalt des Wassers weist ein durchschnittlich mittleres bis hohes Niveau bei hoher Sauerstoffsättigung auf (BAUER 1990).

Im Aquatischen Bereich sind an floristischen Elementen artenreiche Ausbildungen der Fluthahnenfuß–Gesellschaften (Ranunculetum fluitans) typisch (ders.). Am Ufer und in der Gewässerniederung sind Auewälder mit Weidengebüsch und Weidenwald (Salicion albae) sowie Eichen–Ulmen–Wälder (Ulmo Quercetum) und Hainmieren–Schwarzerlenwälder (Stellario Alnetum) charakteristisch (BAUER 1990, ELLENBERG 1986) Bei extensiver landwirtschaftlicher Nutzung sind in der Gewässerniederung Feuchtwiesen (Calthion) anzutreffen. Für Brachestadien sind Röhrichte (Phragmition) sowie Hoch- und Uferstaudenfluren (Filipendulion, Calystegion) typisch (DAHL & HULLEN 1989).

Die Gewässermittelläufe des Berglands gehören zur unteren Forellen- oder zur Äschenregion (SANDROCK 1981). An kleineren Organismen treten Larven von Eintagsfliegen (u.a. *Ephemerella belgica*), Köcherfliegen (u.a *Brachycentrus subnubilus*) sowie Bachflohkrebse (Gammaridae) auf (ENGELHARDT 1980).

Die Mittelläufe des Flachlands sind denen des unteren Berglands insgesamt recht ähnlich. Unterschiede treten hauptsächlich im Hinblick auf die Sohlsedimente auf. Im Gegensatz zu den relativ groben Körnungen im Bergland bestehen diese im Flachland häufig aus Schlammablagerungen. Die Wassertemperatur ist mit durchschnittlich 15° C und mehr höher als in den Berglandgewässern (BAUER 1990).

Botanisch ähneln die Flachlandmittelläufe denen des unteren Berglands, zusätzlich kommen in Ruhewasserbereichen und Altwässern Schwimmblattgesellschaften des Verbands Nymphaeion vor. Am Ufer und in der Gewässerniederung sind Röhrichte und Weich- und Hartholzauewälder typisch; unter dem Einfluß extensiver Nutzung treten Feuchtwiesen auf. Fischereibiologisch gehören die Gewässermittelläufe des Flachlands zur Barbenregion (BAUER 1990).

Die **Unterläufe** der Gewässer schließen sich an die Mittelläufe mit fließendem Übergang an. Sie kommen in typischer Ausprägung hauptsächlich im Flachland und manchmal im unteren Hügelland vor. Gegenüber den Mittelläufen weisen die Unterläufe geringere Fließgeschwindigkeiten mit Übergang vom mehr oder weniger turbulenten zum laminaren Fließen auf (DVWK 1984). Bei zunehmender Wassertiefe kommt dem Gewässerkörper zusätzlich zur Gewässersohle eine wichtige Lebensraumfunktion zu (LÖLF & LWA 1985).

Im Flachland ist für den Gewässerunterlauf ein breites Bett mit Kolken sowie Tief- und Flachwasserbereichen charakteristisch. Bei geringen Fließgeschwindigkeiten und großer Talbreite kommt es zur Entwicklung von Mäandern und Altarmen verschiedener Breite. Die Gewässerufer sind durch einen Wechsel von Gleit- und Prallhängen gekennzeichnet, die Prallhänge weisen oft einen schmalen Spülsaum auf (BAUER 1990). Im Gewässerbett sind Grob- und Feinsand- sowie Schluff- und Tonablagerungen bei insgesamt geringer Geschiebeführung typisch. Das Abflußregime ist durch Wintermaxima bei geringen Abflußschwankungen gekennzeichnet. Winterhochwässer führen zu weiträumigen Überflutungen mit Verbindungen zu Altarmen und Altwässern in den Gewässerauen (ders.). Im Zuge der Überschwemmungen kommt es besonders bei Flüssen im unteren Bergland oder Hügelland zu Verlagerungen des Gewässerbetts und bei entsprechendem Ausgangsmaterial zur Bildung von Auelehmdecken. Die Jahrestemperaturamplitude des Wassers ist gegenüber dem Mittellauf erhöht und kann Werte von mehr als 20° C aufweisen (DAHL & HULLEN 1989). Der natürliche Nährstoffgehalt des Wassers ist als "hoch bis sehr hoch" zu klassifizieren (BAUER 1990). Der Sauerstoffgehalt ist an der Wasseroberfläche für die Fischfauna ausreichend, in der Nähe der Gewässersohle tritt häufig Sauerstoffzehrung auf (SANDROCK 1981).

Für die Wasservegetation sind Laichkrautgesellschaften der Klasse Potamogetonetea typisch (PREISING et al. 1990). Als weitere charakteristische Florenelemente werden von BAUER (1990) Wasserhahnenfuß–Gesellschaften (Ranunculetum fluitans) genannt. Im Randbereich zum Ufer hin sind Seerosen–Gesellschaften des Verbands Nymphaeion albae häufig. In Buchten und Altwässern kommen zusätzlich Röhrichte (Phragmition, Phalaridion) vor.

Am Ufer und in der Gewässerniederung treten z.T. ebenfalls Röhrichtgesellschaften und typischerweise Auewaldgesellschaften auf. Für die Weichholzaue sind Weidengebüsch und Weidenufersaumwald (Salicion albae) sowie randlich Erlenbruchwald (Carici–elongatae–Alnetum) typisch, während die Hartholzauewälder durch Eichen–Eschen–Bestände (Alno–Padion) bzw. Eschen–Ulmen–Auewald (Ulmo–Fraxinetum) gekennzeichnet sind (BAUER 1990). Bei extensiver landwirtschaftlicher Nutzung treten typischerweise Feuchtgrünland- und Flutrasengesellschaften (Calthion, Agrostion) sowie z.T. Magerweiden (Cynosurion cristati) und entsprechende Brachestadien auf. Hier sind neben Hochstaudenfluren, Röhrichten und Großseggenriedern auch Feuchtgebüsche typisch.

Unter fischereibiologischen Gesichtspunkten sind die Gewässerunterläufe der Brassenregion zuzuordnen (LÖLF & LWA 1985). An kleineren Organismen treten Larven der Köcherfliegen (u.a. *Anabolia nervosa*) und Kriebelmücken (Simuliidae) sowie Schneckenegel (*Glossiphonia complanata*) und Wasserasseln (*Asellus aquaticus*) auf (SANDROCK 1981). In Ufernähe im Bereich geringer Strömung leben auf dem Wasserfilm schwimmende Insekten wie Schwimmkäfer (Dytiscidae), Wasserkäfer (Hydrophilidae) und Wasserläufer (Geridae) (NIEMEYER–LÜLLWITZ & ZUCCHI 1985). Weitere typische Faunenelemente der Gewässerunterläufe sind Weißstorch, Uferschwalbe und andere Wasservögel.

In den Unterläufen des Berglands kommt es häufig zu Ausuferungen und Verlagerungen des Gewässerbetts. An flußmorphologischen Elementen sind im Flußbett kiesig–sandige Flußbänke und im Uferbereich unregelmäßige Uferformen mit Abbrüchen und Anlandungen kennzeichnend.

In Bezug auf die floristische und faunistische Ausstattung ähneln im Bergland die Flußunterläufe den Mittelläufen. Durch häufiger auftretende Beschattungslücken weisen die Gewässerufer stellenweise Hochstaudenfluren und Röhrichte auf. Die geringere Beschattung führt zu einer höheren Erwärmung des Gewässers, daher kommen im Mittelgebirge z.T. wärmebedürftige Tierarten wie Prachtlibellen (*Calopteryx virgo*, *Calopteryx splendens*) vor (LÖLF & LWA 1985). Die Vegetationsbestände extensiver Nutzungen und ihrer Brachen entsprechen ebenfalls weitgehend den Verhältnissen der Mittelläufe des Berglands.

Fischereibiologisch gehören die Gewässerunterläufe des Berglands zur Barbenregion; an kleineren Organismen kommen relativ viele Arten unterschiedlicher Tiergruppen wie Larven der Eintagsfliegen, Köcherfliegen und Zuckmücken sowie Strudelwürmer, Käfer und Kleinkrebse vor (dies.).

Als **Mündungslauf** wird bei den direkt in das Meer mündenden Gewässern der bereits von den Gezeiten beeinflußte unterste Bereich des Unterlaufs bezeichnet.

Die Mündungsläufe der in die Nordsee mündenden norddeutschen Flüsse weisen regelmäßig Ästuare mit großen Wassertiefen auf. Weitere charakteristische Strukturelemente sind sehr große Mäander, zahlreiche Nebenarme und die Ausbildung von Flußwatten (BAUER 1990). Im Gewässerbett kommt es bei einem Überwiegen der Akkumulations- gegenüber den Erosionsprozessen vorwiegend zur Ablagerung von Feinschluff- und Tonmaterial, weiterhin können Sandbänke und -inseln auftreten. In Bezug auf das Abflußregime ist die Dominanz des Winterabflusses gegenüber dem Sommerabfluß kennzeichnend.

Die Wassertemperatur schwankt im Verlauf des Jahres, im Sommer können die Temperaturen auf über 20° C ansteigen. Der natürliche Nährstoffgehalt des Wassers ist als "hoch bis sehr hoch" anzusprechen (ders.). In Bezug auf den Sauerstoffgehalt gilt das für die Gewässerunterläufe Gesagte (s.o.).

An floristischen Elementen kommen im Gewässer vereinzelt Algenbestände vor, randlich sind Süß- und Brackwasserröhrichte (Phragmition, Bolboschoenetea) sowie in der Gewässerniederung Weich- und Hartholzauewaldgesellschaften typisch (DAHL & HULLEN 1989). Die Vegetationsbestände extensiver landwirtschaftlicher Nutzungen und ihrer Brachestadien entsprechen weitgehend denen der Gewässerunterläufe im Flachland (s.o.).

In fischereibiologischer Hinsicht gehören die Mündungsläufe der Gewässer zur Kaulbarsch–Flunder–Region. Die Kleintierlebensgemeinschaften ähneln denen der Tieflandflüsse, jedoch kommen zusätzlich Brackwasserarten vor (dies.). Weitere typische Faunenelemente sind Weißstorch, Wat-, Wasser-, Wiesen- und Sumpfvögel.

2.3 Typisierung von Fließgewässern

Für die Aufnahmen der Gewässer ist es sinnvoll, unter Berücksichtigung ökologischer und morphologischer Aspekte Gewässertypen auszuweisen, auf deren ökologische Charakteristik bei der Untersuchung der einzelnen Gewässerabschnitte (s. Kap. A.4.3.3.1) jeweils Bezug genommen wird. Hierdurch wird u.a. eine schnelle Information über die wichtigsten ökologisch wirksamen Faktoren ermöglicht sowie eine an der jeweiligen Eigenart des Gewässers orientierte individuelle Modifikation des Bewertungshintergrundes ermöglicht.

Eine Benennung von Fließgewässertypen kann unter Bezug auf die regionalen Gegebenheiten des Naturraums durch Verbindung biozönotischer, gewässerökologischer und morphologischer Kriterien vorgenommen werden (DARSCHNIK et al. 1989; OTTO & BRAUKMANN 1983).

Vom DVWK (1984) wird vorgeschlagen, hierbei jeweils die Gewässergröße, die morphologische Zone, die Höhenstufe und die Fischregion anzugeben (z.B. "Bachoberlauf im Bergland, obere Forellenregion"); diesem Vorgehen wird im weiteren gefolgt, zusätzlich wird die Talform klassifiziert und vermerkt, ob sich das Gewässer in freier Landschaft oder innerhalb einer Siedlung befindet (s. Kap. A.4.3.3.1).

3 Grundlagen des Verfahrens

3.1 Herleitung eines Referenzrahmens zur Charakterisierung und Bewertung von Landschaftszuständen

Die Bewertung von Landschaften erfordert prinzipiell ein Bezugssystem, das als Bewertungsgrundlage dienen kann (DAHL 1983). Hierbei ist die Abweichung von einem theoretisch hergeleiteten Zustand zu klassifizieren (DARSCHNIK et al. 1989).

Häufig wird die "Natürlichkeit" als Referenzgröße herangezogen, wobei die heutigen Verhältnisse mit anthropogen nicht beeinflußten Zuständen verglichen und der Grad der Abweichung als Wertmaßstab definiert wird; natürliche Verhältnisse werden als hochwertig und anthropogen stark veränderte Zustände als geringwertig eingeschätzt.

HABER & DUHME (1990) weisen darauf hin, daß in der Naturlandschaft, selbst bei optimalem Schutz, nur 35–40 % der Arten erhalten bleiben könnten. Ein ausschließlicher Bezug auf die Naturlandschaft hätte zur Folge, daß die ca. 60–70 % der in der Kulturlandschaft zu erhaltenden Arten in der Planung nicht in ausreichendem Maße berücksichtigt würden und somit langfristig bedroht wären.

Historische Zustände der traditionellen Kulturlandschaft sind daher im Referenzrahmen ebenfalls zu berücksichtigen. Ihre Elemente sind in Abhängigkeit vom Einzelfall hinsichtlich des Naturschutzwerts (s. Kap. A.3.4.1) den Elementen der Naturlandschaft ähnlich. Dieses wird durch die Ergebnisse von Biotopkartierungen bestätigt. Nach Angaben von HABER & DUHME (1990) handelt es sich beispielsweise bei den in Bayern kartierten wertvollen Lebensräumen in den meisten Fällen um Reste der traditionellen Kulturlandschaft. In Niedersachsen beträgt nach Ergebnissen der "Erfassung der für den Naturschutz wertvollen Bereiche" der Anteil der Lebensräume extensiver Nutzungsformen immerhin ca. 26 % der als wertvoll klassifizierten Fläche (vgl. DRACHENFELS et al. 1984). In den im BNatSG (1986, § 2) festgelegten Grundsätzen des Naturschutzes und der Landespflege ist als Zielperspektive neben dem Schutz der natürlichen und historisch gewachsenen Artenvielfalt und der hierfür notwendigen Biotope die Erhaltung historischer Kulturlandschaften und -landschaftsteile vorgesehen.

Im vorliegenden Verfahren stehen für die Landschaftsbewertung natürliche Zustände und die Verhältnisse unter extensiver Nutzung gleichwertig nebeneinander.

Im Aquatischen Bereich und im Uferbereich der Fließgewässer ist der natürliche Zustand als Referenzhintergrund für die Bewertung anzunehmen, obwohl auch hier Elemente der traditionellen Kulturlandschaft im Einzelfall vorkommen können[20]. Große wasserbauliche Eingriffe, wie Talsperrenbau, Gewässerausbau oder größere Eindeichungen wurden unter dem Einfluß einer extensiven bäuerlichen Nutzung nicht durchgeführt. Für den Gewässernahbereich, den Auebereich und den Übergangsbereich ist davon auszugehen, daß natürliche Elemente der abiotischen Struktur (Flutmulden, Neben- und Stillgewässer, Terrassenkanten) unter den Einflüssen einer extensiven Landnutzung erhalten blieben, da die Landnutzung hauptsächlich den Vegetationsbestand beeinflußte (vgl. DAHL & HULLEN 1989). Es kam nach Beseitigung der Auewälder und der Wälder des Übergangsbereichs zur Entwicklung von Feuchtgrünland, Röhrichten, Hecken, Trockenrasen und Niederwald (dies.).

Auf die natürlicherweise und unter dem Einfluß extensiver Flächennutzung an den Fließgewässern auftretenden Zustände wird bei der Beschreibung der ökologisch–morphologischen Zonen im Gewässerlängsprofil (s. Kap. A.2.2) eingegangen. Die hier dargestellten Verhältnisse dienen als Referenz für das vorliegende Bewertungsverfahren. Die Bewertung der aktuell in der Gewässerlandschaft vorgefundenen Landschaftszustände erfolgt grundsätzlich nach dem Grad der Abweichung einzelner Merkmale der ausgewiesenen Bewertungskriterien (s. Kap. A.3.5) hiervon sowie nach den Vorgaben des BNatSG.

In Ergänzung hierzu sind die zu untersuchenden Gewässer zu typisieren (vgl. Kap. A.2.3) und individuelle Modifikationen des Bewertungshintergrundes vorzunehmen (s. Kap. A.4.1.1), wobei auch historische Landschaftszustände nach den in Kap. A.4.2 vorgestellten Methoden herzuleiten und zu beschreiben sind.

3.2 Ökologische Bewertungskriterien

Zur Charakterisierung und Einstufung von Landschaftszuständen und ökologischen Sachverhalten werden in der Literatur unterschiedliche Größen vorgeschlagen (s. Tabelle 2). Es kann sich hierbei um Faktoren, Prozeßgrößen oder Merkmale des ökologischen Wirkungsgefüges handeln. Die Bewertungsgrößen können zusammenfassend als Kriterien oder Parameter bezeichnet werden; ihre Ausprägungen sind unter Berücksichtigung eines Referenzrahmens zu klassifizieren.

Zur Verwendung einer möglichst neutralen Bezeichnung werden i.f. in Übereinstimmung mit BANNING et al. (1989) und KAULE (1991) die allgemeinen Größen zur Bewertung der Zustände in der Gewässerlandschaft als **Bewertungskriterien** bezeichnet. Es wird zwischen expliziten und impliziten Kriterien unterschieden.

Die expliziten Kriterien werden im einzelnen anhand definierter und klassifizierbarer Landschaftszustände aufgenommen.

---

[20] Zu diesen wenigen Elementen gehören z.B. die stellenweise im Uferbereich aufstockenden Kopfweiden (s. Kap. A.3.5.6.2).

Tabelle 2: Zusammenstellung ökologischer Faktoren und Merkmale zur Bewertung von Fließgewässerlandschaften nach verschiedenen Autoren

BANNING et al. (1989)	DVWK (1984)	LÖLF & LWA (1985)
a b i o t i s c h e F a k t o r e n u n d M e r k m a l e		
Nutzungsintensität, Strukturvielfalt, Trophie	Abflußregime, Ausbauintensität, benetzter Umfang der Auenlandschaft, Fließgeschwindigkeit Lichtverhältnisse, Nutzungsart, Sohlen- und Ufersubstrate	Fließverhalten, Gefälle, geomorphologische Strukturelemente, Kleinbiotope, Licht- und Temperaturverhältnisse, Querschnittsmaße, Substrate, Wasserchemismus, Wasserführung
b i o t i s c h e F a k t o r e n u n d M e r k m a l e		
Biotopverbund, Gewässergüteklasse, Grad der Naturnähe, Regenerierbarkeit, Ufervegetation, Vorkommen v. „Rote Liste-Arten"	Biotopverbund, Gewässergüteklasse, Grad der Naturnähe, Vegetationsbestand	Gewässergüteklasse, Tierbestand, Vegetationsbestand

Die impliziten Kriterien finden bei der Charakterisierung der ausgewiesenen Landschaftszustände sowie z.T. bei der Definition und Skalierung von Bewertungsstufen Verwendung.

Die Bewertungskriterien ermöglichen insgesamt sowohl eine Klassifikation des Naturschutzwerts als auch eine Bewertung der Störungsintensität in der Gewässerlandschaft und ihren Teilräumen. Darüber hinaus können die für den Naturschutz als "hochwertig" eingestuften Landschaftszustände als mögliche Zielvorgaben ("Umweltqualitätsstandards", vgl. SURBURG 1995) bei der Planung von Sanierungsmaßnahmen angesehen werden. Derjenige Teil des ökologischen Wirkungsgefüges, der sich zu einer Bewertung nicht eignet, da er vom Menschen nur wenig beeinflußt werden kann, wird beschreibend charakterisiert. Um das Untersuchungsverfahren praktikabel zu halten, ist grundsätzlich eine Auswahl aus der Vielzahl der möglichen Kriterien zur Bewertung der Gewässerlandschaft zu treffen. In Kap. A.3.5.1 wird die für das vorliegende Verfahren getroffene Kriterienauswahl vorgestellt.

34   A.3 Grundlagen des Verfahrens

Eine alleinige Aufnahme, Charakterisierung und Bewertung der Gewässerlandschaft anhand der Bewertungskriterien und deskriptiven Merkmale läßt eine Herleitung von Renaturierungs- und Sanierungsmaßnahmen häufig noch nicht unmittelbar zu, da die bisher bewerteten Landschaftszustände von zahlreichen Einzelfaktoren anthropogener Eingriffe beeinflußt werden. Für eine Dokumentation von Störungseinflüssen (z.B. bei Beweissicherungs- oder UVP–Verfahren) und insbesondere für die Planung von Sanierungsmaßnahmen, die sich am Verursacherprinzip orientiert, ist daher eine Aufnahme möglichst vieler einzelner Wirkungseinflüsse, die durch die unterschiedlichen Nutzer auftreten, erforderlich.

Für derartige Wirkungen anthropogener Nutzungen, die zu Störungen des Naturhaushaltes oder zu negativen Einflüssen auf Landschaftselemente führen können, wird im Unterschied zu den Bewertungskriterien der Begriff **Störungsfaktoren** verwendet.

Auf eine quantitative Bewertung der einzelnen Störungsfaktoren wurde verzichtet, da sie vor allem der Dokumentation dienen und nicht in die Bewertung der Gewässerlandschaft und ihrer Teilräume eingehen. Auf diese Weise werden Doppelbewertungen vermieden, die sich aus der Überlagerung von Bewertungskriterien und Störungsfaktoren ergeben könnten.

3.3 Auswahl beschreibender Merkmale

Diese Merkmale finden bei der allgemeinen hydrologischen und ökologischen Charakterisierung der Gewässerlandschaft Anwendung. Sie sind in jeder Gewässerlandschaft individuell ausgeprägt und vom Menschen i.d.R. nur in geringem Umfang oder gar nicht zu beeinflussen[21], so daß sie als Bewertungskriterien im vorliegenden Verfahren ungeeignet sind.

Auf eine Beschreibung der einzelnen Merkmale und ihrer Beziehungen zur Landschaft kann an dieser Stelle verzichtet werden, in Kap. A.2 wird z.T. auf ihre ökologische Relevanz eingegangen; in den anderen Fällen ergibt sich die Notwendigkeit ihrer Auswahl aus dem Gesamtzusammenhang des Verfahrens.

Die Ausprägungen der beschreibenden Merkmale innerhalb der untersuchten Gewässerabschnitte werden im allgemeinen Teil des Gewässererhebungsbogens (s. Kap A.4.3.2.3) in Kurzform aufgelistet. Die i.f. verwendeten deskriptiven Merkmale sind in Tabelle 3 aufgelistet.

---

[21] Eine Ausnahme bildet hier das Merkmal "Profilquerschnittsmaße". Diese sind zwar durch Maßnahmen der Gewässerregulierung zu beeinflussen, eignen sich aber dennoch nicht für eine Bewertung, da es keine ökologischen Standards gibt, an denen sie meßbar wären. Der geomorphologische Zustand des Gewässerbetts wird mit Hilfe der Bewertungskriterien "Ausbauzustand" und "geomorphologische Struktur" (s. Kap. A.3.5.3) bewertet. Da es sich bei den Maßen des Gewässerbetts um wichtige hydrologische Kenngrößen handelt, werden diese i.f. den deskriptiven Merkmalen zur Charakterisierung des Gewässer zugeordnet.

Tabelle 3: Deskriptive Merkmale zur Charakterisierung von Fließgewässerlandschaften

Teilräume	beschreibende Merkmale	
gesamte Gewässerlandschaft	Abflußhauptzahlen (B)^a:	Wasserstände, Abflußmengen
	Einzugsgebiet (B):	Form, Größe
	Geologie (E):	Gesteine des Einzugsgebiets
	Gewässertyp (B):	Gewässergröße, flußmorphologischer Bereich, Höhenstufe, Fischregion, Höhe NN
Aquatischer Bereich	Gewässersohle (B):	Sohlgefälle
Uferbereich	Ufersedimentprofil (B):	Bodenartenvarianz
Gewässernah- und Auebereich	Pedologie (E):	Bodentypen
Übergangsbereich	Geologie (E):	dominante Gesteine
	Pedologie (E):	Bodentypen

3.4 Definition und Skalierung von Bewertungs- und Häufigkeitsstufen

Für die Klassifizierung der den Bewertungskriterien zugeordneten Landschaftszustände und der Häufigkeit ihres Auftretens werden i.f. Bewertungs- und Häufigkeitsstufen definiert und skaliert.

3.4.1 Definition und Skalierung des Naturschutzwerts

Der Naturschutzwert von Landschaftsausschnitten oder Objekten mißt deren Bedeutung "für die Erreichung der Ziele des Naturschutzes" (ANL, S. 94). Er stellt eine Größe dar, in die sowohl naturwissenschaftlich erfaßbare und teilweise meßbare Daten als auch nicht meßbare ideelle Werte eingehen. Beide Wertkategorien sind auf einen Referenzhintergrund zu reflektieren, der ökologisch erkennbare Eigenschaften mißt und zusätzlich Informationen über gesellschaftliche Bedürfnisse berücksichtigt (HABER 1982).

In § 1 des BNatSG wurden die hieraus folgenden Konsequenzen von legislativer Seite gezogen. Die Sicherung der Leistungsfähigkeit des Naturhaushalts, der Nutzungsfähigkeit der Naturgüter, der Pflanzen- und Tierwelt sowie der Vielfalt, Eigenart und Schönheit von Natur und Landschaft werden als Ziele des Naturschutzes festgelegt.

Hierzu können mit unterschiedlichem gesetzlichen Schutzstatus[22] ausgewiesen werden (vgl. BNatSG 1986, S. 12–18). Für die Entscheidung über die Schutzwürdigkeit eines Gebiets oder Objekts ist im Einzelfall neben seinem ökologischen und ideellen Wert der Grad der Gefährdung einzuschätzen.

Aufbauend auf den im BNatSG genannten Kriterien zur Prüfung der Schutzwürdigkeit werden in der Literatur zahlreiche weitere Bewertungsgrößen genannt, an denen der Naturschutzwert von Landschaften, Landschaftsteilen, Lebensräumen und Objekten gemessen werden kann.

Bei der Kartierung der für den Naturschutz wertvollen Bereiche in Niedersachsen (vgl. DRACHENFELS & MEY 1984, 1990) wurden die Kriterien Natürlichkeit, Seltenheit, Vielfalt, Repräsentanz, die aus § 24 NNatSG abgeleitet wurden, berücksichtigt. Zusätzlich wurde die Flächengröße von Biotopen in die Bewertung aufgenommen.

KAULE (1991) vertritt die Auffassung, daß sich der Naturschutzwert in der Kulturlandschaft Mitteleuropas nicht nur an der Naturnähe orientieren sollte, sondern daß auch weitere Kriterien wie u.a. Regenerationsfähigkeit, Ersetzbarkeit und Alter von Ökosystemen sowie deren Empfindlichkeit gegenüber Änderungen von Standortsfaktoren in die Bewertung einzubeziehen sind.

In Kap. A.3.1 wurde ein Referenzsystem vorgestellt, das als fiktiver Idealzustand natürliche und anthropogen beeinflußte Landschaftszustände umfaßt, die die im BNatSG geforderten Eigenschaften eines Naturschutzgebiets und somit per definitionem einen sehr hohen Schutzwert aufweisen. Aus einer Gegenüberstellung aktueller mit idealen Zuständen kann der Grad ihrer Schutzwürdigkeit hergeleitet werden; die Entfernung des aktuellen vom Idealzustand dient somit als Maß des Naturschutzwerts.

Ein derartiger Bewertungsansatz führt zur Frage, ob ein Gebiet im Sinne des BNatSG schutzwürdig ist oder nicht, bis hin zu einer genaueren Differenzierung der Schutzwürdigkeit. Im vorliegenden Verfahren kommt zur Klassifikation des Naturschutzwerts in der Gewässerlandschaft eine fünfstufige Verhältnisskala zur Anwendung (s. Tabelle 4). Die Klassifikation des Naturschutzwerts orientiert sich hier also nicht primär am Vorkommen von "Rote–Liste–Arten" sondern am Wert der Landschaftsteile und -elemente als Lebensraum[23].

---

[22] Vgl. hierzu JEDICKE (1990, S. 148ff), der auf die unterschiedlichen Schutzgebietstypen und die Effizienz des Schutzes eingeht.
[23] Im Einzelfall, wie z.B. bei der Bewertung der Vegetation im Aquatischen Bereich, wird die Existenz von "Rote-Liste-Arten" berücksichtigt (s. Kap. A.3.5.6.3).

Tabelle 4: Definition und Skalierung von Naturschutzwertstufen

Definitionen	Naturschutz-wert	Wert-stufe
Die bewerteten Landschaften oder Landschaftsteile bzw. die zu ihrer Bewertung herangezogenen Merkmale oder Kriterien ...		
... entsprechen vollkommen den im BNatSG genannten Eigenschaften eines Naturschutzgebiets oder Naturdenkmals.	sehr hoch	4
... entsprechen weitgehend den im BNatSG genannten Eigenschaften eines Naturschutzgebiets oder Naturdenkmals	hoch	3
... entsprechen teilweise den im BNatSG genannten Eigenschaften eines Naturschutzgebiets oder Naturdenkmals.	mäßig	2
... entsprechen zum geringen Teil den im BNatSG genannten Eigenschaften eines Naturschutzgebiets oder Naturdenkmals, sie sind für den Naturschutz weitgehend unbedeutend.	gering	1
... sind ohne Bedeutung für den Naturschutz.	sehr gering	0

Bei der Klassifikation der den Bewertungskriterien zugeordneten Landschaftszustände wurden Naturschutzwert und Störungsintensität zunächst als komplementäre Größen betrachtet und gleichzeitig eingeschätzt (s. Kap. A.4.4.2). Die Rangordnungen der Bewertung sind im Gewässererhebungsbogen (s. Kap. A.4.3.2) wiedergegeben. Bei der Zusammenführung der Daten auf höheren Bewertungsebenen werden Naturschutzwert und Störungsintensität einzeln klassifiziert (s. Kap. A.4.4.2).

3.4.2 Definition und Skalierung der Störungsintensität

Eine umfassende Bewertung von Landschaften und Landschaftszuständen erfordert neben einer Einschätzung ihrer Schutzwürdigkeit eine Bewertung der infolge anthropogener Einflüsse vorhandenen Störungsintensität.

In der Literatur werden zahlreiche Störungsmerkmale meist jeweils für den Einzelfall beschrieben (s. Kap. A.3.5) und ihre Störungsintensität mit Hilfe wertender Begriffe charakterisiert. Weiterhin werden allgemeine Methoden zur Untersuchung und Klassifikation von Landschaftsschäden beschrieben (vgl. z.B. HAARMANN & PRETSCHER 1977, SIEGERT 1971).

Ein allgemein verwendbares begriffliches Instrumentarium zur Klassifikation des Einflusses von Störungen auf den Landschaftshaushalt und die Umweltmedien und zur Einordnung der auftretenden Symptome fehlt jedoch bisher.

Nach den Vorschriften des BNatSG sind neu geplante Eingriffe in Natur und Landschaft genehmigungspflichtig. Im BNatSG werden "Veränderungen der Gestalt oder Nutzung von Grundflächen, die die Leistungsfähigkeit des Naturhaushalts oder das Landschaftsbild erheblich oder nachhaltig beeinträchtigen können" als "Eingriffe in Natur und Landschaft" bezeichnet (§ 8, Abs. 1). Die Eingriffe sind vor ihrer Durchführung im Hinblick auf die Schwere und Nachhaltigkeit ihrer Auswirkungen zu bewerten. Wird ein Eingriff genehmigt, so ist sicherzustellen, daß ein Ausgleich der Beeinträchtigungen ermöglicht wird (§ 8, Abs. 2).

Aus den Vorgaben des Gesetzes kann hergeleitet werden, daß eine allgemeine Beurteilung der Eingriffsintensität anhand der Kriterien Reversibilität (= Nachhaltigkeit der Auswirkungen) und Vorraussetzungen für die Ausgleichbarkeit (= Ausgleich) erfolgen kann; wobei i.f. davon ausgegangen wird, daß nicht nur neu geplante Eingriffe, sondern auch die durch bereits bestehende anthropogene Nutzungseinflüsse entstandenen Zustände anhand der Kriterien klassifiziert werden können.

Die Störungszustände in der Gewässerlandschaft werden im Rahmen der Klassifikation der Bewertungskriterien (s. Kap. A.3.5) nach der Intensität der Störungseinflüsse (i.f. "**Störungsintensität**"), aufgrund derer sie entstanden sind, charakterisiert und zusammenfassend nach Tabelle 5 eingeordnet.

Landschaftszustände, die durch traditionelle Nutzungsformen entstanden sind, werden nicht als "gestört" klassifiziert, sondern unter dem Aspekt bewertet, inwieweit ihre typischen Zustände durch moderne Wirtschaftsweisen überprägt sind.

Im Unterschied zu den hier bewerteten Störungszuständen werden die verursacherorientierten Störungsfaktoren (Kap. A.3.6) nicht quantitativ bewertet, sondern lediglich ihre Verbreitungshäufigkeit in der Gewässerlandschaft erfaßt und kartographiert.

3.4.3 Skalierung der Verbreitungshäufigkeit

Die Bewertung der Gewässerlandschaft erfordert eine Klassifikation der Bewertungskriterien und Störungsfaktoren hinsichtlich ihrer Verbreitungshäufigkeit in den ökologisch–morphologischen Teilräumen.

Tabelle 5: Definition und Skalierung von Intensitätsstufen zur Klassifikation von Störungszuständen

Definitionen	Störungs-intensität	Störungs-stufe
Die bewerteten Landschaften oder Landschaftsteile bzw. die zu ihrer Bewertung herangezogenen Merkmale oder Kriterien ...		
... sind weitgehend oder vollständig von Einflüssen anthropogener Störungen überprägt; die Veränderungen sind i.d.R. irreversibel.	sehr hoch	4
... sind erheblich von Einflüssen anthropogener Störungen geprägt bzw. bereits überprägt; die Veränderungen sind bedingt reversibel bis irreversibel.	hoch	3
... sind deutlich von Einflüssen anthropogener Störungen geprägt; die Veränderungen sind reversibel bis bedingt reversibel.	mäßig	2
... sind in geringem Maße von Einflüssen anthropogener Störungen geprägt; die Veränderungen sind reversibel bis bedingt reversibel.	gering	1
... sind nur in sehr geringem Maße von Einflüssen anthropogener Störungen geprägt; die Veränderungen sind reversibel.	sehr gering	0

Im vorliegenden Verfahren wird die Verbreitungshäufigkeit der für die Bewertungskriterien ausgewiesenen Zustände nach deren prozentualem Anteil an der Länge des Gewässerabschnitts (Aquatischer Bereich und Uferbereich) bzw. an der Flächengröße der Teilräume in der Gewässerlandschaft (Gewässernah- und Auebereich sowie Übergangsbereich) angesprochen.

Die Verbreitung der Störungsfaktoren ist nach absoluten Flächen- bzw. Längengrößen oder nach der Zahl der Einzelfälle anzugeben (s. Kap. A.4.3.2.2). Eine Aussage über Häufigkeit oder Flächenanteil von Landschaftszuständen, Objekten oder Faktoren beinhaltet keine Angabe über deren Anordnung in der Landschaft (PAFFEN 1953). Hier kommt der kartographischen Darstellung wichtige Bedeutung zu (s. Kap. A.4.5.6).

3.5 Auswahl und Beschreibung von Bewertungskriterien und Klassifikation ihrer Ausprägungen

3.5.1 Kriterienauswahl

Die i.f. ausgewählten Bewertungskriterien bilden die Grundlage zur Bewertung der Gewässerlandschaft und zur Charakterisierung des ökologischen Wirkungsgefüges; mit ihrer Hilfe sollen Aussagen getroffen werden über:

- Die Dynamik des fließenden Wassers, seine Verweildauer und seinen Einfluß in den Teilräumen der Gewässerlandschaft

  => Bewertungskriterien "Abflußcharakter" und "Hochwasserdynamik",

- die Naturnähe des Gewässerlaufs in Abhängigkeit von den durchgeführten Regulierungsmaßnahmen

  => Bewertungskriterium "Ausbauzustand",

- die Ausstattung des Gewässerlaufs mit geomorphologischen Strukturelementen

  => Bewertungskriterium "geomorphologische Struktur",

- die ökologische Qualität des Gewässerkörpers in Abhängigkeit von der Stoffbelastung

  => Bewertungskriterium "Gewässergüte",

- die Qualität der Gewässersedimente in Abhängigkeit von der Stoffbelastung

  => Bewertungskriterium "Sedimentzustand",

- den Zustand der Stillgewässer als eigenständige aquatische Biotope in der Gewässerniederung

  => Bewertungskriterium "Zustand der Stillgewässer",

- die Qualität der Vegetationsbestände in der Gewässerlandschaft

  => Bewertungskriterium "Vegetationszustand".

Diese allgemeine Kriterienauswahl wird für die einzelnen Teilräume entsprechend den ökologischen Gegebenheiten modifiziert (vgl. Tabelle 6).

Die in der Tabelle aufgelisteten Kriterien werden i.f. ausführlich beschrieben und ihre Ausprägungen unter den Aspekten des Naturschutzwerts und der Störungsintensität klassifiziert.

A.3.5 Auswahl und Beschreibung von Bewertungskriterien

Tabelle 6: Kriterien zur Bewertung der Fließgewässerlandschaft und ihrer Teilräume

Teilräume	Bewertungskriterien	Bewertungsmerkmale
Aquatischer Bereich	1. Abflußcharakter 2. Ausbauzustand 3. geomorphologische Struktur 4. Gewässergüte 5. Sedimentzustand 6. Vegetationszustand	Abflußregime und Abflußdynamik Intensität wasserbaulicher Maßnahmen an der Gewässersohle Naturnähe des Gewässergrundrisses Saprobiensystem Stoffbelastung der Sedimente Naturnähe und Wert der Vegetationsbestände
Uferbereich	1. Abflußcharakter 2. Ausbauzustand 3. geomorphologische Struktur 4. Gewässergüte 5. Sedimentzustand 6. Vegetationszustand	Abflußregime und Abflußdynamik Intensität wasserbaulicher Maßnahmen am Gewässerufer Geomorphologischer Zustand des Gewässerufers Saprobiensystem Stoffbelastung der Sedimente Naturnähe und Wert der Vegetationsbestände
Gewässernahbereich und Auebereich	1. Hochwasserdynamik 2. Gewässergüte[a] 3. Sedimentzustand 4. Stillgewässer 5. Vegetationszustand	Abflußdynamik und Hochwasserwahrscheinlichkeit Saprobiensystem Stoffbelastung der Sedimente Naturnähe und Wert der Lebensräume Naturnähe und Wert der Vegetationsbestände
Übergangsbereich	1. Vegetationszustand	Naturnähe und Wert der Vegetationsbestände

[a] = Bewertung nur bei genügend großer Hochwasserhäufigkeit (s. Kap. A.3.5.4.1).

Wegen der beschränkten Kriterienzahl sind grundsätzlich alle aufgeführten Kriterien zu berücksichtigen. Ob ohne eine Verfälschung des Gesamtbewertungsergebnisses auf einzelne Kriterien verzichtet werden kann, ist im Einzelfall zu entscheiden.

Bei der Merkmalsklassifikation finden die Aspekte "Biotopvernetzung", "Gefährdung", "Naturnähe", "Seltenheit", "Repräsentanz" und "Wiederherstellbarkeit"

Berücksichtigung (vgl. u.a. DRACHENFELS & MEY 1990; KAULE & SCHOBER 1985).

Obwohl in der Literatur darauf hingewiesen wird, daß den tierischen Lebensgemeinschaften (Zoozönosen) der Gewässerlandschaft besonders unter Aspekten des Artenschutzes eine wichtige Bedeutung zukommt, muß hier auf die Aufnahme der Zoozönosen wegen des sehr hohen methodischen Aufwands weitgehend verzichtet werden. Eine Ausnahme bildet die Bewertung der Gewässergüte. Hier werden durch die Einbeziehung des Saprobienindex' in das Untersuchungsverfahren die Organismen des Makrozoobenthos mitberücksichtigt (s.u.). Liegen weitere zoologische Aufnahmen vor[24], werden diese bei der Darstellung der Untersuchungsergebnisse (s. Kap. A.4.5.2) aufgeführt und gewürdigt.

Sollten faunistische Untersuchungen aufgrund spezifischer Fragestellungen erforderlich sein, sind hierfür i.d.R. Spezialaufnahmen durchzuführen. Dabei kann in vielen Fällen auf den ausführlichen zoologischen Teil des von LÖLF & LWA (1985) vorgestellten Aufnahmeverfahrens zurückgegriffen werden.

3.5.2 Bewertung der Hydrodynamik

3.5.2.1 Bewertungskriterium "Abflußcharakter"

Der Abflußcharakter eines Fließgewässers kann durch das Abflußregime und die Abflußdynamik beschrieben werden. Er wird im Aquatischen Bereich und im Uferbereich erfaßt und bewertet.

Das **Abflußregime** beschreibt den Gang der mittleren monatlichen Wasserstände oder Abflußmengen, die Anzahl der Abflußmaxima und -minima und die zeitliche Lage dieser Werte im Jahresverlauf (BAUMGARTNER & LIEBSCHER 1990). Es hängt von einer Vielzahl von Faktoren im Einzugsgebiet ab (u.a. Niederschlag, Relief, Vegetation), die von KELLER (1962) und BAUMGARTNER & LIEBSCHER (1990) ausführlich beschrieben werden. In Abhängigkeit des jahreszeitlichen Auftretens der höchsten und niedrigsten Abflüsse werden die Flußgebiete in verschiedene Regimetypen unterteilt. Es lassen sich einfache sowie komplexe Regime unterscheiden: Einfache Regime weisen ein einzelnes Abflußmaximum im Jahresgang auf, für komplexe Regime sind mehrere Abflußmaxima pro Jahr typisch. Große Flüsse und Ströme wie Rhein und Donau können im Verlauf der Fließstrecke mehrmals ihren Regimetyp wechseln. Die verschiedenen weltweit auftretenden Regimetypen werden von KELLER (1962) und PARDÉ (1947) behandelt.

Die **Abflußdynamik**, die vom DVWK (1984) als "Abflußunterschied" bezeichnet wird, beschreibt die durchschnittliche langjährige Amplitude der Abflußmengen. Sie kann als Quotient der mittleren Hochwasser- und der mittleren Niedrigwasserabflußmengen (MHQ : MNQ) berechnet werden.

---

[24] Neben Veröffentlichungen in der Fachliteratur existieren häufig unveröffentlichte Gutachten, die bei den Naturschutzbehörden der Kommunen oder Landkreise eingesehen werden können.

Die ökologische Relevanz des Abflußcharakters besteht vor allem in seinem Einfluß auf die Strömungsverhältnisse im Gewässerbett und am Gewässerufer. Künstliche Veränderungen des Abflußcharakters haben z.T. erhebliche Rückwirkungen auf die biozönotische Ausstattung des Gewässers.

Zur **Bewertung** des Abflußcharakters der Fließgewässer werden unter Bezugnahme auf den Gewässertyp (s. Kap. A.2.3) folgende Zustände, die das Abflußregime und die Abflußdynamik berücksichtigen, unterschieden:

Weitgehend unverändert. Das Abflußregime und die Abflußdynamik entsprechen vollkommen dem Gewässertyp, sie weisen eine vom Menschen nicht oder sehr wenig beeinflußte Ausprägung auf.

Wenig verändert. Das Abflußregime und die Abflußdynamik entsprechen dem Gewässertyp weitgehend. Die menschlichen Einflüsse beschränken sich auf wenige kleinere Eingriffe. Ein wenig veränderter Abflußcharakter kann an Gewässerabschnitten mit Beeinflussung durch Talsperren ebenfalls gegeben sein, wenn diese soweit oberstrom liegen, daß die Abflußdynamik kaum verändert wird und keine Verschiebungen der Abflußextrema im Jahresverlauf auftreten.

Mäßig verändert. Das Abflußregime und die Abflußdynamik entsprechen nur teilweise dem Gewässertyp. Durch wasserbauliche Eingriffe kommt es zu deutlichen Beeinflussungen des Abflußcharakters. Es kann sich hierbei um Veränderungen der Abflußunterschiede und um Verschiebungen der Abflußextrema um mehrere Wochen im Jahresverlauf handeln.

Stark verändert. Das Abflußregime und die Abflußdynamik sind durch wasserbauliche Eingriffe gegenüber den natürlichen Verhältnissen weitgehend überprägt. Es kann sowohl zu starken Veränderungen der Abflußunterschiede als auch zu Verschiebungen der Abflußextrema um mehrere Monate im Jahresverlauf kommen.

Sehr stark verändert. Das Abflußregime und die Abflußdynamik sind durch wasserbauliche Eingriffe nahezu vollkommen verändert. Der Abflußcharakter wird kaum noch von den natürlichen Faktoren beeinflußt, sondern weitgehend durch technische Einrichtungen künstlich gesteuert.

Im Bereich von Talsperren und Stauhaltungen treten besonders gravierende Veränderungen des Abflußcharakters ein. Sie sind innerhalb des Stauraums der Talsperren so groß, daß diese Bereiche nicht mehr als Fließgewässer anzusprechen sind und daher im vorliegenden Verfahren nicht berücksichtigt werden. Im Rückstaubereich und unterstrom von Wehren und Sohlabstürzen sowie an Gewässerabschnitten, in denen ein großer Teil des Wassers in Mühlengräben oder Kraftwerkskanälen aus dem Flußbett abgeleitet wird (vgl. hierzu OTTL 1990), ist der Abflußcharakter im Aquatischen Bereich und im Uferbereich als stark verändert zu klassifizieren[25] (= "hohe" Störungsintensität, Stufe 3; "geringer" Naturschutzwert, Stufe 1).

Aus der Beschreibung der anthropogenen Veränderungen des Abflußcharakters ergibt sich für die Einstufung des Naturschutzwerts und der Störungsintensität die im Gewässererhebungsbogen (s. Kap. A.4.3.2.3) wiedergegebene Rangfolge. Die bei der Bewertung des Abflußcharakters gefundenen Schutzwert- bzw. Störungsstufen gehen in die Bewertung des Aquatischen Bereichs und des Uferbereichs ein.

3.5.2.2 Bewertungskriterium "Hochwasserdynamik"

Die Hochwasserdynamik kennzeichnet den langjährigen durchschnittlichen Verlauf von Hochwasserereignissen; sie wird im Gewässernahbereich und im Auebereich untersucht und bewertet.

An Gewässern ohne ausgeprägte Aue (z.B. in Kerbtälern des Berglands) und ebenso an Quelläufen wird die Hochwasserdynamik nicht als Bewertungskriterium berücksichtigt, sondern lediglich der Abflußcharakter eingestuft, und im Aquatischen Bereich und im Uferbereich bewertet. Die an diesen Gewässern typischen Bachuferwälder können sich unter dem Einfluß von Hangwasser oder hoch anstehendem Grundwasser auch bei einer geringen Hochwasserhäufigkeit einstellen.

Demgegenüber ist an Gewässern mit Auenbereichen die Hochwasserdynamik in ökologischer Sicht von entscheidender Bedeutung. So hängt beispielsweise die Ausprägung typischer Bestände des Weich- und Hartholzauewalds vorwiegend von der Überflutungsdauer der Aue bei Hochwasser ab.

Im Hinblick auf die **Bewertung** der Hochwasserdynamik kann bei einem weitgehend natürlichen Abflußcharakter (s.o.) an nicht oder wenig regulierten Gewässern ebenfalls von einem entsprechend geringen Grad anthropogener Beeinflussung ausgegangen werden. Daher wird an derartigen Gewässern die bereits klassifizierte Naturnähe des Abflußcharakters als Maß für die Naturnähe der Hochwasserdynamik akzeptiert und die entsprechende Stufe des Schutzwerts bzw. der Störungsintensität in die Bewertung des Gewässernahbereichs und Auebereichs übernommen.

Im Unterschied hierzu jedoch ist im Gewässernahbereich und im Auebereich ausgebauter, eingedeichter oder gestauter Gewässer die Untersuchung des Abflußcharakters allein zur Bewertung der Hochwasserdynamik nicht hinreichend. Es können aufgrund überlagernder Einflüsse an den Abflußpegeln u.U. ähnliche Verhältnisse gemessen werden wie in naturnahen Bereichen. Daher wird bei derartigen Gewässern die aktuelle Überschwemmungshäufigkeit (Hochwasserwahrscheinlichkeit) als zusätzliches Bewertungskriterium herangezogen; dieses ist ebenfalls an Gewässerabschnitten der Fall, an denen ein großer Teil des Wassers in Mühlengräben oder Kraftwerkskanälen aus dem Flußbett abgeleitet wird.

---

[25] Zur Berechnung bzw. Abschätzung der Länge der durch Querbauten beeinflußten Gewässerstrecken s. Kap. A.4.3.3.1.

Die Hochwasserwahrscheinlichkeiten können für sehr viele Fließgewässer aus dem "Deutschen Gewässerkundlichen Jahrbuch", aus Pegelunterlagen der Wasserwirtschaftsämter oder landesweiten Verzeichnissen entnommen werden[26]. Durch Vergleich der maximalen Abflußleistung der Ausbauquerschnitte mit den Hochwasserjährlichkeiten können Rückschlüsse auf die Hochwasserdynamik im Auebereich des betrachteten Gewässers gezogen werden.

Aus der Verknüpfung der Naturnähe des Abflußcharakters mit den Hochwasserwahrscheinlichkeiten ergibt sich für die Einstufung des Schutzwerts und der Störungsintensität der Hochwasserdynamik regulierter Fließgewässer die im Gewässererhebungsbogen (s. Kap. A.4.3.2.3) wiedergegebene und i.f. beschriebene Rangfolge.

Bei der Einschätzung der Hochwasserdynamik in Gewässerauen wurde von folgenden Überlegungen ausgegangen:

Zur Einstufung in die Schutzwertstufe 4/ Störungsstufe 0 muß neben einem mindestens naturnahen Abflußcharakter die Möglichkeit der Entwicklung der potentiellen natürlichen Vegetation (pnV) (i.d.R. Auewald) zumindest von den hydrologischen Bedingungen her gegeben sein. Nach Angaben von DISTER (1980) beträgt die Mindestüberflutungsdauer zur Erhaltung des Hartholzauewalds ca. 3–14 d/ a (s. Kap. A.3.5.6.2).

Die Schutzwertstufe 3/ Störungsstufe 1 erfordert zusätzlich zu einem mindestens bedingt naturnahen Abflußcharakter eine durchschnittliche Hochwasserwahrscheinlichkeit von wenigstens einem Ereignis pro Jahr. Selbst wenn die hydrologischen Standortsbedingungen für die Entwicklung eines Auewalds nicht mehr gegeben sind, so kommt es im Falle der Existenz von Altgewässern zumindest zu einer regelmäßigen Verbindung mit dem Fließgewässer. Darüber hinaus kann davon ausgegangen werden, daß wegen des Hochwasserrisikos i.d.R. das noch vorhandene Auegrünland auch in Zukunft sehr wahrscheinlich nicht umgebrochen wird und erhalten bleibt.

Zu einer Einstufung der Hochwasserdynamik in die Schutzwertstufe 2/ Störungsstufe 2 ist zusätzlich zu einem mindestens bedingt naturnahen Abflußcharakter eine durchschnittliche Hochwasserwahrscheinlichkeit von einem Ereignis in ein bis zwei Jahren erforderlich. Auch hier kann davon ausgegangen werden, daß wegen des Hochwasserrisikos noch vorhandenes Auegrünland nicht umgebrochen wird.

Eine "hohe" Störungsintensität (Stufe 3) bzw. ein "geringer" Naturschutzwert (Stufe 1) der Hochwasserdynamik tritt regelmäßig bei einer Hochwasserjährlichkeit von 2–5 auf. In der Gewässeraue dominieren unter derartigen Bedingungen meistens intensive Nutzungsformen. Allerdings besteht noch ein gewisses "Restrisiko" für das Auftreten von Überschwemmungen, so daß Nutzungen, die eine Versiegelung der Gewässerniederung erfordern (Industrie- oder Gewerbebebauung, Siedlungsnutzung), i.d.R. nicht vorkommen.

---

[26] So liegt z.B. für das niedersächsische Wesergebiet ein "Hochwasserabflußspendenlängsschnitt" vor (vgl. NMLW 1979).

Bei einer Hochwasserjährlichkeit von > 5 ist die Störungsintenistät als "sehr hoch" (Stufe 4) bzw. der Naturschutzwert als "sehr gering" (Stufe 0) anzusprechen. Das sehr geringe Hochwasserrisiko ermöglicht intensivste Flächennutzungen, wie z.b. Bebauung oder intensive Freizeitnutzung. Die möglicherweise noch vorhandene Vegetation steht i.d.R. nicht mehr in Beziehung zum Grundwasser oder zum Abflußgeschehen im Fließgewässer.

3.5.3 Bewertung der abiotischen Gewässerstruktur

Neben den biotopbildenden Vegetationselementen (s.u.) werden in der Literatur zahlreiche abiotische Landschaftselemente beschrieben, die häufig "Strukturen" oder "Strukturelemente" genannt werden (vgl. BANNING et al. 1989). Im vorliegenden Verfahren werden die biotischen Elemente in ihrer Gesamtheit als "biotische Struktur" und die abiotischen Elemente als "abiotische Struktur" der Landschaft bezeichnet.

Im folgenden wird auf die abiotische Gewässerstruktur eingegangen, die biotischen Elemente werden bei der Beschreibung der Vegetationsbestände berücksichtigt (s. Kap. A.3.5.6).

Es kann zwischen natürlichen und anthropogenen abiotischen Elementen unterschieden werden: In der Gewässerlandschaft handelt es sich bei den natürlichen Elementen hauptsächlich um Formenelemente des fluvialen geomorphologischen Formenschatzes; zu den anthropogenen Strukturelementen gehören sowohl Elemente der traditionellen bäuerlichen Kulturlandschaft[27], als auch künstliche Elemente der modernen Kulturlandschaft wie künstliche Uferbefestigungen und neuere Gebäude. Im weiteren wird die abiotische Gewässerstruktur anhand der Bewertungskriterien "Ausbauzustand" und "geomorphologische Struktur" untersucht.

3.5.3.1 Bewertungskriterium "Ausbauzustand"

Unter weitgehend natürlichen Bedingungen bildet das Gewässerbett mit der Gewässersohle und dem Gewässerufer sowie dem angrenzenden Teil des Gewässernahbereichs einen vielfältigen und engvernetzten Biotop. Hier kommt es durch die formende Kraft des fließenden Wassers häufig zu Veränderungen des geomorphologischen Zustands und zur Ausbildung charakteristischer biotopbildender Formenelemente.

Im mitteleuropäischen Raum ist diese natürliche Entwicklungsdynamik oftmals von den Gewässernutzern und den Nutzern der angrenzenden Flächen unerwünscht. Daher wurden die Gewässersohlen, die Ufer und stellenweise zusätzlich Teile der Gewässernahbereiche bei steigender Nutzungsintensität seit dem Mittelalter und in zunehmendem Maße in industrieller Zeit künstlich verbaut.

---

[27] In der Gewässerlandschaft können z.B. ältere Gebäude, Lesesteinhaufen oder Trockenmauern vorkommen.

A.3.5 Auswahl und Beschreibung von Bewertungskriterien

Der Gewässerausbau wirkt sich in vielfältiger Weise in der gesamten Gewässerlandschaft aus (DVWK 1984). Je weniger das Gewässerbett von Ausbaumaßnahmen beeinflußt ist, um so größer ist i.d.R. der Reichtum an Klein- und Kleinstbiotopen mit vielfältigen Lebensgemeinschaften (JÜRGING 1985). Im Gegensatz hierzu sinkt der Biotopwert und die Selbstreinigungsleistung des Gewässers mit zunehmendem Verbau (LANGE & LECHER 1986).

Eine **Bewertung** der Ausbauzustände des Gewässerbetts erfolgt vorwiegend anhand des Kriteriums der Ausbauintensität. Nicht ausgebaute, natürliche Gewässersohl- und Uferbereiche zählen zu den besonders bedrohten Lebensräumen in Mitteleuropa. Sie benötigen zu ihrer Entwicklung lange Zeiträume und müssen somit als unersetzbar gelten.

Der Ausbauzustand des Gewässers wird im **Aquatischen Bereich** und im **Uferbereich** aufgenommen und bewertet. Die im Gewässernahbereich teilweise angelegten Hochwasserdeiche werden bei der Bewertung der Ausbauzustände des Uferbereichs berücksichtigt (s.u.).

An künstlich angelegten Gewässern wird die höchste Stufe des Naturschutzwerts (Stufe 4) weder im Aquatischen Bereich noch im Uferbereich ausgewiesen, da selbst alte Kanäle oder Gräben meist einen gestreckten Verlauf aufweisen und die Ausstattung des Uferbereichs mit Strukturelementen gegenüber natürlichen Verhältnissen reduziert ist. Die Ausbauzustände "weitgehend ohne künstliche Sicherung" und "geringe künstliche Sicherung" werden hier gemeinsam der Schutzwertstufe 3 ("hoher" Naturschutzwert) zugeordnet.

Im **Aquatischen Bereich** stellt die Gewässersohle in vielen Flüssen den wichtigsten Lebensraum dar (s. Kap. A.2.1). Als Teil des Gewässerbetts bildet sie unter natürlichen Bedingungen einen vielseitigen Biotop, der der formenden Kraft des fließenden Wassers unterliegt. Sie weist in Abhängigkeit von y, geologischen Verhältnissen und y zahlreiche geomorphologische Formenelemente[28] auf. Die Bedingungen für die Lebensgemeinschaften hängen u.a. stark von den Substratverhältnissen der Gewässersohle ab, denn außer für Fische ist für alle anderen Fließgewässerorganismen "eine unmittelbare Beziehung zu einem ruhenden Substrat lebensnotwendig" (LANGE & LECHER 1986, S. 29).

Die Einstufung des Naturschutzwerts und der Störungsintensität der Ausbauzustände an der Gewässersohle erfolgt nach der im y (s. Kap. A.4.3.2.3) wiedergegebenen Rangordnung.

Es werden folgende Ausbauzustände des Aquatischen Bereichs unterschieden:

Ohne künstliche Sicherung. Die Sohle befindet sich in weitgehend natürlichem Zustand, Eingriffe zur Sohlsicherung sind nicht vorhanden, die Ausbildung von geomorphologischen Formenelementen ist möglich.

---

[28] Zum ökologischen Wert der geomorphologischen Formenelemente s. Kap. A.3.5.3.2.

Im folgenden wird der Ausbauzustand von Gewässersohlen ohne künstliche Sicherung als weitgehend natürlich angesprochen und der Schutzwert als "sehr hoch" (Stufe 4) und die Störungsintensität als "sehr gering" (Stufe 0) klassifiziert.

Geringe Sicherung. Die Gewässersohle befindet sich in naturnahem Zustand und in weiten Bereichen in dynamischem Gleichgewicht mit den Fließkräften des Gewässers. Die Eingriffe zur Sohlsicherung beschränken sich auf wenige Stellen und Maßnahmen, z.B. das punktuelle Einbringen von Schüttsteinen oder den punktuellen Einbau flacher Sohlschwellen. Die Intensität der Störungen des Aquatischen Bereichs durch Grundschwellen wird in der Literatur uneinheitlich bewertet: Von RASPER et al. (1991) wird der Einbau von Sohlschwellen und -gleiten grundsätzlich als Störung eingestuft. Von der LÖLF (1980) wird dagegen betont, daß Grundschwellen den Wasserspiegel bei Niedrigwasserabfluß auf einer Mindesthöhe halten, ohne daß die sonst bei Wehren zu beobachtenden Störungen der Biotopvernetzung auftreten. Der Ausbauzustand von Gewässersohlen mit geringer künstlicher Sicherung wird i.f. als naturnah bei "hohem" Naturschutzwert (Stufe 3) und "geringer" Störungsintensität (Stufe 1) eingeschätzt.

Grundräumung. Unter dem Begriff Grundräumung wird in der Wasserwirtschaft die Entnahme von Sediment aus dem Bereich der Gewässersohle verstanden. In der Regel werden Grundräumungen mit dem Ziel der Vergrößerung des Abflußprofils und der Erhöhung der Abflußleistung durchgeführt. Durch Grundräumungen jeder Intensität kann es zu Beeinträchtigungen des aquatischen Ökosystems kommen. Besonders bei sand- und kiesführenden Gewässern werden durch die Materialentnahme Kleinlebensräume vernichtet. Aus ökologischer Sicht kann allerdings eine Sohlräumung dann sinnvoll sein, wenn es durch erhöhte Sedimentation an der Gewässersohle beispielsweise im Bereich von Stauhaltungen zu Schädigungen der Biozönosen des hyperheischen Interstitials kommt (DVWK 1990). In der Literatur wird meist auf die eher negativen Folgen von Grundräumungen für die Biozönosen der Gewässersohle hingewiesen, daher wird im weiteren die Naturnähe einer grundgeräumten, aber ansonsten nicht verbauten Gewässersohle als bedingt naturnah eingestuft und der Schutzwert ebenso wie die Störungsintensität als "mäßig" (Stufe 2) klassifiziert.

Intensivunterhaltung mit Ausbaucharakter. Besonders an kleineren Gewässern werden Uferunterhaltungsmaßnahmen häufig bis in den Bereich der Gewässersohle ausgedehnt. Die hierbei auftretenden Störungen kommen, wie unten für die Uferbereiche beschrieben, regelmäßig den Auswirkungen eines Intensivausbaus gleich. Der Naturschutzwert derartig bearbeiteter Gewässerstrecken ist als "gering" (Stufe 1), die Störungsintensität als "hoch" (Stufe 3) einzuschätzen.

Steinschüttung. In der Literatur fehlen nähere Angaben zur ökologischen Auswirkung von Sohlsicherungen durch Steinschüttungen. Es findet sich lediglich die

Empfehlung, bei Gewässerausbauten ggf. möglichst grobes Material einzubringen, um Mikro- und Makroorganismen Lebensraum zu bieten (vgl. DVWK 1984). Aufgrund von Analogieschlüssen aus Literaturangaben zu anderen Ausbauzuständen muß davon ausgegangen werden, daß an einer durch Schüttsteine gesicherten Gewässersohle eine Biotopstrukturierung durch natürliche Erosions- und Akkumulationsvorgänge weitgehend unterbunden wird, und es so zu einer Verarmung des Gewässers an Kleinlebensräumen kommt. Im folgenden wird der Ausbauzustand einer mit Schüttsteinen verbauten Gewässersohle als naturfern bei "geringem" Naturschutzwert (Stufe 1) angesprochen und die Störungsintensität als "hoch" (Stufe 3) eingestuft.

Pflasterung/ Betonierung. Durch den intensiven Verbau der Gewässersohle mit naturfremden Baustoffen sind die Fließkräfte des Gewässers sehr stark eingeschränkt, die Herausbildung geomorphologischer Strukturelemente ist i.d.R. ausgeschlossen. Die Reduzierung der aktiven Sohloberfläche führt zu einer sehr starken Verarmung oder völligen Vernichtung der Biozönosen des hyporheischen Interstitials (ENGELHARD 1973), höhere Wasserpflanzen fehlen. Die insgesamt starke Organismenverarmung führt zu einer Reduzierung der Selbstreinigungsleistung des Gewässers. Im folgenden wird der Ausbauzustand gepflasterter/ betonierter Gewässersohlen als naturfremd bei "geringem" Naturschutzwert (Stufe 0) und "sehr hoher" Störungsintensität (Stufe 4) klassifiziert.

Wehrbauten und Sohlabstürze. Durch den Bau von Wehren, Stauwerken und Sohlabstürzen in Fließgewässern entstehen sowohl in Hinsicht auf den Lebensraum als auch auf die Biotopvernetzung erhebliche Störungen. Die Auswirkungen des Gewässeraufstaus hängen von einer Vielzahl von Faktoren ab (u.a. Abwasserbelastung, Gefälle, Geschiebe- u. Schwebstofführung) und können im Einzelfall sehr unterschiedlich sein. Jedoch werden die Lebensbedingungen im Gewässer, verglichen mit dem früheren Zustand, in jedem Fall grundlegend verändert. An der Gewässersohle und im Uferbereich treten durch den Bau von Stauanlagen erhebliche Veränderungen auf, die in ihrer Intensität den Einflüssen von Ausbaumaßnahmen entsprechen. Im Stauraum oberhalb der Wehre ist die Fließgeschwindigkeit stark reduziert. Aufgrund der geringen Fließgeschwindigkeit kommt es zu einer verstärkten Sedimentation der transportierten Schwebstoffe, die häufig zu einer Verschlammung des Gewässerbetts führt. Demgegenüber sind im Unterstrombereich oftmals Erosionserscheinungen zu beobachten.

Nach Angaben von WESTRICH (1985) stellen Flußstauhaltungen für die Schadstoffbilanz der Fließgewässer die wichtigsten Senken dar. Insbesondere Schwermetalle, die an das im Stauraum abgelagerte Feinsediment adsorbiert sind, werden häufig angereichert. Neben der Akkumulation persistenter Schadstoffe können Faulschlammbildung und Sauerstoffzehrung auftreten. Ähnlich wie Wehrbauten zerschneiden Sohlabstürze die Fließgewässerbiotope, da sie für flußaufwärts wandernde Tiere nicht passierbar sind; hierdurch kann es zu Artenverarmungen im

Oberstrombereich der Querbauwerke kommen. Im Rückstau- und Unterstrombereich von Wehren und Sohlabstürzen sind die Gewässersohle und die Ufer grundsätzlich als sehr stark anthropogen verändert einzuschätzen. Die Intensität der Eingriffe entspricht, insbesondere im Hinblick auf die Biotopvernetzung, einem naturfremden Gewässerausbau (s.o.).

Daher wird i.f. der Ausbauzustand der Gewässersohle im Bereich[29] von Wehren und Sohlabstürzen grundsätzlich als naturfremd (Schutzwertstufe 0) eingestuft und die Störungsintensität als "sehr hoch" (Stufe 4) klassifiziert. Die Störungsintensität an Wehren mit Fischpaß wird bei der Bewertung des Ausbauzustands im Aquatischen Bereich und im Uferbereich (s.u.) durchschnittlich geringer als an Bauwerken ohne Fischpaß bewertet (Störungsintensität "hoch", Stufe 3; Naturschutzwert "gering", Stufe 1).

Das **Gewässerufer** ist der Teil des Gewässerbetts, in dem am häufigsten und intensivsten Maßnahmen des Gewässerausbaus und der Gewässerunterhaltung durchgeführt werden. Wie im Bereich der Gewässersohle (s.o.) treten bei steigender Verbauungsintensität in zunehmendem Maße Schädigungen des Lebensraums und der Biozönosen auf.

Im Uferbereich der Gewässer werden folgende Ausbauzustände unterschieden:

Ohne nennenswerte künstliche Sicherung. Das Ufer befindet sich in weitgehend natürlichem Zustand und in dynamischem Gleichgewicht mit den Fließkräften des Gewässers. Die Eingriffe zur Ufersicherung beschränken sich auf wenige punktuelle Maßnahmen wie die Räumung von Abflußhindernissen (z.B. umgestürzte Bäume). Die Ausbildung von geomorphologischen Strukturelementen wie Kolken, Steilufern, Prall- und Gleithängen ist möglich. Uferpflanzen, die für den Stoffhaushalt und die Selbstreinigungsleistung des Gewässers von besonderer Bedeutung sind, finden hier einen Lebensraum. Der Naturschutzwert weitgehend natürlicher unverbauter Ufer wird i.f. als "sehr hoch" (Stufe 4), die Störungsintensität als "sehr gering" (Stufe 0) klassifiziert.

Geringe künstliche Sicherung. Das Ufer befindet sich in naturnahem Zustand und in weiten Bereichen in dynamischem Gleichgewicht mit den Fließkräften des Gewässers. Die Eingriffe zur Ufersicherung beschränken sich auf wenige Stellen und Maßnahmen wie z.B. das punktuelle Einbringen von Schüttsteinen in Bereichen durchbruchsgefährdeter Mäanderschlingen. Zur Einstufung des Naturschutzwerts gilt in etwas abgeschwächter Form das oben Gesagte. Im folgenden wird der Schutzwert naturnaher Gewässerufer mit geringer künstlicher Sicherung als "hoch" (Stufe 3) und die Störungsintensität als "gering" (Stufe 1) angesprochen.

---

[29] Auf die Berechnung bzw. Abschätzung der betroffenen Streckenlängen wird in Kap. A.4.3.3.1 eingegangen.

Ältere Ausbauten, weitgehend ohne Sicherung. Ältere Ausbaustrecken weisen i.d.R. einen bedingt naturnahen Zustand des Gewässerufers auf. Es handelt sich hierbei meist um Gewässer, die am Anfang des Jahrhunderts oder vor 50–60 Jahren mit Methoden relativ geringer Eingriffsintensität ausgebaut wurden. Die dabei durchgeführten Maßnahmen beschränkten sich häufig auf eine mäßige Aufweitung des Abflußprofils und Durchstiche einzelner Mäander. Oftmals wurden derartige Gewässerabschnitte später nur noch in geringem Umfang unterhalten, so daß sie sich in Richtung auf einen naturnahen Zustand entwickeln[30].
Im folgenden werden der Naturschutzwert und die Störungsintensität derartiger Gewässerufer als "mäßig" (Stufe 2) angesprochen.

Lebendverbau. Die Ufer werden durch die bereits vorhandenen Gehölze in Kombination mit angepflanzten standortstypischen Gehölzen weitgehend stabilisiert, zusätzlich wird der Böschungsfuß meist durch Pflanzungen von Röhricht oder Seggenpflanzen gesichert (vgl. LANGE & LECHER 1986). Durch die Stabilisierungsmaßnahmen sind die Fließkräfte des Wassers im Uferbereich gehemmt, eine Verlegung des Ufers ist nur bei Hochwässern möglich.
Lebendverbaute Ufer bilden häufig schon in relativ kurzer Zeit (5–10 Jahre) nach den Baumaßnahmen gut strukturierte Lebensräume für Tiere und Pflanzen und können zur Verbesserung der Selbstreinigungsleistung des Gewässers beitragen (dies.). Derartige Uferbereiche werden im weiteren als bedingt naturnah eingestuft und der Schutzwert ebenso wie die Störungsintensität als "mäßig" (Stufe 2) klassifiziert.

Kombinationsverbau. Ähnlich wie bei Lebendverbaumaßnahmen werden der mittlere und obere Uferbereich mit standortstypischen Gehölzen bepflanzt und der Böschungsfuß durch Röhricht- oder Seggenpflanzungen gesichert. Da diese Bestände ihre volle Uferschutzfunktion meist erst nach mehreren Vegetationsperioden erreichen, werden bei Gewässern mit starken Fließkräften zusätzlich Schüttsteine in den unteren Böschungsbereich eingebaut. Nach Angaben von LANGE & LECHER (1986) behindern die Schüttsteine die Pflanzenentwicklung nur wenig, sofern die Pflanzmaßnahmen und die Wahl der Baustoffe aufeinander abgestimmt werden.
Bei Uferausbauten in Kombinationsverbau sind die Fließkräfte des Gewässers eingeschränkt, eine Verlegung des Ufers erfolgt nur bei starken Hochwässern. Die Herausbildung geomorphologischer Strukturelemente ist meist nur in reduziertem Umfang möglich. Trotz dieser Einschränkungen können kombinationsverbaute Ufer schon in relativ kurzer Zeit (5–10 Jahre) nach den Baumaßnahmen Lebensräume für Tiere und Pflanzen bilden und zur Verbesserung der Selbstreinigungsleistung des Gewässers beitragen (NIEHOFF et al. 1991a). Kombinationsverbaute Uferbereiche werden im weiteren als bedingt naturnah eingestuft. Sowohl der Schutzwert als auch die Störungsintensität sind als "mäßig" (Stufe 2) zu klassifizieren.

---

[30] Durch das aufgeweitete Abflußprofil kann der Abflußcharakter und die Hochwasserhäufigkeit trotzdem verändert sein (s. Kap. A.3.5.2.2).

Intensivausbauten. Alle i.f. beschriebenen Ausbauzustände an Gewässerufern können als intensiv ausgebaut charakterisiert werden. Sie sind durch erhebliche Veränderungen der ökologischen Bedingungen gegenüber den natürlichen Verhältnissen gekennzeichnet und stellen den durchschnittlichen Typus der ohne die Berücksichtigung ökologischer Belange ausgebauten Gewässer in weiten Bereichen Mitteleuropas dar. Häufig werden bei den Ausbaumaßnahmen Abflußprofile mit Rasenböschungen angelegt (s.u.), so daß hier im Gegensatz zu betonierten oder gepflasterten Ufern, in denen ausschließlich tote Baustoffe verwendet werden, zumindest teilweise biogene Stoffe zur Anwendung kommen.

Die Fließkräfte intensiv ausgebauter Gewässer sind im Uferbereich stark eingeschränkt, so daß die Herausbildung geomorphologischer Strukturelemente nahezu ausgeschlossen ist. Eine Verlegung des Ufers ist nur bei außergewöhnlich starken Hochwässern möglich. Aufgrund der erhöhten Fließgeschwindigkeit im Flußbett kommt es zu Verdriftungen pflanzlicher und tierischer Organismen. Durch die Ausbaumaßnahmen werden Unregelmäßigkeiten am Gewässerufer nivelliert und die typische Vegetation beseitigt. Das hat für die Uferfauna schwerwiegende Folgen, denn gewässerbegleitende Pflanzengesellschaften bilden Lebensraum für zahlreiche Tierarten. Aufgrund der Schädigungen der Biozönosen ist die Selbstreinigungsleistung ausgebauter Gewässer herabgesetzt und die Biotopvernetzung eingeschränkt.

Im weiteren wird der Ausbauzustand intensiv ausgebauter oder unterhaltener Gewässerufer als naturfern bei "geringem" Naturschutzwert (Stufe 1) angesprochen und die Störungsintensität als "hoch" (Stufe 3) eingestuft.

Es werden folgende Zustände des Intensivausbaus unterschieden:

Steinschüttung. Die Ufer derartig ausgebauter Gewässer sind bis oberhalb der Mittelwasserlinie durch Schüttsteine gesichert und die oberen Uferbereiche häufig mit Rasen bepflanzt, der regelmäßig gemäht wird. Die ökologischen Bedingungen dieser Gewässerabschnitte entsprechen der oben gegebenen allgemeinen Beschreibung weitgehend.

Eindeichung. Ebenfalls zu den intensiv ausgebauten Gewässerstrecken werden eingedeichte Gewässer, unabhängig vom sonstigen Zustand der Ufer gezählt. Die in der neueren Literatur beschriebenen ökologischen Aspekte beim Ausbau von Gewässern (vgl. DVWK 1984) werden bei Gewässereindeichungen bisher noch viel seltener beachtet als bei Ausbauten des Gewässerufers (DVWK 1992). Daher wird im hier gegebenen Zusammenhang zunächst von einem Einfluß der Eindeichungen auf das Gewässer ausgegangen, der einem Intensivausbau der Ufer entspricht; zusätzlich treten Beeinträchtigungen der Biotopvernetzung im Querprofil der Gewässerlandschaft auf. LANGE & LECHER (1986, S. 167) bezeichnen die Folgewirkungen der Flußeindeichung auf den Landschaftshaushalt als "schwerwiegend".

Der Ausbauzustand der Eindeichungen wird bei der Untersuchung des Uferbereichs berücksichtigt, auch wenn die Deiche oft in geringer Entfernung vom Ufer im Gewässernahbereich angelegt wurden.

Intensivunterhaltungen mit regelmäßiger Räumung des Abflußprofils. Besonders an kleineren Gewässern wird auf einen Ausbau des Ufers durch das Einbringen stabilisierenden Baumaterials oft verzichtet. Häufig wird der Bachlauf begradigt und ein V–förmiges Abflußprofil angelegt. Derartige Ufer unterliegen nach dem Ausbau i.d.R. naturfremden Unterhaltungsmaßnahmen. In den meisten Fällen wird einmal pro Jahr eine Böschungsmahd mit Hilfe eines an einem Bagger befestigten Mähkorbs oder anderer Großgeräte durchgeführt, wobei es regelmäßig zu einer vollständigen Zerstörung der Ufervegetation kommt (DVWK 1991a). Da das im Uferbereich abgelagerte Sedimentmaterial mit ausgeräumt wird, werden Initialstadien geomorphologischer Strukturelemente des Uferbereichs beseitigt. Neben der Beeinträchtigung des Ufers kann der Einsatz des Mähkorbes und ähnlicher Geräte zu erheblichen Individuenverlusten bei Fischen führen (LANGE & LECHER 1986).

Auch wenn die hier beschriebenen intensiv unterhaltenen Uferbereiche nicht mit totem Material verbaut sind, so gilt in Bezug auf ihre ökologischen Bedingungen trotzdem im Prinzip das bei der oben gegebenen Beschreibung naturferner Ausbauzustände Gesagte.

Totverbau. Die intensivste Stufe des Gewässerausbaus ist der ausschließliche oder überwiegende Einbau mineralischer oder künstlicher Werkstoffe zur Ufersicherung. Ein derartiger Ausbau wird in Anlehnung[31] an LANGE & LECHER (1986) als Totverbau bezeichnet.

Insgesamt ähneln die ökologischen Bedingungen totverbauter Gewässerufer denen der intensiv ausgebauten Gewässerstrecken (s.o.), allerdings sind die Schädigungen des Lebensraums, der Lebensgemeinschaften und der Selbstreinigungsleistung noch wesentlich höher. Im weiteren wird der Ausbauzustand totverbauter Gewässerufer als naturfremd bei "sehr geringem" Naturschutzwert (Stufe 0) angesprochen und die Störungsintensität als "sehr hoch" (Stufe 4) klassifiziert.

Es werden folgende Formen des Totverbaus unterschieden:

Pflasterung/ Betonierung. Die Ufer sind bis weit oberhalb der Mittelwasserlinie oder sogar bis zur Böschungsoberkante durch tote Baustoffe versiegelt. Die Fließkräfte des Gewässers sind im Uferbereich sehr stark eingeschränkt, eine Verlegung des Ufers ist selbst bei katastrophalen Hochwässern nur selten möglich. Die Herausbildung geomorphologischer Strukturelemente ist i.d.R. ausgeschlossen. Durch die Zerstörung von Lebensräumen führt eine Pflasterung oder Betonierung des Ufers zur "völligen biologischen Verödung des Gewässers" (VÖLKSEN 1977, S. 126).

---

[31] Die Autoren verwenden das Wort "Totbau".

Der Anteil der Uferzone an der Selbstreinigungsleistung des Gewässers ist minimal, bei kleinen Bächen kann die Selbstreinigungsfähigkeit sogar völlig zum Erliegen kommen (ENGELHARDT 1968).

Verrohrung. Das Gewässer wird mittels Beton-, Kunststoff- oder Stahlrohren unterirdisch geführt. Ein derartiger Gewässerausbau wird meist nur bei kleineren Gewässern wie Gräben oder Bächen, häufig in Siedlungsbereichen und wegen der hohen Kosten nur auf kurzen Strecken durchgeführt. Zu den verrohrten Gewässern werden i.f. auch ausgebaute Kastenprofile gezählt, die mit Platten abgedeckt sind. In Bezug auf die ökologischen Auswirkungen von Verrohrungen des Gewässerlaufs gilt prinzipiell das unter der Rubrik "Pflasterung/ Betonierung" Gesagte.

Wehrbauten und Sohlabstürze. Im Uferbereich ähneln die Auswirkungen von Stauhaltungen in einem Fließgewässer besonders in Hinsicht auf die Biotopvernetzung und die Möglichkeit der Entwicklung geomorphologischer Strukturelemente denen im Aquatischen Bereich (s.o.). Daher wird i.f. der Ausbauzustand des Gewässerufers im Bereich von Wehren und Sohlabstürzen grundsätzlich als naturfremd angesehen, wobei der Naturschutzwert als "sehr gering" (Stufe 0) und die Störungsintensität als "sehr hoch" (Stufe 4) zu klassifizieren ist. Im Falle der Existenz eines Fischpasses wird die Störungsintensität als "hoch" (Stufe 3) und der Naturschutzwert als "gering" (Stufe 1) angesprochen.

Aus der Beschreibung der Ausbauzustände ergibt sich für die Einstufung des Naturschutzwerts und der Störungsintensität die im Gewässererhebungsbogen (s. Kap. A.4.3.2.3) wiedergegebene Rangordnung.

3.5.3.2 Bewertungskriterium "geomorphologische Struktur"

Die in der Gewässerlandschaft vorkommenden natürlichen abiotischen Landschaftselemente werden i.f. in ihrer Gesamtheit als "geomorphologische Struktur" bezeichnet. Es handelt sich hauptsächlich um Elemente des fluvialen geomorphologischen Formenschatzes wie beispielsweise Kolke, Mäander, Steilufer, Strömungsrippeln, Terrassenkanten oder Uferrehnen. Im Bergland können im Übergangsbereich auch Felsen vorkommen.

Die geomorphologische Struktur wird im **Aquatischen Bereich** und im **Uferbereich** als quantitatives Bewertungskriterium der Gewässerlandschaft aufgenommen. Hier sind durch Untersuchungen des Gewässergrundrisses und der geomorphologischen Elemente des Ufers recht genaue und reproduzierbare Einschätzungen zur Naturnähe bzw. zur Intensität der anthropogenen Einflüsse möglich.

In den anderen Teilräumen der Gewässerlandschaft muß auf quantitative Klassifikationen zu den geomorphologischen Strukturelementen aufgrund des individuellen

Charakters eines jeden Fließgewässersystems verzichtet werden[32]. Dieses stellt insofern keinen nennenswerten Informationsverlust dar, als außerhalb des Gewässerbetts die biotischen Landschaftselemente (Vegetationsbestände und -elemente) im Hinblick auf den Biotopwert die ausschlaggebende Rolle spielen (LÖLF & LWA 1985).

Der ökologische Wert der geomorphologischen Struktur besteht hauptsächlich in der Biotopfunktion der Elemente. Innerhalb des Lebensraums der Gewässerlandschaft bilden diese unterschiedliche Kleinbiotope und tragen zur Biotop- und Artenvielfalt bei; daher kommt ihrem Vorhandensein bzw. ihrem Fehlen aus ökologischer Sicht hohe Bedeutung zu. Ähnlich wie bei der Untersuchung der Vegetationsbestände (s.u.) ist bei der Einschätzung des Naturschutzwerts der geomorphologischen Struktur das Alter bzw. die Wiederherstellbarkeit der Elemente zu berücksichtigen. Die natürlichen Elemente haben häufig ein relativ hohes Alter und benötigen nach Eingriffen zu ihrer Wiederherstellung sehr lange Zeiträume bzw. sind aufgrund ihres erdgeschichtlichen Alters (Flußbett, Terrassenkanten) nicht wiederherstellbar und somit unersetzbar.

Im **Aquatischen Bereich** ist hinsichtlich der geomorphologischen Struktur sowohl der Zustand der Gewässersohle als auch des Gewässergrundrisses von ausschlaggebender Wichtigkeit (SCHWÖRBEL 1984). Der Zustand der Gewässersohle hängt im wesentlichen von der Intensität der Ausbaumaßnahmen ab (s.o.). Im folgenden wird davon ausgegangen, daß der geomorphologische Zustand der Gewässersohle im Rahmen der Aufnahme des Ausbauzustands hinreichend genau erfaßt wird[33].

Der geomorphologisch–ökologische Zustand des Gewässerbetts ist zusätzlich mit der Konfiguration des Gewässergrundrisses eng verknüpft (BRUNKEN 1986). Daher wird dessen Naturnähe i.f. als eigenständiges Merkmal zur Bewertung der geomorphologischen Struktur herangezogen. Der ökologische Wert eines weitgehend natürlichen Gewässergrundrisses liegt im wesentlichen in der Biotopfunktion des gegenüber dem ausgebauten Zustand längeren Gewässerbetts. Weiterhin weisen Gewässer mit natürlichem Grundriß ein hohes Retentionsvermögen auf und tragen damit zum Hochwasserschutz der unterliegenden Bereiche bei.

Unter natürlichen Bedingungen lassen sich gestreckte, verzweigte und gewundene Fließgewässer unterscheiden. Während die Oberläufe der Bäche und Flüsse im Bergland oft einen relativ geraden Grundriß aufweisen, bilden sie im Mittel- und Unterlauf meist Mäander. Im Mittellauf können auch verzweigte Gerinne auftreten.

---

[32] So treten zwar beispielsweise im Gewässernahbereich vieler Gewässer unter natürlichen Bedingungen Uferrehnen auf, aber nicht immer, überall und unter allen Umständen. Dasselbe gilt für die in vielen Gewässerauen im Bereich verlandeter Mäanderschlingen anzutreffenden Uferwälle.

[33] Eine separate Aufnahme der geomorphologischen Strukturelemente ist im Aquatischen Bereich wegen des hohen Untersuchungsaufwands nur in Ausnahmefällen praktikabel. Da die Elemente vom Ufer aus im tieferen Wasser meist nicht sichtbar sind, müßten von einem Boot aus in dichter Abfolge Querprofile des Gewässerbetts eingemessen werden. Im Unterschied hierzu ist der Gewässergrundriß im Gelände leicht aufzunehmen und häufig sogar auch ohne Geländebegehung nur mit Hilfe von Karten in großem Maßstab gut erfaßbar.

Ihre Entstehung setzt ein mittleres bis größeres Gefälle und einen hohen Geschiebetransport voraus. Mäander bilden sich häufig dann, wenn die Wassertiefe groß, die Fließgeschwindigkeit klein und die Turbulenz des Gewässers gering ist (MANGELSDORF & SCHEURMANN 1980). In welcher Grundrißform ein Gewässer oder Gewässerabschnitt ausgeprägt ist, hängt unter natürlichen Bedingungen im wesentlichen von der Reliefenergie, dem Gestein, den tektonischen Gegebenheiten, dem Klima und der Wasserführung ab (dies.).

Eine **Bewertung** des Gewässergrundrisses ist allein aufgrund des aktuellen Zustandsbildes nicht ohne weiteres möglich, da häufig nicht sicher festgestellt werden kann, inwieweit ein natürlicher Zustand vorhanden ist. Zur Abschätzung der Intensität menschlicher Einflüsse auf den Grundriß der Gewässer wird im weiteren wie folgt verfahren:

Der aktuelle Gewässergrundriß wird anhand historischer Karten mit früheren Zuständen verglichen. Die gegenüber dem historischen Zustand auftretenden Abweichungen werden quantifiziert und nach ihrer Intensität, die als Maß für anthropogene Eingriffe gelten soll, bewertet[34]. Zur Charakterisierung des Gewässergrundrisses werden vom DVWK (1984) die Begriffe (s. Tabelle 11, Kap. A.4.3.3.1) verwendet. Die Abgrenzung der Gewässergrundrißformen kann im Gelände nach Augenschein vorgenommen werden oder durch die Berechnung von Schwellenwerten der "Flußentwicklung" (eF) erfolgen. Diese wird nach MANGELSDORF & SCHEURMANN (1980) als das Verhältnis der Flußlänge (l_F) zwischen den Punkten A und B zur kürzesten Strecke zwischen diesen Punkten (c) definiert. Die Flußentwicklung kann nach Formel 1 (s. Kap. A.4.3.3.1) berechnet und zum Vergleich zwischen historischer und aktueller Grundrißform herangezogen werden. Bei einer derartigen Einstufung ist zu bedenken, daß es unter natürlichen Bedingungen immer wieder zu Laufverkürzungen (z.B. durch Mäanderdurchbrüche) kommt. Dem steht jedoch die Bildung neuer Flußschlingen gegenüber, so daß für die hier betrachteten Zeiträume von einem annäherndem Gleichgewicht zwischen natürlicher Laufverkürzung und -verlängerung ausgegangen werden kann.

Im **Uferbereich** der Fließgewässer bestehen die abiotischen Strukturen aus Elementen des fluvialen geomorphologischen Formenschatzes, künstliche abiotische Elemente der traditionellen bäuerlichen Kulturlandschaft treten i.d.R. nicht auf.

Typische geomorphologische Strukturelemente natürlicher Uferbereiche sind Steil- und Flachufer, Uferabbrüche, Uferunterspülungen und im Bergland auch Felsen. Darüber hinaus bezeichnen LANGE & LECHER (1987) Buchten, Kolke und Steilufer als "natürliche Landschaftselemente", die zur Biotopvielfalt beitragen (S. 234). Da jedes Fließgewässer einen individuellen Charakter aufweist, sind Art, Vielfalt und Verteilung der Strukturelemente in Abhängigkeit vom Fließgewässertyp verschieden. Es können daher keine allgemeingültigen Angaben zur Häufigkeit des

---

[34] Es wird davon ausgegangen, daß die durchschnittliche Länge der Gewässergrundrisse in den letzten 200 Jahren – dieses entspricht etwa dem maximalen Alter der als Bezugsgrundlage herangezogenen historischen Karten – sich i.w. nur aufgrund von Wasserbaumaßnahmen verändert hat.

A.3.5 Auswahl und Beschreibung von Bewertungskriterien   57

Auftretens einzelner Elemente in natürlichen Uferbereichen gemacht werden. Generell kann jedoch gesagt werden, daß der Schutzwert des Ufers um so größer ist, je häufiger verschiedenartige Strukturelemente vorkommen. In der Regel weisen intensiv ausgebaute Ufer keine geomorphologischen Elemente auf. Andererseits ist ein Ufer "ohne künstliche Sicherung" (s.o.) noch kein sicherer Garant für eine vielfältige abiotische Struktur, denn da deren Formen meist bei Hochwässern infolge starker Fließkräfte entstehen, kann ein Fluß, dessen Hochwasserdynamik durch Talsperren stark gedämpft ist, trotz ungesicherter Ufer an Strukturelementen verarmt sein.

Im Uferbereich ist das Bewertungskriterium "geomorphologische Struktur"[35] daher hauptsächlich ein zusätzliches Maß um nicht- oder wenig intensiv ausgebaute Gewässer zu charakterisieren.

Zur **Bewertung** der Uferstruktur werden folgende Zustände unterschieden:

Weitgehende natürliche Uferstruktur. Das Formeninventar und die Ausprägung der Strukturelemente entsprechen dem Gewässertyp vollständig; ihr Zustand weist eine vom Menschen nahezu unbeeinflußte Ausprägung auf.

Naturnahe Uferstruktur. Das Formeninventar und die Ausprägung der Strukturelemente entsprechen dem Gewässertyp weitgehend; die Uferstruktur weist eine vom Menschen wenig beeinflußte, hoch strukturierte Ausprägung auf. Hierbei kann es sich z.B. um Gewässerabschnitte handeln, an denen leichte Modifikationen des Abflußcharakters und damit der geomorphologisch wirksamen Fließgeschwindigkeiten aufgrund sehr weit oberstrom liegender Talsperren oder näher liegender kleinerer Stauanlagen auftreten.

Bedingt naturnahe Uferstruktur. Das Formeninventar und die Ausprägung der Strukturelemente sind deutlich anthropogen überprägt, die Strukturelemente entsprechen nur z.T. einer vom Menschen nicht beeinflußten Ausprägung. Insgesamt ist der Uferzustand als strukturiert zu bezeichnen. Meistens handelt es sich um nicht durchgängig ausgebaute Gewässerbereiche, an denen aus wasserbaulicher Sicht unerwünschte größere Strukturelemente wie Kolke oder Steilufer zumindest teilweise mit naturfremden Baustoffen (Bauschutt, Schüttsteine) "stabilisiert" wurden.

Naturferne Uferstruktur. Das Formeninventar und die Ausprägung der Strukturelemente sind meist infolge weitgreifender wasserbaulicher Maßnahmen (naturferner Ausbau) erheblich gestört. Natürliche geomorphologische Strukturelemente kommen nur noch vereinzelt vor. In nicht durchgängig ausgebauten Gewässerbereichen kann eine Strukturverarmung durch eine Aneinanderreihung wasserbaulicher Einzelmaßnahmen zur "Stabilisierung" der Ufer oder durch intensive Eingriffe

---

[35] Diese wird i.f. häufig kurz als "Uferstruktur" bezeichnet.

in den Abflußcharakter (Talsperren) vorliegen. Insgesamt entspricht die Uferstruktur einer vom Menschen weitgehend veränderten, nivellierten Ausprägung.

Naturfremde Uferstruktur. Das Formeninventar und die Ausprägung der Strukturelemente sind infolge tiefgreifender wasserbaulicher Maßnahmen (naturfremder Ausbau) vollkommen verändert. Das Ufer weist keine natürlichen geomorphologischen Strukturelemente mehr auf und ist vollständig nivelliert.

Aus der Beschreibung der Uferzustände ergibt sich für die Einstufung des Schutzwerts und der Störungsintensität die im Gewässererhebungsbogen wiedergegebene Rangfolge (s. Kap. A.4.3.2.3).

3.5.4 Bewertung der Stoffbelastung

Aufgrund des Einflusses von Abwässern oder von unkontrolliert aus Altlasten austretenden Sickerwässern können in Gewässern sowohl Verschlechterungen der Wasserqualität als auch Anreicherungen von Schadstoffen in den Sedimenten auftreten. Daher wird im vorliegenden Untersuchungsverfahren eine Klassifikation der Stoffbelastung anhand der Bewertungskriterien "Gewässergüte" und "Sedimentqualität" vorgenommen.

3.5.4.1 Bewertungskriterium "Gewässergüte"
Die Gewässergüte kennzeichnet die Qualität von Oberflächengewässern. Sie kann mit Hilfe des Saprobiensystems[36] biologisch–ökologisch charakterisiert werden.

Die ökologisch Relevanz der Gewässergüte begründet sich in ihrem hohen Einfluß auf die aquatischen Organismen und den Zustand der Gewässersohle. Die Biozönosen hängen von den physikalischen und chemischen Bedingungen im Gewässer in hohem Maße ab, ihre Zusammensetzung stellt das Resultat der Milieubedingungen dar (KUMMERT & STUMM 1987).

Die Gewässergüte beeinflußt auch die ökologischen Bedingungen des Uferbereichs wesentlich. Ähnlich wie im Aquatischen Bereich treten häufig Wechselwirkungen zwischen den Inhaltsstoffen des Gewässerkörpers und dem Sediment auf. Weiterhin finden im Uferbereich Austauschvorgänge zwischen Fließgewässer und Grundwasser statt, die bis in die Gewässeraue hineinreichen; im Falle eines belasteten Gewässers kann es zu einer Verschleppung von Schadstoffen in das Grundwasser kommen. Schadstoffe, die bei Hochwasser in der Gewässeraue oder im Gewässernahbereich abgelagert wurden, können durch fluvialen oder äolischen Transport sowie über die Nahrungsketten aus der Gewässerniederung in die umgebende Landschaft verfrachtet werden.

---

[36] Der hierbei verwendete Saprobienindex ist nach DIN 38.410 definiert und in den Deutschen Einheitsverfahren zur Wasser- Abwasser- und Schlammuntersuchung (DEV) (1990) beschrieben.

A.3.5 Auswahl und Beschreibung von Bewertungskriterien

In methodischer Hinsicht kann die Ansprache der Gewässergüte als eine Untersuchung mit Hilfe von Bioindikatoren bezeichnet werden; die Wasserqualität wird auf Grundlage des biologischen Besiedlungsbilds der Wirbellosenfauna (Makrozoobenthos) und der Mikroflora und -fauna an der Gewässersohle erfaßt und durch ein Vierstufensystems mit drei Zwischenstufen bewertet.

Diese Methode hat den erheblichen Nachteil, daß die Fehlerquellen bei der Aufnahme der Organismenabundanzen relativ groß sein können, da sie der Subjektivität des Kartierers unterliegen, auch sind quantitative Angaben zu den Wasserinhaltsstoffen nicht möglich. An ausgebauten Gewässern ist u.U. der Einfluß der Regulierung gegenüber den Schadstoffeinflüssen so dominant, daß die Zusammensetzung der Biozönosen nicht mehr durch die Gewässergüte, sondern durch den gesamten ökologischen Zustand des Gewässers bestimmt wird (BÖTTGER 1985).

Aufgrund der skizzierten Probleme werden von wissenschaftlicher Seite sowie von den Wasserwirtschaftsämtern und der LAWA Möglichkeiten zur Korrelierung physikochemischer Summenparameter und ökologischer Parameter mit den Gewässergüteklassen untersucht. In Nordrhein–Westfalen wurden physikalische und chemische Güteindikatoren, u.a. die Konzentrationen fünf wichtiger Schwermetalle, festgelegt, die zusätzlich zu den Saprobien bei der ökologischen Einschätzung der Fließgewässer herangezogen werden (vgl. KARL & KLEMMER 1988). In einer vom BAYERISCHEN LANDESAMT FÜR WASSERFORSCHUNG (1986) herausgegebenen Aufsatzsammlung wird auf die Vor- und Nachteile unterschiedlicher Verfahren zur Bewertung von Gewässergüte und Gewässerzustand ausführlich eingegangen; an dieser Stelle finden sich zahlreiche Literaturhinweise.

Im vorliegenden Verfahren wird auf die zur Zeit übliche Methode zur Einstufung der Gewässergüte nach LAWA (1990) zurückgegriffen bzw. werden Ergebnisse von Gewässergüteuntersuchungen der Staatlichen Ämter für Wasser und Abfall ausgewertet, die nach dieser Methode gewonnen wurden[37]. Es werden in Übereinstimmung mit der LAWA (1990) vier Gewässergüteklassen (unbelastet bis übermäßig verschmutzt) mit 3 Zwischenstufen unterschieden[38]:

Eine **Bewertung** der Gewässergüte wird i.f. nach der Intensität anthropogener Belastung anhand der am Gewässer vorgefundenen Güteklassen vorgenommen. Die Einstufung des Naturschutzwerts und der Störungsintensität der Gewässergüte erfolgt nach der im Gewässererhebungsbogen (s. Kap. A.4.3.2.3) wiedergegebenen Rangordnung in Abhängigkeit von der Gewässergüteklasse.

---

[37] Das bei KARL & KLEMMER (1988) zitierte, in Nordrhein-Westfalen verwendete zusätzliche chemische Untersuchungssystem für Fließgewässer ist in anderen Bundesländern aufgrund einer zu geringen Datendichte nur im Einzelfall anwendbar; die chemische Gewässeruntersuchung und -einstufung setzt einen längeren Meßzeitraum vorraus, um die Repräsentanz der Daten sicherzustellen. An bekanntermaßen schadstoffbelasteten Gewässern ist die chemische Untersuchung der Gewässerbettsedimente zu empfehlen, da diese die chemischen Belastungen eines Gewässers über einen längeren Zeitraum repräsentieren.

[38] Eine Wiedergabe der Definitionen der Güteklassen erübrigt sich an dieser Stelle, sie findet sich in kurzer Form auf allen Gewässergütekarten der Wasserbehörden. Eine ausführliche Darstellung, die auch eine Beschreibung häufig vorgefundener Werte ausgewählter chemischer Einzel- und Summenparameter einschließt, ist bei LAWA (1990) wiedergegeben.

60   A.3 Grundlagen des Verfahrens

Die Zusammenfassung der Güteklassen I mit I–II und III–IV mit IV ergibt sich aus der Notwendigkeit, das insgesamt siebenstufige System der Gewässergütebewertung der im vorliegenden Verfahren verwendeten fünfstufigen Skala anzupassen. Der dadurch eintretende Informationsverlust wird durch die Einbeziehung weiterer Bewertungskriterien ausgeglichen.

Nach Angaben von DAHL & HULLEN (1989) können an den Unterläufen großer Gewässer auch unter natürlichen Bedingungen mäßige (Primär)eutrophierungen (bis Güteklasse II) auftreten. Die Einstufung dieser Gewässer in die Stufe 3 (= "hoher" Wert, mäßig belastet) anstelle von Schutzwertstufe 4 (= "sehr hoher" Wert, unbelastet) bedeutet hier also eine gewisse Unschärfe des Bewertungsverfahrens. Eine pauschale Einstufung großer Gewässer der Güteklasse II in die Schutzwertstufe 4 erscheint aber deshalb nicht gerechtfertigt, da dieses, wie am Beispiel des mit Chemikalien belasteten Rheins, der bei Köln/ Leverkusen die Güteklasse II aufweist (LAWA 1990), leicht gezeigt werden kann, zu noch gröberen Verzerrungen führen würde[39].

Wegen der engen Beziehungen zwischen Fließgewässer und umgebender Landschaft, wird die Gewässergüte zur Bewertung aller Teilräume in der Gewässerniederung herangezogen; bei der Klassifikation des Übergangsbereichs wird sie jedoch nicht berücksichtigt. Im Gewässernahbereich und im Auebereich wird die Gewässergüte nur dann mitbewertet, wenn die Hochwasserjährigkeit (s. Kap. A.3.5.2.2) mindestens 2 (= 1 Ereignis in 2 Jahren) beträgt. Die bei der Aufnahme und Bewertung des Aquatischen Bereichs gefundenen Schutzwert- und Störungsstufen der Gewässergüte werden unverändert in die Bewertung der anderen Teilräume übernommen sofern die mindestens notwendige Hochwasserjährigkeit gegeben ist.

3.5.4.2 Bewertungskriterium "Sedimentzustand"

Aufgrund verbesserter Klärtechnik und verschärfter Einleiterüberwachungen sind die Schadstoffgehalte in der fließenden Welle der Gewässer in den letzten Jahren zurückgegangen. Demgegenüber treten häufig in den Sohl-, Ufer- und Auesedimenten Schadstoffe in derartig hoher Anreicherung auf, daß die Ablagerungen z.T. als Altlasten einzustufen sind. Bei deren Bewertung sind sowohl die unter natürlichen Bedingungen vorhandenen Stoffgehalte in den Umweltmedien ("Background"[40]) als auch die Schadensschwellenwerte für Menschen und (Nutz)organismen sowie die gesetzlich vorgeschriebenen Grenzwerte zu berücksichtigen.

Von den in den Gewässersedimenten gespeicherten Schadstoffen können u.U. Gefährdungen für die gesamte Gewässerlandschaft ausgehen, besonders dann, wenn die Stoffe bei Änderungen des chemischen Milieus remobilisiert und/ oder

---

[39] Auf die möglichen Differenzen zwischen biologischen und chemischen Untersuchungsergebnissen, die u.a. durch eine Anpassung der Saprobien an die Schadstoffbelastung auftreten können, wird von der LAWA (1990) ausdrücklich hingewiesen.

[40] Eine Diskussion dieses Begriffs findet sich bei HELLMANN (1972), der auf Probleme der Herleitung von Backgroundwerten eingeht; Ausführungen zum Themenbereich "geogener Background" an schwermetallbelasteten Fließgewässern finden sich bei SIEWERS & SCHOLZ (1985).

durch Hochwässer in die Gewässeraue verfrachtet werden. Darüber hinaus kann es zu Verschleppungen gelöster oder partikulärer Schadstoffe in das Grundwasser oder den Grundwasserleiter kommen, was zu erheblichen Störungen anderer Nutzungen in der Gewässerlandschaft (Freizeitnutzung, Landwirtschaft, Naturschutz, Wassergewinnung) führen kann.

In Abhängigkeit von der Produktpalette industrieller und gewerblicher Einleiter und dem Charakter kommunaler Abwässer können sehr unterschiedliche Stoffe in den Sedimenten angereichert werden. Neben zahlreichen organischen Verbindungen (z.B. polychlorierte Kohlenwasserstoffe), über deren chemisches Verhalten in Sedimenten bisher wenig bekannt ist, spielen hier die Schwermetalle eine entscheidende Rolle. Ihre weite Verbreitung und z.T. hohe Anreicherung in fast allen größeren Flüssen der Industrieländer wird von FÖRSTNER & MÜLLER (1974, S. III) als "Ausdruck der Umweltverschmutzung" schlechthin bezeichnet.

Bei der Aufnahme und Untersuchung von Fließgewässerlandschaften muß im Einzelfall entschieden werden, welche Stoffgruppen besonders zu berücksichtigen sind. Da Schwermetallkontaminationen in Fließgewässersedimenten sehr häufig auftreten, wird i.f. die Schwermetallbelastung vorrangig berücksichtigt. Eine Untersuchung der Aueböden im Hinblick auf Schadstoffbelastungen ist im vorliegenden Verfahren wegen des hohen methodischen Aufwands und der hohen Kosten nicht vorgesehen, sie muß Spezialuntersuchungen vorbehalten bleiben. In erster Näherung läßt jedoch die Untersuchung der Gewässerbett- und Hochwassersedimente Rückschlüsse auf die Bodenbelastungen in der Gewässeraue zu, da durch die episodische Überschwemmung der Gewässerniederungen die Zusammensetzung der Aueböden und der Sedimentfracht des Gewässers i.d.R. eng korreliert ist (MÜLLER et al. 1992). Bei hoher Belastung der rezenten Sedimente sollten auch Bohrprofile der Aueablagerungen zumindest stichprobenartig untersucht und die Schwermetallbelastung der tieferliegenden Schichten analysiert werden.

Durch Schwermetallanreicherungen in Gewässersedimenten können zahlreiche Störungen des Landschaftshaushalts und Gefährdungen der Nutzer auftreten, auf die in der neueren Fachliteratur ausführlich eingegangen wird (vgl. u.a. FIEDLER & RÖSLER 1988; GELDMACHER–von MALLINCKRODT 1991; MATSCHULLAT et al. 1991; MEISCH & BECKER 1978; RUPPERT 1988).

Bei der **Bewertung** des Sedimentzustands in Hinsicht auf Stoffbelastungen ist zu bedenken, daß eine allgemeinverbindliche Festlegung von Grenzwerten in den Umweltmedien problematisch ist, besonders da im Einzelfall die Wechselwirkungen (Synergismen) zwischen den unterschiedlichen Schadstoffen weitgehend unbekannt sind; das gilt ebenfalls für die Schwermetalle.

Für eine Gefahrenabschätzung spielt neben der Stoffkonzentration die Bindungsform und die Mobilität der Elemente eine wichtige Rolle. So sind geogene Schwermetalle in Sedimenten oder Böden i.d.R. im Gitter der Kristalle gebunden, ihre Mobilität hängt von der Verwitterungsrate ab. Anthropogen immitierte Schwermetalle sind dagegen adsorptiv an die Oberflächen mineralischer und/ oder organischer Austauscher gebunden. Ihre Mobilität ist gegenüber geogenen Stoffen deutlich erhöht (MATSCHULLAT 1989). Dementsprechend ist nach Angaben von KOCH (1993) das Gefährdungspotential von immittierten Schwermetallen aufgrund ihrer Mobilität im System Wasser–Boden–Pflanze höher anzunehmen als von Metallen geogener Herkunft.

Die Bindungsfähigkeit der Böden gegenüber Schwermetallen hängt i.w. vom pH–Wert, dem Ton- und Schluffanteil, dem Gehalt an Sesquioxiden und dem Humusgehalt ab. Vom DVWK (1988) wird ein Ansatz zur Einschätzung der Schwermetallmobilität in Böden und zur Gefährdung des Grundwassers vorgestellt, in dem diese Faktoren berücksichtigt und zueinander in Beziehung gesetzt werden. Dieses Verfahren läßt sich jedoch nur bei Böden mit Belastungen anwenden, die maximal im Bereich der Bodengrenzwerte der Klärschlammverordnung (KVO) liegen. In der KVO v. 1992 wurden der pH–Wert und der Tongehalt des Klärschlamms und der Böden in die Festsetzung der Grenzwerte einbezogen (s.u., Kap. A.4.3.3.1).

Generell läßt sich sagen, daß die Mobilität der in der vorliegenden Untersuchung betrachteten Schwermetalle in Böden und Sedimenten unterhalb von pH 8 mit abnehmendem pH–Wert steigt. Von FISCHER (1987) wurde in einer Pseudogley–Schwarzerde bei pH–Werten < 5,5 eine zunehmende Mobilisierung der Elemente Cd und Zn festgestellt, in einem Podsolsand trat eine erhöhte Mobilität dieser Stoffe erst unterhalb von pH 5 auf. Wesentlich weniger mobil sind die Schwermetalle Cu und Pb, hier wurde eine deutliche Mobilitätszunahme erst unterhalb von pH 4,5 (Pseudogley) bzw. pH 4 (Podsol–Sand) beobachtet (ders.).

Da in Böden und Sedimenten die Kationenaustauschkapazität (KAK) mit dem Tongehalt zunimmt, ist bei Anwesenheit hoher Tongehalte aufgrund unspezifischer Adsorption an die Tonpartikel eine verringerte Löslichkeit der Schwermetalle zu beobachten (HERMS & BRÜMMER 1984). Dieser Effekt spielt vor allem bei pH–Werten unter 6 bei den Elementen Cd und Zn eine Rolle. Aufgrund der insgesamt stärkeren Bindung der Elemente Cu und Pb an die mineralische Substanz im Boden hängt ihre Löslichkeit nur in geringerem Maße vom Tongehalt ab (dies.). Vertiefende Ausführungen zu Fragen der Schwermetallmobilität in Böden finden sich u.a. bei KUNTZE et al. (1984) sowie bei SCHEFFER & SCHACHTSCHABEL (1989).

Bewertung der Sedimente nach Anreicherungsfaktoren. In den Umwelt- und Geowissenschaften wird regelmäßig der Frage nachgegangen, inwieweit die vorgefundenen Belastungen der Sedimente anthropogen verursacht sind und inwieweit sie den geochemischen Background (s.o.) repräsentieren. Zur Quantifizierung der anthropogenen Einflüsse auf die Stoffgehalte werden die gemessenen Stoffkonzentrationen in Beziehung zu allgemein akzeptierten Standards oder regional abgeleiteten Backgroundwerten gesetzt, die Anreicherungen als deren Vielfaches berechnet und eingestuft.

Für eine Berücksichtigung des geogenen Backgrounds der Schwermetallkonzentrationen in Sedimenten kann ggf. auf in der Literatur beschriebene Standards zurückgegriffen werden. Grundlegende umweltrelevante Background–Daten liefert

WEDEPOHL (1991), hier findet sich eine Kompilation der mittleren Elementgehalte in verschiedenen Gesteinen der Erdkruste; Background–Werte einzelner Einzugsgebiete können hiervon jedoch erheblich abweichen. Regionale Hintergrundwerte der Schwermetallbelastung wurden u.a. von der BAUBEHÖRDE FREIE UND HANSESTADT HAMBURG[41] (1990) für die Böden des Bundeslands Hamburg, von SPÄTE & WERNER (1991) für die Böden in Nordrhein–Westfalen, von LICHTFUSS & BRÜMMER (1977) für die Sedimente holsteinischer Fließgewässer, von MATSCHULLAT (1989) und ROOSTAI (1987) im Rahmen der Untersuchungen zur "Fallstudie Harz" für das Einzugsgebiet der Sösetalsperre und von NIEHOFF et al. (1992) für die Sedimente des im Harzvorland gelegenen Teils der Okerniederung hergeleitet.

Um die aktuellen anthropogenen Schwermetallbelastungen in den Gewässersedimenten zu den Werten des geogenen Backgrounds in Beziehung setzen zu können, wird das in Tabelle 13 (s. Kap. A.4.3.3.1) dargestellte Schema zur Klassifikation der Stoffanreicherung vorgeschlagen.

Bewertung der Sedimente nach Grenzwerten. Zur Bewertung der Schwermetallbelastungen in Sedimenten und Böden wird in der Umweltschutzpraxis und von gesetzlicher Seite häufig auf Orientierungs-, Richt- und Grenzwerte zurückgegriffen (KLOKE 1985): Bei den "Orientierungswerten" handelt es sich um von Fachwissenschaftlern in Behörden, Verbänden oder Gremien vorgeschlagene Werte; "Richtwerte" wurden von Gremien, Komissionen oder Verbänden veröffentlicht; "Grenzwerte" schließlich sind auf Vorschlag von Komissionen oder Fachwissenschaftlern vom Gesetzgeber rechtswirksam festgelegt (ders.).

Für die Beurteilung von Gewässersedimenten werden in der Umweltplanung und Gewässerunterhaltung i.d.R. die Klärschlammgrenzwerte der KVO v. 1992 (s. Tabelle 16, Kap. A.4.3.3.1) herangezogen. Insbesondere die Frage, ob Baggergut aus Gewässern wie Klärschlamm auf landwirtschaftliche Flächen verbracht werden darf oder aber als Sondermüll zu entsorgen ist, muß nach der KVO entschieden werden.

Da im Bereich von Städten und Siedlungen erhebliche Probleme durch Schwermetallakkumulationen in Sedimenten und Böden auftreten können, wurde von der Stadt Hamburg[42] ein Klassifikationsschema zur Einstufung der Bodenbelastung entwickelt (i.f. "Hamburger–Liste" genannt), in dem die Stoffkonzentrationen im Hinblick auf die angestrebten Flächennutzungen eingestuft sind (s. Tabelle 14, Kap. A.4.3.3.1). Dabei wurden sowohl Belange des Nutzpflanzenanbaus, des Grundwasserschutzes und der Siedlungsnutzung berücksichtigt. Die hier angegebenen Konzentrationswerte der Stoffe werden als "Prüfwerte"[43] bezeichnet und entsprechen im Prinzip den "Orientierungswerten" nach KLOKE (1985).

---

[41] Im folgenden als "BAUBEHÖRDE HAMBURG" zitiert.
[42] Vgl. BAUBEHÖRDE HAMBURG (1990).
[43] Der Begriff der Prüfwerte wurde gewählt, da er auf die zu ergreifenden Schritte bei einer Überschreitung der Werte hinweist, nämlich weitere Überprüfungen von Einflußfaktoren wie Bindungsformen der Stoffe, Stoffmobilität u.ä., bevor die vorgesehenen oder bestehenden Nutzungen der Flächen unbedenklich aufgenommen oder fortgeführt werden können.

A.3 Grundlagen des Verfahrens

Die Hamburger Prüfwerte wurden bei der Einstufung kontaminierter Flächen in der Stadt Hamburg bereits erfolgreich angewandt und haben neben den Werten der sogenannten "Hollandliste" (vgl. MINISTERIE VDROM 1983) Eingang in die einschlägige Literatur zur Altlastensanierung gefunden (s. BARKOWSKI et al.[44] 1991). Tabelle 14 (s. Kap. A.4.3.3.1) weist einen Auszug der Hamburger Prüfwerte aus, die im hier vorliegenden Untersuchungsverfahren berücksichtigt werden.

Zur **Bewertung** der in den Gewässer- und Hochwassersedimenten vorgefundenen Schwermetallgehalte kommt i.f. eine kombinierte Methode zur Anwendung:

Zunächst werden aufbauend auf eigenen Messungen oder bereits vorliegenden Untersuchungsergebnissen anderer Autoren bzw. Gutachter die Anreicherungsfaktoren einzelner Schwermetalle gegenüber dem (regionalen) geochemischen Hintergrund berechnet und die Belastung der rezenten Sedimente im Gewässerbett nach Tabelle 13 (s. Kap. A.4.3.3.1) klassifiziert; danach werden der Naturschutzwert und die Störungsintensität des Sedimentzustands eingestuft:

Zur Einschätzung des **Naturschutzwerts** wird die Intensität des anthropogenen Einflusses auf die Schwermetallgehalte berücksichtigt. Dabei werden die Anreicherungsfaktoren zur Charakterisierung der Sedimente herangezogen. Die Klassifikation des Naturschutzwerts erfolgt nach der im Gewässererhebungsbogen wiedergegebenen Rangordnung (s. Kap. A.4.3.2.3).

In Gebieten mit hoher geogener Primärbelastung können bei einem Anreicherungsfaktor von etwa 2 möglicherweise bereits Metallkonzentrationen auftreten, die die Werte der "Hamburger Liste", z.B. für den Nutzpflanzenbau oder den Bodengrenzwert der KVO überschreiten. Bei der Beurteilung des Naturschutzwerts muß jedoch bedacht werden, daß die unter natürlichen Bedingungen vorkommenden Organismen in einem Gebiet mit hoher geogener Grundlast über lange Zeiträume an ein gegenüber anderen Gebieten erhöhtes Konzentrationsniveau der Stoffe angepaßt sind. Dagegen können in einem derartigen Gebiet an fremden, nicht angepaßten, etwa im Rahmen von Nutzungsänderungen eingebrachten Kulturpflanzen, Schäden auftreten.

Die Einstufung der **Störungsintensität** erfolgt anhand absoluter Stoffkonzentrationen nach der in Tabelle 15 (s. Kap. A.4.3.3.1) angegebenen Rangordnung. Der hier gewählte Bezug auf die Orientierungs- und Prüfwerte der Hamburger Liste ermöglicht eine Bewertung der Störungsintensität hinsichtlich der Gefahren, die von den Belastungen für die angestrebte Nutzungsform bzw. die Nutzer ausgehen. Bei einer Einschätzung der Sedimentqualität besonders in oberflächennahen Auesedimentschichten oder Sedimenten des Gewässerbetts sollte angegeben werden, ob und für welche Elemente die gesetzlich festgelegten Bodengrenzwerte der KVO überschritten werden.

Die Schwermetallbelastung der Gewässersedimente wird im **Aquatischen Bereich** und/ oder **Uferbereich** aufgenommen und bewertet. Im Falle festgestellter

---

[44] Von den Autoren werden weitere Verfahren zur Schwermetallbelastung vorgestellt, die im Saarland und in Nordrhein-Westfalen sowie in den USA Anwendung finden.

Belastungen sind die zuständigen Wasser- und Umweltbehörden zu informieren, die zu prüfen haben, ob eine Durchführung von Sofortmaßnahmen zum Schutz von Menschen und Umwelt erforderlich ist; dieses ist i.d.R. dann der Fall, wenn die "A–Werte" der Hamburger Prüfliste (s. Tabelle 14, Kap. A.4.3.3.1) überschritten werden. Wegen der aufwendigen Analytik werden zunächst Stichprobenuntersuchungen durchgeführt. Im Falle festgestellter Belastungen ist das Probenraster zu verengen, ggf. sind die Untersuchungen in weitere Teilräume der Gewässerlandschaft (z.B. den Auebereich) auszudehnen (s. Kap. A.4.3.3.1).

3.5.5 Bewertung aquatischer Biotope (Stillgewässer)

In der Gewässerlandschaft sind Still- und Nebengewässer als eigenständige aquatische Biotope anzusprechen. Vor allem Stillgewässer können als spezifische Lebensräume zur Biotopvielfalt, als ökologische Regenerationszellen zur Stabilität des Ökosystems der Fließgewässerlandschaft und als Trittsteinbiotope zur Biotopvernetzung beitragen. Im folgenden wird eine Bewertung der Zustände aquatischer Biotope in der Gewässerniederung anhand des Kriteriums "Zustand der Stillgewässer" vorgenommen. Eine eigenständige Bewertung der Nebengewässer ist nicht vorgesehen, da meist die Aue des Hauptfließgewässers nur auf kurzer Strecke durchflossen wird; weiterhin wird die Gewässergüte der Nebengewässer, die die Wasserqualität der unterstrom ihrer Einmündung gelegenen Abschnitte des Hauptfließgewässers beeinflußt, indirekt mitbewertet.

Als Stillgewässer werden alle stehenden oder nur "mit sehr geringer Strömung fließenden Gewässer einschließlich Altgewässern und Staugewässern" bezeichnet (DRACHENFELS & MEY 1990, S. 53). In der Fließgewässerlandschaft kommen von den zahlreichen Stillgewässertypen die natürlich entstandenen Altgewässer und die künstlich angelegten Abbaugewässer (Baggerseen) am häufigsten vor. Seltener sind Hochmoorgewässer, Teiche und seit neuerem auch Biotopanlagen anzutreffen. Eine ausführliche Gliederung der Stillgewässer nach Genese und Trophie findet sich bei KAULE (1991).

Da bei Untersuchungen von Gewässerlandschaften wegen der ökologischen Vernetzungen zwischen Fließ- und Stillgewässern zwar die Stillgewässer zu berücksichtigen sind, hier jedoch das Hauptaugenmerk auf den Fließgewässern liegt, wird hinsichtlich der Stillgewässer eine Auswahl getroffen:

Abbaugewässer, Altgewässer, Biotopanlagen und Fischteiche werden in jedem Falle berücksichtigt, alle anderen meist kleinen Stillgewässer werden nicht im einzelnen als Stillgewässerbereich ausgewiesen, sondern der sie umgebenden Vegetationseinheit[45] zugeordnet und so bei der Untersuchung der Hauptfließgewässerniederung aufgenommen. Stauseen oder Talsperren werden nicht zu den Stillgewässern gezählt, sondern entsprechend Kap. A.3.5.2.1 von der Untersuchung

---

[45] Häufig handelt es sich um wertvolle Vegetationseinheiten feuchter Standorte wie Auewald, Feuchtwiesen oder Moore.

ausgeschlossen. Die untersuchten Stillgewässer sind in denjenigen Teilräumen des Hauptfließgewässers zu bewerten, in denen sie mit dem überwiegenden Teil ihre Fläche liegen (i.d.R. im Auebereich).

In Anlehnung an die für die Fließgewässer vorgestellte räumliche Gliederung (s. Kap. A.2.1) werden auch bei den Stillgewässern die ökologisch–morphologischen Teilräume des Aquatischen Bereichs und des Uferbereichs unterschieden, ein Gewässernahbereich, "Auebereich" (bzw. gewässerfernerer Niederungsbereich) und Übergangsbereich werden nicht ausgewiesen[46].

Der **Aquatische Bereich** besteht aus dem Gewässerkörper und den wassergefüllten Porenräumen der Gewässersohle. Er steht i.d.R. ständig unter Wasser, im Gegensatz zu den größeren Fließgewässern in Mitteleuropa können Stillgewässer jedoch in trockenen Sommern gelegentlich trockenfallen. Die Pflanzenbestände der Stillgewässer sind bis zu einem gewissen Grade an derartige Ereignisse angepaßt.

Der **Uferbereich** wird von der Wasserwechselzone im Bereich der Uferböschung oberhalb und unterhalb des Mittelwasserspiegels gebildet. Er erstreckt sich vom mittleren Niedrigwasserspiegel bis zur oberen Böschungskante. Besonders bei Altarmen in fortgeschrittenem Verlandungsstadium kann die laterale Ausdehnung des Uferbereichs wesentlich größer sein als an Fließgewässern.

Die i.f. zu berücksichtigenden Stillgewässertypen können in ökologischer Hinsicht wie folgt charakterisiert werden:

Abbaugewässer (Baggerseen). In der Literatur wird häufig hervorgehoben, daß aufgelassene Abbaugewässer nach einiger Zeit ähnliche Biotopmerkmale mit entsprechendem Arteninventar wie natürliche Altgewässer aufweisen und deren ökologische Funktion in der Gewässeraue übernehmen können (vgl. u.a. DVWK 1991b).

In den meisten Fällen überwiegen jedoch die durch den Bodenabbau hervorgerufenen Schäden den Nutzen als Sekundärbiotop bei weitem. Die Ufer sind häufig so steil und die Seen so tief, daß sich Flachwasserbereiche mit Verlandungsvegetation erst nach langer Zeit entwickeln können. Die Existenz von Flachuferbereichen mit gut ausgeprägter Verlandungsvegetation ist jedoch Vorraussetzung zur Einstufung eines Abbaugewässers als für den Naturschutz wertvoller Landschaftsteil (DRACHENFELS & MEY 1990).

Altgewässer. Altgewässer können als typische Stillwasserlebensräume der Fließgewässerniederungen betrachtet werden. Sie treten unter natürlichen Bedingungen an mittleren bis großen Fließgewässern im Mittel- und Unterlaufbereich vorwiegend im Flachland und Hügelland auf. Es kann zwischen "Altwässern" (vom Flußbett

---

[46] Die außerhalb des Stillgewässerufers gelegenen Geländeteile werden zum Nahbereich bzw. zum Auebereich des Hauptfließgewässers gezählt und hier bewertet.

ständig abgeschnitten) und "Altarmen" (in ständiger oder zeitweiliger Verbindung zum Flußbett) unterschieden werden. Die Bezeichnung "Altgewässer" umfaßt beide Entwicklungsstadien (LÖLF & LWA 1985).

Die Entstehung der Altgewässer geschieht durch natürliche oder künstliche (Gewässerausbau) Abtrennung von Flußschlingen vom Gewässerlauf. Stillgewässer unterliegen einem natürlichen Verlandungsprozeß, der durch Sedimentzufuhr und einer gegenüber dem Fließgewässer erhöhten Biomassenproduktion aufgrund höherer sommerlicher Wassertemperaturen verursacht wird.

Bei natürlichen Altgewässern kann der Verlandungsprozeß Jahrhunderte dauern, da bei Hochwasser häufig bereits abgelagertes Sediment wieder ausgeschwemmt wird. Im Gegensatz hierzu kann bei einem durch Gewässerausbau vom Flußbett abgeschnittenen und nun von der Morphodynamik des Fließgewässers isolierten Altarm unter dem Einfluß hoher Nährstoff- und Sedimentzufuhr aus angrenzenden Ackerflächen die Verlandung schon nach einigen Jahrzehnten abgeschlossen sein (DVWK 1991b). Grundwasserabsenkungen infolge von Gewässerausbau können gleichfalls zur Beschleunigung der Verlandung beitragen (ders.). In Abb. 5 ist die Alterung (Verlandung) eines Altgewässers in 3 Phasen zwischen denen alle Übergänge vorkommen können schematisch dargestellt.

Entsprechend dem jeweiligen Entwicklungsstadium sind an Altgewässern unter weitgehend natürlichen Bedingungen folgende charakteristische Vegetationsbestände anzutreffen:

In der ersten Entwicklungsphase kommt die Vegetation im Aquatischen Bereich und im Uferbereich der Vegetation eines Fließgewässers recht nahe, da der Altarm bei Hochwasser noch durchflossen wird. So sind im Aquatischen Bereich strömungsverträgliche Wasserpflanzen (typische Gesellschaften s. Kap. A.2.2) und im Uferbereich Gehölze des Weichholzauewalds anzutreffen.

In der zweiten Entwicklungsphase, die durch eine weitgehende Isolierung des Altgewässers vom Fließgewässer gekennzeichnet ist, sind für den Aquatischen Bereich Stillwasserpflanzenbestände charakteristisch. Dabei kommen als typische Vegetation die Verbände der Buckellinsen–Decken (Lemnion gibbae), der Seerosen–Gesellschaften (Nymphaeion albae), der Froschbiß–Gesellschaften (Hydrocharition) und der Spiegellaichkraut–Gesellschaften (Potamion lucentis) vor (LÖLF & LWA 1985; PREISING et al. 1990).

Der Uferbereich ist in dieser Entwicklungsphase bereits durch mineralisches und/ oder organisches Sedimentmaterial abgeflacht und verbreitert. An Stillwasservegetation tritt hier der Verband der Teichröhrichte (Phragmition) mit der häufig dominierenden Teichröhricht–Gesellschaft (Scirpo Phragmitetum) auf.

In der dritten Entwicklungsphase sind bei fortgeschrittener Verlandung die freie Wasseroberfläche und die Wassertiefe stark reduziert, der Aquatische Bereich und der Uferbereich werden von Verlandungsvegetation (s.o.) eingenommen. Für die bereits verlandeten Bereiche sind zunächst Röhrichte und Großseggensümpfe und später Bruch- oder Auewald typisch.

68   A.3 Grundlagen des Verfahrens

Phase 1
Altarm mit beginnender
Abschnürung und dichtem
Gehölzsaum am Prallufer

Phase 2
Beginnende Verlandung mit
Schwimmblattgesellschaften
und Röhrichten

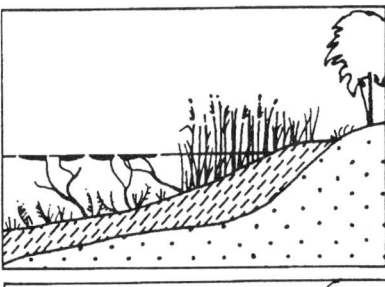

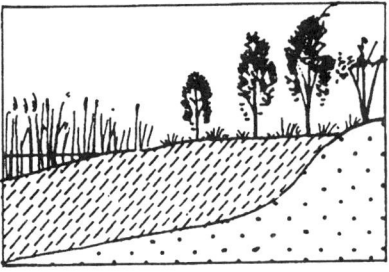

Phase 3
Nahezu verlandetes
Altwasser mit großen
Röhrichtbeständen

Abb. 5: Verlandungsstadien an einem Altgewässer

Quelle: nach DVWK (1991b)

Ein vollständig verlandetes Altgewässer wird i.f. nicht mehr als Stillgewässerbereich angesprochen, sondern im Zusammenhang mit der Gewässeraue bzw. dem Gewässernahbereich des Hauptfließgewässers erfaßt.

Unter natürlichen Bedingungen kommen in Flußlandschaften gleichzeitig vielerlei Stadien der Altarmentwicklung mit einer großen Variationsbreite der ökologisch wichtigen Faktoren auf. Dementsprechend tragen Altgewässer erheblich zur Biotopvielfalt der Gewässerlandschaft bei. Weiterhin können sie als Laichplätze für Fische und als Rückzugsbiotope gefährdeter Arten fungieren, bei kurzen Schadstoffstößen im Hauptfließgewässer (Schadstoffeinleitung, Katastrophenfälle) kann unter günstigen Umständen eine Wiederbesiedlung des Fließgewässers aus den nicht oder weniger stark betroffenen Altarmen erfolgen (DVWK 1991b). Im Hinblick auf die Biotopvernetzung sind Altgewässer als Kleinbiotope anzusprechen, die als lokale bis regionale Vernetzungselemente fungieren können (HEYDEMANN 1983).

Die Lebensräume der Altgewässer sind durch zahlreiche menschliche Einflüsse in ihrem typischen Bestand gefährdet. An erster Stelle sind hier Grundwasserabsenkungen, Eutrophierung durch nahegelegene belastete Fließgewässer und landwirtschaftliche Flächen sowie Verfüllung zu nennen. Nach Angaben von KAULE (1991) hat die Eutrophierung den Alterungsprozeß der meisten von Natur aus nährstoffarmen Stillgewässer "um ein Vielfaches verstärkt" (S. 73).

Biotopanlagen. Im Rahmen der naturnahen Gewässerunterhaltung und Auenrenaturierung werden seit einigen Jahren in Gewässerauen kleinere Teiche angelegt. Sie sollen i.d.R. als Ersatzbiotope für die durch Melioration, Straßenbauten oder andere Eingriffe verlorengegangenen aquatischen Biotope fungieren und als Trittsteine zur Biotopvernetzung beitragen.

Fischteiche. An Fischteichen können, soweit sie ausgedehnte Flachuferbereiche aufweisen, grundsätzlich ähnliche Vegetationsbestände und Zoozönosen auftreten wie an natürlichen Stillgewässern, so daß sie in manchen Fällen zur Biotopvielfalt in der Gewässeraue beitragen können. Dieses ist besonders an nicht mehr bewirtschafteten Fischteichen der Fall. Große, wenig genutzte Teichgebiete mit Röhrichten können als Brut- und Rastgebiete seltener Vögel fungieren (DRACHENFELS et al. 1984) und insofern einen hohen Naturschutzwert aufweisen. In vielen Fällen jedoch befinden sich die in Gewässerniederungen angelegten Fischteiche in naturfernem Zustand; dieses ist vor allem auf Düngung und Kalkung des Wassers sowie auf einen zu hohen Fischbesatz zurückzuführen (KAULE 1991).

Zur Aufnahme der Stillgewässer werden im folgenden 2 Verfahren vorgestellt, die als "Standardverfahren" und als "modifiziertes Verfahren" bezeichnet werden. Das Standardverfahren wird an neu aufzunehmenden Stillgewässern durchgeführt, das modifizierte Verfahren ermöglicht die Integration externer Untersuchungsergebnisse.

Standardverfahren. Das Standardverfahren orientiert sich an den wichtigsten natürlichen Stillgewässern der Fließgewässerniederungen, den Altgewässern. Künstliche Stillgewässer können ebenfalls anhand der i.f. für die Altgewässer beschriebenen Kriterien aufgenommen werden. Ihre Bewertung erfolgt nach dem Grad der Übereinstimmung mit den für die Altgewässer charakteristischen Zuständen (s.o.).
Der Biotopwert der Altgewässer hängt in hohem Maße von der typischen Ausbildung der Wasser- und Ufervegetation ab. Wegen ihrer wichtigen ökologischen Funktion werden die Vegetationsbestände zur Klassifikation der Stillgewässer herangezogen (s. Kap. A.4.4.4). Zusätzlich wird die Genese der Altgewässer berücksichtigt.
Die Vegetationsbestände werden im **Aquatischen Bereich** in allen Stadien der Altgewässerentwicklung wie bei den Fließgewässern nach dem Grad ihrer Naturnähe klassifiziert (s. Gewässererhebungsbogen–S, Kap. A.4.3.2.4).

Da im **Uferbereich** der Altgewässer in Abhängigkeit von ihrem Entwicklungsstadium, besonders im Hinblick auf die Gehölzbestände, sehr unterschiedliche Zustände auftreten können, wird i.f. zwischen Ufern mit und ohne ausgeprägtem Verlandungsbereich unterschieden:

Bei den Ufern ohne Verlandungsbereiche handelt es sich meist um Prallufer an Altgewässern der ersten Entwicklungsphase (Phase 1, Abb. 5). Hier werden bis auf die unten angegebenen Ausnahmen grundsätzlich die gleichen Vegetationseinheiten wie an Fließgewässerufern unterschieden (s. Gewässererhebungsbogen–S), wobei Ufergehölzsäume höher bewertet werden als gehölzfreie Strecken. Auf die Vegetationseinheiten wird bei der Beschreibung der Vegetation an Fließgewässerufern (s. Kap. A.3.5.6) eingegangen, das hier in Bezug auf ihren Wert Gesagte gilt auch für den Uferbereich an Altgewässern der ersten Entwicklungsphase.

An den Ufern mit bereits deutlich ausgeprägten Verlandungszonen (Phase 2 u. 3, Abb. 5) treten i.d.R. Schilfröhrichte auf, die randlich mit Feuchtgebüsch durchsetzt sein können und im Verlauf der Entwicklung häufig in Bruchwaldbestände übergehen. Röhrichte und Großseggenrieder sowie Weidengebüsche werden im Verlandungsbereich der Altgewässer als weitgehend natürliche Vegetationsbestände mit "sehr hohem" Schutzwert[47] (Stufe 4) klassifiziert.

Die **Genese** der Altgewässer wird als zusätzliches Bewertungsmerkmal herangezogen. In Gewässerauen mit weitgehend natürlicher Morphodynamik treten u.a. durch Mäanderverschiebung ständig neue Altgewässer auf, so daß in großen Flußsystemen alle Altgewässerentwicklungsstadien gleichzeitig anzutreffen sind. Wurden im Rahmen von Gewässerausbauten durch Begradigung des Flußlaufs Mäanderschlingen abgetrennt, entstanden zwar an manchen Flüssen viele Altgewässer, sie befinden sich jedoch alle in einem ähnlichen Entwicklungsstadium, so daß die Biotopvarianz in Vergleich zum weitgehend natürlichen Zustand erheblich reduziert ist (DVWK 1991b).

Da sich an den durch Ausbau abgetrennten Altgewässern unter ansonsten insgesamt naturnahen Bedingungen grundsätzlich sehr ähnliche Entwicklungen vollziehen können wie an natürlich entstandenen Altgewässern, wird die Entstehungsart des Gewässers bei der Einstufung des Naturschutzwerts nur zur Unterscheidung der Schutzwertkategorien "hoch" und "sehr hoch" herangezogen. Altgewässer, deren künstliche Abtrennung vom Flußbett mehr als 50 Jahre zurückliegt, werden wie natürlich entstandene Altgewässer behandelt und entsprechend eingestuft.

Modifiziertes Verfahren. An mittleren bis großen Fließgewässern können u.U. Stillgewässer in derartig großer Zahl auftreten, daß eine Untersuchung jedes einzelnen Gewässers den Rahmen einer Fließgewässerkartierung sprengen würde und zu

---

[47] Der Naturschutzwert der Röhrichte an Altgewässerufern der Entwicklungsphasen 2 u. 3 ist durchschnittlich höher einzustufen als an Fließgewässern, da es sich bei den Röhrrichten hier um ein natürliches Sukzessionsstadium handelt, während Röhrichtbestände am Ufer oder im Nahbereich von Fließgewässern meist Ersatzgesellschaften für Auewaldbestände darstellen (s. Kap. A.3.5.6.3).

aufwendig wäre. In derartigen Fällen sind entweder zusätzlich Spezialaufnahmen durchzuführen, oder es muß soweit wie möglich auf bereits vorhandene Untersuchungen zurückgegriffen werden.

In den meisten alten Bundesländern werden seit Jahren teils mit recht grobmaschigem Raster, teils auch sehr detailliert, Kartierungen der für den Naturschutz wertvollen Bereiche ("Biotopkartierungen"[48]) von den Naturschutzbehörden der Länder, Landkreise und Kommunen durchgeführt.

In Niedersachsen beispielsweise wurden im Rahmen landesweiter Aufnahmen an vielen größeren Fließgewässern zahlreiche Stillgewässer untersucht. Hierbei wurden hauptsächlich der Aquatische Bereich und der Uferbereich unter botanischem und soweit wie möglich zoologischem Aspekt untersucht und ihr Naturschutzwert eingestuft (vgl. DRACHENFELS & MEY 1990).

Häufig existieren auch landschaftsplanerische Gutachten, in denen weitere wertvolle Bereiche u.a. Stillgewässer nach den jeweils länderüblichen Verfahren oder zumindest in enger Anlehnung an diese untersucht wurden.

Es werden generell die Klassifikationen "wertvoll" und "nicht wertvoll" unterschieden, wobei als "wertvoll" nur solche Bereiche auszuweisen sind, die unter Berücksichtigung der Bewertungskriterien Natürlichkeit, Seltenheit/ Gefährdung, Vielfalt, Eigenart und Flächengröße "aus landesweiter Sicht für den Naturschutz wertvoll" sind (DRACHENFELS & MEY 1990, S. 10).

Die als "wertvoll" eingestuften Gebiete, die i.d.R. die Qualität eines Naturschutzgebiets bzw. Naturdenkmals erfüllen, werden in Niedersachsen in die "Karte der für den Naturschutz wertvollen Bereiche" aufgenommen, die weniger wertvollen Objekte bleiben unberücksichtigt. Da zur Einstufung des Naturschutzwerts ähnliche Kriterien herangezogen werden wie im vorgelegten Verfahren (z.B. Natürlichkeit, Seltenheit, Gefährdung, Biotopvernetzung, Biotopstruktur), kann davon ausgegangen werden, daß die Stufe "wertvoll" der Kartieranleitung nach DRACHENFELS & MEY (1990) die beiden in Kap. A.3.4.1 definierten Schutzwertstufen "sehr hoch" und "hoch" umfaßt.

Im folgenden wird zwischen den von anderer Seite als "wertvoll" eingestuften und den bisher nicht bzw. niedriger bewerteten Gewässern unterschieden:

Die bisher nicht bewerteten bzw. die von fremder Seite nicht als "hochwertig" angesprochenen Stillgewässer werden nach dem oben vorgestellten Standardverfahren aufgenommen und entsprechend Kap. A.4.4.4 klassifiziert.

Die Gewässer, die unter Anwendung einer geeigneten Bewertungsmethodik bereits untersucht und als "wertvoll" eingestuft wurden, können im Gewässererhebungsbogen–S, Teil "modifiziertes Verfahren" unter Angabe der Gutachterquelle verzeichnet und unter zusätzlicher Berücksichtigung der Gewässergenese hinsichtlich ihres Gesamtwerts eingeschätzt werden (s. Kap. A.4.4.4).

---

[48] Dieser im Zusammenhang mit derartigen Kartierungen in der Fachliteratur häufig benutzte Begriff ist m.E. unscharf, da zumindest in Niedersachsen auch Gebiete, die aus naturwissenschaftlicher Sicht wertvoll sind, z.B. Aufschlüsse mit seltenem Fossilinhalt, mitkartiert werden.

3.5.6 Bewertung der Vegetation

3.5.6.1 Bewertungskriterium "Vegetationszustand"

Die Vegetation ist in der gesamten Gewässerlandschaft von grundsätzlicher Bedeutung für die Funktion des Naturhaushalts. Der Vegetationsbestand wird in **allen Teilräumen** der Gewässerlandschaft aufgenommen und in Bezug auf den Naturschutzwert und die Störungsintensität eingestuft.

Bei der Nomenklatur und Systematik der zu untersuchenden Vegetationsbestände kann zwischen einer rein physiognomisch–ökologisch orientierten Gliederung nach Vegetationsformationen (KORNECK & SUKOPP 1988) und einer pflanzensoziologischen Klassifizierung (u.a. ELLENBERG 1986; OBERDORFER 1983) unterschieden werden.

In der Naturschutzplanung und -praxis kommen häufig Mischverfahren zwischen beiden Methoden zur Anwendung. So werden u.a. in der von DRACHENFELS et al. (1984) und DRACHENFELS & MEY (1990) bei der niedersächsischen Naturschutzkartierung verwendenten Methodik die zu untersuchenden Vegetationseinheiten in Anlehnung an die Vegetationsformationen nach KORNECK& SUKOPP (1988) ausgegliedert und die zu kartierenden Vegetationsbestände je nach ihrer Relevanz für den Naturschutz und nach dem notwendigen Untersuchungsaufwand bis zur Ordnungs-, Verbands- oder Assoziationsebene der Pflanzensoziologie unterschieden und bewertet.

Diesem Vorgehen wird im weiteren im Prinzip gefolgt, dabei wird bei der Beschreibung der ausgegliederten Vegetationseinheiten[49] jeweils explizit kenntlich gemacht, um welche Formation nach KORNECK & SUKOPP (1988) oder von anderen Autoren ausgewiesene Vegetationseinheit es sich handelt. Auf weitere Gliederungsstufen der Pflanzensoziologie (Verbände, Assoziationen) kann im hier gegebenen Zusammenhang nur ausnahmsweise eingegangen werden; es werden die bei ELLENBERG (1986) genannten Wortendungen der pflanzensoziologischen Nomenklatur verwendet (s. Kap. A.2.2).

Bei stark anthropogen gestörten Vegetationsbeständen ist eine nomenklatorische Einordnung der Bestände i.S. der Pflanzensoziologie häufig nicht mehr möglich oder sinnvoll. Wegen der hier verwendeten ökologisch–morphologischen Gliederung der Gewässerlandschaft in Teilräume (s. Kap. A.2.1.) ist in einigen Fällen die Ausgliederung von Vegetationseinheiten erforderlich, die sich weniger an vegetationskundlichen als an ökologischen und wasserbaulichen Erfordernissen orientiert (z.B. Vegetationseinheit "Ufergehölze").

Eine allgemeine **Bewertung** der Vegetationsbestände in den Teilräumen der Gewässerlandschaft erfolgt im wesentlichen anhand der Kriterien "Seltenheit",

---

[49] Der Begriff der "Vegetationseinheit" wird rein beschreibend als Sammelbegriff gebraucht. Er umfaßt physiognomisch und/ oder soziologisch voneinander unterscheidbare Vegetationsbestände, die im Gelände kartographisch erfaßt werden können. Der Terminus "Pflanzengesellschaft" wird i.f. nicht im Sinne von "Assoziation" verwendet, sondern als allgemeine Bezeichnung für die an einem Standort angetroffenen Pflanzenbestände (vgl. NEEF 1976).

"Wiederherstellbarkeit", "Gefährdung", "potentieller Wert bei der Vernetzung von Lebensräumen" sowie nach dem "Biotopwert", insbesondere für gefährdete Pflanzen und Tiere. Ein weiterer wichtiger Bewertungsaspekt ist die Naturnähe der Vegetation bzw. bei Elementen der extensiven bäuerlichen Kulturlandschaft das Ausmaß der Veränderungen des typischen Zustands durch moderne Produktionsweisen. Da die Untersuchung der Vegetation bis in den Übergangsbereich hinein erfolgt, ist neben den für die jeweilige Gewässerzone (s. Kap. A.2.2) charakteristischen Vegetationsbeständen zusätzlich die pnV des Übergangsbereichs bzw. Talrands zu berücksichtigen.

Zur Charakterisierung der Vegetationseinheiten werden aufbauend auf der von LÖLF & LWA (1985) vorgeschlagenen allgemeinen Klassifikation der Naturnähe von Gewässern folgende Zustände[50] der Vegetation unterschieden:

Weitgehend natürlicher Vegetationszustand. Die Vegetationsbestände entsprechen dem Gewässertyp bzw. der pnV des Teilraums weitgehend oder vollständig; eine anthropogene Nutzung findet nicht oder nur in sehr geringem Umfang und nur vorübergehend statt.

Naturnaher Vegetationszustand. Die Vegetationsbestände entsprechen dem Gewässertyp bzw. der pnV des Teilraums weitgehend; es treten vereinzelt Störungen wie beispielsweise geringfügige Eutrophierungserscheinungen auf; eine anthropogene Nutzung findet nur in geringem Umfang statt.

Bedingt naturnaher Vegetationszustand. Die Vegetationsbestände sind deutlich gestört, einzelne Arten weisen eine Tendenz zur Massenentwicklung auf; Eutrophierungserscheinungen kommen vor; der Vegetationszustand entspricht nur z.T. einer vom Menschen nicht beeinflußten Ausprägung; eine anthropogene Nutzung findet regelmäßig und z.T. in erhöhter Intensität statt.

Naturferner Vegetationszustand. Die Vegetationsbestände sind erheblich gestört; infolge von Eutrophierung bzw. Intensivnutzung treten große Pflanzenmassen weniger Arten auf oder es kommt durch Schadstoffeinflüsse oder Baumaßnahmen (Gewässerausbau, Flächenumstrukturierung) zur Verarmung der Vegetation; der Vegetationszustand entspricht einer vom Menschen weitgehend veränderten und gesteuerten Ausprägung.

Naturfremder Vegetationszustand. Die Vegetationsbestände sind durch anthropogene Einflüsse vollkommen verändert; es kommt zu Massenwuchs weniger Arten (z.B. Verkrautung, Monokulturen) oder zu weitgehender Beseitigung der Vegetation durch Schadstoffeinflüsse oder Baumaßnahmen; der Vegetationszustand

---

[50] Die beschriebenen Zustände der Vegetation geben nur eine grobe Richtschnur für die Bewertung ihrer Naturnähe, im Einzelfall sind zusätzliche Kriterien (wie z.B. bei der Vegetationseinheit "Forstbestände", s.u.) zur Beurteilung heranzuziehen.

entspricht einer vom Menschen durch Intensivnutzung vollständig veränderten und künstlich gesteuerten Ausprägung.

In der Literatur wird häufig der Naturschutzwert von Vegetationsbeständen betont, die in typischer Ausprägung unter dem Einfluß einer extensiven Bewirtschaftungsweise entstanden sind (vgl. z.B. DISTER 1980; KAULE 1991). Es handelt sich hier um Vegetationsformen, die vom Menschen zwar oftmals stark beeinflußt sind, aber trotzdem nur extensiv und vor allem weitgehend ohne den Einsatz von Agrarchemikalien bewirtschaftet werden.

Ein Charakteristikum derartiger Nutzungsformen ist, daß sie in ihrer typischen Eigenart nur erhalten bleiben, wenn es zu keiner Veränderung der Nutzungsintensität kommt. Wichtige Vertreter derartiger Vegetationsbestände sind z.b. Trockenrasen und Feuchtgrünland (s.u.). Der meist hohe Naturschutzwert der extensiven Bewirtschaftungsformen begründet sich in erster Linie auf ihrer Seltenheit und dem Biotopwert für gefährdete Pflanzen- und Tierarten.

Zur Klassifizierung der Naturnähe finden sich in der Literatur unterschiedliche Auffassungen: Während BUCHWALD (1968) extensive Nutzungsformen als "bedingt naturfern" bezeichnet, werden sie von der LÖLF & LWA (1985) pauschal als "naturnah" eingestuft und mit anderen schwach anthropogen beeinflußten (ehemals "natürlichen") Vegetationsbeständen einer einheitlichen Kategorie zugeordnet. Von SUKOPP (1983) wird in diesem Zusammenhang der Begriff "halbnatürlich" gebraucht. Diese Bezeichnung wird auch i.f. verwendet und um die Kategorie "bedingt halbnatürlich" ergänzt; sie werden wie folgt definiert:

Halbnatürlicher Vegetationszustand. Die durch extensive Nutzung in charakteristischer Zusammensetzung entstandenen Vegetationsbestände entsprechen aktuell weitgehend dem typischen Zustand. Sie unterliegen entweder noch einer extensiven Bewirtschaftung (häufig Biotoppflege) oder sind auch nach der Aufgabe der extensiven Nutzung (noch) in typischer Weise ausgeprägt. Die Einflüsse von Intensivnutzungen, etwa aus angrenzenden Flächen, sind gering.

Bedingt halbnatürlicher Vegetationszustand. Die durch extensive Nutzung in charakteristischer Zusammensetzung entstandenen Vegetationsbestände entsprechen aktuell nur noch teilweise dem typischen Zustand. Sie unterliegen entweder den Einflüssen einer intensivierten Bewirtschaftung oder sind nach der Aufgabe der extensiven Nutzung schon teilweise durch andere Vegetationsbestände überprägt.

Kombinierte Bezeichnungen wie beispielsweise "naturnah bis halbnatürlich" werden für Vegetationsbestände verwendet, die sowohl unter natürlichen Bedingungen wie unter menschlichem Einfluß auftreten können, z.B. Röhrichte und Großseggenrieder, oder die sich als Sukzessionsstadien aus extensiven Nutzungsformen entwickelt haben, aber (noch) nicht der pnV entsprechen, z.B. Trockengebüsch.

Im folgenden wird auf die Funktion und Bewertung der Vegetation in den einzelnen Teilräumen der Gewässerlandschaft eingegangen. Tabellarische Übersichten zur Klassifikation des Naturschutzwerts und der Störungsintensität sind im Gewässererhebungsbogen (s. Kap. A.4.3.2.3) wiedergegeben.

Bei der **Gliederung der Vegetation** wird zwischen Vegetationseinheiten mit dominierenden Gehölzen und weitgehend gehölzfreien Einheiten unterschieden (s.u.). Innerhalb dieser beiden großen Gruppen entspricht die Reihenfolge der Darstellung im Prinzip abnehmendem Naturschutzwert und zunehmender Störungsintensität durch Nutzungseinflüsse.

3.5.6.2 Gehölzdominierte Vegetationseinheiten

Die wichtigsten gehölzdominierten Vegetationseinheiten sind die Wälder. In weitgehend natürlichem Zustand sind sie in Mitteleuropa nur noch sehr selten anzutreffen, fast alle Baumbestände werden in unterschiedlicher Intensität forstlich genutzt.

Im folgenden werden Gehölzbestände, die nach ihrem Artenspektrum und Bestandesaufbau der potentiellen natürlichen Vegetation des Standorts weitgehend entsprechen und augenscheinlich keiner forstlichen Nutzung unterliegen, "Wälder" genannt. Derartige Bestände werden entsprechend ausgewiesen, wenn ihre Größe mindestens 1 ha beträgt.

Die genannten Kriterien werden in aller Regel nur in Naturschutzgebieten, seltener auch in Landschaftsschutzgebieten erfüllt. Alle anderen Bestände werden als "Forsten" bezeichnet und nach dem Grad der vorhandenen Nutzungsintensität klassifiziert.

Auewald. Unter natürlichen Bedingungen werden die Flußniederungen in Niedersachsen von Auewäldern eingenommen, die bis an das Ufer heranreichen. Sie weisen artenreiche Gehölzbestände auf und sind häufig mit Röhrichten und u.U. mit Biberwiesen durchsetzt (WWF 1988). Es kann zwischen typischen Auewäldern und Bach–Uferwäldern unterschieden werden, auf die Assoziationen beider Waldgesellschaften wird von ELLENBERG (1986) und DAHL & HULLEN (1989) eingegangen.

Typische Auewälder. Auewälder in typischer Ausprägung kommen im Tiefland und im Bergland in breiten, regelmäßig überfluteten Tälern vor. Aufgrund des Artenspektrums lassen sie sich in "Weichholzauewälder" und "Hartholzauewälder" gliedern, ihr charakteristischer Bestandesaufbau wird von HELLER (1963) und ELLENBERG (1986) beschrieben. Die Ausbildung typischer Auewälder hängt entscheidend von der Hochwasserdynamik ab: Im Bereich des nördlichen Oberrheins gibt DISTER (1980) Hochwassertoleranzen von 100 bis 190 d/ a für den Weichholzauewald und von ca. 90 d/ a für den Hartholzauewald an. Die Mindestüberflutungsdauer zur Erhaltung des Hartholzauewalds (Konkurrenz gegenüber der

Rotbuche) beträgt nach Angaben Disters 3 bis 14 d/ a. Geht die Hochwasserhäufigkeit zurück (Gewässerregulierung), werden die Auewaldgehölze von Baumarten trockenerer Standorte verdrängt, oder die Flächennutzung wird aufgrund des verminderten Hochwasserrisikos intensiviert.

Bach–Uferwälder. Im den Bereichen der Bachoberläufe im Bergland fehlt i.d.R. eine flächenhafte Gewässeraue, der Einfluß der Gewässer auf die angrenzenden Flächen ist relativ gering, Überschwemmungen treten i.d.R. nicht auf. An Bergbächen, aber auch im Bereich enger Täler, sind typische Auewälder nicht anzutreffen. Häufig beschränken sich die gewässerbegleitenden Gehölze auf das Uferprofil und einen schmalen uferparallelen Streifen. Derartige Waldsäume werden als Bach–Uferwälder bezeichnet. Sie sind im Unterschied zu den typischen Auewäldern nicht an regelmäßige Überschwemmungen gebunden, vertragen jedoch kurzfristige Überflutungen (ELLENBERG 1986).

Auf den generell außerordentlich hohen Wert der Auewälder für den Naturschutz wird in der Literatur vielfach hingewiesen (vgl. u.a. GERKEN 1990; PENKA et al. 1985; WWF 1988). Im Hinblick auf die Biotopvernetzung spielen besonders größere Auewaldbestände[51] eine wichtige Rolle. Kleinere Auewaldrelikte können als biotische "Trittsteine" zur Biotopvernetzung beitragen. Im Uferbereich kommt den Auewäldern bzw. Bach–Uferwäldern gleichermaßen hohe Bedeutung zu, denn bei entsprechender Längsausdehnung[52] bilden naturnahe Uferbereiche ein natürliches Biotopverbundsystem (KAULE 1991).

Auewälder benötigen zu ihrer Entwicklung einen Zeitraum von 100–250 Jahren. Sie zählen zu den stark bedrohten Biotopen in Deutschland und sind grundsätzlich als schutzwürdig anzusehen (DRACHENFELS & MEY 1990).

Im folgenden werden Auewälder im Uferbereich und im Auebereich einschließlich des Gewässernahbereichs als weitgehend natürliche Vegetationsbestände mit "sehr hohem" Schutzwert (Stufe 4) und "sehr geringer" Störungsintensität (Stufe 0) klassifiziert.

Bruchwald. Zusätzlich zu den Auewäldern können in Gewässerniederungen sowie im Übergangsbereich der Gewässerlandschaft Bruchwälder auftreten. Sie unterscheiden sich von den Auewäldern vor allem durch den Wasserhaushalt und das Sediment- und Nährstoffangebot. Während Auewälder nach einer Überschwemmung z.T. schnell wieder trocken fallen, bleiben die vom Grund- oder Schmelzwasser überschwemmten Bruchwälder längere Zeit naß.

In Norddeutschland kommen Bruchwälder im Bereich der Urstromtäler vor. In Gewässerlandschaften können sie als Endstadien von "Verlandungsreihen" an Altwässern (ELLENBERG 1986) und im Randbereich von Gewässerauen angetroffen

---

[51] Vom DRL (1983) werden Minimalareale von größer 5 ha genannt.
[52] DRACHENFELS & MEY (1990) geben die Mindestlänge eines als "wertvoll" einzustufenden Auewalds in Gewässerlängsrichtung mit ca. 1 km an.

werden; im Übergangsbereich treten sie unter dem Einfluß von Staunässe auf. Im Bergland kommen auf Hangmoorstandorten Fichtenbruchwälder vor, die häufig zwischen Mooren und Wäldern vermitteln.

Bruchwälder bilden für seltene Pflanzen und Tiere einen wichtigen Lebensraum, DRACHENFELS & MEY (1990) sowie KAULE (1991) betonen ihren hohen Naturschutzwert. Für die Biotopvernetzung spielen Bruchwälder eine ebenso wichtige Rolle wie Auewälder (SCHMIDT 1984). Angaben zu ihrer Entwicklungszeit und Wiederherstellbarkeit fehlen in der Literatur. Im folgenden werden Bruchwälder in der Gewässeraue einschließlich des Gewässernahbereichs und im Übergangsbereich als weitgehend natürliche Vegetationsbestände mit "sehr hohem" Schutzwert (Stufe 4) und "sehr geringer" Störungsintensität (Stufe 0) klassifiziert.

Laubwald. Im Übergangsbereich der Gewässerlandschaft sind, von den hier eher seltenen Bruchwäldern abgesehen, unter natürlichen Bedingungen bis in die montane Höhenstufe zonale Laubwälder anzutreffen, für das höhere Bergland sind Nadelwälder (s.u.) charakteristisch.

Natürliche Wälder können generell als wichtige Lebensräume angesehen werden; auf seltene und gefährdete Floren- und Faunenelemente nordwestdeutscher Laubwälder gehen DRACHENFELS et al. (1984) ein. Von KIRWALD (1968) wird der positive Einfluß von Waldbeständen auf das Grund- und Oberflächenwasser betont. Für die Biotopvernetzung sind Wälder als "überregionale Elemente" des Biotopverbunds von hoher Bedeutung (SCHMIDT 1984, S.5). In Mitteleuropa benötigen sie zu ihrer Entwicklung ca. 150–250 Jahre.

Nach Angaben von DRACHENFELS & MEY (1990) sind standorttypische Wälder beim Vorkommen alter Bäume oder gefährdeter Arten schon bei geringer Ausdehnung (1–2 ha) für den Naturschutz wertvoll. Im folgenden werden Laubwälder in der Gewässerlandschaft als weitgehend natürliche Vegetationsbestände mit "sehr hohem" Schutzwert (Stufe 4) und "sehr geringer" Störungsintensität (Stufe 0) klassifiziert.

Nadelwald. Nadelwälder treten in der Gewässerlandschaft unter natürlichen Bedingungen nur im Übergangsbereich auf. In der montanen bis hochmontanen Stufe der Mittelgebirge (z.B. im Harz) stocken auf basenarmen Böden und auf moorigen Standorten Fichtenwälder (DRACHENFELS et al. 1984). Im Flachland sind auf sauren bis stark sauren Böden, vor allem auf armen Sanden, saure Kiefernwälder anzutreffen (BERNINGER 1968).

Die natürlichen Nadelwälder bieten seltenen Pflanzen und Tieren Lebensraum (ELLENBERG 1986). Im Hinblick auf die Entwicklungszeiten, den Naturschutzwert und die Funktion im Biotopverbund gilt für natürliche Nadelwälder das für die Laubwälder Gesagte (s.o.). Im folgenden werden Nadelwälder im Übergangsbereich der Gewässerlandschaft als weitgehend natürliche Vegetationsbestände mit "sehr hohem" Schutzwert (Stufe 4) und "sehr geringer" Störungsintensität (Stufe 0) klassifiziert.

Ufergehölzsäume. Für den Zustand geringer menschlicher Beeinflussung sind für die Ufer der Fließgewässer mehr oder weniger geschlossene Gehölzbestände mit Bäumen und Gebüschen aus Weichholzauewaldarten charakteristisch (NIEMEYER–LÜLLWITZ & ZUCCHI 1985). Auftretende Gehölzlücken sind i.d.R. im unteren Profilbereich mit Röhrichtbeständen und im oberen Uferbereich mit Staudenfluren bewachsen (s.u.).

Standortstypische Gehölze[53] schützen mit ihren Wurzeln das Ufer vor Beschädigungen bei Hochwasser (s. Abb. 6) und halten Immissionen von Agrarchemikalien aus angrenzenden Flächen zumindest teilweise zurück (s. Kap. A.3.5.5).

Ufergehölzsäume weisen als biotopvernetzendes Landschaftselement und als Habitat für Brutvögel einen hohen ökologischen Wert auf; sie benötigen zu ihrer Entwicklung ca. 150–250 Jahre. An manchen Uferstrecken werden die Gehölzbestände weitgehend von Kopfbäumen (meist Kopfweiden) gebildet. Es handelt sich um wertvolle Vegetationselemente der traditionellen bäuerlichen Kulturlandschaft, die zur Biotopvernetzung beitragen und yn Nistmöglichkeiten bieten (STICHMANN 1986).

Gehölzsäume werden als linienhafte Vegetationsbestände nur im Uferbereich als eigenständige Vegetationseinheit ausgewiesen[54]. Zu ihrer Bewertung werden in der Literatur unterschiedliche Methoden beschrieben (vgl. BANNING et al. 1989; PIEPER & MEIJERING 1981). Im folgenden wird die Größe der Gehölzlücken in die Bewertung der Ufervegetation einbezogen.

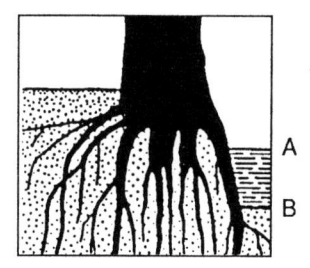

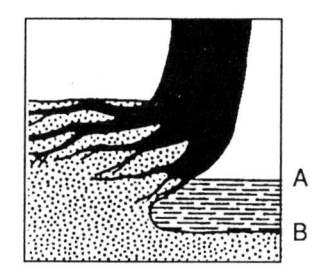

links: Roterle (*Alnus glutinosa*)
rechts: Hybridpappel (*Populus x canadensis*)

A: Wasserspiegel, B: Gerinnesohle

Abb. 6: Funktion standortstypischer Gehölze beim Erosionsschutz an Fließgewässerufern im Vergleich mit standortsfremden Gehölzen

Quelle: nach LOHMEYER & KRAUSE (1975)

---

[53] Standortsfremde Gehölze treten im Uferbereich nur selten auf. Sie werden daher im Gewässererhebungsbogen für den Uferbeicht berücksichtigt.
[54] Die in den anderen Teilräumen auftretenden linienhaften Gehölzbestände (Baumreihen, Feldhecken) werden bei der Untersuchung des Auegrünlands und der Ackerflächen aufgenommen (s.u.).

A.3.5 Auswahl und Beschreibung von Bewertungskriterien

Es werden drei Größeny unterschieden und zwar Lücken von < 20 m, 20–100 m und > 100 m. Die absolute Klassifizierung bietet gegenüber einer prozentualen den Vorteil, daß die Gleichmäßigkeit der Gehölzverteilung auch an längeren Uferabschnitten erfaßt werden kann.

Bei den "geschlossenen" Gehölzsäumen werden Lücken von bis zu 20 m zugelassen, da unter den natürlichen Bedingungen des Auewalds infolge von Windwurf, Uferunterspülungen oder durch das Absterben alter Bäume ebenfalls Lücken in den Gehölzbeständen auftreten können. Bei der Vegetationsbewertung werden geschlossene Gehölzsäume als naturnahe Vegetationsbestände mit "hohem" Schutzwert (Stufe 3) und "geringer" Störungsintensität (Stufe 1) eingestuft.

Ufergehölze mit Lücken von 20–100 m werden als "sporadische Ufergehölze" bezeichnet. Auch für derart lückige Bestände gilt das bei der allgemeinen Beschreibung der Ufergehölzsäume (s.o.) zum Uferschutz- und Biotopwert Gesagte, dies allerdings in abgeschwächter Form. Sporadische Ufergehölze können als "Trittsteine" zur Biotopvernetzung beitragen.

Beim Auftreten größerer Gehölzlücken gewinnen die weiteren Vegetationsbestände des Ufers zunehmend an Bedeutung. An Gewässerufern mit sporadischen Gehölzvorkommen sind in den Lücken i.d.R. Uferstaudenfluren entwickelt[55], naturferne Vegetationsbestände wie Rasenböschungen kommen meist nicht vor[56]. Es kann daher von einer Regelhaftigkeit des gemeinsamen Auftretens von sporadischen Gehölzen mit Uferstaudenfluren ausgegangen werden.

Sporadische Ufergehölze in Verbindung mit Röhricht- und Staudensäumen werden als bedingt naturnahe Vegetationsbestände mit "mäßigem" Schutzwert (Stufe 2) und "mäßiger" Störungsintensität (Stufe 2) klassifiziert. An "weitgehend gehölzfrei" anzusprechenden Uferstrecken werden die gehölzfreien Vegetationseinheiten (s.u.) untersucht und bewertet.

Feuchtgebüsch. In der Gewässerniederung kommen Feuchtgebüsche häufig im Uferbereich, an Altarmen oder auf aufgelassenem Grünland, z.T. auch im Übergangsbereich vor.

Im Uferbereich erfolgt ihre Aufnahme gemeinsam mit den Ufergehölzen (s.o.). Im Gewässernahbereich, Auebereich und Übergangsbereich werden sie als eigene Aufnahmeeinheit der Vegetation ausgewiesen, wobei nur Bestände mit flächenhaftem Charakter[57] zu berücksichtigen sind; verbuschte Feuchtbrachen sind ebenfalls dem Feuchtgebüsch zuzurechnen.

Feuchtgebüsche bieten wichtige Rückzugsgebiete für alle Heckenbewohner, wie beispielsweise Vögel und Insekten; zu ihrer Entwicklung benötigen sie einen Zeitraum von 50–150 Jahren (KAULE & SCHOBER 1985). Im folgenden werden

---

[55] Auf den Wert dieser Bestände wird weiter unten eingegangen.
[56] Ingenieurbiologische Ausbaustrecken mit Gehölzpflanzungen innerhalb des Uferprofils werden gesondert unter der Rubrik "Gehölzneupflanzungen" berücksichtigt (s.u.).
[57] Linienhafte Gebüschbestände werden bei der Untersuchung der Ackerflächen aufgenommen (s. Kap. A.3.5.6.3); Grenzkriterium: Breite der Gebüschstreifen < 10 m.

Feuchtgebüsche als naturnahe bis halbnatürliche Vegetationsbestände mit "hohem" Naturschutzwert (Stufe 3) und "geringer" Störungsintensität (Stufe 0) klassifiziert.

Trockengebüsch. DRACHENFELS & MEY (1990) bezeichnen "Gebüsche auf mehr oder weniger trockenen bis frischen Standorten", pauschal als "Trockengebüsch" (S. 75). Dieser Auffassung wird im weiteren gefolgt, es werden nur Bestände mit flächenhaftem Charakter berücksichtigt[58].

Trockengebüschbestände kommen in der Gewässerlandschaft nur im Übergangsbereich vor. Sie treten als Brachestadien der Magerrasen nach Einstellung der regelmäßigen Mahd und/ oder Beweidung auf und leiten bei ungestörter weiterer Entwicklung zu den Wäldern, der potentiellen natürlichen Vegetation der Übergangsbereiche, über. Auf typische Verbände und Assoziationen wird von DRACHENFELS et al. (1984) und ELLENBERG (1986) eingegangen.

Besonders artenreiche, ältere Bestände in Vergesellschaftung mit Magerrasen oder gefährdeten Straucharten sind für den Naturschutz wertvoll. In derartigen Gebüschkomplexen können sich zahlreiche Insektenarten ungestört entwickeln, sie dienen vielen Singvögeln als Nahrung. In warmen Bereichen kommen z.T. auch Reptilien vor. Brachestadien werden von SCHMIDT (1984) generell als "lokale Elemente" des Biotopverbunds betrachtet (S. 5). Die Entwicklungszeit von Gebüschbeständen auf Brachen beträgt 15–50 Jahre (KAULE & SCHOBER 1985).

Trockengebüsche sind besonders durch Eutrophierung und Aufforstung in ihrem Bestand gefährdet. Im folgenden werden sie im Übergangsbereich als naturnahe bis halbnatürliche Vegetationsbestände mit "hohem" Schutzwert (Stufe 3) und "geringer" Störungsintensität (Stufe 0) klassifiziert.

Zwergstrauchheiden. Zwergstrauchheiden treten im Übergangsbereich der Gewässerlandschaften im norddeutschen Tiefland auf. Sie kommen hier aktuell nur noch kleinflächig an der Ems und an der oberen Aller vor und sind an die Standorte armer Sande (Binnendünen) gebunden. Derartige Heiden werden von KAULE & SCHOBER (1985) der Vegetationsformation der Zwergstrauchheiden und Borstgrasrasen zugeordnet. Auf charakteristische Verbände gehen DRACHENFELS et al. (1984) ein. Die Heiden Norddeutschlands entstanden unter dem Einfluß menschlicher Bewirtschaftung unter der Vorraussetzung der extensiven Schafweide und der Entnahme humosen Materials (Plaggenhieb) (ELLENBERG 1986).

Sandheideökosysteme werden von DRACHENFELS et al. (1984) als die "tierartenreichsten Lebensräume des Niedersächsischen Flachlandes" bezeichnet; KAULE (1991) weist auf ihren Wert für bodenbrütende Vogelarten hin. SCHMIDT (1984) stuft Heiden als Elemente des Biotopverbunds ein, KAULE (1991) betont in diesem Zusammenhang den Wert auch "kleiner Heidereste" (S. 120). Für den Naturschutz sind vor allem wenig verbuschte bzw. wacholderreiche Heideflächen wertvoll

---

[58] Vgl. Fußnote 57.

(DRACHENFELS & MEY 1990). Die Entwicklungszeit von Zwergstrauchheiden beträgt ca. 250–1000 Jahre (KAULE & SCHOBER 1985).

Heideflächen wurden aufgrund der Aufgabe der Schafhaltung in ihrer Ausdehnung stark reduziert und häufig mit Kiefern aufgeforstet. Die Reliktbestände sind in ihrem Bestand gleichermaßen gefährdet. Im folgenden werden Zwergstrauchheiden im Übergangsbereich als naturnahe bis halbnatürliche Vegetationsbestände mit "hohem" Schutzwert (Stufe 3) und "geringer" Störungsintensität (Stufe 1) klassifiziert.

Obstwiesen. Extensiv genutzte ältere Obstbaumbestände, häufig in Verbindung mit extensivem Grünland werden als "Obstwiesen" bezeichnet. Sie sind meist in der Nähe von Dorfanlagen anzutreffen, kommen aber auch in der freien Gewässerlandschaft in flacheren Übergangsbereichen vor.

Bei den Obstwiesen[59] handelt es sich um Elemente der traditionellen bäuerlichen Kulturlandschaft, die wichtige Rückzugsbiotope für Kulturflüchter darstellen (WITT 1985) und häufig eine artenreiche Fauna aufweisen. BECHMANN & JOHNSON (1980) sehen Obstwiesen als schutzwürdige Landschaftselemente an; sie können als regionale Elemente im Biotopverbund fungieren (SCHMIDT 1984).

Obstwiesen sind hauptsächlich durch Nutzungsänderungen und Intensivierungen des Obstanbaus gefährdet. Im folgenden werden sie im Übergangsbereich als naturnahe bis halbnatürliche Vegetationsbestände mit "hohem" Schutzwert (Stufe 3) und "geringer" Störungsintensität (Stufe 1) klassifiziert.

Forsten. Als Forsten werden i.f. bewirtschaftete Gehölzbestände angesprochen, die in der Gewässerniederung auf Standorten von Aue- oder Bruchwäldern oder im Übergangsbereich auf Standorten anderer natürlicher Wälder eingerichtet wurden. Sie werden mit Hilfe der in Tabelle 19 (s. Kap. A.4.3.3.1) aufgelisteten Kriterien nach dem Grad der Nutzungsintensität bewertet und unterschiedlichen Stufen der Naturnähe zugeordnet.

Es kann grundsätzlich davon ausgegangen werden, daß Forsten in naturnaher und in geringerem Maße sogar in bedingt naturnaher Ausprägung eine Ersatzbiotopfunktion für die natürlichen Wälder übernehmen und zur Biotopvernetzung beitragen können.

Im Auebereich und im Gewässernahbereich sind Forsten i.d.R. selten anzutreffen, meist unterliegen die Gewässerniederungen der landwirtschaftlichen Nutzung. Stellenweise wurden jedoch auf Auewald- oder Bruchwaldstandorten Hybridpappel-, seltener auch Fichtenforsten eingerichtet. Im Übergangsbereich kommen Forsten häufiger vor, da das z.T. steile Relief eine landwirtschaftliche Nutzung oftmals nicht zuläßt. Die hier häufig anzutreffenden schmalen Streifen standortstypischer Gehölze sind als naturnahe Forstbestände einzustufen, für eine Klassifikation als (natürlicher) Wald ist ihre Ausdehnung i.d.R. zu gering (s.o.). Im folgenden wird der Naturschutzwert naturnaher Forsten als "hoch" (Stufe 3) und der Wert bedingt naturnaher

---

[59] Obstwiesen in diesem Sinne sind nicht zu verwechseln mit Intensivobstanlagen, diese sind für den Naturschutz weitestgehend wertlos (s.u.).

Forsten als "mäßig" (Stufe 2) angesprochen. Die Störungsintensitäten sind dementsprechend als "gering" (Stufe 1) bzw. als "mäßig" (Stufe 2) anzunehmen. Naturferne Forsten werden als Flächen mit "hoher" Störungsintensität (Stufe 3) und "geringem" Naturschutzwert (Stufe 1) eingestuft.

Parkanlagen und Gärten. Parkanlagen und Gärten werden in der Gewässerniederung vor allem im Bereich von Siedlungen angelegt. Es kann sich um große Flächen (> 20 ha) mit Elementen der Auelandschaft, wie auch um monotone Rasenflächen mit standortsfremden Ziergehölzen handeln. Nach KAULE (1991) sind bei der Ermittlung des Naturschutzwerts von Parkanlagen Kriterien wie Größe, Landschaftsbild und Raumgestalt sowie Landschaftselemente mit Bedeutung für den Artenschutz zu berücksichtigen.

Im Hinblick auf den Biotopwert ist die Rolle alter Baumbestände hervorzuheben, die hier häufig erheblich länger erhalten bleiben als im Wirtschaftswald. Sie sind als Nistplätze für Höhlenbrüter von besonderem Wert (ders.). Für die Entwicklung von Park-Vogelbiozönosen ist eine Flächengröße von mehr als 20 ha Vorraussetzung. In sehr großen Parkanlagen (> 50 ha) können sich bei der Existenz von Gewässern Amphibien, Röhrichtbrüter und Wasservögel einstellen (ders.).

Neben Parkanlagen werden in Siedlungen z.T. Obst- und Ziergärten, häufig im Übergangsbereich, angelegt. Sie bieten u.a. Insekten und Singvögeln einen Lebensraum. Der Biotopwert der Gärten kann durch die Anwendung von Chemikalien stark eingeschränkt sein. Nach Angaben von SCHMIDT (1984) können naturnahe Parkanlagen und Gärten als Elemente der Biotopvernetzung fungieren.

Im Uferbereich der Fließgewässer werden Parkanlagen und Gärten nach dem Gehölzbestand im Uferprofil bewertet: Wurden standortstypische Gehölze erhalten oder angepflanzt, werden sie wie die Ufergehölzsäume (s.o.) nach der Größe der auftretenden Gehölzlücken eingeordnet. Gehölzpflanzungen die jünger als 20 Jahre sind, werden wie neue Gehölze in Renaturierungsbereichen behandelt (s.u. "Gehölzneupflanzungen"). Gehölzfreie und weitgehend gehölzfreie Uferstrecken weisen in Gärten und Parkanlagen in den seltensten Fällen Uferstaudenfluren oder Ruderalsäume auf. In aller Regel werden sie von mehr oder weniger gepflegten Rasenflächen eingenommen. Derartige Vegetationsbestände werden zur Erfassungseinheit "Intensivgrünland" (s.u.) gezählt und als naturfern (Störungsstufe 3/ Schutzwertstufe 1) eingestuft.Im Auebereich einschließlich des Gewässernahbereichs und im Übergangsbereich werden Parkanlagen und Gärten mit Hilfe der in Tabelle 20 (s. Kap. A.4.3.3.1) aufgelisteten Kriterien nach dem Grad ihrer Naturnähe bewertet. Im folgenden wird der Naturschutzwert naturnaher Parkanlagen und Gärten als "hoch" (Stufe 3) und der Wert bedingt naturnaher Anlagen als "mäßig" (Stufe 2) klassifiziert. Die Störungsintensitäten sind dementsprechend als "gering" (Stufe 1) bzw. als "mäßig" (Stufe 2) anzunehmen. Naturferne Zustände werden als Flächen mit "hoher" Störungsintensität (Stufe 3) und "geringem" Naturschutzwert (Stufe 1) angesprochen.

Gehölzneupflanzungen. Im Zuge der seit einigen Jahren z.T. veränderten Prioritäten in der Unterhaltung der Fließgewässer werden an gehölzfreien Uferstrecken und in anderen Teilräumen der Gewässerlandschaft Gehölze angepflanzt. Hierbei wird nicht der Aufbau wirtschaftlich genutzter Forsten angestrebt, sondern es handelt sich um Maßnahmen der Landschaftspflege.

Die "Uferbepflanzungen" erfolgen i.d.R. zwar nahe am Ufer, so daß auf die Dauer eine Beschattung des Aquatischen Bereichs erreicht wird, aber meistens doch außerhalb des eigentlichen Uferprofils. Damit soll eine Behinderung des Hochwasserabflusses ausgeschlossen werden.

Werden die Gehölze in das Uferprofil hineingepflanzt, geschieht dieses häufig im Zusammenhang mit Uferrenaturierungen oder Maßnahmen des Lebendverbaus (s. Kap. A.3.5.3.1); es werden üblicherweise standortstypische Gehölze verwendet. An manchen neubepflanzten Gewässerstrecken konnten schon nach einigen Jahren Verbesserungen der Gewässergüte und des biozönotischen Uferzustands festgestellt werden (s. Kap. A.3.5.3.1).

Zusätzlich zu den Pflanzmaßnahmen im Uferbereich werden stellenweise im Gewässernahbereich Gehölzpflanzungen angelegt. Auf diese Weise wird auf längere Sicht sowohl ein optimaler Schutz des Ufers vor Hochwasserschäden als auch ein Schutz des Aquatischen und des Uferbereichs vor Schadstoffen aus der Gewässeraue erreicht.

Im Übergangsbereich werden Gehölzpflanzungen in erster Linie durchgeführt, um einen Schutz der Gewässerniederung vor Agrarchemikalien aus angrenzenden Flächen zu gewährleisten.

Bei einer Einstufung des Naturschutzwerts der Gehölzneupflanzungen kann für den Uferbereich von folgender Überlegung ausgegangen werden: Sehr häufig siedeln sich an neubepflanzten Ufern schon nach 1–2 Jahren ausgedehnte Ruderal- und Uferstaudenfluren an, die während der ersten Jahre den Uferbereich stark prägen. Es ist m.E. daher gerechtfertigt, die neugepflanzten Gehölze zusammen mit der Kategorie "Uferstaudenfluren und Ruderalsäume" (s.u.) einer gemeinsamen Wertstufe zuzuordnen. Es wird davon ausgegangen, daß zwar die ökologischen Einflüsse der Uferstauden- und Ruderalfluren gegenüber den Gehölzen in den ersten 10–20 Jahren dominieren, daß jedoch die Gehölze schon relativ früh zum n und vor allem zur Beschattung des Aquatischen Bereichs beitragen können; damit ist ein insgesamt "mäßiger Wert" der Ufervegetation in jedem Falle gewährleistet.

Im folgenden werden Uferbereiche mit Gehölzpflanzungen, die jünger als ca. 20 Jahre[60] sind, als bedingt naturnahe Vegetationsbestände mit "mäßigem" Schutzwert (Stufe 2) und "mäßiger" Störungsintensität (Stufe 2) klassifiziert. Diese Klassifikationen gelten auch für Gehölzneupflanzungen in den anderen Teilräumen der

---

[60] Ökologische Einschätzungen zu neubepflanzten Ufer- und anderen Bereichen der Gewässerlandschaft mit einem längeren Beobachtungszeitraum als 10 Jahren fehlen in der einschlägigen Literatur weitgehend. In den nächsten Jahren sind vermutlich neue Untersuchungsergebnisse zu dieser Thematik zu erwarten, dann wird zu prüfen sein, ob die bis dahin älteren Gehölzpflanzungen höheren Schutzwertstufen zugeordnet werden können.

Gewässerlandschaft wobei hier jedoch nur flächenhafte Bestände als eigenständige Vegetationseinheit berücksichtigt werden[61].

Intensivobstanlagen. Im Unterschied zu den aus Sicht des Naturschutzes wertvollen extensiven Obstwiesen (s.o.) sind die an manchen Gewässern in flacheren Übergangsbereichen und z.T. auch in der Gewässeraue anzutreffenden Intensivobstanlagen regelmäßig als naturferne Bereiche anzusprechen.

Insbesondere in sogenannten "Halbstammanlagen" und Anlagen mit niedrigen Obstgehölzen werden häufig Agrarchemikalien in so hoher Dosierung eingesetzt, daß nur noch sehr wenige Grasarten und Wildkräuter existieren können (KAULE 1991). Derartige Bereiche sind an Kleinstlebensräumen verarmt und die noch existierenden Kleinbiotope häufig stark eutrophiert bzw. chemisch belastet (ders.).

Insgesamt können Intensivobstanlagen als naturferne Vegetationsbestände bezeichnet werden, die Auswirkungen der Intensivnutzung ähneln im Hinblick auf die Arten- und Biotopvielfalt denen des Intensivgrünlands (s. Kap. A.3.5.6.3). Dementsprechend ist die Störungsintensität als "hoch" (Stufe 3) und der Naturschutzwert als "gering" (Stufe 1) zu klassifizieren.

Linienförmige Gehölzbestände. Bei der Aufnahme und Bewertung der Vegetation in der Gewässerlandschaft werden linienförmige Gehölzbestände grundsätzlich nicht als eigenständige Vegetationseinheit ausgewiesen, sondern als Vegetationselemente innerhalb der Agrarlandschaft betrachtet. Eine Ausnahme bildet der Uferbereich, hier werden Gehölzsäume individuell bewertet (s. Vegetationseinheit "Ufergehölzsäume").

In den anderen Teilräumen der Gewässerlandschaft werden linienförmige Vegetationselemente bei der Einstufung von Ackerflächen mitberücksichtigt; in Grünlandbereichen wird ihre Verbreitung nicht zur Bewertung herangezogen, da ihr ökologischer Wert für die Avifauna umstritten ist (s. Kap. A.3.5.6.3, Vegetationseinheit "Auegrünland").

Zu den linienförmigen Gehölzen werden i.f. Alleen, Baumreihen, Hecken, Feldgehölze mit vorwiegend linienförmigem Charakter und Gehölzneupflanzungen gezählt, die im Rahmen von Landschaftspflege- oder Renaturierungsmaßnahmen angelegt wurden.

Hecken können als die wichtigsten linienförmigen Biotopelemente in der freien Landschaft gelten, sie sind unter dem Aspekt des Arteninventars und der ökologischen Bedingungen relativ gut erforscht. Ihr hoher Naturschutzwert wird in der Literatur vielfach hervorgehoben (vgl. z.B. KNAUER 1988; WITT 1986).

Ausgedehnte Hecken, insbesondere Heckennetze ermöglichen in Kulturlandschaften einen Faunenaustausch (TISCHLER 1968), sie sind daher als wichtige Elemente der Biotopvernetzung zu bezeichnen. In der Agrarlandschaft ist die positive Wirkung der Hecken auf Nützlinge hervorzuheben (BASEDOW 1988). Auf die

---

[61] Linienhafte Gehölzneupflanzungen werden bei der Untersuchung der Vegetationseinheit "Ackerland" aufgenommen (s. Kap. A.3.5.6.3).

zahlreichen weiteren ökologischen Funktionen von Hecken wie Wassererosionsschutz, Beeinflussung des Mikroklimas oder Stabilisierung von Agrarökosystemen wird von MATTHEY et al. (1989) und MÜLLER (1990) eingegangen.

Besonders durch Nutzungsintensivierungen landwirtschaftlicher Flächen, den Eintrag von Pestiziden sowie die Entwässerung von Feuchtgebüschen sind Hecken in ihrer Existenz gefährdet. KNAUER (1988) dokumentiert die Aufweitung und Zerstörung des Heckennetzes im Zeitraum von 1877–1979 am Beispiel einer Agrarlandschaft in Schleswig–Holstein.

Zusätzlich zu den Hecken können Alleen, Baumreihen, Feldgehölze und Gehölzneupflanzungen gleichermaßen zur Diversifizierung agrarisch geprägter Landschaften beitragen. Auf eine Beschreibung derartiger Vegetationselemente muß an dieser Stelle verzichtet werden[62]; sie werden jedoch, soweit es sich um standorttypische Gehölze handelt, in die Bewertung der Ackerflächen einbezogen.

Im Hinblick auf eine ökologische Einschätzung der Breite und der Maschenweite linienförmiger Vegetationselemente in agrarischen Intensivflächen gibt Kaule (1985) für Hecken und Feldraine folgende Orientierungswerte:

Bei einer **Breite** der Elemente von 0,5–1 m leben zwischen Intensiväckern nur Ubiquisten der Ackerbegleitflora, zwischen Bereichen dreischürigen Grünlands können auch Magerrasenarten auftreten. Weisen die Hecken und Feldraine eine Breite von 1–3 m auf, können im Ackerland Hochstauden und eutrophe Säume vorkommen, im Grünland treten z.T. halbtrockenrasenartige Bestände auf. Eine Breite der Lineamente von 4–6 m schließlich ermöglicht die Existenz von Arten mit (nur) mittlerem Nährstoffanspruch.

Bei einer **Maschenweite** der Hecken und Feldraine von mehr als 300 m finden Vogelarten[63], die auf eine vielfältige Ausstattung der Landschaft mit biotopbildenden Elementen angewiesen sind, kaum noch einen Lebensraum; eine Maschenweite von 150–300 m führt zu einem stark verarmten Artenspektrum der Avifauna. Demgegenüber können bei einem Abstand der Lineamente von 75–150 m noch bedrohte Vogelarten vorkommen. Ein Maximalabstand der Vegetationsstrukturen von 50–75 m ermöglicht das Vorkommen selbst sehr sensibler Vogelarten. Im Falle der Existenz eines dichten Netzes biotischer Strukturen unterliegen die relativ kleinen Zwischenräume i.d.R. nicht mehr einer so intensiven Nutzung wie großflächige Äcker (KAULE 1991).

Die Breite und Maschenweite linienförmiger Gehölzbestände wird entsprechend Tabelle 21 (s. Kap. A.4.3.3.1) bei der Klassifikation ackerbaulich genutzter Flächen berücksichtigt.

---

[62] Vgl. hierzu u.a. JEDICKE (1990) und KAULE (1991).
[63] Bei Einschätzungen des Biotopwerts von Landschaften oder Landschaftsteilen wird oftmals die Avifauna betrachtet, da sie sich als geeigneter Bioindikator erwiesen hat (LÖLF & LWA 1985), und die Vogelwelt insgesamt recht gut untersucht ist (JEDICKE 1990).

3.5.6.3 Weitgehend gehölzfreie Vegetationseinheiten

Die weitgehend gehölzfreie Vegetation in der Gewässerlandschaft läßt sich in folgende Einheiten gliedern:

Wasservegetation. Im Aquatischen Bereich der Fließgewässer treten i.w. in Abhängigkeit von Fließgeschwindigkeit, Strömungsverhältnissen und Trophiegrad unterschiedliche Pflanzenbestände auf. Bei den höheren Pflanzen (= Blütenpflanzen, Phanerogamen) werden von KORNECK & SUKOPP (1988) die "Vegetation der Quellen und Quelläufe" sowie die "Vegetation oligotropher Gewässer" und die "Vegetation eutropher Gewässer" einschließlich der Stillgewässervegetation und der Röhrichte als Formationen unterschieden.

Im folgenden werden diese 3 Formationen und die niederen Pflanzen der Fließgewässer (s.u.) zur Vegetationseinheit "Wasservegetation" zusammengefaßt, wobei nur Fließgewässerpflanzenbestände berücksichtigt werden; Röhrichte werden im Uferbereich der Erfassungseinheit "Uferstaudenfluren" und in der Gewässeraue der Erfassungseinheit "Röhrichte und Großseggensümpfe" zugeordnet. Zur Aufnahme der niederen Pflanzen (= blütenlose Pflanzen, Kryptogamen) wird zusätzlich zu den oben genannten Formationen die Kategorie "Kryptogame Pflanzen schnellfließender Gewässer" ausgewiesen, so daß innerhalb der weitgefaßten Vegetationseinheit "Wasservegetation" insgesamt 4 Untereinheiten zur genaueren Kennzeichnung der Vegetation zur Verfügung stehen.

Auf die typischen Vegetationsverbände und -assoziationen in Fließgewässern wurde bereits in Kap. A.2.2 eingegangen. Aufgrund der hierzu vorliegenden meist neueren Literatur erübrigen sich vertiefende Ausführungen an dieser Stelle (vgl. u.a. DAHL & HULLEN 1989; DREHWALD & PREISING 1991; PREISING et al. 1990).

Bei der Untersuchung des Aquatischen Bereichs kann die vorgefundene Wasservegetation nach dem Grad ihrer Naturnähe bewertet werden. In der Praxis bringt diese Klassifikationsmethodik zweierlei Probleme mit sich: Sie setzt erstens eine hohe Artenkenntnis voraus, dies gilt besonders für die Untersuchung der Kryptogamen, die i.d.R. von spezialisierten Fachleuten durchgeführt werden muß. Zum zweiten erfordert sie bei längeren Gewässerstrecken einen hohen Zeitaufwand, da jeder einzelne Gewässerabschnitt intensiv zu untersuchen ist. Folgende Lösungen dieser Probleme bieten sich an:

1. In manchen Regionen liegen Untersuchungen der aquatischen Vegetation an den größeren Flüssen vor, deren Ergebnisse übernommen werden können (vgl. DAHL & HULLEN 1989 für den niedersachsischen Bereich); allerdings müssen die bei derartigen Untersuchungen angewandten Untersuchungsverfahren häufig erst adaptiert werden. Das Problem der Kryptogamen ist hiermit jedoch meist noch nicht gelöst, da auch hier i.d.R. nur Phanerogamen berücksichtigt werden. Im Hinblick auf die Kryptogamen muß soweit wie möglich auf bereits vorhandene Detailuntersuchungen zurückgegriffen werden, ggf. sind an ausgewählten

Gewässerstrecken Spezialaufnahmen durchzuführen. In Niedersachsen liegen derartige Untersuchungen für die Harz- und Harzvorlandbäche z.T. vor (vgl. WEBER–OLDECOP 1969, 1974).
2. Werden eigene Untersuchungen durchgeführt, ist die Möglichkeit zu prüfen, die Aufnahmen auf exemplarische Gewässerabschnitte in den einzelnen Naturräumen zu beschränken. Bei der Übernahme fremder Untersuchungsergebnisse sollte soweit wie möglich eine stichprobenartige Überprüfung erfolgen.

Im folgenden wird ein Ansatz vorgestellt, bereits vorhandene Untersuchungsergebnisse landesweiter Aufnahmen in das hier vorgelegte Verfahren zu integrieren[64]:

In der von DAHL & HULLEN (1989) durchgeführten Aufnahme kommen zur Untersuchung und Einstufung der aquatischen Vegetation 3 unterschiedliche, in der Naturschutzpraxis häufig verwendete Methoden zur Anwendung:

1. die regional differenzierte Artenfehlbetragsmethode,
2. die Einstufung der Vegetation nach der "Roten Liste" und
3. die Einstufung nach der Bundesartenschutzverordnung.

Diese Methoden und die ausgewiesenen Stufen des Naturschutzwerts werden von DAHL & HULLEN (1989, S. 168–170) behandelt, so daß sich an dieser Stelle eine erneute Beschreibung erübrigt.

Im vorliegenden Verfahren können die drei Methoden für die Einschätzung des Naturschutzwerts und der Störungsintensität der aquatischen Vegetation kombiniert werden (s. Tabelle 17, Kap. A.4.3.3.1). Die von DAHL & HULLEN (1989) vorgestellten Kartierergebnisse bzw. die Ergebnisse anderer Autoren, die nach diesen Methoden erarbeitet wurden, können so an das hier vorgelegte Untersuchungsverfahren angeglichen werden.

Die Vegetation im Aquatischen Bereich der Fließgewässer ist besonders durch Gewässerausbau und Eutrophierung in ihrem typischen Bestand bedroht. Durch Zerstörung des Sohlsubstrats und Beschleunigung des Abflußvorgangs werden den Pflanzenbeständen die Lebensgrundlagen entzogen. Infolge von Eutrophierungen werden typische Vegetationsbestände durch nitrophile Arten verdrängt.

Hoch- und Übergangsmoore. Zur Typisierung von Mooren haben sich die Bezeichnungen Hoch-, Übergangs- und Niedermoor eingebürgert. Hoch- und Übergangsmoore werden von KORNECK & SUKOPP (1988) zur Vegetationsformation der "oligotrophen Moore und Moorwälder" gestellt, hierzu zählen die "Vegetation der Hoch- und Übergangs- und der oligotrophen Niedermoore sowie Moortümpel (einschl. Gehölzgesellschaften)" (S. 112). ELLENBERG (1986) rechnet die Moore generell zur Vegetationseinheit der "Süßwasser- und Moorvegetation", grenzt aber die Bruchwälder als eigene Vegetationseinheit ab. Im folgenden werden Hoch- und

---

[64] Das i.f. für den niedersächsischen Bereich Gesagte gilt sinngemäß auch für Untersuchungsergebnisse aus den anderen Bundesländern. Werden externe Ergebnisse übernommen, so sind im Gewässererhebungsbogen bzw. im Untersuchungsbericht die Quellen und soweit wie möglich die angewandten Methoden zu nennen.

Übergangsmoore in der Fließgewässerlandschaft als eigenständige Erfassungseinheit der Vegetation behandelt. Niedermoore werden dagegen derjenigen Einheit zugerechnet, die der auf dem Niedermoorstandort vorhandenen Vegetation am ehesten entspricht (z.B. "Bruchwald", "Feuchtwiesen").

Moore haben sowohl als Wasserspeicher als auch als Lebensraum eine wichtige Funktion im Landschaftshaushalt: Aufgrund ihrer hohen Wasserspeicherkapazität vermögen sie die Abflußextrema der Fließgewässer zu dämpfen und tragen so zum Hochwasserschutz bei. Weiterhin bilden sie für seltene Pflanzen und Tiere einen Lebensraum.

Moorlandschaften sind in Deutschland bis auf sehr kleine Reste zerstört, sie sind hier "die gefährdetsten ... Ökosysteme" (KAULE 1991, S. 445). Besonders ihre sehr lange Entwicklungszeit (mehr als 1000 J.) macht sie für den Naturschutz unersetzbar. Neben ihrer Lebensraumfunktion sind sie für die kultur- und vegetationsgeschichtliche Forschung, insbesondere für die Palynologie von höchster Bedeutung (DRACHENFELS et al. 1984). Unter dem Aspekt der Biotopvernetzung werden Moore mit einer Ausdehnung von mehr als 100 ha vom DRL (1983) als wertvoll angesehen, sie stellen im Biotopverbund Elemente von überregionaler Bedeutung dar.

Im Uferbereich der Fließgewässer kommen Vegetationsbestände der Hoch- und Übergangsmoore insgesamt selten vor. Eine Ausnahme bilden die Quell- und Quellaufbereiche der Moorbäche im Mittelgebirge. Moorbäche fließen häufig unterhalb der Torfschicht und treten stellenweise in Einsturztrichtern zutage (JENSEN 1987). Hieraus folgt, daß ihre Ufer auch unter natürlichen Bedingungen i.d.R. gehölzfrei sind. An derartige Gewässerstrecken wird daher der Gehölzbestand bei der Vegetationsbewertung nicht mitberücksichtigt, sondern die Ufer werden als "gehölzfreie Ufer in Hoch- und Zwischenmooren" mit "sehr hohem" Naturschutzwert (Stufe 4) und "sehr geringer" Störungsintensität (Stufe 0) klassifiziert. Im Auebereich einschließlich des Gewässernahbereichs kommen Hoch- und Übergangsmoorflächen praktisch nur im Bergland vor. Da bei Moorbächen Ausuferungen kaum auftreten, wird bei der Untersuchung der Gewässerlandschaft hier nur ein 100 m breiter Geländestreifen[65] beiderseits des Gewässers aufgenommen und bewertet (s. Kap. A.2.1). Im Übergangsbereich treten Hoch- und Übergangsmoore ebenfalls nur im Bergland auf.

Im folgenden werden Hoch- und Übergangsmoore im Uferbereich, im Auebereich einschließlich des Gewässernahbereichs und im Übergangsbereich als weitgehend natürliche Vegetationsbestände mit "sehr hohem" Schutzwert (Stufe 4) und "sehr geringer" Störungsintensität (Stufe 0) klassifiziert.

---

[65] Der Begriff "Gewässeraue" entspricht im Bergland und hier besonders in Moorbereichen nicht exakt der oben (s. Kap. A.2.1) gegebenen Auendefinition. Er wird daher hier im weiteren Sinne gebraucht, so daß außerhalb des Gewässernahbereichs gelegene flache Geländeteile, die ohne menschliche Einflüsse auf den Abflußcharakter nicht vom Hochwasser erreicht werden, aber innerhalb des 100 m breiten, gewässerbegleitenden Geländestreifens liegen, zum Auebereich gezählt und mitbewertet werden.

Felsvegetation. Im Bergland können hauptsächlich im Übergangsbereich auf unbewaldeten Felshängen sowie auf Block- und Geröllhalden Vegetationsbestände vorkommen, die von KORNECK & SUKOPP (1988) als Formation der "Außeralpinen Felsvegetation" bezeichnet werden. In Abhängigkeit vom Ausgangsgestein können Kalk–Felsfluren, Silikat–Felsfluren und Schwermetall–Fluren unterschieden werden (DRACHENFELS & MEY 1990; ELLENEBRG 1986); die Autoren gehen auf die Ordnungen und Verbände der Felsfluren ein. Viele der Felspflanzengesellschaften sind im Mittelgebirge nur fragmentarisch ausgebildet.

Felsen und Bergschuttfluren können als Lebensräume seltener und teilweise stark spezialisierter Arten fungieren, im Harz beispielsweise treten hier seltene nordisch–alpine Flechtenarten auf (DRACHENFELS et al. 1984). Felswände stellen wichtige Brutbiotope für Vögel dar, auch seltene Tierarten wie Reptilien sind in Felsbiotopen anzutreffen (dies.). Nach Angaben von KAULE & SCHOBER (1985) benötigen lückige Felsrasen zu ihrer Entwicklung einen Zeitraum von 15–50 Jahren, die Entwicklungszeit "magerrasenartiger Felsfluren" beträgt 50–150 Jahre. DRACHENFELS & MEY (1990) zählen generell Felsfluren mit typischer Vegetation zu den für den Naturschutz wertvollen Landschaftsteilen. SCHMIDT (1984) klassifiziert Felsen als regionale Elemente des Biotopverbunds.

Felsbiotope sind hauptsächlich durch Gesteinsabbau und Freizeitnutzung (Bergsport und Trittbelastungen an Aussichtspunkten) gefährdet. Im folgenden werden Felsfluren im Übergangsbereich als weitgehend natürliche Vegetationsbestände mit "sehr hohem" Naturschutzwert (Stufe 4) und "sehr geringer" Störungsintensität (Stufe 0) angesprochen.

Schwermetall–Rasen. Auf Böden mit hohen Schwermetallgehalten kommen mancherorts "Schwermetall–Rasen" (DRACHENFELS & MEY 1990, S. 74) vor, sie sind der Ordnung Violetalia calaminariae zuzuordnen (ELLENBERG 1986). Bei den Standorten handelt es sich meistens um alte Schlackenhalden des Erzbergbaus, natürliche Aufschlüsse buntmetallführender Erzgänge oder um die Schotterfluren von Flüssen, die in ihrem Einzugsgebiet Buntmetallvererzungen aufweisen (DRACHENFELS 1990). Häufig treten zusätzlich zu den geogenen Schwermetallgehalten der Gesteine und Sedimente an den Wuchsorten hohe anthropogene Belastungen durch den Erzbergbau und die Buntmetallverhüttung auf.

Bei den Standorten der Schwermetall–Rasen handelt es sich um extreme Lebensräume mit sehr artenarmen Lebensgemeinschaften, die keine eigene typische Tierwelt aufweisen. ELLENBERG (1986) zählt die "Flächen mit sogenannter Schwermetallvegetation" zu den "ökologisch reizvollsten Pflanzengruppierungen" (S. 657).

Die aktuelle Gefährdung der Schwermetall–Rasen besteht hauptsächlich in der Durchführung von Baumaßnahmen und der Anlage von Aufschüttungen im Bereich der Vorkommen (DRACHENFELS et al. 1984). Schwermetall–Rasen werden i.f. in der Gewässerniederung[66] als naturnahe Vegetationsbestände[67] mit "sehr hohem" Schutzwert (Stufe 4) und "sehr geringer" Störungsintensität (Stufe 0) klassifiziert.

Magerrasen. Im Übergangsbereich der Gewässerlandschaft können unter dem Einfluß extensiver Beweidung Magerrasen auftreten. Ihre Vegetationsbestände werden von KORNECK & SUKOPP (1988) den Formationen der Zwergstrauchheiden und Borstgrasrasen sowie der Trocken- und Halbtrockenrasen zugeordnet. Demgegenüber betrachten DRACHENFELS et al. (1984) und MATTHEY et al. (1989) primär das Ausgangsgestein des Standorts und verwenden den Begriff "Magerrasen"; dieser Sichtweise wird im weiteren gefolgt.

Die Vegetationseinheit der Magerrasen besitzt eine große Bedeutung als Lebensraum seltener und gefährdeter Pflanzen- und Tierarten, insbesondere für Orchideen sowie für Reptilien und Insekten. Die Entwicklungszeit magerrasenartiger Felsfluren beträgt 50–150 Jahre, während Trockenrasen zu ihrer Entwicklung einen Zeitraum von 250–1000 Jahren benötigen (KAULE & SCHOBER 1985). Trockenrasenfluren können als wichtige Elemente in Biotopverbundsystemen fungieren, sie sollten eine Mindestgröße von 10 ha aufweisen (DRL 1983). Artenreiche bodensaure Magerrasen und Sandtrockenrasen sind nach Angaben von DRACHENFELS & MEY (1990) schon bei kleinflächiger Ausdehnung (z.T. ab 0,1 ha) für den Naturschutz wertvoll, sie sind durch Aufforstung und Verbuschung infolge der Aufgabe der extensiven landwirtschaftlichen Nutzung gefährdet.

Als Brachestadien der Magerrasen treten regelmäßig Gebüschbestände auf. Diese werden sobald ihr Deckungsgrad 50 % überschreitet i.f. der Erfassungseinheit der "Trockengebüsche" zugeordnet. Im folgenden werden Magerrasen im Übergangsbereich als halbnatürliche Vegetationsbestände mit "sehr hohem" Schutzwert (Stufe 4) und "sehr geringer" Störungsintensität (Stufe 0) eingestuft.

Auegrünland. Das in den Gewässerauen vorkommende Grünland wird häufig als Aue"wiesen" bezeichnet.

Hier werden die Vegetationseinheiten "Feuchtgrünland", "Feuchtbrachen", "Frischwiesen und -weiden" und "Intensivgrünland" als eigenständige Erfassungseinheiten der Vegetation behandelt. Die montanen Wiesen werden in der Gewässerlandschaft zu den "Frischwiesen und -weiden" gestellt (s.u.). Brachestadien aufgelassenen Feuchtgrünlands werden als eigenständige Erfassungseinheiten ausgewiesen, solange sie nicht von Gebüsch dominiert werden, ist dieses der Fall, sind sie dem (flächenhaften) "Feuchtgebüsch" zuzuordnen. Staudenfluren werden nur im Uferbereich (s.u. "Uferstaudenfluren") nicht aber im Gewässernahbereich

---

[66] Im Übergangsbereich werden Schwermetall-Rasen der Vegetationseinheit "Felsvegetation" (s.o.) zugeordnet.

[67] Die Schwermetall-Rasen kommen in der Gewässerniederung zwar häufig auf anthropogen veränderten Standorten (Schwermetallimmission) vor, nachdem sie aber dort einmal etabliert sind, entwickeln sie sich im Prinzip unabhängig vom menschlichen Einfluß ähnlich wie auf natürlichen Standorten. Sie gehören also nicht zu den Vegetationselementen extensiver Wirtschaftsformen die weiterer Pflege bedürfen und sind somit nicht als halbnatürlich anzusprechen.

und im Auebereich als eigenständige Vegetationseinheit ausgegliedert. Sie treten in der Gewässerniederung flächenhaft z.T. als Brachestadien des Feuchtgrünlands auf und werden der Erfassungseinheit der "Feuchtbrachen" zugerechnet.

Stellenweise wird das Auengrünland von linienförmigen Vegetationselementen durchzogen (s. Kap. A.3.5.6.2, Abschn. "linienförmige Gehölzbestände"). In der Literatur wird ihr ökologischer Wert in der freien Landschaft unterschiedlich beurteilt. Während z.B. MATTHEY et al. (1989) generell von einem hohen Biotopwert von Hecken für die Avifauna in Wiesenlandschaften ausgehen, stellt KAULE (1991) fest, daß einige der größeren und stark gefährdeten Wiesenvögel wie beispielsweise Brachvogel, Storch und Sumpfrohreule, große, weithin einsehbare Wiesenbereiche als Lebensraum benötigen. Hier wäre demzufolge ein engmaschiges Heckennetz eher negativ zu bewerten. Aufgrund dieser Unsicherheiten wird in Grünlandbereichen die Verbreitung linienförmiger Vegetationselemente nicht in die Bewertung der Vegetation einbezogen. Die historische Entwicklung der Wiesen- und Weidenutzung in Mitteleuropa ist in Tabelle 7 (s.y.) dargestellt.

Feuchtgrünland. Hierzu wird von DRACHENFELS & MEY (1990, S. 64) "feuchtes bis nasses, extensiv genutztes Grünland sowie Brachen mit Dominanz von Feuchtgrünland– (Molinietalia–) Arten" gezählt.

Tabelle 7: Die historische Entwicklung der Wiesen- und Weidenutzung

	Weiden	Zeitraum	Wiesen
extensiv	Waldweide	-4500 v. Chr.	
	Triftweide	-3200 v. Chr.	
	Standweide	-600 v. Chr.	
		-700 n. Chr.	Mähweide/ Streuwiese Feuchtwiese
intensiv	Fettweide	-1850	gedüngte Fettwiese
	Umtriebsweide Standweide	-1950	Mähweide
			Intensivwiese

Quelle: nach VERBÜCHELN (1992)

KORNECK & SUKOPP (1988, S. 113) sprechen "Grünland feuchter bis nasser Standorte" als "Feuchtwiesen" an und nennen den Verband der Pfeifengraswiesen (Molinion) als wichtigsten Vegetationsbestand.

Innerhalb der Erfassungseinheit "Feuchtgrünland" wird eine Nutzung zugelassen, die eine leichte Düngung, 1–2 malige Mahd pro Jahr und Beweidung bei geringer Besatzdichte beinhaltet. Eine derartige Bewirtschaftungsintensität kann aus heutiger Sicht als extensiv eingestuft werden. Extensivere Nutzungsformen ohne Düngung sind aktuell mit Ausnahme kleiner Flächen, die der Biotoppflege unterliegen, praktisch nicht mehr anzutreffen.

Der Naturschutzwert des Feuchtgrünlands besteht hauptsächlich in seiner Biotopfunktion für die Avifauna, von der einige Arten vom Aussterben bedroht sind (WITT 1985). Weitere wertvolle Faunenelemente bilden Amphibien und Kleinsäuger. Im allgemeinen benötigen artenreiche Wiesen zu ihrer Entwicklung einen Zeitraum von ca. 50–150 Jahren. Feuchtgrünland kann bei entsprechender Größe (Mindestgröße 10 ha) als wichtiges Element der Biotopvernetzung fungieren (DRL 1983).

Das Feuchtgrünland der Gewässerniederungen ist besonders durch Grundwasserabsenkungen, Meliorationsmaßnahmen und Nutzungsänderungen stark gefährdet. Im folgenden wird Feuchtgrünland im Auebereich einschließlich des Gewässernahbereichs als halbnatürlicher Vegetationsbestand mit "sehr hohem" Schutzwert (Stufe 4) und "sehr geringer" Störungsintensität (Stufe 0) klassifiziert.

Feuchtbrachen. Zu den Feuchtbrachen werden i.f. Bereiche ehemaligen Feuchtgrünlands gezählt, die aktuell keiner landwirtschaftlichen Nutzung mehr unterliegen, jedoch noch nicht von Schilfröhrichten oder Feuchtgebüsch dominiert werden.

Wenn auch derartige Flächen von DRACHENFELS & MEY (1990) dem Feuchtgrünland zugerechnet werden, erscheint m.E. eine Ausweisung als eigenständige Vegetationseinheit sinnvoll, da sich Änderungen in der Nutzungsintensität, insbesondere auf den Faunenbestand und auf die anderen Kompartimente der Grünlandökosysteme auswirken (vgl. JOHNSON 1978).

Als wichtige Vegetationsbestände treten Feuchtgrünland– (Molinietalia–) Arten sowie nach einiger Zeit Mädesüß–Staudenfluren auf. Diese sind im Unterschied zu den charakteristischen Gesellschaften der Uferstaudenfluren (Filipendulion–Verband) (s.u.) als Sukzessionsphasen zum natürlichen Wald aufzufassen (ELLENBERG 1986), an zusätzlichen Pflanzen können sich in relativ kurzer Zeit Schilfbestände ausbreiten. Ehe es jedoch zur Entwicklung von Auewald oder ggf. Bruchwald kommt, können sich baumlose Sukzessionsstadien u.U. über mehrere Jahrzehnte halten (ders.).

Ähnlich wie beim Feuchtgrünland besteht der Naturschutzwert der Feuchtbrachen in ihrer Funktion als Biotop für die Avifauna und Element der Biotopvernetzung.

Gefährdungen der Feuchtbrachenbereiche sind vor allem in Grundwasserabsenkungen und anderen Meliorationsmaßnahmen sowie im Eintrag von Agrarchemikalien aus intensiv genutzten Flächen zu sehen. Im folgenden werden Feuchtbrachen im Gewässernahbereich und im Auebereich als halbnatürlicher Vegetationsbestand mit "hohem" Schutzwert (Stufe 3) und "geringer" Störungsintensität (Stufe 1) klassifiziert. Eine Einstufung in die höchste Schutzwertstufe erscheint aufgrund der Aufgabe der typischen extensiven Nutzung und wegen der im Verhältnis zu den Feuchtwiesen größeren Verbreitung (= geringere Seltenheit) nicht geboten.

Frischwiesen und -weiden. KORNECK & SUKOPP (1988) definieren die Vegetationsformation "Frischwiesen und -weiden" als "Grünland frischer bis mäßig trockener Standorte" (S. 113) und geben den Verband der Glatthaferwiesen (Arrhenaterion) als charakteristischen Vegetationsbestand an; typische Pflanzengesellschaften werden von DRACHENFELS & MEY (1990) aufgelistet. Im Bergland oberhalb von 400 m NN werden die Glatthaferwiesen auf frischen bis mäßig trockenen Standorten in zunehmendem Maße von Goldhafer–Bergwiesen (Verband Polygono–Trisetion) abgelöst (dies.). Diese werden im weiteren ebenfalls zur Erfassungseinheit der "Frischwiesen und -weiden" gezählt.

In der Gewässerniederung sind die Frischwiesen und -weiden i.d.R. durch Nutzungsintensivierungen aus Feuchtgrünland hervorgegangen. Im Übergangsbereich sind sie neben den Magerrasen der steilen oder (nährstoff-)armen Standorte (s.o.) anzutreffen, seltener kommen sie auch in flacheren Abschnitten auf reicheren Böden vor. Die montanen Bergwiesen treten im Übergangsbereich i.d.R. nicht auf, dieser wird im höheren Bergland in steilen Abschnitten meistens von Wäldern und Forsten und in flacheren Bereichen von Hangmooren eingenommen.

Frischwiesen und -weiden werden intensiver genutzt als das Feuchtgrünland und i.d.R. künstlich gedüngt. Im folgenden wird in Bezug auf die Nutzungsintensität dieses Grünlandtyps von einer 2– bis 3–schürigen Mahd und einer relativ geringen Besatzdichte mit Weidevieh ausgegangen. Intensiver genutzte Grünlandbereiche werden der Erfassungseinheit "Intensivgrünland" zugeordnet (s.u.).

Ähnlich wie beim Feuchtgrünland besteht bei den Frischwiesen und -weiden der Naturschutzwert hauptsächlich in der Biotopfunktion für Wiesenvögel. Allerdings ist hier der Zeitpunkt der ersten Mahd ein limitierender Faktor, da bei zu früher Mahd die Gelege der Wiesenvögel zerstört werden (GLEICH 1987). Aus Sicht des Naturschutzes sind Frischwiesen und -weiden in der Gewässerlandschaft nicht so wertvoll wie Feuchtgrünland oder Feuchtbrachen, sie unterliegen jedoch in geringerem Maße den Einflüssen von Agrarchemikalien als Intensivgrünland oder Ackerflächen und schützen die Gewässeraue vor Erosionsschäden bei Winterhochwässern.

Wirtschaftswiesen benötigen zu ihrer Entwicklung einen Zeitraum von 15–150 Jahren (KAULE & SCHOBER 1985). Angaben zur Funktion der Frischwiesen und -weiden als Biotopverbundelement fehlen in der Literatur weitgehend. HEYDEMANN (1983) weist auf den vernetzenden Charakter "flußbegleitender Grünlandökosysteme" hin (S. 98).

Frischwiesen und -weiden sind besonders durch Nutzungsintensivierungen und Grünlandumbruch gefährdet, in der Nähe von Städten werden im Bereich von Gewässerniederungen auch Naherholungsgebiete oder Sportplätze angelegt. Im folgenden werden Frischwiesen und -weiden im Gewässernahbereich, in der

Gewässeraue und im Übergangsbereich als bedingt halbnatürlicher Vegetationsbestand mit "mäßigem" Schutzwert (Stufe 2) und "mäßiger" Störungsintensität (Stufe 2) klassifiziert.

Intensivgrünland. Nach 1950 wurden im Rahmen der Intensivierung der landwirtschaftlichen Produktion zahlreiche Gewässer ausgebaut. Hierdurch kam es verbreitet zu Grundwasserabsenkungen und einer Minderung des Hochwasserrisikos, woraufhin großflächig Grünlandbereiche umgebrochen und in Intensivackerland überführt wurden. Zusätzlich zu den Eingriffen in die hygrischen Standortsbedingungen wurde die Anwendung von Agrarchemikalien auf das verbleibende Grünland ausgedehnt. In anderen Bereichen kam es zu erheblichen Intensivierungen der Weidenutzung, dazu wurde z.T. altes artenreiches Grünland umgebrochen und unter Verwendung weniger, besonders ertragsstarker Grasarten neu eingesät.

Durch die Umstrukturierungen verkleinerte sich das Areal der Feuchtwiesen in Norddeutschland auf 10–30 % seiner früheren Größe, hierdurch wird der Lebensraum von ca. 60–70 standorttypischen Pflanzenarten eingeschränkt (MEISEL 1983). Weiterhin sind zahlreiche bisher nicht direkt bedrohte Wiesenpflanzenarten stark zurückgegangen (ders.), die nach Angaben von KAULE (1991) noch bis in die sechziger Jahre "allgegenwärtig" (S. 173) waren.

Vor allem infolge der jüngeren Intensivierungen der Grünlandnutzung treten durch Intensivbeweidung, Einsatz von Kunstdüngern und Erhöhung der Mahdhäufigkeit vielfältige Störungen des Landschaftshaushalts ein. Daher sind die Flächen des Intensivgrünlands i.d.R. als naturfern zu bezeichnen. Durch die hohe Verarmung und die Nivellierung des Artenspektrums ist die Angabe charakteristischer Vegetationsverbände nicht mehr möglich, es dominieren wenige Gräser mit hohem Futterwert (MEISEL 1983). Im folgenden wird Intensivgrünland im Gewässernahbereich, im Auebereich und im Übergangsbereich als naturferner Vegetationsbestand mit "hoher" Störungsintensität (Stufe 3) und "geringem" Naturschutzwert (Stufe 1) klassifiziert, dabei werden zum Intensivgrünland auch Rasensportplätze und Golfplätze gezählt. Im Uferbereich sind stellenweise Viehweiden anzutreffen, die bis in das Abflußprofil hineinreichen. Diese, und die an ausgebauten Gewässerufern auftretenden intensiv unterhaltenen Rasenböschungen, werden ebenfalls als Vegetationsbestand mit "hoher" Störungsintensität (Stufe 3) und "geringem" Naturschutzwert (Stufe 1) eingestuft.

Röhrichte und Großseggensümpfe. In Gewässerniederungen können auf feuchten bis nassen Standorten Röhrichte und Großseggensümpfe auftreten. Sie kommen unter natürlichen Bedingungen meist kleinflächig in Aue- und Bruchwäldern vor, können sich aber im Bereich aufgelassenen Auegrünlands und an verlandenden Altarmen auch großflächiger entwickeln.

Röhrichte und Großseggensümpfe werden von KORNECK & SUKOPP (1988) zur Formation der "Vegetation eutropher Gewässer" gezählt. Auf typische Vegetationsverbände und Assoziationen wird von ELLENBERG (1986) eingegangen. In der Gewässeraue können die Röhrichte und Großseggensümpfe von Hochstaudenbeständen der Feuchtwiesen durchsetzt sein. Aus zoologischer Sicht ähnelt der Lebensraum der Röhrichte und Großseggensümpfe insgesamt weitgehend dem extensiven Feuchtgrünland; es handelt sich um besonders artenreiche Feuchtbiotope, die in den letzten Jahren stark zurückgegangen sind (DRACHENFELS et al. 1984). Als Hauptgefährdungen sind die Melioration, die Gewässereutrophierung, die Verfüllung feuchter Senken und die Anlage von Fischteichen zu nennen (KAULE 1991).

Röhrichte und Großseggensümpfe werden i.f. als naturnaher bis halbnatürlicher Vegetationsbestand eingestuft. Dementsprechend ist der Naturschutzwert als "hoch" (Stufe 3) und die Störungsintensität als "gering" (Stufe 1) zu klassifizieren. Kleinflächige Vorkommen innerhalb von Auewaldbereichen werden zur Vegetationseinheit "Auewald" gezählt und entsprechend bewertet.

Uferstaudenfluren. Unter natürlichen Bedingungen sind für den Uferbereich in Abhängigkeit von seiner Morphologie neben den Gehölzen mehr oder weniger schmale Säume von Röhrichten bzw. Staudenfluren charakteristisch (ELLENBERG 1986). Zusammen mit den Spülsaum–Gesellschaften des unteren Uferbereichs werden sie von DRACHENFELS & MEY (1990) zusammenfassend als "Uferstaudenflur" bezeichnet; dieser Einteilung wird im weiteren gefolgt. Auf die Assoziationen der Staudenfluren, Uferröhrichte und Spülsaum–Gesellschaften sowie ihre Vergesellschaftungen wird von EIGNER (1976) und ELLENBERG (1986) eingegangen.

Staudensäume benötigen für ihre Entwicklung einen Zeitraum von ca. 15–20 Jahren (KAULE & SCHOBER 1985). Zur Einschätzung des Naturschutzwerts weitgehend gehölzfreier Uferstaudenfluren finden sich in der Literatur z.T. uneinheitliche Angaben: PIEPER & MEIJERING (1981) kennzeichnen Uferbereiche mit Gehölzlücken > 100 m unabhängig von den übrigen Vegetationsbeständen als "ausgeräumt" (S. 54). FRANZ (1989) hingegen hebt den Biotopwert uferbegleitender Staudenfluren für Brutvögel hervor. Nach Angaben von DISTER (1980) kann der ökologische Wert brennesselreicher Staudenfluren in Gewässerlandschaften nicht eindeutig angegeben werden, insbesondere bleibt die Frage offen, ob es sich um autochthone Vegetationselemente handelt.

Auch wenn die Uferstaudenfluren durchaus einen ökologischen Wert aufweisen, so ist doch das weitgehende Fehlen standortstypischer Gehölze im hier gegebenen Zusammenhang ein entscheidender Mangel, denn gerade die Ufergehölze tragen entscheidend zum Biotopwert und zur Stabilität der Ufer bei. Daher werden die Staudenfluren im Uferprofil als Vegetationsvorkommen mit "hoher" Störungsintensität (Stufe 3) und "geringem" Naturschutzwert (Stufe 1) klassifiziert.

Ruderalfluren. In der Gewässerlandschaft können Ruderalfluren mit Ausnahme des Aquatischen Bereichs in allen Teilräumen auftreten. Sie werden von DRACHENFELS & MEY (1990) als "Vegetationsbestände aus Stauden, Gräsern" und ein- und zweijährigen Pflanzen auf "anthropogen beeinflußten, nicht landwirtschaftlich genutzten Standorten" bezeichnet (S. 83).

Vom DVWK (1987) werden Ruderalfluren in gehölzfreien Uferbereichen als typisch für weitgehend naturferne Gewässer angesehen. Von LEICHT (1987) wird dagegen die Biotopfunktion von Ruderalfluren besonders in anthropogen stark beanspruchten Landschaften betont, denn sie bilden Lebensräume für Tierarten, die bei der biologischen Schädlingsbekämpfung in der Landwirtschaft eine wichtige Rolle spielen. Im folgenden werden Ruderalfluren bei der Bewertung der Ufervegetation wie Uferstaudenfluren (s.o.) eingestuft. In den anderen Teilräumen der Gewässerlandschaft ist der Schutzwert von Ruderalbeständen durchschnittlich höher anzunehmen als im Uferbereich, da sich hier der Mangel an Gehölzen nicht in so hohem Maße bemerkbar macht. Ruderalfluren werden im Auebereich einschließlich des Gewässernahbereichs und im Übergangsbereich als bedingt naturnahe Vegetationsbestände mit "mäßigem" Naturschutzwert (Stufe 2) und "mäßiger" Störungsintensität (Stufe 2) klassifiziert.

Ackerland. Infolge der vor allem nach 1950 durchgeführten Intensivierung der landwirtschaftlichen Produktion treten in intensiv ackerbaulich genutzten Flächen zahlreiche Störungen des Landschaftshaushalts auf, die auch die Gewässer betreffen:

So sind nach Schätzungen des DVWK (1985) ca. 32–54 % der Stickstoffbelastung in ober- und unterirdischen Gewässern auf die Einflüsse der landwirtschaftlichen Intensivnutzung zurückzuführen.

Neben der intensiven Stickstoffdüngung werden in Agrarlandschaften hohe Phosphor- und Kaliumgaben ausgebracht. Während eine Kaliumüberdüngung vor allem zu Ertragsminderungen führt, trägt das hauptsächlich auf dem Wege der Bodenerosion immittierte Düngerphosphat zur Eutrophierung der Gewässer bei (KÖSTER 1990). Düngestoffe können besonders durch ihren z.T. erheblichen Chloridanteil zu Remobilisierungen bei bereits vorhandenen Schwermetallbelastungen beitragen (ZAHN 1990).

An weiteren Störungen durch den intensiven Einsatz von Kunstdüngern treten häufig Probleme durch die Ausbringung von Gülle auf. Das Lagern von Gülle verursacht Kosten, daher wird die Ausbringung mehr oder weniger das ganze Jahr über durchgeführt und zwar auch im Winter bei brachliegenden Ackerflächen. Im Berg- und Hügelland kann es hierdurch, besonders wenn die Gülle auf eine Altschneedecke verbracht wird, bei plötzlicher Schneeschmelze zu stoßartigen Einträgen in die Gewässer kommen. Bei einem derartigen Ereignis an einem Bach im südniedersächsischen Bergland wurde eine Erhöhung des BSB_5 auf das 12–fache des kurz zuvor gemessenen Ausgangswerts festgestellt (NIEHOFF 1982).

In landwirtschaftlichen Monokulturen werden zahlreiche unter dem Begriff "Biozide" subsummierbare Chemikalien mit dem Ziel eingesetzt, die Kulturen vor Pilzen, Insekten und Unkraut zu schützen. Die Stoffe wirken i.d.R. schon in kleinen Dosen toxisch.

Die Anwendung der Biozide trägt wesentlich zum Rückgang der Artenvielfalt in den landwirtschaftlichen Flächen bei, besonders die Arten der Ackerbegleitflora werden weitgehend verdrängt. KOCH (1968) gibt zu bedenken, daß Arten, die heute noch unerwünscht sind, in Zukunft durchaus wirtschaftliche Bedeutung erlangen könnten, so seien z.B. Roggen und Hafer zunächst ebenfalls als Unkräuter angesehen worden. Biozide werden häufig an Tonmineralien adsorbiert oder in Wasser gelöst in die Oberflächengewässer und ins Grundwasser eingetragen (KUMMERT & STUMM 1987), sie führen hier zu Gefährdungen der Trinkwasserqualität und der aquatischen Lebensgemeinschaften. Zusätzlich kommt es u.U. zu Anreicherungen der Stoffe in den Gewässersedimenten und den Biota (s. Kap. A.3.5.4.2).

Trotz der genannten hohen Störungsintensität des intensiv genutzten Ackerlands in der Gewässerlandschaft treten Unterschiede im Biotopwert auf, die im wesentlichen von den Vegetationsbeständen abhängen, die die Äcker durchziehen (KAULE 1991). Insbesondere Gehölzreihen und Ackerraine können aufgrund ihrer i.d.R. linienförmigen Struktur die durch die Intensivnutzungen hervorgerufene Verinselung naturnaher Lebensräume abmildern, indem sie zur Biotopvernetzung beitragen.Weitere Ausführungen zur ökologischen Funktion linienförmiger Vegetationsbestände finden sich in den Beschreibungen derVegetationseinheiten "linienförmige Gehölzbestände" (s. Kap. A.3.5.6.2) und "Feldraine" (s.u.).

Die in der Gewässerlandschaft vorhandenen Ackerflächen können nach dem Vorkommen linienförmiger Vegetationselemente differenziert bewertet werden (s. Kap. A.4.3.3.1, Tabelle 21). Die in der Tabelle genannten Bewertungskriterien stützen sich auf Orientierungswerte von KAULE (1985) zur Netzdichte linienförmiger Vegetationsbestände in Agrarlandschaften.

Feldraine. In der traditionellen Kulturlandschaft waren Raine als biotische Strukturen häufig am Rande von Wiesen, Äckern, Wegen und Böschungen anzutreffen. Aus botanischer Sicht sind die in der Agrarlandschaft vorkommenden Feldraine häufig mit den Trockenrasengesellschaften des Gebiets nahezu identisch. KAULE (1991) liefert eine Übersicht über die unterschiedlichen Pflanzengesellschaften in Abhängigkeit vom Standort.

Feldraine stellen bei entsprechender Breite ein wichtiges Element der Biotopvernetzung in Agrarlandschaften dar (ders.). Sie fungieren darüberhinaus als Lebensräume für Wildbienen, oder als Reservoir für Regenwürmer und tragen in hängigem Gelände zum Erosionsschutz bei (BUCHWALD 1968). Noch stärker als Heckenbestände (s.o.) sind die Feldraine durch Nutzungsintensivierungen in der Agrarlandschaft gefährdet.

Bei der Aufnahme und Bewertung der Vegetation in der Gewässerlandschaft werden Feldraine nicht als eigenständige Vegetationseinheit ausgewiesen, sondern gemeinsam mit den linienförmigen Gehölzbeständen als Vegetationselemente innerhalb der Agrarlandschaft betrachtet(s.o., Vegetationseinheit "Ackerland").

Naturfremde Intensivnutzungen. Unter diesem Begriff werden i.f. Nutzungsformen geführt, die zu einer nahezu vollständigen Veränderung, in den meisten Fällen sogar zur Zerstörung der Vegetation führen. Dies ist regelmäßig bei allen versiegelten Flächen der Fall. Zu diesen zählen u.a. Eisenbahnlinien, Flughäfen, Freizeitparks, Gebäude[68], Industrieanlagen, Parkplätze, befestigte Sportplätze, Straßen sowie durch Ausbau versiegelte und verrohrte Gewässerbettbereiche. Halden (Asche-, Berge- und Schlackenhalden), Kanäle und Hafenanlagen sind ebenfalls als naturfremde Nutzungen zu klassifizieren. Zu den Bereichen mit naturfremder Vegetation gehören auch landwirtschaftliche Intensivgebiete mit ausgeräumter Struktur, die unter Einsatz hoher Chemikaliendosen bewirtschaftet werden. Neben einer weitgehenden Vegetationszerstörung werden durch die genannten Nutzungen zahlreiche weitere Störungen des Landschaftshaushalts hervorgerufen, auf die bereits oben eingegangen wurde.

Nach Aufgabe der Intensivnutzungen können sich im Laufe der Zeit auf den aufgelassenen Flächen sekundäre Vegetationsbestände entwickeln, die u.U. für den Naturschutz von Wert sind (vgl. DETTMAR 1992). Im hier gegebenen Zusammenhang muß auf ihre Beschreibung verzichtet werden, ggf. ist der Naturschutzwert im Einzelfall zu ermitteln. Im folgenden werden die Vegetationsbestände in den oben genannten Intensivnutzungsbereichen als naturfremd mit "sehr geringem" Naturschutzwert (Stufe 0) und "sehr hoher" Störungsintensität (Stufe 4) klassifiziert.

3.6 Ausweisung von Störungsfaktoren

Wie schon in Kap. A.3.2 ausgeführt, ist neben der Bewertung der Gewässerlandschaft anhand einer genau festgelegten Anzahl von Bewertungskriterien eine Dokumentation der vorhandenen einzelnen Störungsfaktoren durch Nutzungsansprüche vorgesehen.

Die im Gewässererhebungsbogen Teil 3 (s.S. 126f) vorgestellte Auswahl häufig vorkommender Störungsfaktoren orientiert sich an Bedingungen, die an Gewässern kleiner bis mittlerer Größe (Bäche, Flüsse) anzutreffen sind. An Strömen kommen durch die Nutzung als Bundeswasserstraßen weitere Faktoren hinzu (vgl. BANNING et al. 1989), auf die hier nicht eingegangen werden kann. Weiterhin wurden Störungsfaktoren, die durch militärische Nutzungen auftreten (z.B. Fluglärm, Rüstungsaltlasten), ebenfalls nicht berücksichtigt[69].

Die Gliederung der aufzunehmenden Störungsfaktoren erfolgt anhand der unterschiedlichen Nutzungen, dementsprechend wurden im Gewässererhebungsbogen, Teil 3 (s. Kap.A.4.3.2) die Störungsfaktoren denjenigen Nutzern (Verursachergruppen) zugeordnet, in deren Folge sie am häufigsten auftreten. Nicht eindeutig zuzuordnende Faktoren wurden unter der Rubrik "Störungsfaktoren durch unterschiedliche Verursacher" subsummiert. Eine strenge Zuordnung der Faktoren zu den

---

[68] Biotopbildende traditionelle Gebäude sind hier als Ausnahme anzusehen.
[69] Vgl. hierzu u.a. NIEMANN (1992); PETERSEN & KRETSCHMER (1992).

Teilräumen der Gewässerlandschaft ist von vorneherein nicht möglich, da zahlreiche Störungseinflüsse häufig in mehreren Teilräumen gleichzeitig vorkommen. In Abhängigkeit von der lokalen Situation ist jeweils der Einzelfall zu untersuchen.

Auf eine detaillierte Beschreibung der Störungsfaktoren und ihrer Auswirkungen in der Gewässerlandschaft muß, soweit dieses nicht schon oben erfolgt ist, an dieser Stelle verzichtet werden, hier ist auf die umfangreichemeist neuere Literatur zu verweisen (vgl. u.a. DVWK 1984, 1989 u. 1991a; KIEMSTEDT et al. (1975); KUMMERT & STUMM 1987; LANGE & LECHER 1986).

Die in den Teilräumen der Gewässerlandschaft vorgefundenen Störungsfaktoren werden nach ihrer Verbreitung bzw. der Häufigkeit ihres Auftretens wie in Kap. A.4.3.3.1 angegeben eingestuft.

4 Erfassung, Bewertung und Darstellung der Landschaftszustände sowie Hinweise zur Auswahl von Maßnahmen

Um die zur Bewertung und Charakterisierung der Gewässerlandschaft benötigten Basisdaten zu erheben, wird das Untersuchungsgebiet mit Hilfe von Karten- und Literaturauswertungen unter Einbeziehung historischer Quellen und, wo notwendig, mit Laboranalysen von Wasser-, Boden- oder Vegetationsproben untersucht, kartographisch erfaßt und beschrieben.

Die erhobenen Daten werden für jeden der abgegrenzten Gewässerabschnitte (s.u.) aufbereitet bzw. bewertet und die Untersuchungs- und Bewertungsergebnisse in Bericht-, Diagramm- und/ oder Tabellenform dargestellt.

Eine Auswahl repräsentativer Gewässerabschnitte, die als "Detailuntersuchungsgebiete" bezeichnet werden, wird ausführlich beschrieben und kartographisch in großem bis mittlerem Maßstab (etwa 1: 5 000 bis 1:10 000) wiedergegeben, die restlichen Gewässerstrecken werden in einer Übersichtskarte verzeichnet.

4.1 Vorbereitung der Untersuchung

4.1.1 Voruntersuchung, Festlegung des Untersuchungsumfangs und Modifikation des Untersuchungsverfahrens

Bei größeren gewässerkundlichen Aufnahmen ist es sinnvoll, zunächst eine Voruntersuchung durchzuführen. Danach wird das Gewässer in homogene und überschaubare Abschnitte unterteilt und repräsentative Detailuntersuchungsgebiete ausgewählt. Nach der Festlegung des Untersuchungsumfangs und ggf. einer in Abhängigkeit von der genannten Fragestellung vorzunehmenden Modifikation des Verfahrens wird in einem weiteren Schritt die Hauptuntersuchung durchgeführt.

Die Breite der für die Gewässeraufnahme und -bewertung notwendigen Datenbasis hängt von den spezifischen Bedingungen des einzelnen Gewässers sowie von der Fragestellung und dem Ziel der Untersuchung ab; dieses gilt auch für die Zeitdauer der Aufnahmen und Beobachtungen.

Obwohl die vorliegende Untersuchungsmethodik grundsätzlich für die umfassende Aufnahme ganzer Gewässerlandschaften konzipiert ist, können jedoch ebenso einzelne Untersuchungskriterien (z.B. Vegetationsbestände, Schadstoffbelastung der

Sedimente) oder Teilräume in der Gewässerlandschaft für sich betrachtet werden; weiterhin ist die Aufnahme ausgewählter Gewässerabschnitte möglich. Eine Untersuchung kurzer Gewässerstrecken bzw. die Auswahl isolierter Teilaspekte sollte jedoch nur in begründeten Ausnahmefällen erfolgen.

Neben der Auswahl von Verfahrensteilen kann eine Erweiterung des Untersuchungsansatzes, beispielsweise durch die Aufnahme zusätzlicher Bewertungskriterien, sinnvoll sein. So ist etwa an stark belasteten Gewässern häufig die Entnahme und laboranalytische Untersuchung von Boden-, Sediment- oder Wasserproben erforderlich; im Einzelfall können weitere Untersuchungen an Proben von Pflanzen oder Tieren durchgeführt werden, hierbei sind üblicherweise Fachinstitute oder -behörden hinzuzuziehen.

4.1.2 Abgrenzung gleichwertiger Untersuchungsabschnitte

Oftmals wird in der Literatur empfohlen, das aufzunehmende Gewässer solle in "homogene" Untersuchungsabschnitte unterteilt werden. Die meisten Autoren jedoch geben hierzu keine (vgl. WERTH 1987) oder nur sehr allgemeine methodische Hinweise[69].

Eine Abgrenzung von Raumeinheiten in der Landschaft erfordert in jedem Fall eine problemorientierte, individuelle Lösung, wobei der Auffassung von LEIBUNDGUT & HIRSIG (1984) folgend die verwendeten Kriterien zur Vermeidung von Subjektivität transparent sein müssen, weiterhin sollten die Gliederungskriterien hierarchisch aufgebaut sein (SYMADER 1980).

Obwohl für die Aufnahme der Gewässerlandschaft gleichwertige Untersuchungsabschnitte auszuweisen sind, können in den verschiedenen Teilräumen eines einzelnen Gewässerabschnitts Landschaftszustände von unterschiedlicher Wertigkeit auftreten, denn die Beurteilung der Homogenität bei der Ausweisung der Untersuchungsabschnitte kann sich aus Gründen der Verfahrenspraktikabilität zunächst nur auf wenige Bewertungskriterien stützen.

Im hier gewählten Ansatz wird die Unterteilung des Gewässers in homogene Gewässerabschnitte nach folgenden Kriterien abnehmender Hierarchie durchgeführt:

1. Wechsel zwischen freier und besiedelter Landschaft
2. Einmündung wichtiger Nebengewässer
3. Ausbauintensität des Gewässerbetts
4. Gewässergüte des Gewässerkörpers
5. Streckenlänge.

---

[69] LEIBUNDGUT & HIRSIG (1984) geben pauschal an, daß die "homogenen" Gewässerabschnitte für ihre Uferbewertung mit Hilfe von "Raumgliederungsverfahren" eingeteilt wurden; LÖLF & LWA (1985) schlagen eine Abgrenzung von Untersuchungsabschnitten, die "mehr oder weniger gleichartige ökologische Bedingungen" aufweisen (S. 18), während der Geländearbeiten vor.

zu 1.:
Die Unterscheidung zwischen besiedelten und unbesiedelten Bereichen an Gewässern wurde als erstes Abgrenzungskriterium gewählt, da sich die Gewässerniederungen innerhalb und außerhalb von Siedlungen grundlegend unterscheiden: Während in der freien Landschaft auch an ausgebauten Gewässern ein Auebereich meist immer noch erkennbar ist und dieser bei großen Hochwässern z.T. noch überschwemmt wird, ist die Gewässerniederung in Ortslagen meist vollständig anthropogen überprägt und häufig sogar überbaut. In besiedelten Bereichen sind die Gewässer i.d.R. ausgebaut, wobei die Leistung des Abflußprofils regelmäßig so groß dimensioniert wurde, daß selbst bei großen Hochwässern keine Überschwemmungen auftreten.

Aufgrund dieser Unterschiede wird im vorliegenden Verfahren an Gewässerabschnitten innerhalb besiedelter Bereiche auf die Untersuchung der Aue- und Übergangsbereiche verzichtet und lediglich der Aquatische Bereich, der Uferbereich und der Gewässernahbereich aufgenommen.

Als besiedelte Bereiche werden i.f. Gewässerstrecken bezeichnet, die an mindestens 500 m ihrer Länge Wohn-, Gewerbe- oder Industriebebauung aufweisen, die näher als 100 m an das Gewässerufer heranreicht; hierzu werden auch Gärten gezählt, Parkanlagen jedoch nicht. Siedlungen auf Flußterrassen außerhalb der Gewässerlandschaft werden, auch wenn sie näher als 100 m an das Gewässer heranreichen, nicht berücksichtigt.

Ist eine als "besiedelt" anzusprechende Gewässerstrecke länger als 500 m und kürzer als 1000 m, wird diese unabhängig von den nachgeordneten Kriterien so weit verlängert, bis eine Länge des Gewässerabschnitts von 1000 m erreicht ist. Dieses ist die im vorliegenden Verfahren grundsätzlich vorgesehene Mindestlänge für die Ausweisung eines Gewässerabschnittes (s.u.). Das Kriterium einer Bebauung von mehr als 500 m Länge am Gewässer wurde gewählt um sicherzustellen, daß nicht aufgrund einiger weniger Einzelgebäude eine Gewässerstrecke als besiedelter Bereich auszuweisen ist.

zu 2.:
Als weitere Grenzen zur Ausgliederung von Gewässerabschnitten werden die Einmündungen wichtiger Nebengewässer berücksichtigt. Häufig ändern sich hier hydrologische Parameter des Gewässers (u.a. Abflußcharakter, Hochwasserdynamik) oder die Gewässergüte (s.u.).

Als wichtige Nebengewässer werden i.f. Nebenflüsse und -bäche eingestuft, deren Teileinzugsgebietsgröße mindestens 5 % des Gesamteinzugsgebiets vor der Mündung des Nebengewässers beträgt[70] oder deren Gewässergüte als wichtige Einflußgröße für das Hauptgewässer anzusehen ist.

---

[70] Es handelt sich hier um eine empirisch gefundene Größe, die sich bei der Untersuchung der Oker als sinnvoll erwiesen hat. Der Schwellenwert von 5 % kann bei der Untersuchung anderer Gewässer den spezifischen Erfordernissen der jeweiligen Untersuchung angepaßt werden.

zu 3.:
Die Ausbauintensität des Gewässerbetts eignet sich als Abgrenzungskriterium zur Ausweisung von Untersuchungsabschnitten an Fließgewässern, da sie einerseits erheblichen Einfluß auf den ökologischen Zustand der gesamten Gewässerlandschaft hat und andererseits bereits bei der Voruntersuchung des Gewässers leicht zu erfassen ist. Es werden die in Kap. A.3.5.3.1 beschriebenen Ausbauzustände der Gewässersohle und des Ufers berücksichtigt.

zu 4.:
Ein weiteres Kriterium zur Ausweisung von Gewässerabschnitten ist die Gewässergüteklasse. Es handelt sich um einen wichtigen ökologischen Indikator (vgl. Kap. A.3.5.4.1), so daß ein Wechsel der Güteklasse auf einer Fließstrecke an dieser Stelle das Ziehen einer Abschnittsgrenze erforderlich macht.

Es mag verwundern, daß ein derart wichtiges ökologisches Bewertungskriterium erst an vierter Stelle berücksichtigt wird. Viele Gewässer weisen jedoch auf längeren Strecken (oft 10–20 km oder mehr) die gleiche Güteklasse auf, von daher eignet sich die Gewässergüte im hier gegebenen Zusammenhang nur als nachgeordnetes Abgrenzungskriterium.

zu 5.:
Um miteinander vergleichbar zu sein, sollten die Gewässerabschnitte in etwa eine ähnliche Länge aufweisen. Im vorliegenden Verfahren wird eine Streckenlänge von etwa 1–5 km angestrebt.

Es handelt sich um einen bei der Aufnahme der Oker empirisch gefundenen Wert, der sich sowohl bei der Kartierung im Gelände im Maßstab 1: 5.000 als auch bei der Darstellung der Ergebnisse in einer Übersichtskarte als zweckmäßig erwiesen hat; die vom DVWK (1984) als Fallbeispiele vorgestellten Gewässerabschnitte weisen ebenfalls etwa diese Längsausdehnung auf. Im Einzelfall kann in Abhängigkeit von den lokalen Gegebenheiten die Ausweisung kürzerer oder längerer Gewässerabschnitte sinnvoll sein.

Die Untersuchungsabschnitte werden, wenn sie über längere Strecken nicht nach den bisher angegebenen Kriterien unterteilbar sind, nach dem Längenkriterium abgegrenzt. Dabei sind in etwa gleich lange Abschnitte auszuweisen. Ebenso können die Mündungen kleinerer Nebengewässer zur weiteren Unterteilung der Gewässerstrecken herangezogen werden.

Die Kriterien 2–4 sind nur zu berücksichtigen, wenn die spezifischen Ausprägungen auf einer Länge von mehr als 1000 m (= Mindestlänge der Untersuchungsabschnitte) am Gewässer vorkommen, andernfalls werden die jeweils nachgeordneten Kriterien zur Abgrenzung herangezogen.

Die Abgrenzungskriterien wurden so gewählt, daß eine Unterteilung des Gewässers weitgehend mit Hilfe von Kartenauswertungen vorgenommen werden kann.

Lediglich der Ausbauzustand des Gewässerbetts ist bei einer ersten Voruntersuchung aufzunehmen.

Nach der detaillierten weiteren Aufnahme der gesamten Gewässerlandschaft kann im Einzelfall entschieden werden, ob die zuerst gewählten Grenzen für die Gewässerabschnitte beibehalten werden sollen.

4.1.3 Ausweisung repräsentativer Detailuntersuchungsgebiete

An längeren Gewässern können aus Gründen der Zeitökonomie nicht immer alle Gewässerstrecken mit gleicher Intensität untersucht werden. Insbesondere Laboruntersuchungen, die ggf. zusätzlich zu den im vorliegenden Verfahren vorgeschlagenen Aufnahmen vorzunehmen sind, müssen i.d.R. auf ausgewählte Fließstrecken beschränkt werden. Weiterhin ergibt sich an längeren Gewässern häufig das Problem, daß eine ausführliche kartographische Darstellung der Untersuchungsergebnisse in großem Maßstab zu arbeits- und kostenintensiv wäre. Aus diesen Gründen ist es sinnvoll, Detailuntersuchungsgebiete auszuwählen (vgl. WERTH 1987). An diesen können sowohl die durchgeführten Verfahrensschritte als auch die Ergebnisse vertiefter Untersuchungen exemplarisch dargestellt werden.

In der Literatur zur Methodik der Fließgewässeruntersuchung fehlen konkrete Angaben zur Auswahl repräsentativer Strecken (vgl. z.B. BAUER & NIEMANN 1971; WERTH 1987), auf die generelle Notwendigkeit der Repräsentanz bei räumlichen Abgrenzungen, z.B. bei der Auswahl von Schutzgebieten, wird jedoch mehrfach hingewiesen (vgl. DRACHENFELS & MEY 1990; ERZ 1990).

Als mögliche Lösung bietet sich die Festsetzung der Auswahlkriterien in Abhängigkeit von der jeweiligen Zielsetzung der Untersuchung an. Die exemplarischen Detailuntersuchungsgebiete sind so zu wählen, daß sie hinsichtlich der zu ihrer Ausweisung herangezogenen Kriterien einen möglichst großen Bereich des betrachteten Untersuchungsgebiets abdecken. Gleichzeitig muß ihre Größe dem Kartierungsmaßstab entsprechen und einem vertretbaren Untersuchungsaufwand gerecht werden.

Im weiteren erfolgt die Auswahl der Detailuntersuchungsgebiete derart, daß in jedem der Naturräume, die das zu untersuchende Gewässer durchfließt, mindestens ein exemplarischer Gewässerabschnitt für vertiefende Untersuchungen ausgewiesen wird. Im Einzelfall kann jedoch, insbesondere bei sehr heterogenen Nutzungsverhältnissen, die Auswahl mehrerer Detailuntersuchungsgebiete in einem Naturraum erforderlich sein; andererseits ist es auch denkbar, für zwei ähnliche Naturräume lediglich ein Detailgebiet auszuweisen.

Die exemplarischen Untersuchungsabschnitte sind jeweils so zu wählen, daß sie für die Fließstrecke des Gewässers innerhalb der Naturräume typisch sind, und zwar in Bezug auf die Kriterien, die bereits zur Abgrenzung der übrigen Gewässerabschnitte genannt wurden (s. Kap. A.4.1.2). Zusätzlich ist die Flächennutzung in der Gewässerniederung zu berücksichtigen. Bei dieser handelt es sich um ein wesentliches ökologisches Kriterium, dessen Ausprägungen mit einer für die Detailgebietsausweisung hinreichenden Genauigkeit bereits bei der ersten Begehung des Gewässers aufgenommen werden kann.

Die Auswahl der Detailuntersuchungsgebiete wird nach der ersten Übersichtsaufnahme des Gewässers und der Abgrenzung der Gewässerabschnitte vorgenommen. Sie beinhaltet ein gewisses Maß an Subjektivität seitens des Kartierers, quantitative Vorgaben zur Gebietsauswahl wären jedoch m.e. auf dieser Stufe des Verfahrens zu schematisch und werden daher bewußt vermieden.

Bei der Darstellung der Untersuchungsergebnisse (s. Kap. A.4.5.2) ist auf die Repräsentanz der Detailuntersuchungsgebiete einzugehen.

4.2 Beschreibung historischer Landschaftszustände und Herleitung der Umweltgeschichte

Die Kenntnis historischer Landschaftszustände und der Umweltgeschichte ist sowohl als Teil des Referenzsystems für eine Bewertung (s. Kap. A.3.1) als auch zum generellen Verständnis der Dynamik und Ökologie von Gewässerlandschaften erforderlich.

Daher ist hier die Auswertung von Quellenmaterial sowie ggf. die Untersuchung von Sedimenten zur Ableitung historischer Gewässerzustände vorgesehen. Die historischen Gegebenheiten werden bei der Charakterisierung des Einzugsgebiets (s. Kap. A.4.5.1) und der Detailuntersuchungsgebiete (s. Kap. A.4.5.2) beschrieben und zusätzlich bei der Quantifizierung anthropogener Eingriffe in den einzelnen Gewässerabschnitten berücksichtigt (s. Kap. A.4.3.3). In diesem Zusammenhang dienen sie vor allem als Bezugsgrößen für die Bewertung der Einflüsse von Gewässerregulierungsmaßnahmen, Eingriffen in die Abflußdynamik, Änderungen des Vegetationsbestands und anthropogener Einflüsse auf Stillgewässer.

4.2.1 Historische Karten- und Quellenanalyse

Zur Untersuchung unterschiedlicher Aspekte der zeitlichen Entwicklung an Fließgewässern sollte vor allem historisches Kartenmaterial herangezogen werden; es gestattet in vielen Fällen die Herleitung einer großen Menge von Daten (HOOKE & REDMOND 1989). Da in historischen Karten auch Umweltzustände z.T. über mehrere Jahrhunderte dokumentiert werden, ermöglichen Vergleiche historischer mit aktuellen Karten die Diagnose von Veränderungen, die aufgrund von Kriegen, Nutzungsänderungen, Industrialisierung und Bautätigkeit stattgefunden haben (NLVA 1990/ 91). Von HOOKE & REDMOND (1989) wird auf die methodischen Grenzen hingewiesen, die der Interpretation historischer Karten an Gewässern gesetzt sind.

Hier ist in erster Linie das generelle Problem des sozio–historischen Hintergrunds, der u.a. die Auswahl der Untersuchungsaspekte und der dargestellten Objekte beeinflußt, zu nennen. Historische Karten stellen Momentaufnahmen dar, so daß zwischenzeitliche Stadien von Änderungen in der Landschaft häufig aus zusätzlichen Quellen abgeleitet werden müssen. In den unterschiedlichen Epochen wurden i.d.R. verschiedene Kartenmaßstäbe verwendet, bei quantitativen Vergleichen sind daher Umzeichnungen durchzuführen. Historische Karten von Gewässerlandschaften reichen i.d.r. nicht weiter als 500 Jahre zurück und werden mit zunehmendem Alter ungenauer, daher sind u.U. quantitative Vergleiche mit heutigen Karten nur noch bedingt möglich. Um Fehlinterpretationen historischer Quellen bei der Landschaftsanalyse zu vermeiden, ist eine enge Verzahnung von Karteninterpretation und Geländearbeit empfehlenswert (dies.).

In den einzelnen Bundesländern werden z.T. historische Kartenwerke von den Landesvermessungsämtern überarbeitet und neu herausgegeben[71].

Zusätzlich zur Analyse historischer Karten kann in Abhängigkeit vom Einzelfall die Auswertung weiterer Quellen sinnvoll sein. Hier sind bei der Untersuchung von Gewässern an erster Stelle die Pegelbücher der Wasserbehörden und u.U. Dorf- oder Stadtchroniken, die über Hochwasserereignisse oder Eisgang berichten, zu nennen.

In alten Bergbaugebieten wie z.B. dem Harz liegen häufig historische Berichte über Eingriffe in das Gewässernetz zum Zweck der Kraftgewinnung für den Bergwerksbetrieb (vgl. z.B. HAASE 1966) oder über die Mengen der gewonnenen Bodenschätze vor (vgl. z.B. DENNERT 1986). In vielen Fällen ist es nicht erforderlich, die Quellen im Original auszuwerten, sondern es kann auf Publikationen anderer Autoren, häufig Historikern oder Archäologen, zurückgegriffen werden, in denen die Daten bereits aufbereitet vorliegen (s. z.B. DENNERT 1986, KRAUME 1948). Historische Landschaftszustände, u.a. an Gewässern, werden auch in manchen Fällen auf alten Gemälden dokumentiert (vgl. MICHLER[72] 1989). Diese geben zwar üblicherweise nur einen kleinen Raumausschnitt wieder und lassen quantitative Auswertungen i.d.R. nicht zu, sie ermöglichen jedoch z.T. einen guten allgemeinen Einblick in den Landschaftscharakter und die Nutzungsansprüche der jeweiligen Epoche.

4.2.2 Sedimentuntersuchungen

Neben der Auswertung historischer Karten und schriftlicher Quellen gestattet die Untersuchung von Gewässersedimenten oftmals die Herleitung von historischen Landschaftszuständen und Aussagen zur Umweltgeschichte.

---

[71] So liegen z.B. in Niedersachsen Neuauflagen der Kurhannoverschen, Gaußschen und Preußischen Landesaufnahme sowie der Karte des Landes Braunschweig im 18. Jhdt. vor.
[72] Hier auch weitere Literaturangaben.

Sie kann als wichtige Ergänzung zur Analyse historischer Karten angesehen werden, denn selbst alte Kartenwerke und Chroniken reichen selten weiter als 500 bis 1000 Jahre zurück.

Für eine umfassende Untersuchung und Beurteilung menschlicher Eingriffe in Gewässerlandschaften ist jedoch grundsätzlich eine möglichst genaue Kenntnis der holozänen Entwicklung wünschenswert. Sie ist häufig mit Hilfe von Sedimentuntersuchungen zu erschließen und kann als genereller Hintergrund zum Verständnis des Prozeßgeschehens und der Dynamik des Auelebensraums dienen (HOOKE & REDMOND 1989). ZÜLLIG (1988) betont, daß Sedimente natürliche und anthropogene Veränderungen in ihrem Einzugsgebiet über lange Zeiträume protokollieren und insbesondere für Stoffbelastungen quasi als "Geschichtsbuch des Gewässers" angesehen werden können; dieses unter der Vorraussetzung, daß keine oder nur geringe Austauschvorgänge zwischen Sediment und Gewässerkörper auftreten (MÜLLER, A. et al. 1992) und Schichtlücken nur in geringem Umfang vorhanden sind.

Unter derartig günstigen Umständen ermöglicht eine feinstratigraphische Untersuchung von Bohrkernen aus Auesedimenten oftmals wertvolle Rückschlüsse auf die Entwicklung menschlicher Siedlungstätigkeit und historischer Umweltbelastungen im Einzugsgebiet der Gewässer (vgl. NIEHOFF & RUPPERT 1996).

Im Rahmen des DFG–Schwerpunktprogramms "Fluviale Geomorphodynamik im jüngeren Quartär" wurden seit 1986 an größeren und kleineren Gewässern in der BRDeutschland verstärkt Untersuchungen zu aktuellen fluvialen Formungsprozessen und zur Entstehung, Verbreitung und Datierung von Auesedimenten durchgeführt. Erste Ergebnisse wurden in einer von PÖRTGE & HAGEDORN (1989) herausgegebenen Aufsatzsammlung publiziert, weitere Resultate des DFG–Schwerpunktprogramms und anderer Forschungsprojekte wurden für den norddeutschen Bereich von CASPERS (1993); LIPPS (1988); MOLDE (1991); PRETSCH (1994); ROTHER (1989) und THOMAS (1993) vorgestellt; bei den Autoren finden sich zahlreiche weiterführende Literaturhinweise.

Aufgrund der breiten Anwendungsmöglichkeiten von sedimentologischen Untersuchungen ist im vorliegenden Verfahren neben der Bestimmung und Einstufung der Stoffbelastung rezenter Gewässersedimente (s. Kap. A.3.5.4.2) auch die Untersuchung von Sedimentprofilen im Hinblick auf die Stoffbelastungen der Aueablagerungen vorgesehen.

Wegen des großen methodischen Aufwands (Bohrungen, Laboranalysen) müssen sich derartige Untersuchungen bei der Aufnahme längerer Gewässerstrecken auf den Bereich der Detailuntersuchungsgebiete beschränken. An mittleren bis größeren Flüssen liegen häufig bereits Untersuchungen zur Genese und Verbreitung der Auesedimente vor, so daß auf diese Ergebnisse bei der Beprobungsplanung zurückgegriffen werden kann.

4.3 Erfassung des aktuellen Gewässerzustands

4.3.1 Auswertung ökologisch–planerischer Quellendaten

Bei der Aufnahme der Gewässerlandschaft sollten aus Gründen der Arbeitsökonomie soweit wie möglich bereits vorhandene Ergebnisse aus der Literatur berücksichtigt werden. Neben Fachpublikationen sind hier in erster Linie Unterlagen der Planungsbehörden sowie Gutachten zu nennen. Als wichtige Quellen kommen u.a. in Betracht:

–Biotopkartierungen
–Flächennutzungspläne
–Gewässerbewirtschaftungspläne
–historische Karten und Quellen
–Landschaftsrahmenpläne und Landschaftspläne der Kommunen
–Raumordnungspläne und -programme
–Umweltverträglichkeitsstudien und im Rahmen von UVP's erarbeitete Gutachten
–wasserwirtschaftliche Rahmenpläne.

Zahlreiche weitere wichtige Quellen für ökologisch–planerisch relevante Daten im regionalen Maßstab werden von JEDICKE (1990) aufgelistet; KAULE (1991) gibt eine ausführliche Übersicht über die in der BRDeutschland vorhandenen Kartenunterlagen zur flächendeckenden Landschaftsbewertung.

Die alleinige Auswertung von Quellenmaterial reicht jedoch i.d.R. nicht aus, um die für eine Gewässerbewertung benötigten Basisdaten zu erheben, so daß zusätzlich Aufnahmen im Gelände durchzuführen sind. Diese sind soweit wie möglich mit Hilfe des i.f. vorgestellten standardisierten Gewässererhebungsbogens vorzunehmen.

4.3.2 Gewässeraufnahme mit Hilfe standardisierter Erhebungsbögen

4.3.2.1 Übersicht

Bei der Untersuchung raumbezogener Phänomene in der Landschaft werden zur Arbeitserleichterung, zur Vereinheitlichung der Bearbeitung einzelner Untersuchungsbereiche und um den Einsatz der EDV zu ermöglichen, häufig standardisierte Erhebungsbögen verwendet. Sie finden u.a. bei der Aufnahme der Geoökologischen Karte 1: 25 000 (vgl. LESER & KLINK 1988) und bei Biotopkartierungen (vgl. DRACHENFELS & MEY 1990) Anwendung.

Auch für die Untersuchung von Fließgewässerlandschaften werden von zahlreichen Autoren Standardformulare, insbesondere für die Arbeit im Gelände, vorgestellt (vgl. z.B. DVWK 1984; LAWA 1993; WASSERVERBANDSTAG NIEDERSACHSEN 1987; WERTH 1987). Die Aufnahmeschemata sind jeweils speziell auf die von den Autoren gewählten Untersuchungsmethoden zugeschnitten und lassen

110   4 Erfassung, Bewertung und Darstellung der Landschaftszustände

sich auf andere Aufnahmemethoden nicht oder nur in Teilaspekten übertragen. Aus diesem Grund wurde hier ein neues Schema entwickelt, das in Anlehnung an DVWK (1984) als "Gewässererhebungsbogen" bezeichnet wird. Dieser gliedert sich in folgende Teile:

1. Allgemeine Übersicht
2. Aufnahme der Landschaftszustände nach Bewertungskriterien
3. Aufnahme anthropogener Störungsfaktoren.

Teil 1 lehnt sich sehr eng an den vom DVWK (1984, S. 174) vorgeschlagenen Aufnahmebogen an, da sich dieser bei gewässerkundlichen Untersuchungen für die Auflistung hydrologischer Basisdaten und wichtiger landschaftsökologischer Merkmale am Gewässer und im Einzugsgebiet bewährt hat.

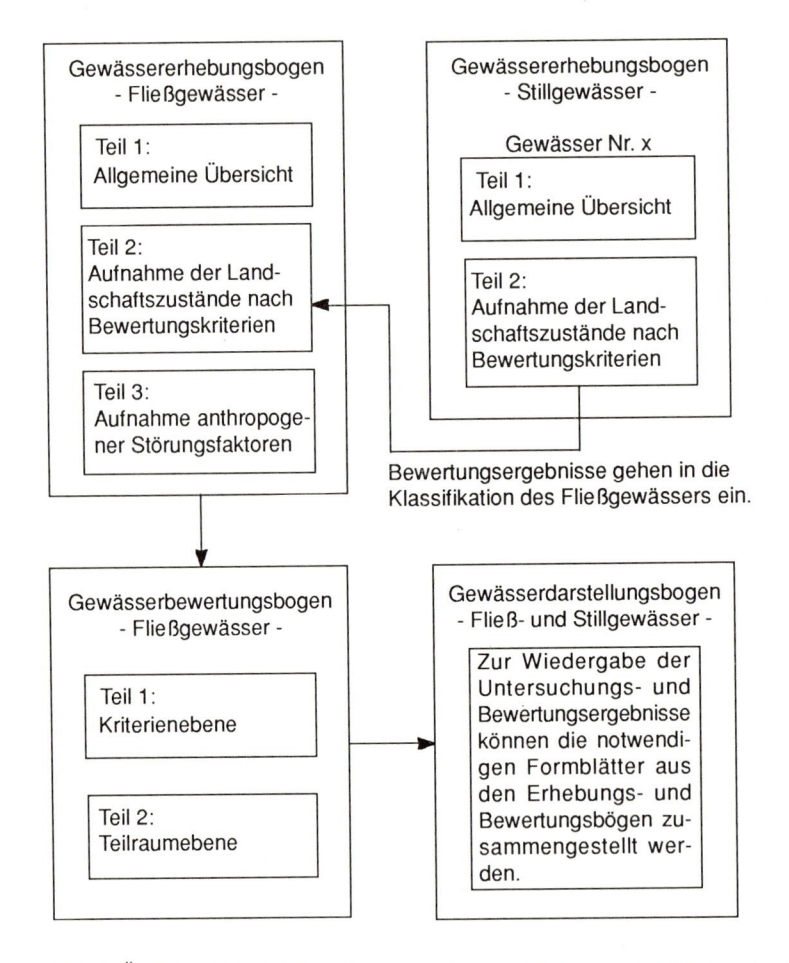

Abb. 7: Übersicht über die Schemata zur Aufnahme und Bewertung der Gewässerlandschaft

Die Teile 2 und 3 des Gewässererhebungsbogens wurden neu entwickelt. Zusätzlich wurde für die Stillgewässer ein eigenes Schema ("Gewässererhebungsbogen–S") erarbeitet.

Da in einem derartigen Untersuchungsbogen selten alle möglichen Ausprägungen einzelner Kriterien und Faktoren in der Gewässerlandschaft im voraus berücksichtigt werden können, sind die aktuell am Gewässer angetroffenen Verhältnisse denjenigen Ausprägungen zuzuordnen, die den vorgefundenen Gegebenheiten am nächsten kommen.

Weiterhin können im Bedarfsfall Ergänzungen des Gewässererhebungsbogens vorgenommen werden. In Abb. 7 sind die einzelnen Teile des Aufnahmebogens in einer Übersicht dargestellt, hierbei wird auch bereits auf die Schemata für die Gewässerbewertung und die Darstellung der Untersuchungsergebnisse hingewiesen, auf die in den Kap. A.4.5.3 eingegangen wird.

In Kap. A.4.3.3 ist ein ausführlicher Kommentar zum Ausfüllen der Formblätter und zur Durchführung erster Bewertungsschritte wiedergegeben; die weitere Bewertung der Gewässerlandschaft auf unterschiedlichen Ebenen erfolgt nach Kap. A.4.4.

4.3.2.2 Verzeichnis der Abkürzungen und Klassifikationsstufen

Im Gewässererhebungsbogen gelten folgende Abkürzungen und Wertstufen:

–Teilräume (Abgrenzung und Beschreibung s. Kap. A.2.1)

A	Aquatischer Bereich
$U_{l/r}$	orographisch linker/ rechter Uferbereich
$N_{l/r}$	orographisch linker/ rechter Gewässernahbereich
$A_{l/r}$	orographisch linker/ rechter Auebereich
$Ü_{l/r}$	orographisch linker/ rechter Übergangsbereich

–Bewertungsstufen (Definition und Beschreibung s. Kap. A.3.4.1 u. A.3.4.2)

N	Stufe des Naturschutzwerts
S	Stufe der Störungsintensität

Naturschutzwert	Stufe	Störungsintensität	Stufe
sehr hoch	4	sehr hoch	4
hoch	3	hoch	3
mäßig	2	mäßig	2
gering	1	gering	1
sehr gering	0	sehr gering	0

—Verbreitungshäufigkeit

$V_{ohne\ Index}$ Verbreitungshäufigkeit im Aquatischen Bereich
V_l Verbreitungshäufigkeit in einem Teilraum in orogr. linker Position vom Hauptfließgewässer
V_r Verbreitungshäufigkeit in einem Teilraum in orogr. rechter Position vom Hauptfließgewässer

Die Verbreitung der Landschaftszustände für die ausgewiesenen **Bewertungskriterien** wird im Aquatischen Bereich und im Uferbereich entsprechend dem prozentualen Anteil an der Länge des Gewässerbetts im betrachteten Gewässerabschnitt eingestuft. Im Gewässernahbereich, im Auebereich und im Übergangsbereich werden die Zustände entsprechend ihrem prozentualen Flächenanteil eingestuft. Die vorgefundenen Verbreitungshäufigkeiten sind in die Spalten "V" des Gewässererhebungsbogens einzutragen, wobei jeweils auf volle 10% – Stufen auf- bzw. abgerundet wird. Sehr niedrige Verbreitungshäufigkeiten können mit "< 5 %" zusätzlich vermerkt werden.

Im Unterschied zu den Bewertungskriterien wird die Verbreitung der **Störungsfaktoren** (s. Gewässererhebungsbogen Teil 3) im Aquatischen Bereich und im Uferbereich anhand der absoluten Länge des betroffenen Bereichs in Metern verzeichnet. Im Gewässernahbereich, im Auebereich und im Übergangsbereich wird die absolute Flächengröße der betroffenen Bereiche in m^2 oder ha angegeben.

Störungsfaktoren, die aufgrund ihres punktförmigen Charakters nicht eindeutig nach der Flächengröße oder ihrer Länge quantifizierbar sind, werden nach der **Zahl** der auftretenden Fälle verzeichnet. Die entsprechenden Störungsfaktoren sind im Gewässererhebungsbogen mit "(Z)" gekennzeichnet, auf Besonderheiten wird i.f. im Einzelfall hingewiesen.

4.3.2.3 Gewässererhebungsbogen Hauptfließgewässer

Teil 1: Allgemeine Übersicht; a: ausführliches Schema

1	Name des Gewässers:	2	Gewässerabschnitt Nr.:
3	Bearbeiter:	4	Zeitraum der Erhebungen:
5	Landkreis:	6	Gemeinde:
7	Träger der Unterhaltung:	8	TK 1: 50 000, Nr.:
9	Gewässerstrecke von – bis:		
10	○ natürlich entstandenes Gewässer ○ künstlich angelegtes Gewässer		
11	Gewässergüteklasse:	12	Naturraum:
13	Bodenarten des Abflußprofils:		
14	Länge :	15	Höhe ü. NN:
16	Größe des Einzugsgebiets:	17	durchschn. Laufgefälle:
18	Querschnittsform und –maße:		
19	nächstgelegener Meßpegel:		St.km: Jahresreihe:
20	mittl. NW–Abfluß (MNQ):	21	mittl. Abfluß (MQ):
22	mittl. HW–Abfluß (MHQ):	23	bordvolle Abflußleistung:
24	HW–Wahrscheinlichkeit:	25	Breite des Überschwemmungs-gebiets:
26	Gewässertypisierung:		
27	Ufersicherungsart:		
28	frühere Ausbauten:		
29	Einleiter:		
30	Quellenangaben:		

Teil 1: Allgemeine Übersicht; b: verkürztes Schema

1	Name des Gewässers:	2	Gewässerabschnitt Nr.:
3	Bearbeiter:	4	Zeitraum der Erhebungen:
5	Gemeinde:	6	TK 1: 50 000, Nr.:
7	Gewässerstrecke von – bis:		
8	Länge	9	Höhe ü. NN:
10	Querschnittsform und –maße:		
11	mittl. NW–Abfluß (MNQ)	12	mittl. Abfluß (MQ):
13	mittl. HW–Abfluß (MHQ):	14	bordvolle Abflußleistung
15	HW–Wahrscheinlichkeit:	16	Breite des Überschwemmungsgebiets:
17	Ufersicherungsart:		
18	Einleiter:		
19	Quellenangaben:		

GEWÄSSERERHEBUNGSBOGEN

Teil 2: Aufnahme des ökologischen Zustands

I.	AQUATISCHER BEREICH, Gesamtlänge: .... m			
	1. Abflußcharakter			
	Abflußregime:			
	aktueller Abflußunterschied:			V
	gering			O
	mittel			O
	groß			O
	sehr groß			O
	künstliche Veränderung:	N	S	V
	weitgehend unverändert	4	0	O
	wenig verändert	3	1	O
	mäßig verändert	2	2	O
	stark verändert	1	3	O
	sehr stark verändert	0	4	O
	Die künstliche Veränderung des Abflußcharakters ist durch Vergleich mit historisch belegten Abflußunterschieden nach Tabelle 10 (s. Kommentar) zu klassifizieren.			
	2. geomorphologische Struktur Gewässergrundriß			
	aktuelle Grundrißform:			V
	mäandrierend			O
	gekrümmt			O
	schlängelnd			O
	leicht schlängelnd			O
	gerade			O
	Naturnähe:	N	S	V
	weitgehend natürlich	4	0	O
	naturnah	3	1	O
	bedingt naturnah	2	2	O
	naturfern	1	3	O
	naturfremd verändert	0	4	O
	Die geom. Struktur ist durch Vergleich mit historisch belegten Grundrißformen nach Tabelle 12 (s. Kommentar) zu bewerten.			
	Bemerkungen:			

Teil 2

I.	AQUATISCHER BEREICH			
	3. Ausbauzustand Gewässersohle			
	Zustand:	N	S	V
	weitgehend ohne Sicherung	4	0	○
	geringe Sicherung	3	1	○
	Grundräumung	2	2	○
	Intensivunterhaltung	1	3	○
	Steinschüttung	1	3	○
	Pflasterung/ Betonierung	0	4	○
	Einfluß Wehrbauten und Sohlabstürze			
	–mit Fischpaß	1	3	○
	–ohne Fischpaß	0	4	○
	andere Ausbauten			○
	An künstlichen Gewässern werden die Ausbaustufen „weitg. ohne Sicherung" und „geringe Sicherung" zusammengefaßt und mit N = 3 und S = 1 bewertet.			
	4. Gewässergüte			
	Güteklasse (GK):	N	S	V
	GK I, I – II	4	0	○
	GK II	3	1	○
	GK II – III	2	2	○
	GK III	1	3	○
	GK III – IV, IV	0	4	○
	Bemerkungen:			

Teil 2

I.	AQUATISCHER BEREICH		
	5. Sedimentzustand (Schwermetallbelastung)		
	○ eigene Untersuchungen ○ Übernahme fremder Ergebnisse		
	AF Stoffanreicherung:	N	V
	$\leq 1{,}0$ ohne	4	○
	$> 1{,}0 \leq 1{,}5$ gering	3	○
	$> 1{,}5 \leq 2{,}0$ mäßig	2	○
	$> 2{,}0 \leq 2{,}5$ stark	1	○
	$> 2{,}5$ sehr stark	0	○
	AF = Anreicherungsfaktor		
	limitierende Elemente:		
	berücksichtigte Elemente:		
	Stoffkonzentration:	S	V
	$\leq$ O–Wert der Hamburger–Liste	0	○
	$>$ O–Wert der Hamburger–Liste	1	○
	$>$ N–Wert der Hamburger–Liste	2	○
	$>$ G–Wert der Hamburger–Liste	3	○
	$>$ D–Wert der Hamburger–Liste	3	○
	$>$ A–Wert der Hamburger–Liste	4	○
	limitierende Elemente:		
	berücksichtigte Elemente:		
	Untersuchungsmethodik:		
	bei Übernahme fremder Ergebnisse, Quellen:		
	Bemerkungen:		

Teil 2

I.	AQUATISCHER BEREICH			
	6. Vegetationsbestand			
	○ eigene Untersuchungen			
	Naturnähe:	N	S	V
	weitgehend natürlich	4	0	○
	naturnah	3	1	○
	bedingt naturnah	2	2	○
	naturfern	1	3	○
	naturfremd	0	4	○
	○ Übernahme fremder Ergebnisse			
	Naturschutzwert Störungsintensität	N	S	V
	sehr hoch sehr gering	4	0	○
	hoch gering	3	1	○
	mäßig mäßig	2	2	○
	gering hoch	1	3	○
	sehr gering sehr hoch	0	4	○
	Bei der Übernahme fremder Ergebnisse kann der Naturschutzwert der Vegetationsbestände in vielen Fällen nach Tabelle 17 (s. Kommentar) bestimmt werden.			
	wichtige Pflanzengesellschaften und/ oder –arten: Gesellschaften und/ oder Arten der „Roten Liste":			
	bei Übernahme fremder Ergebnisse, Quellen: weitere Quellen:			
	Bemerkungen:			

Teil 2

II.	UFERBEREICH				

	Gesamtlänge
	    Bereich orogr. lks.: .... m
	    Bereich orogr. rts.: .... m				

	1. Abflußcharakter: entfällt[a]				
	2. Ausbauzustand Gewässerufer				
	Zustand:	N	S	V_l	V_r
	weitgehend ohne Sicherung	4	0	◯	◯
	geringe Sicherung	3	1	◯	◯
	ältere Ausbauten weitgehend ohne Sicherung	2	2	◯	◯
	Lebendverbau	2	2	◯	◯
	Kombinationsverbau	2	2	◯	◯
	Intensivausbauten				
	–Bedeichung	1	3	◯	◯
	–Steinschüttung	1	3	◯	◯
	–Intensivunterhaltung	1	3	◯	◯
	–Pflasterung/ Betonierung	0	4	◯	◯
	–Verrohrung	0	4	◯	◯
	–andere Ausbauten			◯	◯
	Einfluß Wehrbauten und Sohlabstürze				
	–mit Fischpaß	1	3	◯	◯
	–ohne Fischpaß	0	4	◯	◯
	An künstlichen Gewässern werden die Ausbaustufen „weitgehend ohne Sicherung" und „geringe Sicherung" zusammengefaßt und mit N = 3 und S = 1 bewertet.				
	Bemerkungen:				

[a] Untersuchungsergebnis aus dem Aquatischen Bereich für beide Uferbereiche in den Bewertungsbogen (s. Kap. A.4.3.3.1) übernehmen.

Teil 2

II.	UFERBEREICH				
	3. geomorphologische Struktur				
	Naturnähe:	N	S	V_l	V_r
	weitgehend natürlich	4	0	O	O
	naturnah	3	1	O	O
	bedingt naturnah	2	2	O	O
	naturfern	1	3	O	O
	naturfremd	0	4	O	O
	4. Gewässergüte und 5. Sedimentzustand entfallen[a]				
	6. Vegetationsbestand				
	Vegetationseinheiten	N	S	V_l	V_r
	Auewald				
	–typischer Auewald	4	0	O	O
	–Bach–Uferwald	4	0	O	O
	geschlossene Gehölzsäume, standortstypisch, Lücken < 20 m	3	1	O	O
	sporadische Ufergehölze, standortstypisch, Lücken 20–100 m	2	2	O	O
	Parkanlagen und Gärten mit geschlossenem standortstypischem Ufergehölzsaum	3	1	O	O
	Parkanlagen und Gärten mit sporadischen, standortstypischen Ufergehölzen	2	2	O	O
	Gehölzneupflanzungen	2	2	O	O
	standortsfremde Gehölze	1	3	O	O
	gehölzfreie Ufer in Hoch– und Zwischenmooren	4	0	O	O
	Uferstaudenfluren und Ruderalsäume, weitgehend gehölzfrei	1	3	O	O
	Intensivgrünland				
	–Viehweiden, die bis in das Uferprofil reichen	1	3	O	O
	–Rasenböschungen an ausgebauten Gewässerufern	1	3	O	O
	naturfremde Intensivnutzungen	0	4	O	O
	wichtige Pflanzengesellschaften und/ oder –arten: Gesellschaften und/ oder Arten der „Roten Liste":				

[a] Untersuchungsergebnis aus dem Aquatischen Bereich für beide Uferbereiche in den Bewertungsbogen (s. Kap. A.4.3.3.1) übernehmen.

Teil 2

III. IV.	○ GEWÄSSERNAHBEREICH ○ GEWÄSSERAUE

	Gesamtflächengröße der Teilräume
	    Bereich orogr. lks.: .... ha
	    Bereich orogr. rts.: .... ha

	1. Hochwasserdynamik ○ weitgehend unregulierte Gewässer, keine Beeinflussung durch Talsperren $\Longrightarrow$ Übernahme des Untersuchungsergebnisses zum Abflußcharakter aus dem Aquatischen Bereich. ○ reguliertes Gewässer und/ oder Beeinflussung durch Talsperren $\Longrightarrow$ separate Untersuchung der Hochwasserdynamik:

Hochwasserwahrscheinlichkeit:			$V_{l/r}$
$\geq$ 3–14 d/ a			○
$\geq$ 1 d/ a			○
1 Ereignis in 1–2 a			○
1 Ereignis in > 2–5 a			○
1 Ereignis in > 5 a			○

künstliche Veränderung der Hochwasserdynamik:	N	S	$V_{l/r}$
weitgehend unverändert	4	0	○
wenig verändert	3	1	○
mäßig verändert	2	2	○
stark verändert	1	3	○
sehr stark verändert	0	4	○

An regulierten und/ oder durch Talsperren beeinflußten Gewässern ist die Naturnähe der Hochwasserdynamik nach Tabelle 18 (s. Kommentar) zu bewerten. Das Ergebnis soll für die Teilräume beiderseits des Gewässers gelten.

2. Gewässergüte: entfällt
Untersuchungsergebnis aus dem Aquatischen Bereich für die Teilräume beiderseits des Gewässers in den Bewertungsbogen (s. Kap. A.4.3.3.1) übernehmen, wenn Hochwasserwahrscheinlichkeit mindestens 1 mal in 2 Jahren beträgt.

Teil 2

III. IV.	○ GEWÄSSERNAHBEREICH ○ GEWÄSSERAUE
	3. Stillgewässer
	a. Einzelgewässer Nummer des Gewässers: Lage zum Hauptgewässer: auf Höhe St.km .... 　　○ orogr. lks.　　○ orogr. rts. Gewässertyp: 　　○ Abbaugewässer　　○ Biotopanlage 　　○ Altarm　　　　　　○ Fischteich Gesamtfläche des untersuchten Stillgewässerbereichs: .... m² im 　　○ Gewässernahbereich 　　○ Auebereich des Hauptfließgewässers Bewertungsergebnisse 　　Naturschutzwert:　　　　Störungsintensität:
	b. mehrere Gewässer Anzahl: Bewertungsergebnisse über alle Stillgewässerbereiche 　　Naturschutzwert:　　　　Störungsintensität:

Teil 2

III.	○ GEWÄSSERNAHBEREICH
IV.	○ GEWÄSSERAUE

	4. Sedimentzustand (Schwermetallbelastung)			
	○ eigene Untersuchungen ○ Übernahme fremder Ergebnisse			
	AF Stoffanreicherung:	N	V_l	V_r
	≤ 1,0 ohne	4	○	○
	> 1,0 ≤ 1,5 gering	3	○	○
	> 1,5 ≤ 2,0 mäßig	2	○	○
	> 2,0 ≤ 2,5 stark	1	○	○
	> 2,5 sehr stark	0	○	○
	AF = Anreicherungsfaktor			
	limitierende Elemente:			
	berücksichtigte Elemente:			
	Stoffkonzentration:	S	V_l	V_r
	≤ O–Wert der Hamburger–Liste	0	○	○
	> O–Wert der Hamburger–Liste	1	○	○
	> N–Wert der Hamburger–Liste	2	○	○
	> G–Wert der Hamburger–Liste	3	○	○
	> D–Wert der Hamburger–Liste	3	○	○
	> A–Wert der Hamburger–Liste	4	○	○
	limitierende Elemente:			
	berücksichtigte Elemente:			
	Untersuchungsmethodik:			
	bei Übernahme fremder Ergebnisse, Quellen:			
	Bemerkungen:			

Teil 2

| III. | ○ GEWÄSSERNAHBEREICH |
| IV. | ○ GEWÄSSERAUE |

	5. Vegetationsbestand				
	Vegetationseinheiten:	N	S	V_l	V_r
	Auewald				
	−typischer Auewald	4	0	○	○
	−Bach−Uferwald	4	0	○	○
	Bruchwald	4	0	○	○
	Feuchtgebüsch flächenhaft	3	1	○	○
	Forsten				
	−naturnah	3	1	○	○
	−bedingt naturnah	2	2	○	○
	−naturfern	1	3	○	○
	Parkanlagen und Gärten				
	−naturnah	3	1	○	○
	−bedingt naturnah	2	2	○	○
	−naturfern	1	3	○	○
	Gehölzneupflanzungen	2	2	○	○
	Intensivobstanlagen	1	3	○	○
	Hoch− und Übergangsmoore	4	0	○	○
	Schwermetall−Rasen	4	0	○	○
	Röhrichte und Großseggensümpfe	3	1	○	○
	Ruderalfluren	2	2	○	○
	Auegrünland				
	−Feuchtgrünland	4	0	○	○
	−Feuchtbrachen	3	1	○	○
	−Frischwiesen u. Weiden	2	2	○	○
	−Intensivgrünland	1	3	○	○
	Ackerflächen				
	−mit hochvernetzter Struktur	3	1	○	○
	−mit mäßig vernetzter Struktur	2	2	○	○
	−mit weitg. unvernetzter Struktur	1	3	○	○
	naturfremde Intensivnutzungen				
	−Ackerflächen mit ausgeräumter Struktur	0	4	○	○
	−versiegelte Flächen	0	4	○	○
	−andere Nutzungen	0	4	○	○
	wichtige Pflanzengesellschaften und/ oder −arten:				
	Gesellschaften und/ oder Arten der „Roten Liste":				

Teil 2

V.	ÜBERGANGSBEREICH				
	Gesamtflächengröße Bereich orogr. lks.: .... ha, Bereich orogr. rts.: .... ha				
	1. Vegetationsbestand				
	Vegetationseinheiten:	N	S	V_l	V_r
	Auewald	4	0	○	○
	Bruchwald	4	0	○	○
	Laubwald	4	0	○	○
	Nadelwald	4	0	○	○
	Feuchtgebüsch flächenhaft	3	1	○	○
	Trockengebüsch flächenhaft	3	1	○	○
	Zwergstrauchheiden	3	1	○	○
	Obstwiesen	3	1	○	○
	Forsten				
	−naturnah	3	1	○	○
	−bedingt naturnah	2	2	○	○
	−naturfern	1	3	○	○
	Parkanlagen und Gärten				
	−naturnah	3	1	○	○
	−bedingt naturnah	2	2	○	○
	−naturfern	1	3	○	○
	Gehölzneupflanzungen	2	2	○	○
	Intensivobstanlagen	1	3	○	○
	Hoch- und Übergangsmoore	4	0	○	○
	Felsvegetation	4	0	○	○
	Röhrichte und Großseggensümpfe	3	1	○	○
	Ruderalfluren	2	2	○	○
	Grünland				
	−Magerrasen	4	0	○	○
	−Frischwiesen u. Weiden	2	2	○	○
	−Intensivgrünland	1	3	○	○
	Ackerflächen				
	−mit hochvernetzter Struktur	3	1	○	○
	−mit mäßig vernetzter Struktur	2	2	○	○
	−mit weitg. unvernetzter Struktur	1	3	○	○
	naturfremde Intensivnutzungen				
	−Ackerflächen mit ausgeräumter Struktur	0	4	○	○
	−versiegelte Flächen	0	4	○	○
	−andere Nutzungen	0	4	○	○
	wichtige Pflanzengesellschaften und/ oder −arten: Gesellschaften und/ oder Arten der „Roten Liste":				

Teil 3: Aufnahme anthropogener Störungsfaktoren

STÖRUNGSFAKTOREN	A	TEILRÄUME/ VERBREITUNG			
		$U_{l/r}$	$N_{l/r}$	$A_{l/r}$	$Ü_{l/r}$
I. Bergbau und Industrie					
1. Abbau von Bodenschätzen im Tagebau	–	–	.....	.....	.....
2. Ablagerung von Abraumhalden	–	–	.....	.....	.....
3. Anlage befestigter Wirtschaftswege	–	–	.....	.....	.....
4. Anreicherung ökotoxischer Stoffe	.....	.....	.....	.....	.....
5. Bebauung zu nahe am Gewässer	–	–	.....	–	–
6. Einleitung industrieller Abwässer (Z)	.....	.....	.....	–	–
7. Einschränkung der Biotopvernetzung durch elektrische Freileitungen	.....	.....	–	.....	.....
8. Flächenversiegelung durch Bauwerke	–	–	.....	.....	.....
9. Gewinnung, Lagerung oder Verarbeitung ökotoxischer Stoffe	–	–	.....	.....	.....
10. Immission von Luftschadstoffen aus lokalen Quellen	.....	.....	.....	.....	.....
11. Verlust biotopbildender Gebäude (Z)	–	.....	.....	.....	.....
II. Forstwirtschaft					
1. Anlage befestigter Wirtschaftswege	–	–	.....	.....	.....
2. Einrichtung von Forsten mit standortsfremden Gehölzen	–	–	.....	.....	.....

Abkürzungen für die ökologisch-morphologischen Teilräume
A Aquatischer Bereich
$U_{l/r}$ orographisch linker/ rechter Uferbereich
$N_{l/r}$ orographisch linker/ rechter Gewässernahbereich
$A_{l/r}$ orographisch linker/ rechter Auebereich
$Ü_{l/r}$ orographisch linker/ rechter Übergangsbereich

– = Störungsfaktor tritt im betreffenden Teilraum i.d.R. nicht auf.
..... = Verbreitung des Störungsfaktors einsetzen (vgl. Kap. A.4.3.3.1).

Teil 3

STÖRUNGSFAKTOREN	TEILRÄUME/ VERBREITUNG					
	A	$U_{l/r}$	$N_{l/r}$	$A_{l/r}$	$Ü_{l/r}$
III. Freizeitnutzung					
1. Anlage von Freizeitparks	….	….	….	….	….
2. Anlage von Sportplätzen im Niederungsbereich	….	–	….	….	….
3. Ausräumung biotopbildender Strukturelemente	….	….	….	….	–
4. Ausübung der Sportfischerei in wertvollen Biotopen	….	….	….	….	–
5. Ausübung von Wassersport im Bereich wertvoller Biotope	….	….	….	….	….
6. Betreten wertvoller Biotope	–	….	….	….	….
7. Einrichtung von Parkanlagen	….	….	….	….	….
IV. Landwirtschaft					
1. Ackerflächen zu nahe am Gewässer oder an wertvollen Biotopen	–	–	….	….	….
2. Anlage befestigter Wirtschaftswege	–	–	….	….	….
3. Anlage von Grünfuttermieten (Z)	–	–	….	….	….
4. Ausräumung biotopbildender Strukturelemente durch Intensivnutzung	–	–	….	….	….
5. Bauschuttverkippung (Z)	–	….	….	….	….
6. Beseitigung von Stillgewässern	–	–	….	….	–
7. Intensivierung der Grünlandnutzung	–	–	….	….	….
8. Umwandlung von Grünland in Ackerland	–	–	….	–	–
9. Viehtrittschäden im Uferbereich	–	….	….	–	–

Teil 3

STÖRUNGSFAKTOREN		TEILRÄUME/ VERBREITUNG			
	A	$U_{l/r}$	$N_{l/r}$	$A_{l/r}$	$Ü_{l/r}$
V. Siedlungsnutzung					
1. Anlage von Zier- und Schrebergärten	—	—	...	...	...
2. Bebauung zu nahe am Gewässer	—	—	...	—	—
3. Flächenversiegelung durch Bauwerke	—	—	...	...	...
4. Ungeordnete Abfallbeseitigung (Z)	...	...	—	...	...
5. Verlust biotopbietender Gebäude (Z)	—	—	...	...	...
VI. Teichwirtschaft					
1. Anlage von Fischteichen (Z)	...	...	...	...	...
VII. Verkehrsnutzung					
1. Anlage von Parkplätzen	—	—	...	...	...
2. Beseitigung von Stillgewässern (Z)	—	—	...	...	...
3. Einschränkung der Biotopvernetzung und Flächenversiegelung durch Verkehrsbauwerke	...	...	...	...	...
4. Schadstoffbelastungen durch					
–Eisenbahnverkehr	...	...	...	...	...
–Kraftverkehr (zweispurige Straßen)	...	...	...	...	...
–Kraftverkehr (mehrspurige Straßen)	...	...	...	...	...

A.4.3 Erfassung des aktuellen Gewässerzustands   129

Teil 3

STÖRUNGSFAKTOREN	A	TEILRÄUME/ VERBREITUNG			
		$U_{l/r}$	$N_{l/r}$	$A_{l/r}$	$Ü_{l/r}$
VIII. Wasserwirtschaft					
1. Auflichtung des Ufergehölzgürtels im Mittelwasserbereich	—	⋮	—	—	—
2. Beseitigung von Stillgewässern (Z)	—	—	⋮	⋮	⋮
3. Einleitung kommunaler Abwässer (Z)	⋮	⋮	—	—	—
4. Einschränkung der Biotopvernetzung durch Flußdeiche	—	⋮	—	—	—
5. Einschränkung der Biotopvernetzung und/ oder der Fließdynamik durch Talsperren	⋮	⋮	—	—	—
6. Einschränkung der Biotopvernetzung und Fließdynamik durch Wehrbauten oder Sohlabstürze (Z)	⋮	⋮	⋮	⋮	⋮
7. Eutrophierung wertvoller Biotope durch abwasserführende Gräben	—	—	—	—	—
8. Mangelnde Naturnähe von Ausbaustrecken	⋮	⋮	—	—	—
9. Naturferne Unterhaltungsmaßnahmen	⋮	⋮	—	—	—
10. Nebengewässerbereich(e) in naturfernem Zustand	—	—	⋮	⋮	⋮
11. Schadstoffbelastung durch Abwasserverregnung	—	—	⋮	⋮	⋮
IX. Unterschiedliche Verursacher					
1. Verarmung der subaquatischen Vegetation	⋮	—	—	—	—

4.3.2.4 Gewässererhebungsbogen Stillgewässer

Teil 1: Allgemeine Übersicht

1	Name/ Nr. des Gewässers:	2	Gewässerabschnitt des Hauptfließgewässers, Nr.:
3	Bearbeiter:	4	Zeitraum der Erhebungen:
5	Gemeinde:	6	TK 1: 25 000, Nr.:
7	Lage zum Hauptgewässer: ○ orographisch links ○ im Gewässernahbereich ○ orographisch rechts ○ im Auebereich auf Höhe von St.km ..... des Hauptgewässers, in ..... m Entfernung			
8	Gewässertyp: ○ Abbaugewässer (Baggersee) ○ Fischteich ○ Altgewässer ○ anderer Gewässertyp ○ Biotopanlage			
9	bei Altgewässern: Entwicklungsphase Entstehung ○ Phase 1, frühes Stadium ○ natürlich ○ Phase 2, fortgeschrittenes ○ künstlich abgetrennt Stadium ○ Phase 3, spätes Stadium			
10	Gesamtgröße:	11	Größe der offenen Wasserfläche:
12	Naturschutzwert:		Störungsintensität:
13	Bemerkungen:			

Teil 2a: Standardverfahren, Aufnahme der Vegetationsbestände

I.	AQUATISCHER BEREICH							
	Vegetationsbestand							
	Naturnähe	N	S	V	Naturnähe	N	S	V
	weitgehend natürlich	4	0	○	naturfern	1	3	○
	naturnah	3	1	○	naturfremd	0	4	○
	bedingt naturnah	2	2	○				
	wichtige Pflanzengesellschaften und/ oder –arten:							
	Gesellschaften und/ oder Arten der „Roten Liste:							
	bei Übernahme fremder Ergebnisse, Quellen:							
II.	UFERBEREICH							
	Vegetationsbestand							
	Vegetationseinheiten				N	S	V	
	Auewald				4	0	○	
	geschlossene Gehölzsäume, standortstypisch, Lücken < 20 m				3	1	○	
	Feuchtgebüsch, flächenhaft in Flachuferbereichen				3	1	○	
	sporadische Ufergehölze, standortstypisch, Lücken 20–100 m				2	2	○	
	Gehölzneupflanzungen, standortstypisch				2	2	○	
	standortsfremde Gehölze				1	3	○	
	Röhrichte und Großseggensümpfe in Flachuferbereichen				4	0	○	
	Uferstaudenfluren und Ruderalsäume, Intensivgrünland				1	3	○	
	–Viehweiden, die bis in das Uferprofil reichen				1	3	○	
	–Rasenböschungen an ausgebauten Gewässerufern				1	3	○	
	naturfremde Intensivnutzungen				0	4	○	
	wichtige Pflanzengesellschaften und/ oder –arten:							
	Gesellschaften und/ oder Arten der „Roten Liste":							
	bei Übernahme fremder Ergebnisse, Quellen:							

Teil 2b: modifiziertes Verfahren, Aufnahme des ökologischen Zustands
Anwendungsvorraussetzung: Gewässer „wertvoll" nach landesweiter Biotopkartierung oder ähnlichen Untersuchungen

AQUATISCHER BEREICH und UFERBEREICH
Gesamtgröße ....   Größe der offenen Wasserfläche ....

ARTENINVENTAR
wichtige Pflanzengesellsch. u. -arten: Gesellschaften u. Arten der „Roten Liste":   gefährdete Tierarten:

Naturschutzwert:	Störungsintensität:

Begründung des Naturschutzwerts: Quellenangaben:

4.3.3 Kommentar zum Gewässererhebungsbogen

4.3.3.1 Kommentar Haupfließgewässer

zu Teil 1: **Allgemeine Übersicht**[73]
Das ausführliche Schema (a) ist in den ausgewiesenen Detailuntersuchungsgebieten sowie in Gewässerabschnitten zu verwenden, in denen sich die Verhältnisse auf kurze Distanz ändern. Treten an großen Gewässern über längere Strecken gleichartige Bedingungen auf, kann auf das verkürzte Schema (b) zurückgegriffen werden. Dieses ist auch zur Darstellung von Untersuchungsergebnissen geeignet (s. Kap. A.4.3.).

Die Punkte 1–9 beinhalten allgemeine Angaben über den Zeitpunkt der Untersuchung, Lage und Position des Gewässerabschnitts sowie über die zuständigen Wasserbehörden und Verbände.

zu Punkt 9:
Die Grenzen des Gewässerabschnitts sind anhand markanter Stellen am Gewässerlauf unter Angabe der Gewässerkilometrierung (Abk.= St.km) zu benennen.

Die Punkte 10–13 beinhalten Angaben über ökologische Einflußfaktoren in der Gewässerlandschaft.

zu Punkt 10:
Unterscheidungskriterium ist die Art der Entstehung, unabhängig vom Ausbauzustand; ist ein Gewässerbett im Rahmen eines Ausbaus aus seiner ehemaligen topographischen Position komplett verlegt worden, ist der Bereich als künstlich angelegt zu klassifizieren. Dieses ist ebenso der Fall bei historischen Stadtbefestigungsgräben, die aktuell von einem Fließgewässer durchströmt werden.

zu Punkt 11:
Obwohl die Gewässergüte weiter unten bewertet wird (s. Erhebungsbogen, Teil 2), ist die vorgefundene Güteklasse wegen der hohen ökologischen Bedeutung auch im allgemeinen Teil des Gewässererhebungsbogens anzugeben.

zu Punkt 12:
Angaben nach Handbuch der Naturräumlichen Gliederung Deutschlands (vgl. IfL & DIfL 1959–1962) oder z.B. nach LIEDTKE (1994).

zu Punkt 13:
Die Bodenarten des Uferprofils sind aufzuführen, soweit das Ufer nicht durch Ausbauten plombiert ist.

---

[73] Teil 1 des Gewässererhebungsbogens und der entsprechende Kommentar hierzu wurden weitgehend vom DVWK (1984, S. 173ff) übernommen.

Die Punkte 14–26 umfassen Angaben zur Hydrologie und zum Gewässertyp des Gewässerabschnitts.

zu Punkt 14:
Angabe der Länge aus Punkt 9.

zu Punkt 15:
Angabe der Geländehöhe ü NN am Beginn und Ende des Gewässerabschnitts.

zu Punkt 16:
Form: birnenförmig, fächerförmig, langgestreckt, oval, rund, sonstige;
Größe: mittleres Einzugsgebiet des Gewässers bis zur unteren Grenze des Gewässerabschnitts.

zu Punkt 17:
Mittleres Laufgefälle des Gewässerabschnitts.

zu Punkt 18:
Querschnittsform: An natürlichen oder naturnahen Gewässerbetten ist die Form meist nicht beschreibbar, hier ist anzugeben: "Querschnitt wechselnd"; an ausgebauten Bereichen können folgende Bezeichnungen verwendet werden: gegliedert, Rechteck, Trapez, V–förmiger Querschnitt, sonstige Form.
Querschnittsmaße: B = Breite des Gewässerbetts an oberer Uferkante, T = Tiefe des Gewässerbetts. Die Querschnittsmaße sind im Gelände an exemplarischen Stellen zu messen, abzuschätzen, oder aus Plänen der Wasserbehörden zu entnehmen.

zu Punkt 19–22:
Für die ausgewiesenen Gewässerabschnitte sind die Daten des am nächsten gelegenen Meßpegels heranzuziehen. Sie können aus den Pegelbüchern der Wasserbehörden oder z.T. auch aus dem Deutschen Gewässerkundlichen Jahrbuch entnommen werden.

zu Punkt 23:
Die bordvolle Abflußleistung ist entweder unter Bezugnahme auf die Querschnittsmaße und das Sohlgefälle nach der Formel von Gaukler–Mannig–Strickler[74] zu berechnen, durch eigene Beobachtungen und Messungen festzustellen oder aus den Unterlagen der Wasserbehörden zu entnehmen.

zu Punkt 24:
Wegen ihrer großen hydrologischen und ökologischen Bedeutung ist die bei der Untersuchung des Abflußcharakters im Gewässernahbereich oder Auebereich (s. Erhebungsbogen, Teil 2) festgestellte Hochwasserwahrscheinlichkeit im allgemeinen Teil des Gewässerbogens anzugeben.

---

[74] Vgl. DVWK (1984).

zu Punkt 25:
Einzutragen ist die durchschnittliche Breite des gesetzlichen Überschwemmungsgebiets oder des bei einem starken Hochwasser (etwa HW_{100}) überschwemmten Bereichs beiderseits des Gewässerlaufs. Die Daten sind i.d.R. bei den Wasserbehörden verfügbar.

zu Punkt 26:
Das Gewässer ist im Bereich des Untersuchungsabschnitts unter folgenden Aspekten zu charakterisieren[75]:

1. Größe des Gewässers:
Bach: kleines Fließgewässer, durchschnittliche Breite des Gewässerbetts < 5 m;
Fluß: Fließgewässer größer als Bach, kleiner als Strom;
Strom: jeder große Fluß der ins Meer mündet, im vorliegenden Verfahren: alle Gewässer 1. Ordnung = Bundeswasserstraßen.

An künstlichen Gewässern ist der Gewässertyp unter Hinweis auf die Funktion anzugeben (z.B. Entwässerungsgraben, Graben einer historischen Stadtbefestigung, Kanal, etc.).

2. Flußmorphologische Zone:

Quellauf: oberster Bachabschnitt kurz nach dem Quellaustritt, Abgrenzung zum Bach nicht immer eindeutig; allgemeine Kriterien: geringe Abflußschwankungen, geringe Jahrestemperaturamplitude (durchschnittlich < 5° C);
Oberlauf: Erosion dominiert, Eintiefungsstrecke;
Mittellauf: Erosion und Akkummulation durchschnittlich im Gleichgewicht,
Unterlauf: Akkummulation dominiert, Auflandungsstrecke;
Mündungslauf: von Gezeiten beeinflußter unterster Teil des Unterlaufs.

3. Höhenstufe:
Der Gewässerabschnitt ist aufgrund seiner Höhenlage einer der folgenden Höhenstufen zuzuordnen:
alpin: Gebirgslagen oberhalb der Waldgrenze bis zur Schneegrenze, ca. 1800–2400 m NN;
subalpin: Gebirgslagen, 900–1800 m NN;
montan: Berglagen, 500–900 m NN;
kollin: Hügelland, bis 500 m NN;
planar: Flachland.

Die Höhenangaben stellen Anhaltswerte dar, die regional schwanken können. Die Höhenstufen können in Abhängigkeit von den naturräumlichen Gegebenheiten noch weiter unterteilt werden.

---

[75] Vertiefende Ausführungen zu den Aspekten s. Kap. A.2.2.

4. Fischregion:
Die Zuordnung des Gewässerabschnitts zu einer der folgenden Fischregionen ist anhand von Angaben der Wasserbehörden nach den aktuellen Verhältnissen vorzunehmen.

Salmonidenregion	obere Forellenregion
	untere Forellenregion
	Äschenregion
Cyprinidenregion	Barbenregion
	Brachsenregion
	Kaulbarsch–Flunder–Region

5. Talprofil:
Das Talprofil des Gewässerabschnitts ist einer der folgenden Querschnittsformen (vgl. Abb. 8) zuzuordnen:

Klamm: Das Gewässerbett füllt den Talboden vollständig aus, die Hänge sind aufgrund sehr starker Tiefenerosion senkrecht oder überhängend.

Cañon: Der Talboden wird vom Gewässer völlig ausgefüllt, bedingt durch Resistenzunterschiede in den Gesteinsschichten sind die Hänge durch ein gestuftes Profil gekennzeichnet.

Kerbtal: Das Gewässer nimmt fast die gesamte Breite des Talbodens ein; Hangabtragung und Tiefenerosion sind intensiv wirksam; die Hanglinien sind im Querprofil mehr oder weniger gerade.

Sohlental: Aufgrund von dominierender Seitenerosion des Gewässers und Unterschneidung der Talränder weist das Talprofil einen kastenförmigen Querschnitt auf.

Muldental: Das von den Hängen abgetragene Material kann vom Gewässer nicht abtransportiert werden, daher entwickeln sich zunehmend schwach geneigte Übergänge zwischen Hängen und Talboden.

6. Wechsel zwischen freier Landschaft und Siedlungen:
Es ist weiterhin zwischen Gewässerstrecken in freier Landschaft und besiedelten Gebieten zu unterscheiden:

Freie Landschaft: Untersuchung aller ökologischen Teilräume am Gewässer.
Siedlungsbereiche: Es werden nur der Aquatische Bereich, die Uferbereiche und die Gewässernahbereiche untersucht.

Zur ökologischen Charakterisierung des Gewässerabschnitts können die genannten Aspekte miteinander verbunden werden (z.B. Bachoberlauf im Bergland in freier Landschaft, Kerbtal, montane Stufe, obere Forellenregion).

Die Punkte 27–28 beinhalten Angaben zu Ausbauzustand und Ausbaugeschichte des Gewässerabschnitts sowie zu geplanten Baumaßnahmen.

| Klamm | Cañon | Kerbtal |

| Sohlental | Muldental |

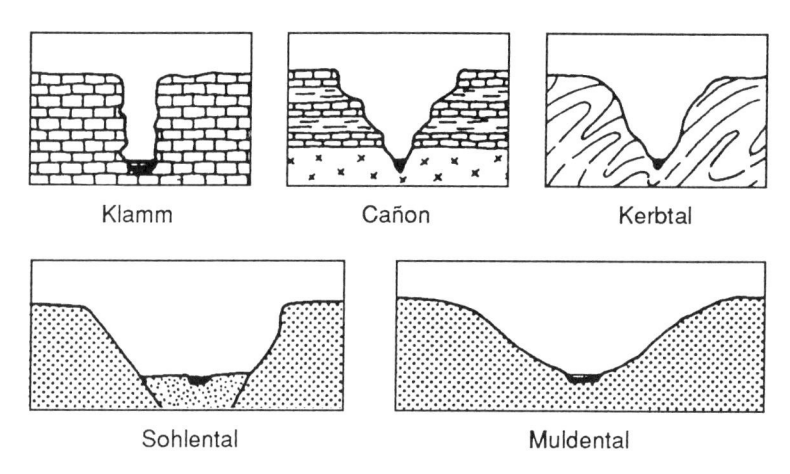

Abb. 8: Talquerschnittsformen
Quelle: nach MANGELSDORF & SCHEURMANN (1980)

zu Punkt 27:
Wegen seiner großen hydrologischen und ökologischen Bedeutung ist der bei der Untersuchung des Uferbereichs (s. Erhebungsbogen, Teil 2) festgestellte Ausbauzustand auch im allgemeinen Teil des Erhebungsbogens anzugeben.

zu Punkt 28:
Handelt es sich um ein ausgebautes Gewässer sind Ausbaujahr, -intensität und -veranlassung in Kurzform aufzuführen.

zu Punkt 29:
Abwassereinleitungen sind unter Angabe der Gewässerkilometrierung innerhalb der untersuchten Fließstrecke und bis ca. 5 km oberstrom dieses Bereichs aufzuführen. Hierbei sollten Einleitungen in Nebengewässer ebenfalls berücksichtigt werden.

zu Punkt 30:
Die beim Ausfüllen des Erhebungsbogens benutzten Quellen (wiss. Publikationen, Gutachten, Pegelbücher, etc.) sind aufzulisten.

zu Teil 2: **Aufnahme der Landschaftszustände nach Bewertungskriterien**

Im Teil 2 des Gewässererhebungsbogens werden die im "Verzeichnis der Abkürzungen und der Klassifikationsstufen" (s. Kap. A.4.3.2.2) aufgelisteten Kürzel und Verbreitungsstufen verwendet. Die Benennung der ökologisch–morphologischen Teilräume im Querprofil der Gewässerlandschaft erfolgt unter Bezugnahme auf die Angaben in Kap. A.2.1.

Reichen die im Gewässererhebungsbogen vorgesehenen Aufnahmekategorien nicht aus, oder sollen zusätzliche Untersuchungsergebnisse dokumentiert werden, ist der Gewässererhebungsbogen ggf. durch Anhänge zu erweitern. Für die bei den

Vegetationsaufnahmen zu verwendenden Häufigkeitsstufen können hier keine allgemeinverbindlichen Angaben gemacht werden, sie sind im Einzelfall zu definieren und zusätzlich anzugeben.

zu I. AQUATISCHER BEREICH

Die Gesamtlänge des Aquatischen Bereichs ist identisch mit der Länge des Gewässerabschnitts (s. Pkt. 14, Teil 1 Gewässererhebungsbogen), die Angabe erfolgt in Metern.

1. Abflußcharakter

Im Bereich des untersuchten Gewässerabschnitts ist das Abflußregime mit Hilfe der Pegeldaten des nächstgelegenen geeigneten Abflußpegels (langjährige Beobachtungsreihen) anhand von Tabelle 8 zu kennzeichnen und der aktuelle Abflußunterschied nach Tabelle 9 einzustufen. Zur Klassifikation der künstlichen Veränderung des Abflußcharakters sind historische Zustände zum Vergleich mit den aktuellen Verhältnissen heranzuziehen.

Tabelle 8: Wichtige Abflußregimetypen im mitteleuropäischen Raum

Abflußregimetypen	Abfluß–maximum	Abfluß–minimum

Einfache Regime
  Gletscher – Regime
  Schnee – Regime
  Regen – Regime ozeanischer Gebiete
	Juli/ August
	Juni
	Februar
		Februar
		Februar
		August

zusammengesetzte Regime
  Regen – Schnee – Regime in Ozeannähe
  Regen – Schnee – Regime, Kontinentaltyp
	März
	Febr./ März
		Dezember
		Oktober

Tabelle 9: Verhältniszahlen zur Charakterisierung der Abflußunterschiede an Fließgewässern

Abflußunterschiede	MHQ : MNQ
gering	< 20 : 1
mittel	20 : 1 – < 50 : 1
groß	50 : 1 – < 100 : 1
sehr groß	≥ 100 : 1

Quelle: zusammengestellt nach Angaben des DVWK (1984)

Im Idealfall stehen langjährige Meßreihen für die Bewertung des Abflußcharakters zur Verfügung, ggf. ist einem Meßpegel mit langer Beobachtungsdauer in größerer Entfernung der Vorzug vor einem nahegelegenen neueren Pegel zu geben; häufig muß die Intensität der künstlichen Veränderungen jedoch abgeschätzt werden. Eine Einstufung der anthropogenen Einflüsse erfolgt nach Tabelle 10, wobei sowohl Erhöhungen als auch Verringerungen des Abflußunterschieds zu berücksichtigen sind; die in der Tabelle ausgewiesenen Stufen werden in Kap. A.3.5.2.1 definiert. Der Abflußcharakter wird anhand der künstlichen Veränderungen nach der im Gewässererhebungsbogen wiedergegebenen Rangordnung hinsichtlich seines Naturschutzwerts und der Störungsintensität eingeschätzt. Im Rückstaubereich und unterstrom von Wehren und Sohlabstürzen[76] ist der Abflußcharakter im Aquatischen Bereich und im Uferbereich grundsätzlich als stark verändert (= "hohe" Störungsintensität, Stufe 3; "geringer" Naturschutzwert, Stufe 1) anzusprechen. Dieses ist ebenfalls an Gewässerstrecken der Fall, in denen ein großer Teil des Wassers in Mühlengräben oder Kraftwerkskanälen aus dem Flußbett abgeleitet wird.

2. geomorphologische Struktur

Im Aquatischen Bereich wird die geomorphologische Struktur anhand der Naturnähe des Gewässergrundrisses bewertet. Das Verhältnis der Flußlänge (l_F) zwischen den Punkten A und B zur Länge der kürzesten Strecke (C) zwischen diesen Punkten wird als "Flußentwicklung" (e_F) bezeichnet. Die Flußentwicklung kann mit Hilfe von Formel 1 (s.u.) nach MANGELSDORF & SCHEURMANN (1980) berechnet werden.

Tabelle 10: Klassifikation anthropogener Veränderungen des Abflußcharakters an Fließgewässern

anthropogene Veränderungen des Abflußunterschieds (MHQ : MNQ)	
< 10 %	weitgehend unverändert
10 % – < 30 %	wenig verändert
30 % – < 70 %	mäßig verändert
70 % – < 90 %	stark verändert
≥ 90 %	sehr stark verändert

---

[76] Die Länge des Rückstaubereichs kann nach der bei BRETSCHNEIDER et al. (1993) angegebenen Methode berechnet werden. Ist dieses aufgrund fehlender hydraulischer Angaben nicht möglich, muß die Länge des Rückstaubereichs abgeschätzt werden. Die Länge der unterstrom beeinflußten Gewässerstrecke ist nur schwierig quantifizierbar, daher wird i.f. pauschal eine Länge von 200 m angenommen; nach Beobachtungen des Autors an der Oker stellen sich nach dem Durchfließen der unterhalb der Staustufen gelegenen Wehrkolke (Tosbecken) spätestens nach dieser Distanz wieder ruhigere Strömungsverhältnisse ein.

$$e_F = \frac{l_F - C}{C} \tag{1}$$

Mittels des e_F-Wertes ist es möglich, die vom DVWK (1984) vorgeschlagenen Begriffe zur Beschreibung des Gewässergrundrisses (s. Tabelle 11) quantitativ abzugrenzen. Da als Bezugsgöße für die Klassifikation der Flußstrecke die Entfernung C gewählt wurde, werden auch Talmäander miterfaßt. Es kann sowohl ein Gewässer auf ganzer Länge, als auch ein Gewässerabschnitt charakterisiert werden. Für das vorliegende Verfahren kommen die in Tabelle 11 aufgeführten Schwellenwerte zur Anwendung. Weiterhin werden die nach dem Grad der Flußentwicklung geordneten Begriffe mit Rangzahlen belegt. Abb. 9 zeigt schematisch Gewässergrundrißformen, die mit Hilfe der Schwellenwerte eingestuft wurden.

Bei der Klassifikation der geomorphologischen Struktur des Aquatischen Bereichs werden frühere Zustände des Gewässergrundrisses zum Vergleich herangezogen. Da ältere Ausbauten häufig im Gelände nicht mehr ohne weiteres zu erkennen sind, erfordert dieses die Auswertung historischer Karten.

Tabelle 11: Charakterisierung des Gewässergrundrisses in Abhängigkeit von der Flußentwicklung

Gewässergrundriß	Flußentwicklung (e_F)	Rangzahl
gerade	$0,0 - < 0,1$	1
leicht schlängelnd	$0,1 - < 0,2$	2
schlängelnd	$0,2 - < 0,3$	3
gekrümmt	$0,3 - < 0,5$	4
mäandrierend	$\geq 0,5$	5

Quelle: Begriffe nach DVWK (1984)

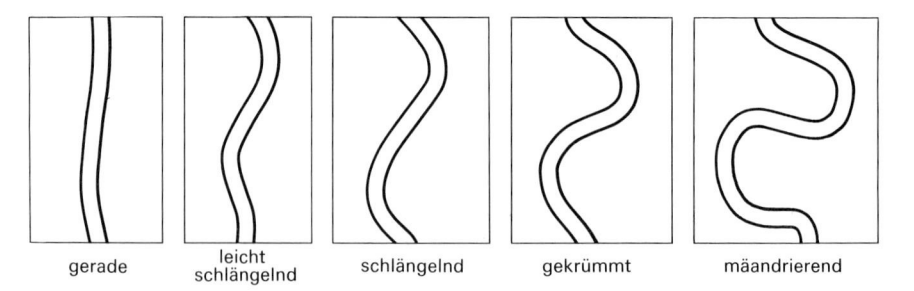

Abb. 9: Gewässergrundrißformen und charakterisierende Begriffe

Auch unter natürlichen Bedingungen kommt es an Bächen und Flüssen zu Mäanderdurchbrüchen und Laufverkürzungen, dieser Prozeß steht jedoch innerhalb der hier betrachteten Zeiträume mit der Bildung neuer Flußbögen in etwa im Gleichgewicht.

Zur Quantifizierung der Abweichung des aktuellen Zustands vom historischen werden beide Zustände nach Tabelle 11 eingestuft und die Differenz der Rangzahlen gebildet. Eine Einschätzung des Naturschutzwerts und der Störungsintensität des Gewässergrundrisses erfolgt nach der in Tabelle 12 wiedergegebenen Rangordnung.

Ehemals verzweigte Gerinne, die aufgrund wasserbaulicher Maßnahmen aktuell einen unverzweigten Grundriss aufweisen, werden grundsätzlich als "sehr stark verändert" eingeschätzt und der Störungsstufe 4 bzw. der Schutzwertstufe 0 zugeordnet.

3. Ausbauzustand der Gewässersohle

Der Ausbauzustand der Gewässersohle wird anhand der Naturnähe klassifiziert. Hinsichtlich des Naturschutzwerts stellen weitgehend natürliche, nicht verbaute Sohlbereiche die wertvollsten und intensiv überprägte Abschnitte die am wenigsten wertvollen Bereiche dar. Die Störungsintensität steigt mit dem Verbauungsgrad.

Die Klassifikation der Ausbauzustände erfolgt nach der im Gewässererhebungsbogen wiedergegebenen Rangordnung. Die hier ausgewiesenen Zustände werden in Kap. A.3.5.3.1 ausführlich beschrieben. Die Länge der von Wehren und Sohlabstürzen beeinflußten Bereiche können wie in Abschnitt 1, Fußnote 76 (s.o., Abflußcharakter) angegeben bestimmt werden. Zusätzlich zu den im Gewässererhebungsbogen genannten Ausbauzuständen können weitere Ausbautypen neu aufgenommen werden, diese sind hinsichtlich ihrer Naturnähe und der Störungsintensität individuell zu bewerten.

Tabelle 12: Bewertung der geomorphologischen Gewässerstruktur anhand des Gewässergrundrisses

Differenz der Rangzahlen	Naturnähe des Gewässergrundrisses	Naturschutzwert	Stufe	Störungsintensität	Stufe
0	weitgehend natürlich	sehr hoch	4	sehr gering	0
1	naturnah	hoch	3	gering	1
2	bedingt naturnah	mäßig	2	mäßig	2
3	naturfern	gering	1	hoch	3
4	naturfremd	sehr gering	0	sehr hoch	4

4. Gewässergüte

Zur Klassifikation der Gewässergüte wird das in der BRDeutschland übliche Verfahren nach dem Saprobienindex herangezogen und die im Bereich des Gewässerabschnitts angetroffenen Güteklassen nach der im Gewässererhebungsbogen wiedergegebenen Rangordnung eingestuft.

5. Sedimentzustand (Schwermetallbelastung)

Der Zustand der rezenten Sedimente in den Teilräumen der Gewässerlandschaft wird im vorliegenden Verfahren anhand der Schwermetallbelastung eingestuft, da an zahlreichen Gewässern die Sedimente z.T. stark mit Schwermetallen angereichert sind. Im Einzelfall kann die Untersuchung von Belastungen durch weitere Schadstoffe notwendig sein. In Kap. A.3.5.4.2 wird auf die Probleme der Schwermetallbelastung in Gewässerlandschaften ausführlich eingegangen. Die Klassifikation des Sedimentzustands im Hinblick auf den Naturschutzwert erfolgt anhand der relativen Sedimentbelastung (Stoffanreicherung), die Einstufung der Störungsintensität nach absoluten Stoffkonzentrationen.

Zur Bestimmung des **Naturschutzwerts** werden die gemessenen Konzentrationen umweltrelevanter Schwermetalle (z.B. Cd, Cr, Cu, Hg, Ni, Pb, Zn) und ggf. weiterer Stoffe in Bezug zu einem Konzentrationsstandard gesetzt, der einem vom Menschen unbeeinflußten Zustand entspricht und nur die natürliche, gesteinsabhängige Hintergrundbelastung ("geochemischer Background") kennzeichnet. Kann ein regionaler Standard für das Gewässereinzugsgebiet nicht erarbeitet werden, ist auf Angaben aus der Literatur zurückzugreifen (z.B.WEDEPOHL 1991). Der Naturschutzwert orientiert sich an der Höhe der Schwermetallanreicherung gegenüber dem geochemischen Background. Zur Einschätzung der relativen Sedimentbelastung kommt das in Tabelle 13 wiedergegebene Schema zur Anwendung.

Die Klassengrenzen der Anreicherungsfaktoren wurden derart gezogen, daß eine "starke" Anreicherung (= "geringer" Naturschutzwert) dann als erreicht gilt, wenn unter Bezug auf den geochemischen Ton–Schluffgesteinsstandard nach WEDEPOHL (1991) als geochemischem Background der Bodengrenzwert der KVO (1992) überschritten wird. Die Einstufung des Naturschutzwerts erfolgt nach der im Gewässererhebungsbogen wiedergegebenen Rangordnung.

Die Einstufung der **Störungsintensität** der Schwermetallbelastung in Gewässersedimenten erfolgt auf Grundlage der Orientierungs- und Prüfwerte der "Hamburger Liste" (s. Tabellen 14 u. 15).

Im Gewässererhebungsbogen ist das Element bzw. sind die Elemente zu benennen, die die Einstufung in die jeweilige Belastungs- oder Konzentrationsstufe erfordern ("limitierende Elemente"). Unter der Rubrik "Untersuchungsmethoden" ist die Analysenmethodik (z.B. AAS, MS, RFA), die untersuchte Kornfraktion und der verwendete Bezugsstandard anzugeben. Für die in der Hamburger Liste verzeichneten Stoffe sind mit Ausnahme des Elements Ni einige Prüfwerte identisch. Erreichen die Stoffkonzentrationen im Sediment dieses Niveau, ist aus dem Gesamtzusammenhang (Einbeziehung der übrigen Stoffkonzentrationen) zu entscheiden, ob für die

Einstufung des Konzentrationsniveaus und der Störungsintensität die jeweils niedrigere oder höhere Stufe zu wählen ist.

Zusätzlich zu den in den Tabellen ausgewiesenen Klassifikationen kann angegeben werden, welche Elementkonzentrationen die Grenzwerte der Klärschlammverordnung (vgl. Tabelle 16, s.u.) überschreiten.

Tabelle 13: Klassifizierung der relativen Schwermetallbelastung in Gewässersedimenten

Anreicherungs-Faktor (AF)	Stoffanreicherung	Naturschutz-wert	Stufe
$\leq 1,0$	ohne	sehr hoch	4
$> 1,0 \leq 1,5$	gering	hoch	3
$> 1,5 \leq 2,0$	mäßig	mäßig	2
$> 2,0 \leq 2,5$	stark	gering	1
$> 2,5$	sehr stark	sehr gering	0

Tabelle 14: "Hamburger Liste" der Orientierungs- und Prüfwerte für Untersuchungen an schwermetallbelasteten Sedimenten im Hinblick auf verschiedene Nutzungen

Elemente	Orientierungs-werte ($\mu g/g$) O	Prüfwerte ($\mu g/g$)		
		für Nutz-Pflanzen-anbau N	für das Grund-wasser G	für die menschliche Gesundheit
				auf Dauer D	akut A
Arsen	20	50	50	100	100
Blei	100	300	300	500	3000
Cadmium	1	2	5	40	40
Chrom	100	100	200	200	500
Kupfer	100	100	300	500	3000
Nickel	50	100	200	400	4000
Quecksilber	2	2	5	10	200
Zink	300	500	1000	2000	2000

Quelle: zusammengestellt nach Angaben der BAUBEHÖRDE HAMBURG (1990)

Tabelle 15: Klassifikation der Störungsintensität schwermetallbelasteter Fließgewässersedimente

Bewertungskriterien	Konzentrationsniveau	Störungs–intensität	Stufe
Konzentrationen der untersuchten Elemente liegen im Bereich der **O–Werte** der Hamburger Liste	sehr niedrig	sehr gering	0
Konzentration eines der untersuchten Elemente überschreitet **O–Wert** der Hamburger Liste	niedrig	niedrig	1
Konzentration eines der untersuchten Elemente überschreitet **N–Wert** der Hamburger Liste	mäßig	mäßig	2
Konzentration eines der untersuchten Elemente überschreitet **G–Wert** der Hamburger Liste	hoch	hoch	3
innerhalb von Wohngebieten: Konzentration eines der untersuchten Elemente überschreitet **D–Wert** der Hamburger Liste	hoch	hoch	3
Konzentration eines der untersuchten Elemente überschreitet **A–Wert** der Hamburger Liste	sehr hoch	sehr hoch	4

In Tabelle 16, Spalte 2 (s.u.) sind die nach der KVO (1992) maximal zulässigen Schwermetallkonzentrationen im auszubringenden Klärschlamm angegeben; in Spalte 3 sind die höchstzulässigen Metallkonzentrationen für bereits vorbelastete Böden, auf die Klärschlamm ausgebracht werden soll, ausgewiesen. Beträgt der Tongehalt weniger als 5 % im Klärschlamm bzw. im Boden, so verringern sich die Grenzwerte für das Element Cd auf 5 bzw. 1 µg/g und für das Element Zn auf 2000 bzw. 150 µg/g. Dieses ist ebenso der Fall, wenn die pH–Werte im Klärschlamm oder Boden höher als pH 5 und niedriger als pH 6 sind. Bei pH–Werten unter 5 ist die Klärschlammausbringung wegen der Gefahr der Schwermetallverlagerung und -anreicherung generell nicht zulässig.

Eine erste Einschätzung der Stoffmobilität in Böden und der Gefährdung des Grundwassers ist anhand eines vom DVWK (1988) vorgestellten Verfahrens unter der Voraussetzung möglich, daß die Schwermetallbelastung der Oberböden nicht oberhalb der Bodengrenzwerte der KVO (1992) liegt (s.a. Kap. A.3.5.4.2).

Bei allen oben verwendeten Orientierungs- und Prüfwerten handelt es sich um Anhaltswerte, die insgesamt eher einen Bewertungsrahmen abgeben, als daß sie scharfe Grenzen repräsentieren.

In Gewässerlandschaften, in denen erhöhte Schwermetallkonzentrationen festgestellt werden, ist grundsätzlich eine genaue Prüfung des Einzelfalls erforderlich. Über die Angaben im Gewässererhebungsbogen hinaus (s.o.) ist ggf. bei der Beschreibung der Untersuchungsergebnisse (s. Kap. A.4.5.2) auf die Stoffbelastung einzugehen.

Die Untersuchung der Schwermetallbelastung wird an den Sedimenten des Gewässerbetts durchgeführt, wobei zu einer Klassifikation der aktuellen Belastung die Probennahmetiefe ca. 5 cm nicht überschreiten sollte. Es können sowohl Proben aus dem Aquatischen Bereich als auch aus dem Uferbereich entnommen werden, sie werden i.f. als für beide Teilräume repräsentativ betrachtet. Wegen der aufwendigen Analytik werden zunächst in den Detailuntersuchungsgebieten und/ oder in Verdachtsbereichen Stichprobenuntersuchungen durchgeführt, die im Falle festgestellter Belastungen ggf. auf weitere Gewässerabschnitte sowie in den Gewässernahbereich und Auebereich ausgedehnt werden können.

Werden bei der Stichprobenuntersuchung keine Belastungen festgestellt, so kann in den meisten Fällen davon ausgegangen werden, daß die Sedimente der anderen Gewässerabschnitte ebenfalls unbelastet sind. Eine pauschale Einstufung in die Klasse "unbelastet" sollte jedoch nicht erfolgen, da durch den Einfluß punktueller Immissionen trotzdem Schadstoffbelastungen vorhanden sein könnten.

In denjenigen Untersuchungsabschnitten in denen keine Messwerte vorliegen, ist das Kriterium "Sedimentzustand" aus der Bewertung auszuschließen. Die notwendige Probendichte ist im Einzelfall zu entscheiden.

Tabelle 16: Grenzwerte der Klärschlammverordnung (1992) für Schwermetalle

Element	in der Trockensubstanz des Klärschlamms [$\mu g/g$]	in lufttrockenem Boden [$\mu g/g$]
Pb	900	100
Cd	10	1,5
Cr	900	100
Cu	800	60
Ni	200	50
Hg	8	1
Zn	2500	200

Quelle: Klärschlammverordnung (1992)

Bei der Untersuchung eines längeren Gewässers sollte die Entfernung zwischen den Probennahmebereichen im Normalfall 5–10 km nicht überschreiten, um eine Interpolation für die dazwischen liegenden Gewässerabschnitte zu ermöglichen.

6. Vegetationsbestand

Bei der Untersuchung des Aquatischen Bereichs kann die vorgefundene Wasservegetation nach dem Grad ihrer Naturnähe bewertet werden, charakteristische Bestände extensiver Nutzungsformen treten im Aquatischen Bereich nicht auf. In weiten Teilen Deutschlands kommen unter natürlichen Bedingungen i.w. die in Kap. A.2.2 für die ökologisch–morphologischen Gewässerzonen beschriebenen Pflanzenbestände vor.

Die Klassifikation des Naturschutzwerts und der Störungsintensität erfolgt nach der im Gewässererhebungsbogen wiedergegebenen Rangordnung. Die hier ausgewiesenen Zustände der Naturnähe werden in Kap. A.3.5.6.1 definiert und beschrieben.

Die Anwendung dieser Methodik im Aquatischen Bereich bringt in der Praxis Probleme mit sich (vgl. Kap. A.3.5.6.3). Daher sollte, wenn möglich, auf bereits vorhandene Aufnahmen der Umweltbehörden oder auf Forschungsergebnisse anderer Autoren zurückgegriffen werden.

In einigen Bundesländern liegen für die wichtigsten Gewässer von behördlicher Seite Kartierungen der aquatischen Vegetation vor. Im folgenden wird auf die Verhältnisse in Niedersachsen exemplarisch eingegangen. Hier wurden landesweite Vegetationsuntersuchungen an Fließgewässern von DAHL & HULLEN (1989) vorgenommen. Die Ergebnisse wurden nach der Artenfehlbetragsmethode, dem Vorkommen von "Rote Liste" Arten und dem Auftreten von Arten der Bundesartenschutzverordnung interpretiert (s. Kap. A.3.5.6.3).

Die Kartierergebnisse der Autoren und auch andere Untersuchungen, die nach den genannten Methoden erarbeitet wurden, lassen sich mit Hilfe der in Tabelle 17 wiedergegebenen "modifizierten Bewertung" an die im vorliegenden Verfahren vorgestellte Untersuchungsmethodik angleichen. Sollen Ergebnisse von Untersuchungen, die mit Hilfe anderer Methoden durchgeführt wurden, übernommen werden, sind sie im Einzelfall hinsichtlich des Naturschutzwerts und der Störungsintensität nach der im Erhebungsbogen wiedergegebenen Rangfolge einzustufen.

Im Aufnahmebogen können wichtige Pflanzengesellschaften und -arten sowie ggf. Gesellschaften und Arten der "Roten Liste" unter Angabe des Gefährdungsgrads aufgeführt werden. Liegen weitere Untersuchungsergebnisse aus der Literatur oder aus Gutachten vor, kann hierauf besonders verwiesen werden.

Tabelle 17: modifiziertes Verfahren zur Bewertung der aquatischen Vegetation an Fließgewässern

Bewertungskriterien	Naturschutz-wert	Stufe	Störungs-intensität	Stufe
Einstufung der Vegetation in die Wertklasse I der Artenfehlbetragsmethode, zusätzlich: Vorkommen von „Rote Liste"-Arten oder Arten der Bundesartenschutzverordnung	sehr hoch	4	sehr gering	0
wie vor, jedoch <u>ohne</u> Vorkommen von „Rote Liste"-Arten oder Arten der Bundesartenschutzverordnung	hoch	3	gering	1
Einstufung der Vegetation in die Wertklasse II der Artenfehlbetragsmethode, zusätzlich: Vorkommen von „Rote Liste"-Arten oder Arten der Bundesartenschutzverordnung	hoch	3	gering	1
wie vor, jedoch <u>ohne</u> Vorkommen von „Rote Liste"-Arten oder Arten der Bundesartenschutzverordnung	mäßig	2	mäßig	2
Einstufung der Vegetation in die Wertklasse III der Artenfehlbetragsmethode, zusätzlich: vereinzeltes Vorkommen von „Rote Liste"-Arten oder Arten der Bundesartenschutzverordnung	gering	1	hoch	3
wie vor, jedoch <u>ohne</u> Vorkommen von „Rote Liste"-Arten oder Arten der Bundesartenschutzverordnung	sehr gering	0	sehr hoch	4

II. UFERBEREICH

Die Gesamtlänge der Ufer ist für die Bereiche orographisch links und rechts in Metern anzugeben. Bei einem geraden Gewässergrundriß stimmt sie mit der Länge des Aquatischen Bereichs überein, an Mäanderflüssen können jedoch, je nach Lage der Grenzen des Untersuchungsabschnitts, Differenzen auftreten.

1. Abflußcharakter
Das Untersuchungsergebnis aus dem Aquatischen Bereich wird für den Uferbereich übernommen.

2. Ausbauzustand des Gewässerufers
Der Ausbauzustand des Gewässerufers wird anhand der Intensität der Verbauungsmaßnahmen klassifiziert.

Die Bewertung der Ausbauzustände erfolgt nach der im Gewässererhebungsbogen wiedergegebenen Rangordnung. Die hier ausgewiesenen Zustände werden in Kap. A.3.5.3.1 ausführlich beschrieben. Die Länge der von Wehren und Sohlabstürzen beeinflußten Uferbereiche werden nach der für den Aquatischen Bereich angegebenen Methode bestimmt (s.o.).

3. geomorphologische Struktur
Im Uferbereich wird die geomorphologische Struktur anhand der Ausstattungsvielfalt mit geomorphologischen Elementen bewertet.

Ähnlich wie im Aquatischen Bereich stellen die anthropogen wenig beeinflußten Bereiche, d.h. die weitgehend natürlichen und mit Strukturelementen reich ausgestatteten Ufer, im Hinblick auf den Naturschutzwert die wertvollsten Bereiche dar. Demgegenüber weisen intensiv anthropogen veränderte, stark nivellierte Uferstrecken den geringsten Naturschutzwert und die höchste Störungsintensität auf.

Die Einstufung des Naturschutzwerts und der Störungsintensität erfolgt nach der im Gewässererhebungsbogen wiedergegebenen Rangordnung. Die hier ausgewiesenen Stufen der Naturnähe werden in Kap. A.3.5.3.2 ausführlich beschrieben.

4. Gewässergüte
Das Untersuchungsergebnis aus dem Aquatischen Bereich wird für den Uferbereich übernommen.

5. Sedimentzustand (Schwermetallbelastung)
Das für den Aquatischen Bereich dargestellte Untersuchungsergebnis wird auch für den Uferbereich als repräsentativ angesehen.

6. Vegetationsbestand
Bei der Untersuchung des Uferbereichs wird die vorgefundene Vegetation i.w. nach dem Grad ihrer Naturnähe unter besonderer Berücksichtigung der Verbreitung der Ufergehölze bewertet; treten Gehölzlücken > 100 m auf, werden die Ufer als "weitgehend gehölzfrei" klassifiziert, eine Bewertung der Vegetation erfolgt in diesem Falle anhand der gehölzfreien Vegetation. Hinsichtlich des Naturschutzwerts stellen die am wenigsten anthropogen beeinflußten Vegetationsbestände die wertvollsten,

und intensiv überprägte Gewässerabschnitte mit stark veränderter oder zerstörter Vegetation die am wenigsten wertvollen Bereiche dar. Charakteristische Bestände extensiver Nutzungsformen treten im Uferbereich nur selten auf; meist handelt es sich um Kopfbäume, die bei der kartographischen Darstellung besonders berücksichtigt werden können. Standortsfremde Gehölze werden wie naturferne Forsten (s.u., Abschnitt "Gewässernahbereich und Auebereich") eingestuft.

Die Einschätzung des Naturschutzwerts und der Störungsintensität erfolgt nach der im Gewässererhebungsbogen wiedergegebenen Rangordnung. Die aufgelisteten Vegetationseinheiten werden in Kap. A.3.5.6 ausführlich beschrieben. Im Gewässererhebungsbogen kann auf wichtige Pflanzengesellschaften und -arten sowie ggf. auf Gesellschaften und Arten der "Roten Liste" hingewiesen werden.

III. GEWÄSSERNAHBEREICH und IV. AUEBEREICH

Die Aufnahmeblätter III./ IV. können sowohl für den Gewässernahbereich als auch für den Auebereich verwendet werden. Der entsprechende Teilraum ist anzukreuzen.

Die Gesamtflächengröße ist für die untersuchtenTeilräume orographisch links und rechts in ha anzugeben. Aus der Differenz der Gesamtflächengröße und der Gesamtfläche der mitbewerteten Stillgewässer ergibt sich diejenige Flächengröße der Teilräume, zu der die Verbreitungsstufen der Landschaftszustände in Bezug zu setzen sind.

1. Hochwasserdynamik

An weitgehend unregulierten Gewässern ohne Beeinflussung durch Ausbauten und/ oder Talsperren wird das Untersuchungsergebnis zum Abflußcharakter für die Einstufung der Hochwasserdynamik übernommen; es soll für die Teilräume an beiden Gewässerseiten gelten.

An regulierten und/ oder durch Talsperren beeinflußten Gewässern wird eine separate Untersuchung der Hochwasserdynamik in der Gewässerniederung durchgeführt, dabei werden die Teilräume orographisch links und rechts des Gewässers gemeinsam betrachtet.

Die Hochwasserdynamik wird nur in Tälern bewertet, in denen unter natürlichen Bedingungen nennenswerte Überschwemmungen auftreten können. Dieses ist i.d.R. in Sohlentälern und Muldentälern, seltener in Kerbtälern der Fall. In Klammen und Schluchten treten aufgrund des sehr schmalen Talbodens Ausuferungen i.d.R. nicht auf.

Zunächst erfolgt in beiden oben genannten Fällen eine Klassifikation der Hochwasserwahrscheinlichkeit. Diese kann für viele Gewässer aus dem "Deutschen Gewässerkundlichen Jahrbuch", das von den Bundesländern für die einzelnen Stromgebiete herausgegeben wird, oder aus den Pegelunterlagen der Wasserwirtschaftsämter entnommen werden. Hier finden sich für zahlreiche Pegelstationen Diagramme ("Abflußdauerganglinien") oder Tabellen, aus denen die durchschnittliche Zahl der Über- und Unterschreitungstage pro Jahr für definierte Abflüsse hervorgeht.

Um zu einer Aussage in Bezug auf die Überflutungshäufigkeit an den zu untersuchenden Gewässerabschnitten zu gelangen, muß die bordvolle Abflußleistung des Profils bekannt sein oder berechnet werden. Aus dem Diagramm zur Abflußdauerganglinie (oder den entsprechenden Tabellen) des am nächsten gelegenen Abflußmeßpegels mit hinreichender Beobachtungsdauer (s.o.) wird dann die durchschnittliche Anzahl der Tage pro Jahr entnommen, an denen die Abflußleistung des Profils deutlich überschritten wird[77] und das Hochwasser in die Gewässerniederung eintreten kann.

Viele Ausbauprofile sind derartig groß dimensioniert, daß die Eintrittswahrscheinlichkeit eines Hochwasserereignisses weniger als einmal pro Jahr beträgt. Solche geringen Abflußwahrscheinlichkeiten sind in den Diagrammen des Deutschen Gewässerkundlichen Jahrbuchs nicht mehr verzeichnet. In diesen Fällen kann zumindest in Teilen Niedersachsens auf den "Hochwasserabflußspendenlängsschnitt für das niedersächsische Wesergebiet"[78] zurückgegriffen werden. Hier sind für die wichtigsten Fließgewässer des Wesereinzugsgebiets die durchschnittlichen Abflußmengen der Jährlichkeiten[79] über das gesamte Längsprofil des Gewässers angegeben. Durch Vergleich der maximalen Abflußleistung der Ausbauquerschnitte mit den Hochwasserjährlichkeiten können Rückschlüsse auf die Hochwasserdynamik im Auebereich des betrachteten Gewässers gezogen werden. Eine Einschätzung der Hochwasserwahrscheinlichkeit erfolgt nach den im Gewässererhebungsbogen angegebenen Stufen.

Für die Einstufung des Naturschutzwerts und der Störungsintensität der Hochwasserdynamik in den Niederungen regulierter Fließgewässer wird das bei der Untersuchung des Abflußcharakters im Aquatischen Bereich erhaltene Bewertungsergebnis (s.o.) mit der Hochwasserwahrscheinlichkeit verknüpft (s. Tabelle 18), denn für die ökologischen Verhältnisse in der Gewässeraue sind beide Größen relevant (s. Kap. A.3.5.2.2). Die in Tabelle 18 ausgewiesenen Stufen des Naturschutzwerts und der Störungsintensität werden in Kap. A.3.5.2.2 ausführlich beschrieben.

2. Gewässergüte
Das Untersuchungsergebnis aus dem Aquatischen Bereich wird für den Gewässernahbereich und den Auebereich übernommen, soweit die Überschwemmungshäufigkeit durchschnittlich mindestens 1 x in 2 Jahren beträgt (Hochwasserjährlichkeit ≤ 2, s. Kap. A.3.5.2.2), ist diese aufgrund der natürlichen Gegebenheiten oder infolge von Gewässerregulierungen geringer, wird die Gewässergüte nicht berücksichtigt.

---

[77] Da nicht in jedem Einzelfall überprüft werden kann, wie groß die Bereiche sind, die bei Hochwasser überschwemmt werden, wird ein flächenhaft wirksames Hochwasser dann angenommen, wenn die bordvolle Abflußleistung des Gewässerprofils um 10 % überschritten wird.
[78] Vgl. NMLW(1979).
[79] In der Hydrologie wird unter dem Begriff "Jährlichkeit" die "mittlere Zeitspanne, in der ein Ereignis einen Wert entweder einmal erreicht oder überschreitet, bzw. einmal erreicht oder unterschreitet" verstanden (DIN 4049, Entwurf 1989, Teil I, S. 16). Ein Hochwasserereignis mit einer Eintrittswahrscheinlichkeit von einmal pro 100 Jahren ist als "100-jährlicher Hochwasserabfluß (HQ_{100})" zu bezeichnen, der hierbei zu beobachtende Wasserstand im Abflußprofil wird HW_{100} genannt.

Tabelle 18: Bewertung der Hochwasserdynamik an ausgebauten Fließgewässern

Bewertungskriterien	Naturschutzwert	Stufe	Störungsintensität	Stufe
Hochwasserwahrscheinlichkeit mindestens 3 – 14 d/ a, zusätzlich: Einstufung Abflußcharakter in Schutzwertstufe ≥ 3; künstliche Veränderung: weitgehend unverändert	sehr hoch	4	sehr gering	0
Hochwasserjährlichkeit mindestens 1, zusätzlich: Einstufung Abflußcharakter in Schutzwertstufe ≥ 2; künstliche Veränderung: wenig verändert	hoch	3	gering	1
Hochwasserjährlichkeit mindestens 1 – 2, zusätzlich: Einstufung Abflußcharakter in Schutzwertstufe ≥ 2; künstliche Veränderung: mäßig verändert	mäßig	2	mäßig	2
Hochwasserjährlichkeit mindestens 2 – 5, künstliche Veränderung: stark verändert	gering	1	hoch	3
Hochwasserjährlichkeit < 5; künstliche Veränderung: sehr stark verändert	sehr gering	0	sehr hoch	4

3. Stillgewässer

Die im Gewässernahbereich oder im Auebereich z.T. anzutreffenden Stillgewässer werden gesondert untersucht, sofern es sich um Abbaugewässer, Altgewässer, Biotopanlagen oder Fischteiche handelt (s. Kap. A.4.3.3.3). Die Gewässer werden demjenigen ökologisch–morphologischen Teilraum zugeordnet, in dem sie mit dem überwiegenden Teil ihrer Fläche liegen, dieses ist i.d.R. der Auebereich. Ihre Aufnahme und Bewertung erfolgt nach dem Gewässererhebungsbogen–S (Kommentar und Aufnahmebögen s. Kap. A.4.3.2.4 u. A.4.3.3.2). Wichtige Angaben zur Lage der Gewässer, zur Größe der untersuchten Bereiche sowie zum Gewässertyp werden in den Hauptteil des Gewässererhebungsbogens übernommen. Stillgewässer, die nicht den oben genannten Gewässertypen angehören, insbesondere Hochmoortümpel, Kolke und ähnliche Kleinstbiotope, werden nicht einzeln klassifiziert, sondern pauschal der sie umgebenden Vegetationseinheit zugeordnet und so bei der Untersuchung der Hauptgewässerniederung aufgenommen. Treten in einem Gewässerabschnitt mehrere Stillgewässer auf, so kann der Erhebungsbogen erweitert und jedes Stillgewässer einzeln verzeichnet werden.

In den Erhebungsbogen des Hauptgewässers ist das Bewertungsergebnis zum Naturschutzwert und zur Störungsintensität sowohl der einzelnen im jeweiligen Teilraum untersuchten Stillgewässer als auch das Gesamtbewertungsergebnis zur zusammenfassenden Einstufung aller Stillgewässerbereiche zu übernehmen (s. Kap. A.4.4.4).

4. Sedimentzustand (Schwermetallbelastung)
Wird bei der Untersuchung der Sedimente des Aquatischen Bereichs und des Uferbereichs eine Belastung mit Schwermetallen festgestellt, so sind die Untersuchungen auf die anderen Teilräume der Gewässerniederung auszudehnen.
In einer regelmäßig von Hochwässern überschwemmten Gewässerniederung sollten die zu untersuchenden Proben kurz nach einem Hochwasser aus dem frisch abgelagerten Material entnommen werden, da so die aktuellen Belastungsverhältnisse erfaßt werden können. Ist eine Beprobung frischer Hochwassersedimente nicht möglich, so sind ersatzweise aus den obersten 5 cm der Aueböden Mischproben zu entnehmen. Wenn es sich bei dem zu untersuchenden Gewässer um eine relativ kurze Strecke eines größeren Gewässers oder um ein kleines Gewässer handelt, wird bei der Einstufung der Ergebnisse im Gewässernahbereich und Auebereich in der gleichen Weise verfahren wie im Aquatischen Bereich, die Untersuchungsergebnisse werden in die Bewertung der Teilräume einbezogen.

An größeren Gewässerstrecken sind Untersuchungen der Sedimente in der Gewässerniederung, die über Stichprobenuntersuchungen hinausgehen, i.d.R. aus Kostengründen nicht möglich. Die Ergebnisse der Stichprobenmessungen werden nur dann in die Bewertung einbezogen, wenn die Entfernung zwischen den Probennahmebereichen eine Interpolation der Werte noch sinnvoll erscheinen läßt (s.o.) und somit die Berücksichtigung der Sedimentqualität in allen Gewässerabschnitten möglich ist. Ist eine Übertragung der Ergebnisse auf die Räume zwischen den Probennahmestellen mit zu großen Unsicherheiten behaftet, sind, um eine einheitliche Bewertung an allen Gewässerabschnitten sicherzustellen, die Untersuchungsergebnisse nur deskriptiv anzugeben; das Kriterium "Sedimentzustand" ist in diesem Falle aus der Bewertung des Gewässernahbereichs und des Auebereichs auszuschließen.

Wurden bei der Untersuchung der Gewässerbettsedimente keine Belastungen festgestellt, so kann in den meisten Fällen davon ausgegangen werden, daß die Sedimente des Gewässernahbereichs und des Auebereichs ebenfalls unbelastet sind. Eine pauschale Einstufung in die Klasse "unbelastet" sollte jedoch nicht erfolgen, da durch den Einfluß punktueller Immissionen trotzdem Schadstoffbelastungen vorhanden sein könnten.

5. Vegetationsbestand

Bei der Untersuchung des Gewässernahbereichs und des Auebereichs wird die vorgefundene Vegetation sowohl nach dem Grad ihrer Naturnähe als auch nach dem Vorkommen charakteristischer Bestände extensiver Bewirtschaftungsformen bewertet. Die Einordnung des Naturschutzwerts und der Störungsintensität erfolgt nach der im Gewässererhebungsbogen wiedergegebenen Rangordnung. Die aufgelisteten Vegetationseinheiten werden in Kap. A.3.5.6 ausführlich beschrieben.

Die Einstufung von Forstbeständen wird anhand ihrer Naturnähe mit Hilfe der in Tabelle 19 wiedergegebenen Kriterien durchgeführt. Das Kriterium 2 wird bei Forsten auf Standorten, auf denen unter natürlichen Bedingungen Reinbestände ("natürliche Monokulturen" i.S.v. ELLENBERG 1986, S. 703) vorkommen, nicht mitbewertet. Als "naturnah" werden Bestände klassifiziert, die die Kriterien 1, 2, 3 und 4 erfüllen, als "bedingt naturnah" werden Bestände angesprochen, die den Kriterien 1 und 2 und zusätzlich einem der Kriterien 3 oder 4 entsprechen. Die übrigen Forsten werden als "naturfern" eingestuft. Nieder- und Mittelwaldstadien werden, da sie in der Gewässerlandschaft nur in seltenen Ausnahmefällen vorkommen, nicht berücksichtigt. Die Einstufung von Parkanlagen und Gärten wird nach der Naturnähe anhand von Tabelle 20 vorgenommen.

In die Klassifikation ackerbaulich genutzter Flächen werden die Vorkommen linienförmiger Vegetationsbestände einbezogen (s. Tabelle 21), da diese erheblich zur Biotopvernetzung beitragen können. Es werden Alleen, Baumreihen, Hecken, Feldgehölze mitvorwiegend linienförmigem Charakter, Gehölzneupflanzungen (Landschaftspflege) sowie Feldraine berücksichtigt. Auf die Ausweisung der höchsten Schutzwertstufe wurde verzichtet, da auch bei einer verminderten Intensivnutzung davon auszugehen ist, daß Agrarchemikalien verwendet werden.

Tabelle 19: Kriterien zur Einschätzung der Naturnähe von Forstbeständen

Bewertungskriterien
1. Baumarten in Anlehnung an die natürliche Vegetation
2. Mischbestände
3. hohe vertikale Diversität
4. hoher Altholzanteil

Quelle: nach KAULE (1991)

Tabelle 20: Kriterien zur Einschätzung der Naturnähe von Parkanlagen und Gärten

Lebensraumcharakter	Naturnähe
große – sehr große „extensive" Parkanlagen, Mindestgröße 20 ha, mit naturnahen Landschaftselementen durch-, setzt Erscheinungsbild dem Landschaftstyp entsprechend;	naturnah
kleinere Parkanlagen mit altem Baumbestand vorwiegend standortstypischer Arten; Obstgärten mit altem Baumbestand; Ziergärten mit altem Baumbestand vorwiegend standortstypischer Arten	bedingt naturnah
kleinere – sehr große Parkanlagen, vorwiegend mit jungem Baumbestand, standortsfremden Ziergehölzen oder intensiver Erholungsnutzung; intensiv „gepflegte" Gärten, überwiegend mit standortsfremden Ziergehölzen	naturfern

Die Größe vegetationsfreier Bereiche sowie versiegelter oder auf andere Weise intensiv genutzter Flächen ist im Gewässererhebungsbogen ebenfalls anzugeben und in die Bewertung einzubeziehen. Im Fuß des Gewässererhebungsbogens kann auf wichtige Pflanzengesellschaften und -arten sowie ggf. auf Gesellschaften und Arten der "Roten Liste" hingewiesen werden.

zu V. ÜBERGANGSBEREICH
Die Gesamtflächengröße der Teilräume ist für die untersuchten Bereiche orogr. links und rechts in ha anzugeben.

1. Vegetationsbestand
Bei der Untersuchung des Übergangsbereichs wird die vorgefundene Vegetation sowohl nach dem Grad ihrer Naturnähe als auch nach dem Vorkommen charakteristischer Bestände extensiver Bewirtschaftungsformen bewertet; hier gilt sinngemäß das für den Gewässernahbereich und den Auebereich Gesagte (s.o.).

Es mag verwundern, daß im Übergangsbereich die Vegetationseinheit "Auewald" berücksichtigt wird. Stellenweise können jedoch in flachen Teilen des Hauptfließgewässerübergangsbereichs an hier vorhandenen Nebengewässern Auewaldstreifen auftreten.

Tabelle 21: Bewertung ackerbaulich genutzter Flächen in Gewässerlandschaften unter Einbeziehung linienhafter Vegetationsbestände

Bewertungskriterien	Naturschutz-wert	Stufe	Störungs-intensität	Stufe
durchschnittliche Maschenweite linienhafter Vegetationselemente 50–75 m, entspr. 264 - 396 m Länge/ ha, bei einer Breite von mindestens 4–6 m; hochvernetzte biotische Struktur	hoch	3	gering	1
durchschnittliche Maschenweite linienhafter Vegetationselemente 75–150 m, entspr. 132 - 264 m Länge/ ha, bei einer Breite von mindestens 1–3 m; mäßig vernetzte biotische Struktur	mäßig	2	mäßig	2
durchschnittliche Maschenweite linienhafter Vegetationselemente 150–300 m, entspr. 66 - 132 m Länge/ ha; weitgehend ausgeräumte Struktur	gering	1	hoch	3
durchschnittliche Maschenweite linienhafter Vegetationselemente > 300 m, entspr. < 66 m Länge/ ha; ausgeräumte Struktur	sehr gering	0	sehr hoch	4

Die Einstufung des Naturschutzwerts und der Störungsintensität erfolgt nach der im Gewässererhebungsbogen wiedergegebenen Rangordnung. Die aufgelisteten Vegetationseinheiten werden in Kap. A.3.5.6 ausführlich beschrieben. Im Erhebungsbogen kann auf wichtige Pflanzengesellschaften und -arten sowie ggf. Gesellschaften und Arten der "Roten Liste" hingewiesen werden.

zu Teil 3: **Aufnahme anthropogener Störungsfaktoren**
Im Gewässererhebungsbogen–Teil 3 werden die im "Verzeichnis der Abkürzungen und Klassifikationsstufen" (s. Kap. A.4.3.2.2) aufgelisteten Kürzel verwendet. Die Verbreitung der Störungsfaktoren wird in absoluten Flächen- und Längenmaßen,

bzw. nach der Zahl der auftretenden Fälle angegeben. Die vorgefundenen Verbreitungshäufigkeiten sind im Erhebungsbogen in die Spalte "Teilräume/ Verbreitung" einzutragen. In den mit "–" gekennzeichneten Teilräumen sind die jeweiligen Störungsfaktoren i.d.R. nicht anzutreffen.

Für einige der im Gewässererhebungsbogen aufgelisteten Störungsfaktoren ist hinsichtlich der Einschätzung ihrer Verbreitung oder der Festlegung von Schwellenwerten eine kurze Erläuterung erforderlich:

zu I.3, II.1 u. IV.2, Anlage befestigter Wirtschaftswege:
Die Verbreitung der befestigten Wirtschaftswege wird in allen Teilräumen der Gewässerlandschaft anhand ihrer absoluten Länge angegeben.

zu I.4, Anreicherung ökotoxischer Stoffe:
Im vorliegenden Verfahren wird hierzu die Immission von Schwermetallen untersucht. Die Sedimentbelastung des Gewässerbetts und/ oder der Gewässerniederung ist als Störungsfaktor zu kartieren, wenn eine Anreicherung mit Schwermetallen angetroffen wird, die mindestens der Stufe "mäßig" nach Tabelle 13 (s.o.) entspricht.

zu I.5 u. V.2, Bebauung zu nahe am Gewässer:
Der Störungsfaktor "Bebauung zu nahe am Gewässer" ist auszuweisen, wenn innerhalb geschlossener Siedlungen oder in der freien Landschaft Gebäude näher als 25 m an ein Fließgewässer heranreichen und somit innerhalb des Gewässernahbereichs oder Uferbereichs liegen. Bebaute Flächen in den anderen Teilräumen sind als "Flächenversiegelung durch Bauwerke" anzusprechen und nach ihrer Flächengröße anzugeben.

zu I.6, Einleitung industrieller Abwässer:
Die Verbreitung des Störungsfaktors wird nach der Anzahl der vorhandenen Direkteinleiter im Aquatischen Bereich und im Uferbereich angegeben.

zu I.7, Einschränkung der Biotopvernetzung durch elektrische Freileitungen:
Im Gewässernahbereich und im Auebereich wird die Länge der vorhandenen Leitungstrassen, in den übrigen Teilräumen die Anzahl der Querungen durch Freileitungen angegeben.

zu I.10, Immission von Luftschadstoffen aus lokalen Quellen:
In Abhängigkeit vom Charakter der emittierten Stoffe kann der Wirkungskreis der Emittenten unterschiedlich groß sein, er ist ggf. abzuschätzen, wobei lokale Gegebenheiten zu berücksichtigen sind. Bei Schwermetallemittenden wird der Einflußbereich der Belastungen unter Bezugnahme auf Angaben von LOUB (1975) mit einem durchschnittlichen Wirkungsradius von 2,5 km um den Emittenden angenommen.

zu IV.1, Ackerflächen zu nahe am Gewässer oder an wertvollen Biotopen:
Der Störungsfaktor ist auszuweisen, wenn Ackerflächen näher als 25 m an ein Fließgewässer oder einen wertvollen Biotop heranreichen.

A.4.3 Erfassung des aktuellen Gewässerzustands

zu IV.4, Ausräumung biotopbildender Strukturelemente durch Intensivnutzung:
Der Störungsfaktor ist in Bereichen zu kartieren, in denen sehr wahrscheinlich schon seit längerem Ackernutzung vorherrscht, diese aber z.B. durch Flurbereinigung intensiviert wurde; dieses ist stellenweise im Übergangsbereich der Fall.

zu IV.6, VII.2 u. VIII.2, Beseitigung von Stillgewässern:
Zur Quantifizierung des Umfangs der Stillgewässerbeseitigung ist der gegenüber historischen Zuständen belegbare Rückgang an Gewässern einzuschätzen und die Zahl, bzw. bei hinreichender Genauigkeit der historischen Karten, die Streckenlänge der verloren gegangenen Gewässer anzugeben.

zu IV.7, Intensivierung der Grünlandnutzung:
Der Störungsfaktor "Intensivierung der Grünlandnutzung" ist nur dort zu kartieren, wo das bis dahin extensiv bis mäßig intensiv genutzte Grünland der "Frischwiesen und Weiden" (s. Kap. A.3.5.6.3) in Intensivnutzungen überführt wurde.

zu IV.8, Umwandlung von Grünland in Ackerland:
Der Störungsfaktor ist lediglich in der Gewässerniederung zu kartieren, da Kenntnisse über historische Grünlandnutzungen in flachen Übergangsbereichen weitgehend fehlen; hier ist ggf. der Faktor "Ausräumung biotopbildender Strukturelemente ...." (IV.4) auszuweisen.

zu VI.1, Anlage von Fischteichen:
Die Anzahl der künstlich angelegten Fischteiche ist in allen Teilräumen der Gewässerlandschaft nach der absoluten Häufigkeit ihres Vorkommens anzugeben.

zu VII.3, Einschränkung der Biotopvernetzung und Flächenversiegelung durch Verkehrsbauwerke[80]:
Die Verbreitung des Störungsfaktors wird im Aquatischen Bereich und im Uferbereich nach der Anzahl der vorhandenen Querungen durch die Bauwerke angegeben. Für die übrigen Teilräume wird die Länge der Trassen vermerkt.

zu VII.4, Schadstoffbelastung durch Eisenbahn- oder Kraftverkehr:
Für Angaben zur Verbreitung des Störungsfaktors wird jeweils die Länge der Verkehrswege in den betroffenen Teilräumen der Gewässerlandschaft angegeben.

zu VIII.1, Auflichtung des Ufergehölzgürtels im Mittelwasserbereich:
Die Auflichtung der innerhalb des Uferprofils aufstockenden Gehölze tritt besonders an intensiv unterhaltenen oder an ausgebauten Gewässern auf. Der Störungsfaktor ist zu kartieren, wenn die Gehölzlücken außerhalb des Bereichs von Hoch- oder Zwischenmooren eine Länge von > 100 m aufweisen.

zu VIII.3, Einleitung kommunaler Abwässer:
Die Verbreitung des Störungsfaktors wird nach der Anzahl der vorhandenen Einleitungsstellen im Aquatischen Bereich und im Uferbereich angegeben.

---

[80] Zu diesen werden i.f. alle Trassen einschließlich Wasserstraßen gezählt; Feld- und Forstwege werden gesondert betrachtet (s.o.).

zu VIII.4, Einschränkung der Biotopvernetzung durch Flußdeiche:
Flußdeiche sind bei der Aufnahme der Uferbereiche zu berücksichtigen, auch wenn die Deiche häufig in geringer Entfernung vom Ufer im Gewässernahbereich anzutreffen sind. Ihre Verbreitung wird nach ihrer absoluten Länge angegeben.

zu VIII.5, Einschränkung der Biotopvernetzung und/ oder Fließdynamik durch Talsperren:
An durch Talsperren beeinflußten Fließgewässern wird die Verbreitung des Störungsfaktors in allen Untersuchungsabschnitten unterstrom der Staumauer soweit als vorhanden angenommen, wie der Abflußunterschied als "stark verändert" zu klassifizieren ist (s. Tabelle 10).

zu VIII.6, Einschränkung der Biotopvernetzung und Fließdynamik durch Wehrbauten und/ oder Sohlabstürze:
Die Verbreitungshäufigkeit wird nach der Anzahl der vorhandenen Einzelbauwerke im Gewässerlauf angegeben.

zu VIII.7, Eutrophierung wertvoller Biotope durch abwasserführende Gräben:
In den Teilräumen der Gewässerlandschaft ist die absolute Länge der Gräben anzugeben.

zu VIII.8, mangelnde Naturnähe von Ausbaustrecken:
Der Störungsfaktor ist an allen intensiv ausgebauten Gewässerstrecken auszuweisen und die Länge des Ausbaubereiches anzugeben.

zu VIII.9, naturferne Unterhaltungsmaßnahmen:
Der Störungsfaktor ist an Gewässerstrecken zu kartieren, an denen Maßnahmen der Intensivunterhaltung (s. Kap. A.3.5.3.1) durchgeführt werden.

zu IX.1, Verarmung der subaquatischen Vegetation:
Der Störungsfaktor ist zu kartieren, wenn die Naturnähe der aquatischen Vegetation als "naturfern" oder "naturfremd" anzusprechen, bzw. die Störungsintensität als "hoch" oder "sehr hoch" zu klassifizieren ist (s.o., Abschnitt "Vegetationsbestand, Aquatischer Bereich").

Die im Gewässernahbereich und Auebereich vorkommenden Stillgewässer werden nicht anhand einzelner anthropogener Störungsfaktoren untersucht, sondern lediglich mit Hilfe der ausgewiesenen Bewertungskriterien eingestuft (s. Kap. A.4.3.3.2).

4.3.3.2 Kommentar Stillgewässer

Die im Gewässernahbereich und im Auebereich des Hauptfließgewässers vorkommenden Stillgewässer werden als eigenständige aquatische Biotope gesondert aufgenommen, soweit es sich um Abbaugewässer, Altgewässer, Biotopanlagen oder Fischteiche handelt. Alle anderen Stillgewässer, wie z.B. Hochmoortümpel, Kolke oder ähnliche Kleinstbiotope, werden i.d.R. nicht einzeln untersucht, sondern der umgebenden Vegetationseinheit zugeordnet und so im Rahmen der Untersuchung der Hauptfließgewässerniederung aufgenommen. Stauseen oder Talsperren im Flußlauf werden grundsätzlich aus der Untersuchung der Gewässerlandschaft ausgeschlossen.

Die Stillgewässerbereiche werden in Bezug auf den Naturschutzwert und die Störungsintensität eingestuft. Eine Aufnahme einzelner anthropogener Störungsfaktoren wird jedoch nicht durchgeführt.

In Anlehnung an die für die Fließgewässer vorgestellte räumliche Gliederung (s. Kap. A.2.1) werden auch bei den Stillgewässern die ökologisch–morphologischen Teilräume des Aquatischen Bereichs und des Uferbereichs unterschieden. Der Aquatische Bereich steht i.d.R. dauernd unter Wasser, kann jedoch in trockenen Sommern gelegentlich trockenfallen. Der Uferbereich wird von der Wasserwechselzone unter- und oberhalb des Mittelwasserspiegels gebildet.

Für die Aufnahme der Stillgewässer steht der Gewässererhebungsbogen–S zur Verfügung:

zu Teil 1: **Allgemeine Übersicht**
Teil 1 des Aufnahmebogens lehnt sich an den Erhebungsbogen für das Hauptfließgewässer an. Die Punkte 1–14 beinhalten Angaben über den Zeitpunkt der Untersuchung, Lage und Position des Gewässers, über die zuständigen Wasserbehörden und Verbände sowie über den Gewässertyp.

zu Punkt 10:
Bei den Altgewässern werden folgende 3 Entwicklungsphasen unterschieden (vgl. a. Kap. A.3.5.5):

Phase 1, frühes Stadium:
Die Verhältnisse kommen denen eines Fließgewässers relativ nahe; das Altgewässer wird bei Hochwasser noch durchströmt.

Phase 2, fortgeschrittenes Stadium:
Das Gewässer weist i.d.R. Flachuferbereiche mit ausgeprägter Verlandungsvegetation auf.

Phase 3, spätes Stadium:
Die Größe der Wasseroberfläche und die Wassertiefe sind stark reduziert, Teile des Gewässers sind bereits verlandet, verbreitet tritt Verlandungsvegetation auf.

Ein vollständig verlandetes Altgewässer wird i.f. nicht mehr als Stillgewässerbereich angesprochen, sondern im Zusammenhang mit der Vegetation in der Gewässeraue bzw. im Gewässernahbereich des Hauptfließgewässers erfaßt. Je nach Nutzungsintensität können die für Niedermoorstandorte typischen oder auch anthropogen veränderte Vegetationsbestände (s. Kap. A.3.5.5) auftreten.

Die Altgewässer werden zusätzlich nach ihrer Genese unterschieden:

natürliche Entstehung:
Das Gewässer wurde im Verlauf einer natürlichen fluvialen Morphodynamik vom Hauptgewässer abgetrennt.

künstliche Entstehung:
Das Gewässer wurde infolge von Gewässerbegradigungen vom Hauptgewässer abgetrennt. Altgewässer, deren künstliche Abtrennung vom Flußbett mehr als 50 Jahre zurückliegt, werden wie natürlich entstandene Altgewässer behandelt.

zu Teil 2: **Aufnahme der Landschaftszustände nach Bewertungskriterien**
Es wird zwischen einem Standardverfahren und einem modifizierten Verfahren unterschieden:

Das Standardverfahren orientiert sich an den wichtigsten natürlichen Stillgewässern der Fließgewässerniederungen, den Altgewässern. Es bezieht sich dementsprechend primär auf die Aufnahme und Bewertung der an Altgewässern anzutreffenden Landschaftszustände. Künstliche Stillgewässer können prinzipiell auch nach dem Standardverfahren anhand der für die Altgewässer beschriebenen Kriterien aufgenommen werden. In diesem Falle wird bei der Bewertung die Übereinstimmung mit den Verhältnissen an weitgehend natürlichen Altgewässern gemessen (s. Kap. A.3.5.5).

Das modifizierte Verfahren ermöglicht die Integration fremder Untersuchungsergebnisse für unterschiedliche Stillgewässertypen.

Teil 2a: Standardverfahren
Das Standardverfahren bezieht sich i.w. auf die Erfassung und Bewertung der Vegetationsbestände; die im Stillgewässererhebungsbogen aufgelisteten Vegetationseinheiten werden in Kap. A.3.5.6 beschrieben.

I. AQUATISCHER BEREICH
Für den Aquatischen Bereich ist die Größe der offenen Wasserfläche anzugeben. Die Vegetationsbestände werden in allen Stadien der Altgewässerentwicklung wie bei den Fließgewässern nach dem Grad ihrer Naturnähe klassifiziert. Je höher die Übereinstimmung der vorgefundenen Vegetationsbestände mit den in Kap. A.3.5.5 beschriebenen Charaktergesellschaften ist, um so höher ist der Naturschutzwert und um so geringer die Störungsintensität einzustufen.

II. UFERBEREICH
Im Teil 2a des "Gewässererhebungsbogen–S" sind die Vegetationseinheiten des Ufers sowie wichtige Pflanzenarten und ggf. Arten der "Roten Liste" aufzuführen.

Zur zusammenfassenden **Bewertung** des Naturschutzwerts und der Störungsintensität werden die Altgewässer und künstlichen Stillgewässer nach der in Kap. A.4.4.4 (s.u.) vorgestellten Methode klassifiziert.

Teil 2b: modifiziertes Verfahren
Das modifizierte Verfahren für Stillgewässer ermöglicht die Integration von Untersuchungsergebnissen, die nach der bei DRACHENFELS & MEY (1990) beschriebenen Methode[81] oder anderen landesweiten Untersuchungen gewonnen wurden. Auf diese Weise können Doppeluntersuchungen vermieden werden.

Es wird zwischen den von anderer Seite als "wertvoll" eingestuften und den bisher nicht, bzw. niedriger bewerteten Gewässern, unterschieden: Die bereits untersuchten und als "wertvoll" klassifizierten Gewässer werden im Erhebungsbogen–S, Teil 2b = "modifiziertes Verfahren", unter Angabe der Gutachterquelle verzeichnet und unter zusätzlicher Berücksichtigung der Gewässergenese bewertet(s. Kap. A.4.4.4).

Die bisher nicht bewerteten bzw. von fremder Seite als "nicht hochwertig" angesprochenen Stillgewässer werden im Hinblick auf eine genauere Klassifikation nach dem Standardverfahren (s.o.) aufgenommen und nach der in Kap. A.4.4.4 vorgestellten Methode bewertet.

4.4 Bewertung der Gewässerlandschaft

4.4.1 Zum Problem der Zusammenführung ökologischer Basisdaten

Für eine Bewertung der Gewässerlandschaft oder ihrer Teilräume ist eine Zusammenführung (Agglomeration) der erhobenen Daten erforderlich. Die Höhe des sinnvollen Abstraktionsniveaus ökologischer Basisdaten ist in der Literatur umstritten:

Von einigen Autoren wird eine Agglomeration quantitativer Werte vor allem wegen des Verlustes an Detailinformation nur bis zu einer mittleren Stufe, ohne Zusammenfassung der Ergebnisse zu einer einzigen Gesamtwertzahl, befürwortet (vgl. KIEMSTEDT et al. 1975; LÖLF & LWA 1985). LUDER (1980) dagegen hält die Einführung von "komplexen ökologischen Indizes" (S. 50) zur zusammenfassenden Kennzeichnung ökologischer Sachverhalte für sinnvoll, um diese leichter in Planungsprozesse integrieren zu können. Die in der Literatur vorgestellten Verfahren zur Bewertung von Landschaften und Landschaftsteilen (s. Kap. A.1.2) lassen sich im wesentlichen 2 Grundtypen zuordnen (vgl. PLACHTER 1989):

1. Es werden für definierte Ausprägungen von Bewertungskriterien oder Meßparametern Punkte vergeben, die für die einzuschätzenden Lebensräume oder Gebiete aufsummiert werden. Eine Bewertung wird anhand der Punktesummen durch Vergleich oder die Festlegung von Schwellenwerten vorgenommen.

2. Zur Einstufung eines Gebiets werden mehrere Bewertungskriterien relativer Wertigkeit ausgeschieden. Der untersuchte Bereich wird einer definierten Wertigkeitsstufe bereits dann zugeordnet, wenn eines oder wenige der Kriterien einen vorgegebenen Schwellenwert erreichen.

---

[81] Zur Begründung der Adaption der Untersuchungsergebnisse mach DRACHENFELS & MEY (1990) s. Kap. A.4.4.4.

162 A.4 Erfassung, Bewertung und Darstellung der Landschaftszustände

Beide Ansätze bieten zahlreiche Vor- und Nachteile, auf die von PLACHTER (1989) eingegangen wird. Die wichtigsten seien in Kürze genannt:

ad 1:
Für die Anwendung eines unter 1. genannten Verfahrens ist der gleiche Informationsstand über die zu bewertenden Objekte sowie eine gleichwertige Datenaufnahme Voraussetzung (ders.). Eine mathematische Verknüpfung unterschiedlicher Bewertungskriterien ist problematisch, da diese unterschiedliche Phänomene beschreiben. Zusätzlich tritt das Problem auf, daß die für Klassifikationen notwendigerweise festzulegenden Schwellenwerte nicht allgemeingültig sind, da sie von der Zahl der eingehenden Kriterien abhängen (KAULE 1991). Sind die entsprechenden Voraussetzungen gegeben, ermöglicht ein derartiger Ansatz jedoch eine sehr differenzierte Gebietsbewertung.

ad 2.
Der zweite Verfahrensansatz weist aufgrund der Ausgliederung weniger Wertstufen einen geringeren Differenzierungsgrad auf, ist aber auch bei heterogenen Informationsständen verwendbar. Er ermöglicht die zusätzliche Einbeziehung weiterer Kriterien, die bei spezifischen Fragestellungen in das Untersuchungsverfahren neu aufzunehmen sind.

Im folgenden werden die beiden oben vorgestellten Typen von Bewertungsansätzen miteinander kombiniert. Dieses trägt dazu bei, den Verlust an Detailinformation möglichst gering zu halten und das Verfahren für die Aufnahme zusätzlicher Bewertungskriterien offenzuhalten.

4.4.2 Übersicht über die Bewertungsebenen

Für die Einschätzung der Gewässer werden die den ausgewiesenen Bewertungskriterien zugeordneten Landschaftszustände zunächst hinsichtlich des Naturschutzwerts und der Störungsintensität anhand einer fünfstufigen Verhältnisskala klassifiziert. Diese Basisklassifikationen werden unter Einbeziehung der im Untersuchungsgebiet vorgefundenen Verbreitungshäufigkeiten der Zustände derart miteinander verknüpft, daß bei steigendem Abstraktionsniveau eine Zusammenführung der Daten zuerst auf der Ebene der Bewertungskriterien ("Kriterienebene") und danach für die einzelnen Teilräume am Gewässer ("Teilraumebene") durchgeführt wird. Eine noch weitere Zusammenfassung der Daten im Hinblick auf eine Charakterisierung des gesamten Gewässerabschnitts ist prinzipiell möglich, sie sollte jedoch nur ausnahmsweise erfolgen, da sonst wichtige Informationen über die Landschaftszustände in den Teilräumen der Gewässerlandschaft verloren gehen[82].

---

[82] Eine Ausnahme bilden regelmäßig die Ergebnisse, die bei der Aufnahme der Stillgewässer erzielt werden. Diese sind, bevor sie in die Bewertung der Hauptfließgewässerlandschaft einbezogen werden, zusammenfassend einzustufen (s. Kap. A.4.4.4).

Auf der ersten Agglomerationsebene (Kriterienebene) wird die Einstufung der Landschaftszustände mit Hilfe von Verhältnisskalen der quantitativen Verbreitungshäufigkeit der Merkmalsausprägungen vorgenommen.

Auf der nächsten Bewertungsebene (Teilraumebene) findet eine nominalskalierte Klassifizierung mehrerer Bewertungsgrößen Anwendung; die Teilräume werden bereits dann definierten Wertigkeitsstufen zugeordnet, wenn eine in Abhängigkeit von der Anzahl der berücksichtigten Kriterien festgelegte Zahl an Bewertungsgrößen einen entsprechenden Wert aufweist.

Mit zunehmendem Agglomerationsniveau nimmt im hier gewählten Ansatz die "Strenge" der Verknüpfung gegenläufig ab. Damit wird dem zunehmenden Verlust an Detailinformation bei der Datenagglomeration Rechnung getragen und die Aufnahme zusätzlicher Kriterien ermöglicht.

Von KAULE (1991) wird für die Entwicklung von ökologischen Bewertungsverfahren vorgeschlagen, die erhobenen Daten bei ihrer Verknüpfung in Abhängigkeit von der genauen Fragestellung der Untersuchung unterschiedlich zu gewichten. Im folgenden wird hierauf verzichtet, da die Untersuchungskriterien bereits vor dem Hintergrund der Aufnahme von Fließgewässerlandschaften ausgewählt wurden. Eine Gewichtung würde das Problem der Subjektivität aufwerfen und hat nach Erfahrungen der LÖLF & LWA (1985) in der Praxis wenig Bedeutung.

Bei der Grundeinstufung der den Bewertungskriterien zugeordneten Landschaftszustände wurden Naturschutzwert und Störungsintensität als komplementäre Größen gleichzeitig klassifiziert (s. Kap. A.3.5). Die Rangordnungen der Bewertung sind im Gewässererhebungsbogen (s. Kap. A.4.2.2) wiedergegeben. Die ausgewiesenen Wertstufen mit den zugeordneten Rangzahlen gehen als feste Größen in das Verfahren ein. Bei der folgenden Agglomeration der Daten auf den einzelnen Bewertungsebenen werden der Naturschutzwert und die Störungsintensität getrennt eingestuft. Das in Kap. A.4.5.4 vorgestellte Gewässerdiagramm ermöglicht die Darstellung zweiperspektivischer Bewertungsergebnisse.

Eine derartige Bewertung bietet gegenüber einer summarischen Klassifikation der Bewertungskriterien, etwa anhand des "ökologischen Werts", wie sie von der LÖLF & LWA (1985) und von der LAWA (1993) vorgeschlagen werden, den Vorteil, daß die bewerteten Landschaftsteile wesentlich differenzierter betrachtet werden können, da der Verlust an Detailinformation bei der Datenagglomeration geringer ist. Außerdem besteht die Möglichkeit das ökologische Gefährdungspotential in den Teilräumen der Gewässerlandschaft abzuschätzen:

Bei einem hohen Naturschutzwert und gleichzeitig vorhandener hoher Störungsintensität kann i.d.R. auch von einem hohen Gefährdungspotential für die noch existierenden wertvollen Landschaftselementen ausgegangen werden; die für die bereits vorhandene Störungsintensität ursächlichen Störungsfaktoren sind in den meisten Fällen weiterhin wirksam, so daß generell eine Tendenz zur ökologischen Degradation besteht. Ein hoher Naturschutzwert bei einer geringen Störungsintensität deutet demgegenüber auf ein geringes Gefährdungspotential hin. Generell gilt, daß das ökologische Gefährdungspotential mit steigendem Naturschutzwert und steigender Störungsintensität wächst.

Die Klassifikation der Stillgewässer lehnt sich eng an die Methodik für das Hauptgewässer an (s. Kap. A.4.4.3), zusätzlich können externe Untersuchungsergebnisse einbezogen werden. Die Ergebnisse der Stillgewässerbewertung werden in den Erhebungsbogen für das Hauptgewässer übernommen (s. Kap. A.4.3.2.3).

4.4.3 Bewertung des Hauptfließgewässers

4.4.3.1 Unterstützung der Bewertung mit Hilfe von Formbögen
Um den Bewertungsvorgang zu vereinfachen, wurde in Ergänzung zum Gewässererhebungsbogen ein "Gewässerbewertungsbogen" entwickelt. In den Schemata (s.u.) können die auf den unterschiedlichen Bewertungsebenen erzielten Ergebnisse in einer Übersicht dargestellt werden.

Das in Kap. A.4.4.3.4 vorgestellte **Bewertungsbeispiel** entstammt dem in Teil B des Buches behandelten Detailuntersuchungsgebiet III (vgl. Kap. B.9.3).

4.4.3.2 Kriterienebene
Zur Zusammenfassung der Daten auf der Kriterienebene werden die Ausprägungen der in jedem Teilraum untersuchten Bewertungskriterien (s. Kap. A.3.5.1) mit den zugehörigen im Gelände vorgefundenen Verbreitungshäufigkeiten verknüpft.

Für die Klassifikation des Naturschutzwerts werden, ausgehend von derjenigen Merkmalsausprägung mit der höchsten Wertstufe, die prozentualen Verbreitungshäufigkeiten so lange addiert, bis eine Verbreitung von mindestens 30 % gegeben ist. Diejenige Stufe, bei der diese Grenze mindestens erreicht ist, wird als Schutzwertstufe eines Bewertungskriteriums in einem betrachteten Teilraum am Gewässer akzeptiert. So ist beispielsweise der Naturschutzwert der Vegetation in einem Uferbereich bei einer Verbreitung geschlossener standortstypischer Gehölze als wertvollste vorkommende Vegetationseinheit von > 30 % der Uferlänge als "hoch" (Wertstufe 3) zu klassifizieren, da standortstypische Gehölzsäume mit geringen Lücken dieser Schutzwertstufe zuzuordnen sind (vgl. Gewässererhebungsbogen, S. 120). Auf die gleiche Weise wird auch die Störungsintensität eines Bewertungskriteriums im gleichen betrachteten Teilraum am Gewässer ausgehend von derjenigen Merkmalsausprägung mit der höchsten Stufe der Störungsintensität klassifiziert. Die so erhaltenen Bewertungsstufen charakterisieren den Naturschutzwert bzw. die Störungsintensität in einem Teilraum der Gewässerlandschaft auf der Ebene eines einzelnen Kriteriums; sie werden i.f. Schutzwert–**K** und Störungsintensität–**K** genannt.

Die verwendeten Stufen entsprechen den in Kap. A.3.4.1.2 gegebenen allgemeinen Definitionen des Naturschutzwerts und der Störungsintensität. Die auf diese Weise für jedes Bewertungskriterium erzielten Bewertungsergebnisse können im

A.4.4 Bewertung der Gewässerlandschaft

GEWÄSSERBEWERTUNGSBOGEN, Bewertungsebene Kriterien

Teilräume	Kriterien Bewertung (Naturschutzwertstufe/ Störungsstufe)						
	Ab	Au	Geom	GG	SG	Sed	Veg
Übergangsbereich lks.	–	–	–	–	–	–	.....
Auebereich lks.	.....	–	–	.....	.....	.....	.....
Gewässernahbereich lks.	.....	–	–	.....	.....	.....	.....
Uferbereich lks.	.....	.....	.....	.....	–	.....	.....
Aquatischer Bereich	.....	.....	.....	.....	–	.....	.....
Uferbereich rts.	.....	.....	.....	.....	–	.....	.....
Gewässernahbereich rts.	.....	–	–	.....	.....	.....	.....
Auebereich rts.	.....	–	–	.....	.....	.....	.....
Übergangsbereich rts.	–	–	–	–	–	–	.....

 – = Bewertungskriterium wird im betreffenden Teilraum nicht klassifiziert.
..... = Bewertungsstufe einsetzen.

Bewertungskriterien

Ab	Abflußcharakter	SG	Stillgewässer
Au	Ausbauzustand	Sed	Sedimentzustand
Geom	geomorphologische Struktur	Veg	Vegetationszustand
GG	Gewässergüte		

GEWÄSSERBEWERTUNGSBOGEN, Bewertungsebene Teilräume

Teilräume	Bewertung			
	Naturschutz-wert	Stufe	Störungs-intensität	Stufe
Übergangsbereich lks.	....	.....	....	.....
Auebereich lks.	....	.....	....	.....
Gewässernahbereich lks.	....	.....	....	.....
Uferbereich lks.	....	.....	....	.....
Aquatischer Bereich	....	.....	....	.....
Uferbereich rts.	....	.....	....	.....
Gewässernahbereich rts.	....	.....	....	.....
Auebereich rts.	....	.....	....	.....
Übergangsbereich rts.	....	.....	....	.....

"Gewässerbewertungsbogen, Bewertungsebene Kriterien" verzeichnet werden. Die Ermittlung von Naturschutzwert und Störungsintensität auf der Kriterienebene wird in Kap. A.4.4.3.4 an einem Beispiel verdeutlicht.

4.4.3.3 Teilraumebene

Zur Datenverknüpfung auf der Teilraumebene werden die im vorangegangenen Bewertungsschritt erhaltenen Wertstufen aller berücksichtigten Kriterien für jeden einzelnen Teilraum in der Gewässerlandschaft zusammengefaßt. Eine quantitative Verknüpfung zwischen den einzelnen Kriterien ist nicht vorgesehen, da diese unterschiedliche Phänomene beschreiben[83].

Bei der hier gewählten Methode der Datenzusammenfassung können weitere Bewertungskriterien, die möglicherweise bei spezifischen Fragestellungen in das Untersuchungsverfahren neu aufzunehmen sind, zusätzlich berücksichtigt werden.

Zu einer Bewertung auf der Teilraumebene werden die Werte Schutzwert–**K** und Störungsintensität–**K** (s.o.) ohne Gewichtungen miteinander verknüpft.

Die Bewertung wird derart durchgeführt, daß von den höchsten Stufen jeweils abwärts bewertet wird, d.h., sobald die nötige Anzahl der Kriterien die höchstmögliche Stufe erreicht, wird diese als Naturschutzwert bzw. Störungsintensität des bewerteten Teilraums akzeptiert. Als "nötige Anzahl" werden bei 4 und mehr betrachteten Bewertungskriterien mindestens 2 Kriterien mit entsprechender Wertstufe angesehen. Werden weniger als 4 Bewertungskriterien berücksichtigt, beträgt die "nötige Anzahl" eins, d.h., dasjenige Bewertungskriterium mit der höchsten Wertstufe ist ausschlaggebend für die Einstufung des betrachteten Teilraums am Gewässer. Wird zur Bewertung eines Teilraums nur ein einziges Bewertungskriterium herangezogen (Beispiel: Kriterium "Vegetationsbestand" im Übergangsbereich), so gilt das auf der "Kriterienebene" gewonnene Bewertungsergebnis auch für die "Teilraumebene".

Die so erhaltenen Bewertungsstufen klassifizieren zusammenfassend den Naturschutzwert und die Störungsintensität über alle Bewertungskriterien in jedem Teilraum der Gewässerlandschaft, sie werden i.f. als "Schutzwert–**T**" und "Störungsintensität–**T**" bezeichnet. Die verwendeten Stufen entsprechen den in Kap. A.3.4.1 und Kap. A.3.4.2 gegebenen allgemeinen Definitionen des Naturschutzwerts und der Störungsintensität.

Der Bewertungsvorgang wird an dem in Kap. A.4.4.3.4 wiedergegebenen Beispiel konkret vorgestellt.

Eine weitere Verknüpfung der Daten ist, insbesondere wegen der unterschiedlichen Nutzungen in den einzelnen Teilräumen, am Hauptfließgewässer grundsätzlich nur in Ausnahmefällen durchzuführen. Sollte im Einzelfall eine Gesamtbewertung eines Gewässerabschnitts notwendig erscheinen, könnte diese durch Bildung des Mittelwerts bzw. Medians der Wertstufenzahlen geschehen, ebenso wäre eine Datenzusammenfassung nach der in diesem Kapitel für die Bewertungskriterien in den ökologisch–morphologischen Teilräumen beschriebenen Methode möglich. In diesem Falle wären diejenigen Schutzwert- bzw. Störungsstufen, die für

---

[83] Zwar stehen z.B. die Bewertungskriterien Sedimentqualität und Vegetationsbestand in einem ökologischen Zusammenhang, jedoch ist dieser im hier gegebenen Kontext nicht quantifizierbar, so daß eine mathematische Verknüpfung zwischen diesen (oder anderen) Bewertungskriterien nicht sinnvoll erscheint.

eine festzusetzende Mindestanzahl von Teilräumen charakteristisch sind als für den ganzen Gewässerabschnitt kennzeichnend zu akzeptieren.

4.4.3.4 Beispiel zur Bewertung eines Uferbereichs
Bewertung auf der Kriterienebene. Im Teilraum (rechter) "Uferbereich" des Hauptfließgewässers wird das Bewertungskriterium "Vegetationsbestand" betrachtet. Der zu untersuchende Gewässerabschnitt ist 3850 m lang, es wurden folgende Vegetationseinheiten vorgefunden: 1960 m geschlossener Gehölzsaum (51 % Längenanteil); 880 m sporadische Ufergehölze (23 % Längenanteil); 1010 m Uferstauden und Ruderalsäume, weitgehend gehölzfrei (26 % Längenanteil). Im Gewässererhebungsbogen ergibt sich das unten als Ausschnitt wiedergegebene Bild.

Die den vorgefundenen Vegetationseinheiten zugeordneten Schutzwertstufen (N) und Störungsstufen (S) werden dem Gewässererhebungsbogen entnommen und mit den Prozentzahlen der Verbreitung in Beziehung gesetzt.

GEWÄSSERERHEBUNGSBOGEN, Teil 2

II.	UFERBEREICH				
	6. Vegetationsbestand				
	Vegetationseinheiten	N	S	V_l	V_r
	geschlossene Gehölzsäume, standortstypisch, Lücken < 20 m	3	1	○	50 %
	sporadische Ufergehölze, standortstypisch, Lücken 20–100 m	2	2	○	20 %
	Uferstaudenfluren und Ruderalsäume, weitgehend gehölzfrei	1	3	○	30 %

V_l = Verbreitungshäufigkeit in einem Teilraum in orographisch linker Position vom Hauptfließgewässer
V_r = Verbreitungshäufigkeit in einem Teilraum in orographisch rechter Position vom Hauptfließgewässer

Naturschutzwert	Stufe	Störungsintensität	Stufe
sehr hoch	4	sehr hoch	4
hoch	3	hoch	3
mäßig	2	mäßig	2
gering	1	gering	1
sehr gering	0	sehr gering	0

Hinsichtlich des Naturschutzwerts (Schutzwert-K) für das Bewertungskriterium "Vegetationsbestand" im rechten Uferbereich ergibt sich ein insgesamt "hoher" Wert, denn mehr als 30 % der Uferlänge werden von wertvollen Vegetationsbeständen (Schutzwertstufe 3) eingenommen, höherwertige Vegetationseinheiten kommen nicht vor.

Die Störungsintensität-K an der Ufervegetation ist ebenfalls als insgesamt "hoch" einzuschätzen, an 30 % (gerundet) der Uferlänge treten Vegetationsbestände mit mindestens "hoher" Störungsstufe auf.

Die Ergebnisse können im "Gewässerbewertungsbogen" verzeichnet werden:

GEWÄSSERBEWERTUNGSBOGEN, Bewertungsebene Kriterien

Teilräume	Kriterien Bewertung (Naturschutzwertstufe/ Störungsstufe)						
	Ab	Au	Geom	GG	SG	Sed	Veg
Übergangsbereich lks.	–	–	–	–	–	–	.....
Auebereich lks.	.....	–	–	.....	.....	.....	.....
Gewässernahbereich lks.	.....	–	–	.....	.....	.....	.....
Uferbereich lks.	.....	.....	.....	.....	–	.....	.....
Aquatischer Bereich	.....	.....	.....	.....	–	.....	.....
Uferbereich rts.	.....	.....	.....	.....	–	.....	3/3
Gewässernahbereich rts.	.....	–	–	.....	.....	.....	.....
Auebereich rts.	.....	–	–	.....	.....	.....	.....
Übergangsbereich rts.	–	–	–	–	–	–	.....

3/3 = Naturschutzwert „hoch" (Stufe 3)/ Störungsintensität „hoch" (Stufe 3)

Bewertungskriterien

Ab	Abflußcharakter	SG	Stillgewässer
Au	Ausbauzustand	Sed	Sedimentzustand
Geom	geomorphologische Struktur	Veg	Vegetationszustand
GG	Gewässergüte		

Bewertung auf der Teilraumebene. Der Teilraum (rechter) "Uferbereich" eines Gewässers ist zu bewerten; eine Klassifikation der erhobenen Daten ist auf der Kriterienebene bereits durchgeführt worden. Es wurden die auf der folgenden Seite wiedergegebenen Wertstufen-K ermittelt, die in den Gewässerbewertungsbogen eingesetzt werden können (s.u.). Im Hinblick auf den Naturschutzwert ergibt sich für den rechten Uferbereich ein insgesamt "sehr hoher" Wert. Die Störungsintensität ist als "hoch" einzustufen. Da mehr als 3 Bewertungskriterien in die Bewertung eingegangen sind, müssen jeweils mindestens 2 Kriterien die als kennzeichnend angesehenen Wert- bzw. Störungsstufen erreichen.

A.4.4 Bewertung der Gewässerlandschaft   169

Schutzwerte–K rechter Uferbereich

Bewertungskriterien	Naturschutzwert	Stufe
Abflußcharakter:	mäßig	2
Ausbauzustand:	sehr hoch	4
geomorphologische Struktur:	hoch	4
Gewässergüte:	mäßig	2
Sedimentzustand:	sehr gering	0
Vegetationsbestand:	hoch	3

Störungsintensitäten–K rechter Uferbereich

Bewertungskriterien	Störungsintensität	Stufe
Abflußcharakter:	mäßig	2
Ausbauzustand:	sehr gering	0
geomorphologische Struktur:	gering	1
Gewässergüte:	mäßig	2
Sedimentzustand:	hoch	3
Vegetationsbestand:	hoch	3

GEWÄSSERBEWERTUNGSBOGEN, Bewertungsebene Kriterien

Teilräume	Kriterien Bewertung (Naturschutzwertstufe/ Störungsstufe)						
	Ab	Au	Geom	GG	SG	Sed	Veg
Übergangsbereich lks.	–	–	–	–	–	–	.....
Auebereich lks.	.....	–	–	.....	.....	.....	.....
Gewässernahbereich lks.	.....	–	–	.....	.....	.....	.....
Uferbereich lks.	.....	.....	.....	.....	–	.....	.....
Aquatischer Bereich	.....	.....	.....	.....	–	.....	.....
Uferbereich rts.	2/2	4/0	4/1	2/2	–	0/3	3/3
Gewässernahbereich rts.	.....	–	–	.....	.....	.....	.....
Auebereich rts.	.....	–	–	.....	.....	.....	.....
Übergangsbereich rts.	–	–	–	–	–	–	.....

Die in der Rubrik „Uferbereich rechts" eingetragene erste Zahl entspricht jeweils der Naturschutzwertstufe, die zweite Zahl gibt die Stufe der Störungsintensität wieder; Abkürzungen der Bewertungskriterien s.o.

Für die Zuordnung des Naturschutzwerts zur Wertstufe "sehr hoch" (= Stufe 4) war ausschließlich die Tatsache relevant, daß wenigstens 2 der Kriterienwerte in die Schutzwertstufe "sehr hoch" einzuordnen waren (geomorphologische Struktur,

Ausbauzustand). Die weniger wertvolle Ausprägung der anderen Kriterien findet bei der Einstufung des Naturschutzwerts hier keine Berücksichtigung.

Bei der Klassifikation der Störungsintensität zeigte sich, daß kein Kriterium auf eine "sehr hohe" Störungsintensität hindeutete. Mehr als 2 Kriterien weisen jedoch die Störungsstufe "hoch" (= Störungsstufe 3) auf, daher wurde die Störungsintensität des Teilraums dieser nächst niedrigeren Stufe zugeordnet. Das Ergebnis kann im "Gewässerbewertungsbogen" verzeichnet werden (s.u.).

Das Beispiel illustriert die Vorteile der getrennten Betrachtung des Naturschutzwerts und der Störungsintensität. Während für den "sehr hohen" Schutzwert des Gewässerufers in erster Linie das unverbaute Gewässerbett mit gut ausgeprägten abiotischen Strukturelementen den Ausschlag gibt, ist eine "hohe" Störungsintensität für die Bewertungskriterien Sedimentzustand und Vegetationszustand kennzeichnend. Bei einer Zusammenfassung der beiden Bewertungsgrößen Naturschutzwert und Störungsintensität zu einer einzigen Wertkategorie (z.B. "ökologischer Wert") ergäbe sich ein durchschnittlich "mäßiges" Niveau für den Bewertungsparameter. Bei einer zweiperspektivischen Bewertung dagegen wird deutlich, daß der Gewässerabschnitt insgesamt zwar (noch) einen "sehr hohen" Naturschutzwert aufweist, daß aber gleichzeitig wichtige Teile des ökologischen Wirkungsgefüges bereits gestört sind. Auf Dauer besteht die Gefahr einer Minderung des Naturschutzwerts.

G E W Ä S S E R B E W E R T U N G S B O G E N, Bewertungsebene Teilräume

Teilräume	Bewertung			
	Naturschutzwert	Stufe	Störungsintensität	Stufe
Übergangsbereich lks.	. . . .	. . . . .	. . . .	. . . . .
Auebereich lks.	. . . .	. . . . .	. . . .	. . . . .
Gewässernahbereich lks.	. . . .	. . . . .	. . . .	. . . . .
Uferbereich lks.	. . . .	. . . . .	. . . .	. . . . .
Aquatischer Bereich	. . . .	. . . . .	. . . .	. . . . .
Uferbereich rts.	sehr hoch	4	hoch	3
Gewässernahbereich rts.	. . . .	. . . . .	. . . .	. . . . .
Auebereich rts.	. . . .	. . . . .	. . . .	. . . . .
Übergangsbereich rts.	. . . .	. . . . .	. . . .	. . . . .

4.4.4 Bewertung der Stillgewässer

Zur Bewertung der Stillgewässer werden im folgenden 2 Verfahren vorgestellt, die als "Standardverfahren" und als "modifiziertes Verfahren" bezeichnet werden. Das Standardverfahren wird an neu aufzunehmenden Gewässern durchgeführt, das modifizierte Verfahren kommt an Stillgewässern zur Anwendung, die bereits von fremder Seite als "für den Naturschutz wertvoll" klassifiziert wurden[84].

Standardverfahren. Die Bewertung der Stillgewässer orientiert sich an Verhältnissen, wie sie für die natürlicherweise in Gewässerniederungen vorkommenden Altgewässer typisch sind. Sie basiert i.w. auf einer Einstufung der Vegetation (Hauptkriterium). Weiterhin wird die Genese der Gewässer berücksichtigt (Zusatzkriterium). Die Klassifikation der Gewässer lehnt sich an die für das Hauptfließgewässer vorgestellte Methode an: Zunächst wird das Kriterium "Vegetationsbestand" (s. Kap. A.4.3.3.2) im Aquatischen Bereich und im Uferbereich der Stillgewässer hinsichtlich seiner Ausprägungen und deren Verbreitung wie in Kap. A.4.4.3.2 für das Hauptgewässer beschrieben eingestuft[85]. Im Unterschied zum Untersuchungsverfahren an Fließgewässern werden die Vegetationsbestände des Aquatischen Bereichs jedoch nicht nach ihrem Längen- sondern nach ihrem Flächenanteil an diesem Teilraum bewertet.

Die so erhaltenen Klassifikationsstufen des Naturschutzwerts und der Störungsintensität (Schutzwert–K und Störungsintensität–K des Bewertungskriteriums Vegetationsbestand) werden zu einer zusammenfassenden Bewertung der Altgewässerbereiche herangezogen und nach den Tabellen 22 und 23 (s.u.) klassifiziert. Hierbei wird ohne Zwischenschritte eine Bewertung des gesamten Stillgewässerbereichs vorgenommen. Die beiden Tabellen wurden in Anlehnung an die in Kap. A.4.4.3.2 vorgestellte Methode zur zusammenfassenden Klassifikation mehrerer Bewertungskriterien entwickelt. Ein zusätzlicher Bewertungsaspekt in der Schutzwertstufe 4 ist die Gewässergenese, hier ist zwischen natürlich entstandenen und künstlich vom Hauptgewässer abgetrennten Gewässern zu unterscheiden (s. Kap. A.3.5.5).

modifiziertes Verfahren. Die i.f. beschriebene Methode zur Integration von Ergebnissen aus Biotopkartierungen oder landesweiten Untersuchungen läßt sich im Prinzip auf alle standardisierten Aufnahmemethoden, die die in Kap. A.3.5.5 genannten Qualitätskriterien erfüllen, übertragen.

Im folgenden werden die bereits untersuchten und von fremder Seite als "wertvoll" eingestuften Gewässer unter zusätzlicher Berücksichtigung der Gewässergenese nach ihrem Gesamtwert anhand von Tabelle 24 (s.u.) eingestuft.

---

[84] Aufgrund der hohen ökologischen Bedeutung von natürlichen Stillgewässern in der Gewässerlandschaft wird ihr Naturschutzwert und ihre Störungsintensität einzeln bewertet. Bei den bereits von anderer Seite untersuchten und als wertvoll eingestuften Gewässern ist demgegenüber m.E. die Anwendung der einfacheren Methode der gleichzeitigen Klassifikation von Naturschutzwert und Störungsintensität gerechtfertigt.

[85] Dieses entspricht einer Klassifikation auf der "Kriterienebene".

Tabelle 22: Klassifikation des Naturschutzwerts an Stillgewässern

Bewertungskriterien	Naturschutz-wert	Stufe
Schutzwert-K der Vegetationsbestände in mindestens 1 Teilraum sehr hoch, zusätzlich: Altgewässer natürlich entstanden, bei künstlicher Abtrennung älter als 50 Jahre	sehr hoch	4
Schutzwert-K der Vegetationsbestände in mindestens 1 Teilraum $\geq$ hoch	hoch	3
Schutzwert-K der Vegetationsbestände in mindestens 1 Teilraum $\geq$ mäßig	mäßig	2
Schutzwert-K der Vegetationsbestände in mindestens 1 Teilraum $\geq$ gering	gering	1
Schutzwert-K der Vegetationsbestände in beiden Teilräumen sehr gering	sehr gering	0

Tabelle 23: Klassifikation der Störungsintensität an Stillgewässern

Bewertungskriterien	Störungs-intensität	Stufe
Störungsintensität-K der Vegetationsbestände in mindestens 1 Teilraum sehr hoch	sehr hoch	4
Störungsintensität-K der Vegetationsbestände in mindestens 1 Teilraum $\geq$ hoch	hoch	3
Störungsintensität-K der Vegetationsbestände in mindestens 1 Teilraum $\geq$ mäßig	mäßig	2
Störungsintensität-K der Vegetationsbestände in mindestens 1 Teilraum $\geq$ gering	gering	1
Störungsintensität-K der Vegetationsbestände in beiden Teilräumen sehr gering	sehr gering	0

Tabelle 24: modifiziertes Verfahren zur zusammenfassenden Bewertung von Stillgewässern

Bewertungskriterien	Naturschutz-wert	Stufe	Störungs-intensität	Stufe
Einstufung des Gewässers als „wertvoll" von fremder Seite, zusätzlich: Stillgewässer natürlich entstanden bzw. bei künstlicher Entstehung älter als 50 J.	sehr hoch	4	sehr gering	0
Einstufung des Gewässers als „wertvoll" von fremder Seite; Gewässer künstlich entstanden	hoch	3	gering	1

Kommt in einem Abschnitt des Hauptfließgewässers nur ein Stillgewässer vor, gehen die nach den obigen Tabellen erhaltenen Schutzwert- und Störungsstufen direkt in die Bewertung des Gewässernahbereichs oder Auebereichs am Hauptfließgewässer auf der Teilraumebene ein (s. Kap. A.4.3.3.1).

Bei der Existenz mehrerer Stillgewässer ist eine Zusammenführung der an den einzelnen Gewässern erzielten Bewertungsergebnisse erforderlich, bevor diese in die Bewertung der Hauptgewässerteilräume übernommen werden können (s. Kap. A.4.4.4).

Die Untersuchungs- und Bewertungsergebnisse können zur zusammenfassenden Darstellung in dem im Gewässererhebungsbogen (Hauptfließgewässer) für die Stillgewässer vorgestellten Schema (s. S. 122) verzeichnet werden. Dieses kann auch aus dem Erhebungsbogen ausgegliedert und bei Einzeldarstellungen Anwendung finden.

Gemeinsame Bewertung mehrerer Stillgewässer. Bei der Existenz mehrerer Stillgewässer in einem Teilraum des Hauptfließgewässers wird eine Zusammenfassung der an den einzelnen Gewässern erzielten Bewertungsergebnisse vorgenommen, bevor diese in die Bewertung des Hauptgewässers übernommen werden. In diesem Fall wird dasjenige Stillgewässer mit der höchsten Schutzwertstufe als kennzeichnend für den Gesamtschutzwert aller Stillgewässerbereiche und dasjenige Stillgewässer mit der höchsten Störungsintensität als kennzeichnend für die Gesamtstörungsintensität aller Stillgewässerbereiche betrachtet.

Die so erhaltenen Schutzwert- und Störungsstufen aller Stillgewässerbereiche werden im Gewässererhebungsbogen des Hauptfließgewässers verzeichnet und auf der Teilraumebene in die Bewertung einbezogen (s. Kap. A.4.3.3.1 u. z.B. Detailuntersuchungsgebiet III, Kap. B.9.3).

4.5 Darstellung der Untersuchungsergebnisse

4.5.1 Charakterisierung des Einzugsgebiets

Zusätzlich zur Beschreibung des engeren Untersuchungsgebiets und der Bewertungsergebnisse in der Gewässerlandschaft sollte das Einzugsgebiet des Gewässers charakterisiert werden. Ohne die Kenntnis der hier wirksamen physisch–geographischen Faktoren sowie sozio–ökonomischer und historisch–kultureller Gegebenheiten ist eine umfassende Bewertung und Maßnahmeplanung zum Naturschutz nicht möglich. Von daher sind auch gewässerkundliche Untersuchungen und deren Ergebnisse stets im Zusammenhang mit den Bedingungen der umgebenden Landschaft zu sehen.

Eine Beschreibung des Einzugsgebiets erfolgt am zweckmäßigsten auf Basis einer naturräumlichen Gliederung (vgl. z.B. IfL & DIfL 1959–1962)[86]. Bei der Gebietscharakterisierung ist zunächst eine kurze Übersicht über die neuere Literatur sinnvoll. Weiterhin können folgende Aspekte berücksichtigt werden:

–Lage und naturräumliche Gliederung
–Geologie und Morphologie
–Bodenschätze und bergbauliche Tätigkeit
–Klima
–Böden
–aktuelle und potentielle–natürliche Vegetation
–Gewässernetz und wasserbauliche Anlagen
–Besiedlung, wirtschaftsräumliche Einheiten und Verwaltungseinheiten
–Siedlungs- und Wirtschaftsgeschichte.

Liegt das Einzugsgebiet in mehreren Naturräumen, kann eine zusammenfassende Charakterisierung im Überblick erforderlich sein; hierbei sollte auf die naturräumlichen Einheiten Bezug genommen werden.

4.5.2 Zusammenfassende Beschreibung der Untersuchungsergebnisse

Die an den untersuchten Gewässerabschnitten vorgefundenen Merkmale der Bewertungskriterien, die anthropogenen Störungsfaktoren und die Ergebnisse zusätzlicher Untersuchungen können ergänzend zu tabellarischen und kartographischen Darstellungen (s.u.) in Berichtform beschrieben werden. Hierbei soll auf schutzwürdige Landschaftselemente und -bereiche, insbesondere auf typische Biotopabfolgen oder auch aus landschaftsästhetischer Sicht schöne Bereiche hingewiesen werden. Zusätzlich ist auf konkurrierende Nutzungsansprüche und deren Auswirkungen auf den Naturhaushalt einzugehen. An größeren Gewässern ist eine derartige Beschreibung

---

[86] Weitere räumliche Bezugssysteme für die Landschaftsbewertung werden von KAULE (1991) beschrieben.

aller Untersuchungsabschnitte i.d.R. zu umfangreich, so daß sie sich auf die Detailuntersuchungsgebiete beschränken muß.

Grundsätzlich ist es häufig sinnvoll, eine Beschreibung der Untersuchungsergebnisse mit Ausführungen zu den in der Gewässerlandschaft vorzusehenden Maßnahmen (s. Kap. A.4.6) zu verbinden.

4.5.3 Tabellarische Darstellung

Wegen des oftmals großen Umfangs landschaftsökologischer und gewässerkundlicher Untersuchungsberichte wird häufig auf eine tabellarische Form der Darstellung zurückgegriffen. Tabellen gestatten meist einen schnellen Überblick und können mit Hilfe der EDV erstellt und bearbeitet werden. Von MEIER (1987) wird die Verwendung von Formblättern zur Darstellung von Bewertungsergebnissen, insbesondere für UVP–Gutachten, empfohlen.

Eine tabellarische Darstellung kann sich wie im vorliegenden Verfahren eng an die Gewässererhebungs- und Bewertungsbögen anlehnen.

Für die Detailuntersuchungsgebiete ist die Wiedergabe des Gewässererhebungsbogens, Teil 1a, und je nach Umfang der Untersuchung zusätzlich die Darstellung der Teile 2 und 3 in gekürzter Version sowie des Bewertungsbogens sinnvoll.

In den übrigen Teilen des Untersuchungsgebiets kann für jeden der Gewässerabschnitte Teil 1b des Gewässererhebungsbogens (s. Kap. A.4.3.2.3) und der Bewertungsbogen dargestellt werden. An großen Gewässern ist jedoch auch dieses u.U. zu umfangreich. Hier sollte auf das im folgenden Kapitel vorgestellte Gewässer–Diagramm in Verbindung mit einer Übersichtskarte zurückgegriffen werden.

4.5.4 Gewässer–Diagramm

Das i.f. vorgestellte "Gewässer–Diagramm" (vgl. Abb. 10, s.u.)[87] erlaubt es, die an den untersuchten Gewässerabschnitten erfaßten Grunddaten zur Hydrologie tabellarisch und die Bewertungsergebnisse zum Naturschutzwert und zur Störungsintensität in den ökologisch–morphologischen Teilräumen graphisch in knappster Form darzustellen. Das Diagramm kann verkleinert und in Übersichtskarten aufgenommen werden (s. Kap. A.4.5.6). Auf diese Weise sind die Bewertungsergebnisse optisch gut erfaßbar und die Gewässerabschnitte direkt vergleichbar (s. Karte 1, Beilage).

---

[87] Das Beispiel entstammt dem in Teil B dieses Buches behandelten Detailuntersuchungsgebiet III; vgl. Kap. B.9.3 und Karte 1, Beilage.

Gewässer- Diagramm

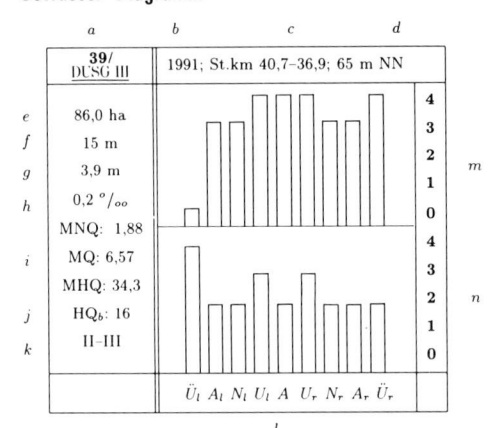

Abb. 10: Gewässer–Diagramm zur zusammenfassenden Darstellung der Untersuchungsergebnisse an einem Gewässerabschnitt

Legende zum Gewässerdiagramm

–Erläuterung der Symbole

    a – Nummer des Gewässerabschnitts/ Detailuntersuchungsgebiets (DUSG)
    b – Jahr der (abschließenden) Aufnahmen
    c – Gewässerkilometrierung
    d – Höhe über NN
    e – Flächengröße des Untersuchungsabschnitts
    f – durchschnittliche Breite des Gewässerbetts an der Böschungsoberkante
    g – durchschnittliche Tiefe des Gewässerbetts
    h – durchschnittliches Laufgefälle
    i – Abflußhauptzahlen des nächstgelegenen Beobachtungspegels [m³/ s]
    j – bordvolle Abflußleistung [m³/ s]
    k – Gewässergüteklasse auf dem überwiegenden Teil der Fließstrecke
    l – Teilräume in der Gewässerlandschaft
    m– Schutzwertstufen
    n – Störungsstufen

–ökologisch–morphologische Teilräume

    A Aquatischer Bereich
    $U_{l/r}$ orographisch linker/ rechter Uferbereich
    $N_{l/r}$ orographisch linker/ rechter Gewässernahbereich
    $A_{l/r}$ orographisch linker/ rechter Auebereich
    $Ü_{l/r}$ orographisch linker/ rechter Übergangsbereich

Legende zum Gewässerdiagramm (Fortsetzung)

–Stufen des Naturschutzwerts und der Störungsintensität

Naturschutzwert	Stufe	Störungsintensität	Stufe
sehr hoch	4	sehr hoch	4
hoch	3	hoch	3
mäßig	2	mäßig	2
gering	1	gering	1
sehr gering	0	sehr gering	0

4.5.5 Photographische Darstellung

Zur Dokumentation von Landschaftszuständen ist die Aufnahme von Photos während der Geländearbeit eine sinnvolle Ergänzung zur kartographischen Arbeit; in Abhängigkeit vom konkreten Untersuchungsziel ist sie häufig sogar unerläßlich (Beweissicherungsverfahren). Bei der Darstellung von Untersuchungsergebnissen in Berichtform kann die Wiedergabe von Photos eine wichtige Hilfe für Außenstehende sein, sich einen plastischen Eindruck von der untersuchten Landschaft zu verschaffen, zusätzlich kann die Integration von Photos in die Darstellung besonders bei längeren Texten zur optischen Auflockerung beitragen.

Sollen die Untersuchungsergebnisse publiziert werden, so wird sich die Anzahl der Photos wegen der hohen Druckkosten auf das absolut notwendige Minimum beschränken müssen. Trotz dieses Einwands wird aufgrund der großen Anschaulichkeit und des hohen Informationsgehalts guter Photos in der neueren Literatur häufig auf die Photographie als Darstellungsmittel ökologisch–planerischer Sachverhalte zurückgegriffen (vgl. u.a. DVWK 1984 u. 1991b; DRACHENFELS 1990).

4.5.6 Kartographische Darstellung

Für die Darstellung der Untersuchungsergebnisse und geplanter Maßnahmen kommt thematischen Karten wichtige Bedeutung zu. Während umfangreiche schriftliche Gutachten im Planungsprozeß wegen des Zeitaufwands z.T. nur unvollständig rezipiert werden, finden Karten häufig wesentlich intensivere Beachtung, denn "einzig und allein" mit Karten ist es "möglich, komplexe räumliche Sachverhalte synoptisch erfassen zu lassen" (EGLI 1990, S. 173). Hierin liegt, besonders im ökologisch–planerischen Bereich, die Stärke thematischer Karten; sie gestatten nicht nur die Erfassung der Verteilung der untersuchten Lebensräume in der Landschaft, sondern auch der gegenseitigen Lagebeziehungen der Biotope (PAFFEN 1953).

Dem Problem der hohen Druckkosten der Karten, vor allem bei kleineren Auflagen von Studien oder Gutachten, wird in naher Zukunft wahrscheinlich in zunehmendem

178   A.4 Erfassung, Bewertung und Darstellung der Landschaftszustände

Maße durch die EDV und dem Einsatz hochauflösender Drucker zu begegnen sein, das gilt insbesondere für Farbkarten.

Im vorliegenden Verfahren ist im Bereich der Detailuntersuchungsgebiete eine kartographische Darstellung der Untersuchungsergebnisse in großem bis mittlerem Maßstab vorgesehen. Eine Vielzahl von Legendenzeichen, die hierbei Verwendung finden können, sind im Buchteil B jeweils für die Detailgebiete wiedergegeben; es werden nur die für die Beschreibung des Fallbeispiels Oker notwendigen Zeichen berücksichtigt, an anderen Gewässern sind die Legenden ggf. zu ergänzen.

Kartographische Darstellungen von Gewässerlandschaften können die verschiedensten Aspekte wie ökologische, hydraulische oder umweltpolitische getrennt voneinander oder in komplexer Darstellung beschreiben. Im hier entwickelten integrativen Ansatz sind die gewählten Aspekte des Naturschutzwerts und der Einflüsse anthropogener Störungsfaktoren nicht isoliert voneinander zu betrachten. Um in den Detailgebietskarten Probleme der inhaltlichen Überlastung, wie sie HAGEDORN & LEHMEIER (1983) für die GMK 25 beschreiben, zu vermeiden, kommt i.f. ein Zweiblattkonzept zur Anwendung, in dem die Kartenblätter für jeden Gewässerabschnitt als eine Einheit zu sehen sind. Die vorzusehenden Maßnahmen sind ggf. in einer zusätzlichen Karte darzustellen[88].

In Gebieten mit starker ökologischer Differenzierung oder einer Vielzahl von Störungsfaktoren ist vom Kartierer eine Auswahl der wesentlichen Merkmale für die Darstellung zu treffen[89].

Die kartographische Darstellung des **Naturschutzwerts** erfolgt hauptsächlich auf der Basis der natürlichen und naturnahen Landschaftsteile und -elemente (vgl. BUCHWALD 1968) und anhand von Merkmalen, die bei der Skalierung der Bewertungskriterien hohen Wertstufen des Naturschutzwerts zuzuordnen sind. Zur Wiedergabe der Elemente und Merkmale werden wegen der unterschiedlichen Raumstruktur der Gewässerteilbereiche für den Gewässerlauf und für den Uferbereich hauptsächlich Einzelsignaturen gewählt, wodurch der auf kurzer Distanz stark differierende Charakter des Lebensraums betont wird. Dasselbe gilt für den schmalen Übergangsbereich am äußeren Rand der Gewässeraue. Für den Gewässernahbereich und die Gewässeraue kommen in höherem Maße Flächensignaturen zur Darstellung, was den flächenhaften Charakter der Gewässerniederung widerspiegelt. Die für den Auebereich zusätzlich gewählten Einzelsignaturen kennzeichnen Landschaftselemente, die im Gelände physiognomisch stärker hervortreten (z.B. eine Baumreihe auf Niederungsgrünland) oder als Relikte der traditionellen bäuerlichen Kulturlandschaft wichtige Kleinbiotope darstellen, z.B. Kopfweiden oder Feldhecken. Insgesamt werden möglichst "optisch weiche", rundliche Zeichen gewählt, um den aus ökologischer Sicht angepaßten Charakter der Objekte zu signalisieren.

---

[88] Für eines der an der Oker aufgenommenen hier aber nicht dargestellten Detailuntersuchungsgebiete liegt ein kartographisch bearbeiteter Maßnahmeplan vor (s. NIEHOFF & PÖRTGE 1990).
[89] Als "wesentlich" sind im hier gegebenen Zusammenhang Zustände und Phänomene anzusehen, die für die Ableitung des Naturschutzwerts, die Einschätzung der Störungsintensität anthropogener Eingriffe oder die Planung von Sanierungsmaßnahmen unerläßlich sind.

Die Darstellung der anthropogenen **Störungseinflüsse** erfolgt anhand der im Gewässererhebungsbogen, Teil 3 (s. Kap. A.4.3.2.3) aufgelisteten Störungsfaktoren. Die Zeichen werden nach den Verursachern geordnet. Der ökologisch nachteilige Einfluß der dargestellten Phänomene und Objekte wird durch den Symbolgehalt der Zeichen betont, was in der Wahl eckiger und dynamischer Zeichen (z.B. Pfeile f. Schadstoffeintrag) zum Ausdruck kommt.

Für die Darstellung des Naturschutzwerts und der Störungsintensität wurden alle Legendenzeichen so gewählt, daß sowohl eine eindeutige Schwarzweißdarstellung gewährleistet als auch eine Nachkolorierung von Hand, etwa für spezielle Präsentationszwecke einzelner Gewässerabschnitte bei Umweltschutzverbänden, Behörden oder politischen Entscheidungsträgern leicht möglich ist. Hierbei ist die Wirkung der Farbenwahl auf den Betrachter zu beachten.

So sollten wertvolle Objekte z.B. mit "optisch milden" Farben (Grün, Braun oder Dunkelblau) unterlegt werden, Störobjekte wären dagegen in "Signalfarben" (z.B. Rot, Gelb oder Violett) zu kolorieren.

Außerhalb der Detailgebiete kann eine kartographische Darstellung der untersuchten Gewässerstrecken in einer Übersichtskarte, etwa im Maßstab 1: 100.000, sinnvoll sein. Hier sollten die seitliche Begrenzung der aufgenommenen Gewässerlandschaft und die Grenzen der ausgewiesenen Gewässerabschnitte verzeichnet werden. Zusätzlich können die Gewässerdiagramme (s. Kap. A.4.5.4), die eine Darstellung der Bewertungsergebnisse in den Teilräumen der Untersuchungsabschnitte in knapper Form ermöglichen, in die Karte aufgenommen werden (s. Karte 1, Beilage).

4.5.7 Profildarstellung

Eine weitere wichtige Methode zur Darstellung raumbezogener Phänomene ist die Profildarstellung. Sie wird wegen ihrer Anschaulichkeit in den Geo- und Ingenieurwissenschaften, der Biologie und in der Planungspraxis vielfach verwendet.

Im folgenden kommt die Profildarstellung, insbesondere bei der Wiedergabe von Ergebnissen zur Untersuchung der Auesedimente, des Gewässerbetts und der Vegetation, im Bereich der Detailuntersuchungsgebiete, zur Anwendung.

Die Wahl des Profilmaßstabs und der Signaturen ist im Einzelfall zu treffen; auf die Möglichkeit der Zusammenfassung von Ergebnissen unterschiedlicher Untersuchungsaspekte in einem Profilbild sei hingewiesen (s. z.B. Profile im Buchteil B).

Abbildungen von Profilen in Gewässerlandschaften, aus denen Anregungen entnommen werden können, finden sich in der Literatur (vgl. u.a. DVWK 1984 (Gewässerbett); ELLENBERG 1986; DVWK 1987 (Vegetationsbestand) sowie MOLDE 1991 u. ROTHER 1989 (Auesedimente)).

4.6 Entwicklung von Maßnahmekonzepten zum Gewässerschutz

In Abhängigkeit von den Untersuchungsergebnissen ist in Gewässerlandschaften, die durch anthropogene Nutzungen gestört sind, häufig die Durchführung von Renaturierungs-, Sanierungs- und Schutzmaßnahmen sinnvoll.

Im Rahmen der Darstellung der Untersuchungsergebnisse sollte zumindest bei der Beschreibung der Detailuntersuchungsgebiete kurz auf Renaturierungs- und Sanierungsziele sowie auf mögliche Maßnahmen eingegangen werden.

4.6.1 Formulierung von Planungszielen unter Berücksichtigung von Leitbildern und Umweltqualitätsstandards

Das in Kap. A.3.1 beschriebene Referenzsystem liefert neben einer Grundlage für die Bewertung der Gewässerlandschaft auch wichtige Vorstellungen für landschaftsplanerische Entwicklungs- und Schutzziele. Derartige Zielvorstellungen können als "Leitbilder" bezeichnet werden (vgl. KERN 1994; SURBURG 1995), da sie zunächst eher aus idealer Perspektive übergeordnete Ziele der Umweltentwicklung beschreiben. Bei der Maßnahmeplanung sind die Anforderungen des Naturschutzes im Hinblick auf die anzustrebenden Ausprägungen einzelner Qualitätskriterien zu konkretisieren, hierbei können die für den Naturschutz als mindestens "hochwertig" eingestuften Landschaftszustände (vgl. Kap. A.3.5) als allgemeine "Umweltqualitätsstandards" in Fließgewässerlandschaften angesehen werden.

Neben dem Naturschutz sind die Ansprüche weiterer Nutzer sowie gesetzliche Vorgaben zu berücksichtigen, diese werden in den notwendigen Abwägungsprozeß zwischen den unterschiedlichen Nutzungsansprüchen einbezogen. Hierauf aufbauend können schließlich konkrete Pläne für die Entwicklung der Gewässerlandschaft erarbeitet werden.

Die Formulierung von detaillierten Maßnahmekonzepten ist für jede Gewässerlandschaft individuell zu leisten. Die folgenden Ausführungen müssen sich daher auf einige generelle Hinweise beschränken.

Die Entwicklung einer Gewässerlandschaft, die nahezu vollständig einem natürlichen Zustand oder Verhältnissen unter extensiver Nutzung entspricht, wird nur in wenigen, besonders begründeten Fällen (z.B. in Naturschutzgebieten) sinnvoll und möglich sein.

Als Minimalanforderung von Seiten des Naturschutzes bei der Landschaftsplanung ist es nach Auffassung von HABER & DUHME (1990, S. 89) notwendig, zumindest diejenigen Biotoptypen "repräsentativ zu entwickeln, die aufgrund des Naturraumpotentials nennenswert vertreten sein müßten". LEIBUNDGUT (1986) hält eine Gewässerlandschaft für erstrebenswert, die in einem ausgeglichenen Verhältnis mit Elementen der Naturlandschaft, der traditionellen Kulturlandschaft und der modernen Kulturlandschaft ausgestattet ist. In diesem Sinne äußert sich auch

BARTELS (1969), der für die Zielsetzung der "Planungsharmonie" die Einbeziehung von Objekten verschiedener historischer Epochen und unterschiedlicher technischer Beeinflussung in den Planungsprozeß für notwendig erachtet.

Bei einer Integration unterschiedlicher Nutzungsansprüche und -intensitäten in der Gewässerlandschaft ist m.E. die räumliche Trennung naturnaher Bereiche bzw. empfindlicher Biotope von naturfernen und emissionsstarken Nutzungsformen ein wichtiges Planungsziel, wobei "harte" Übergänge zu vermeiden sind. Der Schaffung von "Pufferzonen" mit eingeschränkter Nutzungsintensität kommt hierbei hohe Bedeutung zu (vgl. JEDICKE 1990), dieses vor allem im Hinblick auf die Erhaltung der Funktion naturnaher Bereiche als Regenerationsräume in der Landschaft.

Weiterhin sollten die Erfordernisse der Biotopvernetzung in die Planung einbezogen werden, das Konzept der Vernetzung von Lebensräumen ermöglicht eine hohe Effizienz des Natur- und Artenschutzes bei relativ geringem Flächenanspruch (ders.).

4.6.2 Gesetzliche Vorgaben

Bei der Planung von Maßnahmen zum Natur- und Landschaftsschutz in Gewässerlandschaften sind die gesetzlichen Vorgaben zu beachten.

Auch wenn die geplanten Maßnahmen der Verbesserung der Umweltqualität dienen, ist, wie im Falle von Gewässerrenaturierungen und Altlastensanierungen, u.U. ein Planfeststellungsverfahren und eine UVP durchzuführen.

Übersichten über die bei der Maßnahmeplanung in Gewässerlandschaften relevanten Gesetze finden sich u.a. bei LANGE & LECHER (1986); DVWK (1984 u. 1991b) und in einer von STORM (1994) herausgegebenen Gesetzessammlung zum Umweltrecht.

4.6.3 Entwicklung eines Maßnahmeverbunds

Die im Bereich der Gewässerlandschaft vorzusehenden Renaturierungs- und Sanierungsmaßnahmen zur Reduzierung der Störungseinflüsse sollten gleichermaßen den Schutz gefährdeter Arten und Biotope sowie die Erhöhung der Artenvielfalt (Diversifizierung) mit dem Ziel der Steigerung der ökologischen Stabilität umfassen. Diese in der Naturschutzpraxis oft als gegensätzlich angesehenen Ziele sind beide nach Möglichkeit in zukünftigen Maßnahmeplänen zu berücksichtigen (HAMPICKE 1988).

Bei den zum Schutz gefährdeter Arten zu treffenden Maßnahmen handelt es sich häufig um konservierende Sofortmaßnahmen, die im Bereich wertvoller, schutzwürdiger, akut in ihrem Charakter oder ihrer Existenz bedrohter Biotope oder Populationen durchzuführen sind; an bereits stark beeinträchtigten oder verödeten Gewässerstrecken sind besonders im Rahmen von Renaturierungen oder in künftigen

Planungskonzepten mittel- bis langfristig wirksame, aufbauende Maßnahmen vorzusehen.

Generell, besonders aber innerhalb besiedelter Gebiete, müssen bei der Maßnahmeplanung die im Gewässererhebungsbogen aufgelisteten Angaben zum Abflußcharakter des Gewässers unter dem Aspekt des Schutzes von Menschen, Tieren und Sachwerten vor Gefahren berücksichtigt werden.

Das Ziel umfassender struktureller Verbesserungen ist am effektivsten durch eine Herangehensweise zu erreichen, die als "ökosystemar" bezeichnet werden kann (vgl. VALLENTYNE & HAMILTON 1987). Sie beinhaltet einen Planungsansatz, der die Perspektive langfristiger Zeiträume sowie die Berücksichtigung der Vernetzungen zwischen den Ökofaktoren und möglicher Folgewirkungen der Maßnahmen umfaßt.

Die schematische Durchführung von Einzelmaßnahmen ist zugunsten eines **Maßnahmeverbunds**, in dem die Maßnahmen zueinander in sinnvoller Beziehung stehen, zu vermeiden, da sonst die Gefahr unbeabsichtigter Folgewirkungen besonders groß ist. Bei jeder Konzeption ist im Einzelfall zu prüfen, ob bei der Durchführung der Maßnahmen Sekundärstörungen auftreten können und wie hoch ggf. ihre zu erwartende Intensität ist.

Wird ein hohes Störungsniveau prognostiziert, kann es aus Sicht des Naturschutzes sinnvoll sein, den vorhandenen Zustand zunächst zu tolerieren und nach anderen Lösungen zu suchen. Stehen der Beibehaltung des Status Quo wichtige andere Interessen entgegen, sind diese gegenüber dem Naturschutz abzuwägen.

Generell läßt sich sagen, daß bei administrativen Maßnahmen (z.B. Schutzgebietsausweisungen) i.d.R. keine negativen Nebenwirkungen auf den Naturhaushalt auftreten. Demgegenüber gilt es bei Maßnahmen des technischen Umweltschutzes zu bedenken, daß es u.U. zunächst zu erheblichen Freisetzungen von Schadstoffen kommen kann (z.B. Altlastensanierung). Steigende Effizienz bei technischen Maßnahmen (z.B. Filtertechnik, Recycling) erfordert in aller Regel steigenden Energieeinsatz, der seinerseits wiederum die Umwelt belastet. So kann im Extremfall der neuverursachte Schaden größer als der behobene sein. Auf diese Problematik verweisen im gewässerökologischen Zusammenhang KUMMERT & STUMM (1987) und im globalen Rahmen SCHNEIDER (1987).

Bei allen Maßnahmen des Biotopmanagements in Schutzgebieten, die im allgemeinen der Stabilisierung labiler Ökosysteme dienen, muß sichergestellt sein, daß die Maßnahmen nicht zur allgemeinen Umweltbelastung beitragen (KAULE 1991). Daher ist grundsätzlich bei der Biotoppflege der Einsatz von Bioziden zu vermeiden, weiterhin sind Kontrolluntersuchungen (s. Kap. A.4.6.4) durchzuführen.

Sind die Maßnahmen, die zur Verbesserung der Umweltsituation getroffen werden können, auch sehr zahlreich, so sollte doch stets bedacht werden, daß die insbesondere im managenden Naturschutz häufig vermittelte Anschauung, Natur sei "herstellbar", eine Illusion ist (JEDICKE 1990). Viele Ökosysteme und Biotope benötigen zu ihrer Entwicklung Zeiträume, die den menschlichen Planungshorizont weit überschreiten (KAULE & SCHOBER 1985). Weiterhin kann häufig selbst in (optisch) erfolgreich renaturierte Lebensräume das typische Artenspektrum, insbesondere der

Fauna, wegen der starken Biotopverinselung nicht mehr einwandern (JEDICKE 1990).

Eine Beschreibung oder auch nur Auflistung aller in Gewässerlandschaften möglichen Sanierungs- und Renaturierungsmaßnahmen würde den gegebenen Rahmen sprengen, daher ist hier auf die einschlägige Literatur zu verweisen (vgl. u.a. ANSELM 1990; BERTSCH & KNÖPP 1990; BUCHWALD & ENGELHARDT 1968-69; DEUTSCHER NATURSCHUTZRING 1985; DVWK 1984 u. 1991b; HÜTTER 1990; JEDICKE 1990; KAULE 1991; KERN 1994; KUMMERT & STUMM 1987; KWK & DVWK 1978; LANGE & LECHER 1986; LAWA 1987; SCHUHMACHER 1989).

4.6.4 Wissenschaftliche Begleitung und Erfolgskontrolle

Von zahlreichen Autoren wird darauf hingewiesen, daß nach Durchführung von Sanierungsmaßnahmen in gestörten Landschaften und Landschaftsteilen Kontrolluntersuchungen erforderlich sind, um zu überprüfen, ob die anvisierten Entwicklungsziele durch die getroffenen Maßnahmen erreicht werden können bzw. ob die angestrebten Schutzziele gewährleistet sind.

An Fließgewässern wurden in den letzten 10 Jahren verstärkt Renaturierungsmaßnahmen, insbesondere im Uferbereich, durchgeführt. Die Maßnahmen wurden häufig wissenschaftlich begleitet und die Entwicklung der Uferbereiche u.a. in Bezug auf die Biozönosen und Vegetationsbestände dokumentiert (vgl. u.a. BJÖRNSEN & TÖNSMANN 1986; DAHL & SCHLÜTER 1983; NIEHOFF & LAMBERTZ 1991; STÖCKMANN et al. 1989; ZUNDEL 1987).

Hinsichtlich der Auswirkungen und Effizenz von Biotopentwicklungs- und Renaturierungsmaßnahmen an Fließgewässern sowie von Maßnahmen der naturnahen Gewässerunterhaltung besteht nach wie vor ein hoher Forschungsbedarf (BAUER 1990; KERN 1994).

Teil B
Fallbeispiel Gewässerlandschaft Oker

5 Vorbereitung der Untersuchung

5.1 Voruntersuchung

Als Voruntersuchung für die folgende Aufnahme der Gewässerlandschaft konnte auf den Bewirtschaftungsplan Oker von 1987 in Verbindung mit einem vorläufigen Bericht des Autors an das StAWA–Braunschweig über den ökologischen Zustand der Okerniederung zurückgegriffen werden (s. NIEHOFF 1987).

Die dem Bericht beigefügten Übersichtskarten erfaßten zunächst nur den Unter- und Mittellauf der Oker, so daß im Frühjahr 1988 weitere Voruntersuchungen im Bereich des Oberlaufs durchzuführen waren. Aufgrund der danach vorliegenden Ergebnisse wurde die Oker zwischen der Okertalsperre und der Mündung in die Aller in 53 Untersuchungsabschnitte eingeteilt (s. Anh. 1), weiterhin wurden 7 Detailuntersuchungsgebiete (DUSG) ausgewiesen von denen i.f. 3 Gebiete vorgestellt werden.

5.2 Festlegung des Untersuchungsumfangs und Präsentation der Ergebnisse

Im gesamten Untersuchungsgebiet wurden nach dem in Teil A beschriebenen Verfahren Detailkartierungen im Maßstab 1: 5.000 durchgeführt. Mit Ausnahme der Untersuchungen zum Sedimentzustand wurden alle der in Tabelle 6 (s. Kap. A.3.5.1) aufgelisteten Bewertungskriterien in den unterschiedlichen Teilräumen der Gewässerlandschaft aufgenommen; die Sedimentuntersuchungen, die von einer Arbeitsgruppe durchgeführt wurden[90], mußten sich wegen des hohen analytischen Aufwands i.w. auf die Bereiche der DUSG beschränken.

Zur Quantifizierung der Schwermetallbelastung in den Hochflutsedimenten der Oker wurden nach einem Frühjahrshochwasser im März 1988 die frisch abgelagerten Sedimente beprobt. In einigen Bereichen der Gewässerniederung, in denen aufgrund der Einflüsse der Harztalsperren und groß dimensionierter Abflußprofile bei diesem Hochwasser keine Überschwemmungen aufgetreten waren, wurden Proben aus dem Ah–Horizont der Aueböden entnommen und analysiert. Ergänzend wurden im Jahre

---

[90] Vgl. Literaturverzeichnis, Zitate der zu diesem Thema unter Beteiligung des Autors erarbeiteten Publikationen.

1991 die Gewässerbettsedimente der Oker in einem Längsprofil vom Quellauf bis zur Mündung auf ihre Schadstoffbelastung untersucht.

In den außerhalb des Harzes gelegenen DUSG wurden aufbauend auf Untersuchungen von DRESCHHOFF (1974) die Auesedimente in jeweils einem Talprofil abgebohrt und bodenphysikalisch untersucht. An ausgewählten Proben, jeweils aus einem Bohrkern in jedem Talprofil wurden auch geochemische Analysen zur Bestimmung der Haupt-, Neben- und Spurenelementgehalte vorgenommen. Hierbei sollten sowohl die Belastung der Sedimente mit Schwermetallen quantifiziert als auch Aussagen zu historischen Umweltbelastungen durch den Harzer Buntmetallbergbau erarbeitet werden. Der letztgenannte Aspekt der Sedimentuntersuchungen ist Gegenstand einer separaten Veröffentlichung (vgl. NIEHOFF & RUPPERT 1996).

Die Vegetationsbestände in der Gewässerlandschaft wurden im Rahmen der Geländearbeiten zusammen mit den anderen Untersuchungsparametern kartiert. Die Vegetation außerhalb des Gewässerbetts wurden den in Kap. A.3.5.6 ausgewiesenen Vegetationseinheiten zugeordnet, im Aquatischen Bereich und im Uferbereich der DUSG wurde sie aufbauend auf Aufnahmen von HERR et al. (1989b) sowie WEBER–OLDECOP (1969 u. 1976) stichprobenartig auf ihre Artenzusammensetzung untersucht. Die Vegetationsbestände im Uferbereich des Gewässerabschnitts 27 nördlich von Wolfenbüttel, wurden im Zusammenhang mit Erfolgskontrollen zu den hier in den Jahren 1984 und 1985 durchgeführten Uferrenaturierungen detailliert aufgenommen (vgl. NIEHOFF et al. 1991a).

Eine ausführliche Darstellung der Untersuchungsergebnisse aus dem Okergebiet einschließlich von Karten in großem Maßstab erfolgt exemplarisch für die 3 weiter unten vorgestellten DUSG in der Okerniederung. Zusätzlich werden die in den DUSG und weiteren 10 Gewässerabschnitten der Oker erzielten Bewertungsergebnisse in Kombination mit hydrologischen Grunddaten mit Hilfe des im Buchteil A entwickelten "Gewässerdiagramms" (vgl. Kap. A.4.5.4) in komprimierter Form in einer Übersichtskarte dargestellt (s. Karte 1, Beilage). Ein vollständig ausgefüllter Gewässererhebungsbogen (inclusive der Teile 2 u. 3) wird am Beispiel des DUSG III in Anh. 3 vorgestellt.

5.3 Methodik

Die bei der Untersuchung der Oker angewandte Methodik wurde im wesentlichen bereits in Teil A des Buches vorgestellt. Im folgenden wird daher nur auf die dort noch nicht beschrieben Methoden eingegangen. Dieses betrifft vor allem die Sedimentuntersuchungen und die geochemische Analytik.

Für die in den DUSG durchgeführten Bohrungen wurde im wesentlichen ein Linnemann–Sondiergestänge, z.T. auch eine 50 mm Rammkernsonde mit eingesetztem Kunststoffliner, verwendet. Die für weitere Untersuchungen vorgesehenen Sedimentproben wurden nur aus dem innersten Teil des Bohrguts mit einem Kunststoffspatel entnommen, um Kontaminierungen zu vermeiden. Im DUSG III wurde in der Okerniederung im Zuge der Verlegung einer Fernwasserleitung ein ca. 2 m tiefer Graben aufgebaggert. Aus der Aufschlußwand konnten zahlreiche Sedimentproben entnommen werden. Zusätzlich wurden innerhalb des Grabens Handbohrungen abgeteuft (s. Kap. B.9.3.5).

In allen Fällen wurde das Bohrgut im Gelände mit Hilfe der Fingerprobe nach Angaben der ARBEITSGRUPPE–BODENKUNDE (1982) auf seine Bodenart untersucht. Die Korngrößenverteilung an insgesamt 158 Sedimentproben wurde laboranalytisch durchgeführt: Die Proben wurden nach dem Köhn–Pipettier–Verfahren bearbeitet, bei weiteren 23 Proben wurde eine gravimetrische Bestimmung der Faktion < 63 µm nach Siebung vorgenommen. Die Messung des Kalkgehalts erfolgte nach der Scheibler–Methode. Eine Bestimmung des Anteils an organischem Material wurde durch die Messung des Gewichtsverlusts nach Glühen bei 600° C im Muffelofen vorgenommen, eine rechnerische Korrektur der Meßwerte erfolgte in Abhängigkeit vom Tongehalt nach Angaben von SCHLICHTING & BLUME (1966). Der pH–Wert wurde mittels einer Glaselektrode nach DIN 19684, Teil 5, in 0,01 M $CaCl_2$ gemessen.

An insgesamt 109 Sediment- und Bodenproben wurden geochemische Analysen durchgeführt. Um den Einfluß unterschiedlicher Mengenanteile in der Feinfraktion <63 µm der Sedimente auf die Elementkonzentrationen bei der geochemischen Analytik gering zu halten, erfolgte die Bestimmung der Haupt-, Neben- und Spurenelementkonzentrationen nach einer Korngrößenfraktionierung mittels Siebung. Für die folgenden Analysen wurde nur die Fraktion < 63 µm verwendet, in der der überwiegende Teil der umweltrelevanten Schwermetalle gebunden ist (vgl. SALOMONS & FÖRSTNER 1984).

Die Stoffkonzentrationen in den Proben wurden mit ICP–OES und RFA gemessen. Die Bestimmung des Cd–Gehalts erfolgte mit Graphitrohr–AAS. Die Analysemethodik wird bei MATSCHULLAT et al. (1991 u. 1992); NIEHOFF et al. (1992) und NIEHOFF & RUPPERT (1996) detailliert beschrieben.

5.4 Abgrenzung des Untersuchungsgebiets und Ausweisung repräsentativer Detailuntersuchungsgebiete

Der Niederungs- bzw. Talbereich der Oker wird von der Flußmündung (St.km km 0,0) bis zur Staumauer der Okertalsperre (St.km 112,5) bearbeitet. Die Abgrenzung der ökologisch morphologischen Teilräume im Querprofil des Gewässerbetts erfolgte nach dem in Kap. A.2.1 beschriebenen Verfahren, d.h., das Untersuchungsgebiet wird im wesentlichen von der Ausuferungslinie des hundertjährigen Hochwassers (HW_{100})[91] bzw. von den Grenzen des gesetzlichen Überschwemmungsgebiets limitiert. Hinzu kommt noch der Übergangsbereich, der zur umgebenden Landschaft

---

[91] Beim StAWA-Braunschweig liegen für weite Bereiche der Okerniederung Luftbildauswertungskarten zur Grenze des HW_{100} vor, auf die hier zurückgegriffen werden konnte.

190   B.5 Vorbereitung der Untersuchung

Abb. 11: Die Lage des Oker–Laufes und der Detailuntersuchungsgebiete

vermittelt. Das Untersuchungsgebiet weist eine Gesamtlänge (Tallänge) von 86 km und eine Gesamtfläche von 37,6 km² auf.

Nach den in Kap. A.4.1.3 genannten Kriterien wurden in 5 Naturräumen 7 Detailuntersuchungsgebiete unterschiedlicher anthropogener Beeinflussung ausgewiesen, die Lage der für die folgende Darstellung ausgewählten 3 DUSG am Okerlauf ist aus Abb. 11 ersichtlich.

6 Das Einzugsgebiet der Oker

Die Beschreibung des Einzugsgebiets der Oker orientiert sich in erster Linie an der naturräumlichen Gliederung. Dementsprechend wird auf die wichtigsten physiogeographischen Faktoren jeweils im Zusammenhang mit der Darstellung der einzelnen von der Oker durchflossenen Naturräume (s. Kap. B.7–B.9) eingegangen. Die nur mit geringen Flächenanteilen im Okergebiet liegenden und nicht vom Okerlauf durchströmten Naturräume (Großes Bruch, Burgdorf–Peiner–Geestplatten) werden nur in soweit beschrieben, als dieses zum allgemeinen Verständnis der Darstellung notwendig ist. Die Oker durchfließt in ihrem Quellauf, der jedoch nicht zum Untersuchungsgebiet gehört, den Hochharz; dieser Naturraum wird zusammen mit dem Oberharz behandelt.

6.1 Literaturübersicht

Das insgesamt sehr heterogene Einzugsgebiet[92] der Oker ist Gegenstand zahlreicher Publikationen, in denen i.w. ingenieurwissenschaftliche, kulturhistorische sowie geowissenschaftliche und naturkundliche Themen abgehandelt werden.

Wegen der großen Literaturfülle werden i.f. hauptsächlich neuere Arbeiten aufgeführt. Publikationen die größere Teile Niedersachsens zum Thema haben und dabei das Okergebiet nur kurz oder summarisch darstellen, wurden nicht berücksichtigt.

Zur Auelehmentwicklung in der Okerniederung und zur holozänen Flußgeschichte der Oker liegen Aufsätze von DELORME & LEUSCHNER (1983); DRESCHHOFF (1974); NIEHOFF et al. (1992) und RICHTER (1970).

Auf den Bergbau im Braunschweiger Land und auf lagerstättenkundliche Fragen im Okergebiet gehen BROCKNER (1991); LOOK (1985) und LÜDERS (1988) ein.

Bodenkundliche Kartierungen im südniedersächsischen Raum, die auch den Bereich des Okergebiets abdecken, wurden von SCHAFFER & ALTEMÖLLER (1964) durchgeführt.

Neuere Arbeiten, in denen Teilbereiche des Okergebiets aus bodenkundlicher Sicht beschrieben werden, haben meist primär Probleme der anthropogenen Bodenbelastung (STOCK 1990) oder geologische Fragestellungen zum Thema (WOLDSTEDT & DUPHORN 1974). GEHRT (1994) diskutiert Probleme der Sediment- und Bodengenese an der nördlichen Lößgrenze zwischen Leine und Oker.

---

[92] Im folgenden wird das Einzugsgebiet der Oker meist kurz als "Okergebiet" bezeichnet.

Auf die floristische Ausstattung und auf Fragen des Naturschutzes im Okergebiet wird von DAHL & HULLEN (1989); DRACHENFELS (1990); DRANGMEISTER et al. (1981); NIEHOFF & PÖRTGE (1990) und WEBER–OLDECOP (1969, 1974 u. 1976) eingegangen.

Darstellungen der Früh-, Kultur-, Siedlungs- und Wirtschaftsgeschichte des Braunschweiger Landes, des Nördlichen Harzvorlands und des Harzraums finden sich u.a. bei KLAPPAUF et al. (1990); KÖNIG (1974); MÜLLER (1968); NOWOTHNING (1962); OHNESORGE (1974) und WÜTHERICH (1961).

Neuere Arbeiten zur Geologie des Okergebiets und seines Umlandes wurden von BOMBIEN (1987); ICKS et al. (1985); MOHR (1978 u. 1982); PÄTZMANN (1988) und WACHENDORF (1986) verfaßt.

Zur Gewässergütesituation, Hydrographie und Wasserwirtschaft an der Oker liegen Arbeiten von BAHR (1957–58); HAASE (1966); HESSE (1961); KELLER (1901); SCHMIDT (1983) und ZIMMERMANN (1944) vor.

Der aktuelle Gewässergütestatus der Oker und ihrer Nebengewässer wird von den Staatlichen Ämtern für Wasser und Abfall Braunschweig und Göttingen in den jährlich erscheinenden Gewässergüteberichten dokumentiert und kommentiert. Weiterhin existiert ein Gewässerbewirtschaftungsplan für die Oker (vgl. BEZIRKSREGIERUNG BRAUNSCHWEIG 1987a).

Umweltschutzprobleme, verursacht durch die unterschiedlichen Nutzungsansprüche im Okergebiet, werden von NIEHOFF & PÖRTGE (1990); SCHULZE (1989), SÖCHTIG & KNOLLE (1989) und WALTER et al. (1985) dargestellt.

Auf die ebenfalls dem Bereich der "Umweltschutzprobleme" zuzuordnende Schwermetallbelastung der Oker und der Okerniederung wird von BAUMANN et al. (1977); HODENBERG (1974); ICKS et al. (1985); KOOP (1989); MATSCHULLAT et al. (1991); MERKEL & KÖSTER (1981); NIEHOFF et al. (1991b); PÄTZMANN (1988); STEFFEN (1989) und STIER (1979) eingegangen.

6.2 Lage und naturräumliche Gliederung

Die Oker gehört zum Stromgebiet der Weser und hat ein 1835 km^2 großes Einzugsgebiet (vgl. HYDROGRAPHISCHE KARTE NIEDERSACHSEN 1: 50 000). Es liegt im östlichen Teil Niedersachsens und im westlichen Randbereich von Sachsen–Anhalt zwischen 51° 47' und 52° 32' nördlicher Breite und 10° 19' und 11° 03' östlicher Länge.

Das Okergebiet weist in N–S–Richtung seine größte Ausdehnung auf. Es erstreckt sich von der Nordabdachung der deutschen Mittelgebirgsschwelle über die Lößlandschaft der Braunschweiger Börde und das nördlich angrenzende Altmoränengebiet bis in das Urstromtal der Allerniederung und hat Anteil an 9 naturräumlichen Einheiten (s. Abb. 12).

Entsprechend der erdgeschichtlichen Spannweite des Einzugsgebiets, die im Harz und seinem Vorland einen Zeitraum von 400 Mio. Jahren umfaßt (MOHR 1992), ist die geologische und morphologische Struktur des Gebiets stark differenziert; sie bildet die Grundlage der naturräumlichen Gliederung.

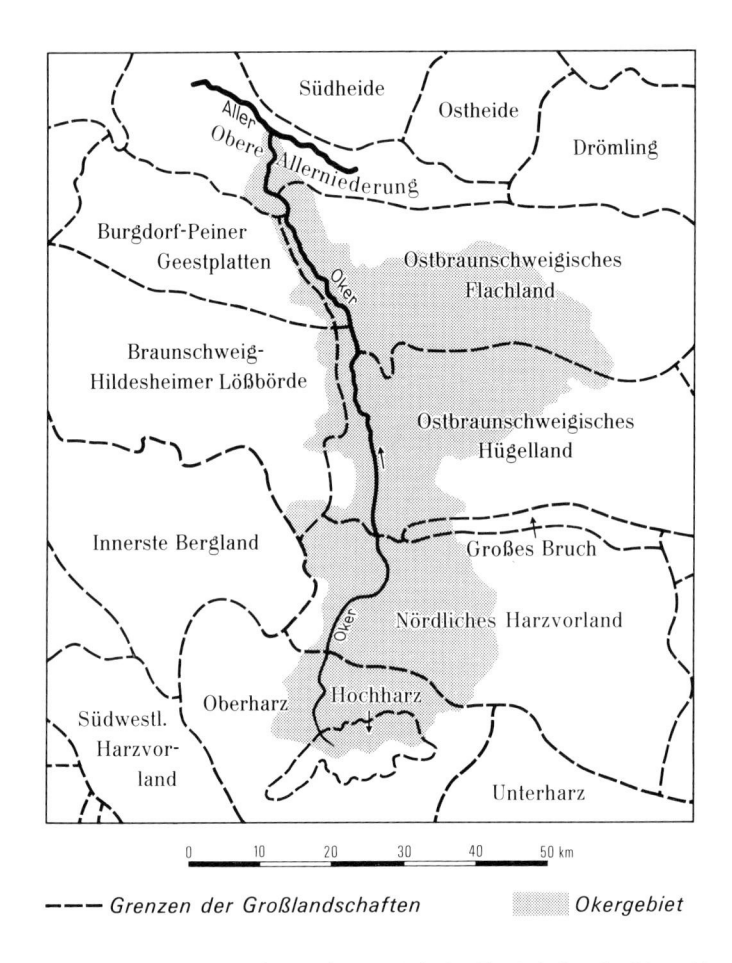

Abb. 12: Das Einzugsgebiet der Oker und die Großlandschaften des Okergebiets, Maßstab 1: 1 000 000

Quellen: IfL & DIfL (1959–1962); BEWIRTSCHAFTUNGSPLAN OKER

6.3 Klima

Das Okergebiet hat Teil an 3 Klimabezirken (KLIMAATLAS NIEDERSACHSEN[93]) und an 4 Klimakreisen (HOFFMEISTER 1937) Niedersachsens. Die Klimadiagramme wichtiger Meßstationen sind in den Abb. 13 dargestellt.

Die klimatischen Verhältnisse des Okergebiets sind stark reliefabhängig: Die Jahresniederschläge steigen vom Bereich der Aller–Niederung bis zum Brocken, der höchsten Erhebung des Okergebiets von durchschnittlich ca. 700 mm auf über 1600 mm an, während die Jahresdurchschnittstemperaturen gegenläufig von 8,4° C auf 2,4° C abnehmen (s. Abb. 13)[94].

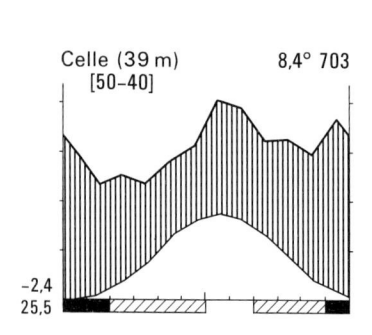

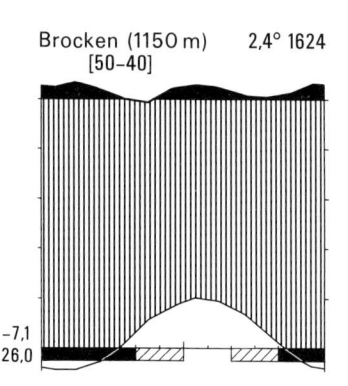

Abb. 13: Klimadiagramme wichtiger Meßstationen im Okergebiet
Quelle: WALTER & LIETH (1960)

6.4 Gewässernetz

Die Oker entspringt im Oberharz am Ackerbruchberg in ca. 840 m NN mit zahlreichen Quellbächen, überwindet bei einer Lauflänge von 130 km einen Höhenunterschied von 792 m und durchfließt bis zu ihrer Mündung in die Aller nahe der Ortschaft Müden auf 48 m NN sechs Großlandschaften (s. Abb. 12, Kap. B.6.2).

Der Oberlauf[95] erstreckt sich von der Quelle der Großen Oker (TK 25, Bl. 4228, R 360300, H 573946) bis zur Einmündung der Ilse (St.km 79,3). Das Gewässerbett weist bis zum Pegel Probsteiburg (St.km 101,4) ein durchschnittliches Sohlgefälle von 31,5 ‰ auf, das bis zur Ilsemündung auf 5,1 ‰ abnimmt. Der Mittellauf wird unterstrom von der Einmündung der Schunter (St.km 31,1) begrenzt und

---

[93] Vgl. Kartenverzeichnis.
[94] Die Klimastation Celle liegt außerhalb des Okergebiets. Sie befindet sich ca. 22 km nordwestlich der Okermündung in der Oberen Allerniederung.
[95] Die Unterteilung der Oker in Ober-, Mittel- und Unterlauf erfolgt in Anlehnung an den BEWIRTSCHAFTUNGSPLAN OKER nach KELLER (1901), die Stationierung der Gewässerstrecke erfolgt in Übereinstimmung mit dem StAWA–Braunschweig flußaufwärts.

lauf wird unterstrom von der Einmündung der Schunter (St.km 31,1) begrenzt und hat ein durchschnittliches Gefälle von 0,48 °/oo. Das durchschnittliche Sohlgefälle des anschließenden Unterlaufs beträgt 0,47 °/oo.

Die wichtigsten der zahlreichen Nebengewässer der Oker sind in Tabelle 25 wiedergegeben; die Abflußhauptwerte ausgewählter Okerpegel werden weiter unten bei der Beschreibung der DUSG aufgelistet.

Das Gewässernetz des Okersystems ist in der HYDROGRAPHISCHEN KARTE NIEDERSACHSEN 1: 50 000 dargestellt. Die im Okergebiet vorhandenen Meßeinrichtungen zur Güteüberwachung und Abflußregistrierung sind im BEWIRTSCHAFTUNGSPLAN OKER verzeichnet.

Im Einzugsgebiet und im Flußlauf der Oker befinden sich zahlreiche wasserbauliche Anlagen, auf die weiter unten bei der Beschreibung der Naturräume eingegangen wird.

Tabelle 25: Die wichtigsten natürlichen (n) und künstlichen (k) Nebengewässer der Oker

Nebengewässer	Mündung i.d. Oker [St.km]	Höhe der Mündung [m NN]	Mittl. Abfluss [m^3/s]	Einzugsgebiet [km^2]	Güteklasse
Gr. Romke (n)	111,1	335		3,5	I–II
Röseckenbach (n)	104,5	198		4,4	verödet
Abzucht (n)	103,8	192	0,34	31,5	II
Hurlebach (n)	95,4	135		7,9	II
Radau (n)	95,1	135	0,81	57,5	II
Ecker (n)	93,8	128	0,34	78,8	I–II
Weddebach (n)	84,2	94	0,19	44,7	II–III
Eckergraben (k)	82,5	89	0,10	17,2	II
Ilse (n)	79,3	86	1,33	289,1	II–III
Warne (n)	76,0	82	0,44	99,8	II–III
Alte Ilse (n)	74,1	80		27,6	III
Altenau (n)	70,7	78	0,50	140,0	II–III
Brückenbach (n)	64,5	75		27,5	II–III
Thiedebach (n)	58,4	73		11,3	II–III
Fuhsekanal (k)	55,5	71		10,2	II–III
Mittellandkanal (k)	36,4	66		9,1	II
Aue–Okerkanal (k)	33,2	62		7,6	III
Schunter (n)	31,2	61	3,44	597,0	II–III
Bickgraben (k)	29,5	59		10,2	verödet

Quellen: DEUTSCHES GEWÄSSERKUNDLICHES JAHRBUCH, Abflußjahr 1989;
HYDROGRAPHISCHE KARTE NIEDERSACHSEN 1: 50 000;
StAWA–BRAUNSCHWEIG (1993);
StAWA–GÖTTINGEN (1989 u. 1993)

6.5 Zur Ausbaugeschichte der Oker

Die Ausbaugeschichte der Oker ist insgesamt recht eng mit der Wirtschafts- und Besiedlungsgeschichte des Gebiets (vgl. Kap. B.6.6) verknüpft. Da sie sich im Unterschied zu dieser i.d.R. nicht mit Hilfe von Bodenfunden herleiten läßt, kann ihre Rekonstruktion im wesentlichen nur auf der Basis der Auswertung historischer Karten und schriftlicher Quellen erfolgen, die jedoch erst ab dem Mittelalter vorliegen.

Die i.f. vorgestellte Beschreibung der Ausbaugeschichte basiert auf der Auswertung historischer Karten in allen 53 ausgewiesenen Gewässerabschnitten; zusätzlich wurde auf Literaturangaben zurückgegriffen, die sich auf die Auswertung historischen Quellenmaterials stützen.

Seit Beginn des Mittelalters lassen sich an der Oker 5 Ausbauphasen ausgliedern:

- Phase I: die Zeit des Mittelalters
- Phase II: die Neuzeit bis zum Ende des 18. Jhdts.
- Phase III: das 19. Jhdt.
- Phase IV: die erste Hälfte des 20. Jhdts.
- Phase V: die Zeit nach 1950.

Tabelle 26 gibt einen Überblick über die Länge der an der Oker in den ausgewiesenen historischen Phasen jeweils neu angelegten Ausbaustrecken. Die wenigen Fälle in denen ein früher schon einmal regulierter Gewässerausschnitt erneut bearbeitet wurde, sind nicht berücksichtigt.

Phase I:
Für die Zeit des Mittelalters liegen für die Okerniederung keine verwertbaren Karten vor, die Rekonstruktion der Ausbaugeschichte stützt sich auf die Auswertung von Angaben aus der Literatur.

In der ehemals versumpften Okerniederung existierten im Bereich der späteren Stadt Braunschweig Werder, die von der verzweigten Oker umflossen wurden. Diese mit dem Lokalnamen "Klint" bezeichneten Bereiche wurden im frühen Mittelalter mit Dämmen und Brücken verbunden (HÄNSELMANN 1897). An dieser Stelle entwickelte sich im Laufe des Mittelalters ein Handelsplatz, denn hier endete die Wasserstraße, die über die Nordsee, Weser, Aller und schließlich die Oker bis in den Braunschweiger Raum verlief und über Land weiter in das Harzvorland und nach Mitteldeutschland führte. In der Siedlung an der Oker wurden die Waren umgeladen und umgeschlagen.

Während der Regierungszeit Heinrichs des Löwen (1142–1180 n. Chr.) wurde Braunschweig Residenzstadt. In dieser Zeit wurden die ersten Umflutgräben der Oker zur Befestigung der Stadt angelegt, der alte, mitten durch die Stadt verlaufende Okerlauf wurde zunächst erhalten. Da es sich bei der Anlage der Umfluter z.T. um eine Verlegung des Gewässerlaufs handelte, sind die Baumaßnahmen als "Intensivausbauten" anzusprechen.

Im Bereich der späteren Stadt Wolfenbüttel ist ab dem Ende des 13. Jhdts. der Bau einer herzoglichen Wasserburg in der Okerniederung belegt (THÖNE & STOLETZKI 1959), größere Arbeiten am Okerbett sind jedoch zu dieser Zeit noch nicht nachzuweisen.

Im Harzer Okertal existierten nach Angaben von DENECKE (1978) ab dem 13. Jhdt. kleine Wasserkraftanlagen mit denen Blasebälge für die Buntmetallverhüttung angetrieben wurden. Weiterhin wurden im Harz auch bereits im Mittelalter Wasserlösungsstollen in den Bergwerken angelegt, aus denen Grubenwässer z.T. über mehrere Kilometer in die Fließgewässer geleitet werden konnten. Insgesamt dürften die Ausbaumaßnahmen an der Oker im Mittelalter eher gering gewesen sein. Abgesehen von der Anlage der Stadtbefestigungen von Braunschweig und dem Bau einzelner Wassermühlen ist diese Phase durch ein Ausweichen der Menschen vor dem Wasser gekennzeichnet. Siedlungen wurden außerhalb der Überschwemmungsgebiete der Gewässer angelegt und die Gewässerniederungen nur extensiv genutzt.

Tabelle 26: Übersicht über die historische Entwicklung der Ausbauaktivitäten an der Oker

Naturraum	Phase I	Phase II	Phase III	Phase IV	Phase V
Obere Allerniederung	–	–	2,3 km o	–	1,5 km •
Ostbraunschw. Flachland	–	–	3,2 km o	0,8 km o / 0,8 km •	–
Ostbraunschw. Hügelland	4,0 km •	2,7 km •	1,1 km •	5,1 km o / 0,8 km •	0,6 km o / 9,0 km •
Nördliches Harzvorland	–	–	1,6 km o / 3,3 km •	0,2 km •	3,4 km •
Oberharz	–	3,1 km o	1,0 km •	–	1,6 km •
Summe über alle Naturräume	4,0 km •	3,1 km o / 2,7 km •	7,1 km o / 5,4 km •	5,9 km o / 1,8 km •	0,6 km o / 15,5 km •

Ausbauphasen: s. Text,
– = kein Ausbau nachzuweisen,
o = geringe bis mäßige Ausbauintensität,
• = intensiv ausgebaute Gewässerstrecken.

Phase II:
Auch für die frühe Neuzeit bis etwa zum Ende des 18. Jhdts. kann die Ausbaugeschichte der Oker lediglich aus der Literatur erschlossen werden. In der frühen Neuzeit spielte die Oker vor allem bei der Holzflößerei eine wichtige Rolle. Der Braunschweiger Herzog Julius (Regierungszeit 1568–1589 n. Chr.) förderte die Flößerei auf den Harzflüssen Radau, Ecker und Oker vor allem, um den Transport von Holz aus dem Harz zu den am Harzrand gelegenen Schmelzöfen der Buntmetall- und Silberverhüttung zu intensivieren (BORNSTEDT 1970a). Um 1570 wurde etwa an der Stelle, an der sich heute die Staumauer der Okertalsperre befindet ein 10–12 m hohes Stauwerk ("Juliusstau") errichtet. Die beim Öffnen der Schleuse entstehende Flutwelle ermöglichte ein Verflößen des Holzes aus dem Gebiet von Altenau und Schulenberg bis in die Ortslage Oker (ders.). Um die Holzflößerei in das weitere nördliche Harzvorland zu ermöglichen, wurden zwischen dem Harzrand und der Ortschaft Schladen streckenweise parallel zur Oker künstliche Wassergräben angelegt (ders.).

Zum Transport der am Harzrand erzeugten Metalle nach Wolfenbüttel und Braunschweig wurde die Oker während der Regierungszeit des Herzogs Julius schiffbar gemacht. Dabei wurden nahe der Ortschaft Ohrum bereits einige Mäander durchstochen; um den Wasserspiegel konstant zu halten baute man mehrere Schleusen in den Okerlauf ein, so z.B. in Vienenburg, Dorstadt, Hedwigsburg, Wolfenbüttel und an der Rüninger Mühle südlich von Braunschweig (MÜLLER 1968).

Ab dem 16. Jhdt. wurde im Harz zur Behebung des Mangels an Aufschlagwasser für die Hebevorrichtungen in den Bergwerksbetrieben ein Verbundsystem von Stauteichen und Wasserverteilungsgräben geschaffen. Im Harzer Okertal wurden weitere mechanische Wasserkraftanlagen gebaut, die zum Antrieb von Blasebälgen für die Erzverhüttung dienten. Die von diesen Eingriffen betroffene Fließstrecke oberhalb der Ortschaft Oker weist eine Länge von 3 km auf; sie wird wegen der vermutlich vorhandenen Auswirkungen der in engem Abstand hintereinander liegenden Anlagen auf das Abflußgeschehen als Ausbaustrecke mittlerer Intensität klassifiziert (s. Tabelle 26).

Im Ostbraunschweigischen Hügelland wurde die Oker vor allem zur Sicherung der städtischen Siedlungen (Gräben der Stadtbefestigung) und zum Betrieb von Wassermühlen genutzt. Ab dem Jahre 1575 wurde die Stadt und Festung Wolfenbüttel unter Herzog Julius geplant und gebaut, dabei wurde die Oker ähnlich wie in Braunschweig in 2 Umflutern, die als Festungsgräben dienten, um die Stadt herumgeleitet (THÖNE & STOLETZKI 1959).

Die Phase II kann zusammenfassend als eine Zeit wirtschaftlich–technischer Expansion angesprochen werden, die im Okergebiet vor allem durch den Harzer Bergbau möglich wurde. Die Ausbaumaßnahmen an der Oker betrafen dementsprechend vor allem das Harzgebiet und die Befestigung der aufstrebenden Residenzstadt Wolfenbüttel.

Phase III:
Die im 19. Jhdt. an der Oker durchgeführten Ausbauten können für den größten Teil der Gewässerstrecke durch einen Vergleich der Karten der Kurhannoverschen Landesaufnahme des 18. Jhdts. und der Karte des Landes Braunschweig im 18. Jhdt.[96] mit der preussischen Landesaufnahme von 1899–1907 hergeleitet werden. Weitere wichtige Daten zum Ausbau der Oker liefert die Hydrographie der Stromgebiete von Weser und Ems, hier ist der Zustand der Oker am Ende des 19. Jhdts. beschrieben (vgl. KELLER 1901).

Im 19. Jhdt. wurden insgesamt 12,5 km Okerstrecke ausgebaut, davon 5,4 km intensiv. Waren die Ausbaumaßnahmen bis dahin hauptsächlich in den wirtschaftlich intensiver genutzen Naturräumen südlich der Lößgrenze durchgeführt worden, so wurde die wasserbauliche Aktivität nun auch in das Braunschweiger Flachland und die Obere Allerniederung ausgedehnt. Zum Zweck der Entwässerung wurden in der feuchten Flußniederung Mäanderdurchstiche vorgenommen.

Die Bedeutung der Oker als Verkehrs- und Transportweg ging im 19 Jhdt. infolge der Industrialisierung verloren. Nach der Eröffnung der Eisenbahnlinie Braunschweig–Bad Harzburg im Jahre 1843 wurde die Flößerei auf der Oker weitgehend eingestellt; innerhalb des Harzes wurde sie noch etwa 20 Jahre länger betrieben (BORNSTEDT 1970a).

In Braunschweig und Wolfenbüttel wurden ab dem Beginn des Jahrhunderts die Befestigungsgürtel um die Altstädte geschleift und z.T. in Grünanlagen umgestaltet; stellenweise wurden die Stadtwälle bebaut (OHNESORGE 1974). Die Umflutgräben wurden in beiden Städten erhalten, bis heute sind die Grundrißstrukturen aus der Zeit der Bastionärsfestungen erkennbar.

In Braunschweig wurde ab 1865 eine zentrale Wasserversorgung aufgebaut und parallel dazu ein Mischkanalabwassersystem angelegt. Da die Oker als Vorfluter zu klein war, um die anfallenden Wassermengen aufzunehmen, wurde das Abwasser über eine Fernleitung zur Domäne Steinhof, 7 km nordwestlich von Braunschweig gepumpt und dort auf landwirtschaftlichen Flächen verrieselt (MITGAU 1987).

Phase III ist in der ersten Hälfte des Jahrhunderts durch landwirtschaftliche und danach durch industrielle Expansion gekennzeichnet. Spätestens jetzt wird der Mensch zum aktiven Umgestalter der Gewässerlandschaft. Die in den Naturräumen des Okergebiets durchgeführten Ausbaumaßnahmen ermöglichten die Intensivierung der Bewirtschaftung in einem großen Teil der Okerniederung. Die Gewässerausbauten wurden vorwiegend noch unter individueller Initiative einzelner Nutzer oder kleiner Nutzergruppen durchgeführt.

Phase IV:
Die während der Ausbauphase IV in der ersten Hälfte des 20. Jhdts. an der Oker vorgenommenen Ausbaumaßnahmen können durch einen Kartenvergleich der preussischen Landesaufnahme (s.o.) und den etwa in der Mitte des Jahrhunderts

---

[96] Die für das Okergebiet vorliegenden Kartenblätter dieser beiden Kartenwerke geben den Landschaftszustand spätestens ab dem Jahr 1784 wieder; vgl. Kartenverzeichnis.

herausgegebenen Blättern der topographischen Karte 1: 25.000 erschlossen werden. Zusätzlich existiert ein zusammenfassender Bericht zur Ausbaugeschichte der unteren und mittleren Oker in dem die in diesem Zeitraum durchgeführten Baumaßnahmen kurz beschrieben werden (vgl. FLEER 1984). Auf die Hydrographie der Oker von KELLER (1901) wurde bereits oben hingewiesen.

Die umfangreichsten Baumaßnahmen wurden in dieser Phase im Ostbraunschweigischen Hügelland durchgeführt, es wurden Begradigungen des Gewässerlaufs auf einer Länge von 5 km vorgenommen, die im wesentlichen durch Mäanderdurchstiche erzielt wurden; die Ufer blieben unverbaut. Durch die Laufverkürzung und die damit verbundenen Grundwasserabsenkungen in der Okerniederung konnte die landwirtschaftliche Nutzung erheblich intensiviert werden. Auf kurzen Strecken wurden im Harzvorland und im Ostbraunschweigischen Hügelland Intensivausbauten mit dem Ziel des Hochwasserschutzes durchgeführt. Eine weitere kurze Intensivausbaustrecke wurde nördlich von Braunschweig unterstrom der Ortschaft Watenbüttel angelegt, die Oker wird mittels eines Dükers unter dem im Jahre 1928 erbauten Mittellandkanal hindurchgeführt. Im Harzer Okergebiet wurde 1943 die erste größere Talsperre, die Eckertalsperre, mit einem Stauraum von 13,2 Mio. m^3 fertiggestellt.

Insgesamt gesehen kam es in der ersten Hälfte des 20. Jhdts. gegenüber der Phase III wohl aufgrund der beiden Weltkriege zu einem Rückgang der Ausbauaktivitäten an der Oker. Diese wurden vorwiegend institutionalisiert betrieben und dienten hauptsächlich der landwirtschaftlichen Expansion.

Phase V:
Die nach 1950 im jüngsten Abschnitt der Ausbaugeschichte an der Oker durchgeführten Flußregulierungen sind in den Planungsunterlagen der Wasserbehörden gut dokumentiert[97]. Eine Übersicht über die an der mittleren und unteren Oker vorgenommenen Baumaßnahmen findet sich bei FLEER (1984).

Nach 1950 dominiert an der Oker der Intensivausbau; 15,5 km Gewässerstrecke wurden neu ausgebaut. Die bearbeiteten Okerabschnitte liegen im wesentlichen im Ostbraunschweigischen Hügelland und im Harzvorland. Durch die erzielte Grundwasserabsenkung konnte die Landwirtschaft in der Okerniederung erheblich intensiviert werden, verbreitet wurde Auegrünland in Ackerland umgewandelt. Im Harzvorland ermöglichte der Gewässerausbau umfangreiche Kiesbaggerungen im Bereich des Steinfelds.

Das Hochwasserrisiko für die inzwischen in die Gewässerniederung ausgedehnten Siedlungen und die landwirtschaftlichen Flächen konnte durch den Bau der Okertalsperre (Fertigstellung 1956, Stauraum 46,9 Mio. m^3) und eines Regenrückhaltebeckens bei Klein Mahner erheblich gesenkt werden.

Nahe der Stadt Braunschweig wurde ab dem Jahre 1957 der Abwasserverband Braunschweig eingerichtet. Im Verbandsgebiet wird vorgeklärtes Abwasser aus

---

[97] Vgl. z.B. WWA–BRAUNSCHWEIG (1953); WASSERVERBAND MITTLERE OKER (1961); HARTUNG (1983).

Braunschweig auf landwirtschaftliche Nutzflächen, die z.T. in der Okeraue liegen (s. Kap. B.9.4), verregnet.

Insgesamt kann die Phase V der Ausbau- und Wirtschaftsgeschichte als eine Zeit der Erschließung der letzten Ressourcen des Okergebiets bezeichnet werden, an der staatliche und private Nutzer gleichermaßen teilhatten: Die Harzwasserwerke des Landes Niedersachsen errichteten ein Verbundsystem von Großtalsperren im Westharz aus denen Trink- und Brauchwasser über Fernleitungen u.a. bis nach Bremen und Wolfsburg geliefert wird; um eine weitere Intensivierung der Landwirtschaft zu ermöglichen wurden größere Gewässerstrecken naturfern ausgebaut; die für die Bauwirtschaft wertvollen Okerkiese wurden in großem Umfang im Tagebau abgebaut, z.T. unter Zerstörung wertvoller Auelebensräume. Am Rammelsberg wurde von 1950 bis zur Erschöpfung der Vorräte und der Schließung des Bergwerks im Jahre 1988 eine größere Quantität an Buntmetallerzen gefördert als in den vorangegangenen 400 Jahren zusammen[98].

Im Zusammenhang mit dem "Aller–Leine–Oker–Plan" (vgl. PINZ 1964) waren an der Oker noch mehrere große Regulierungsmaßnahmen geplant. Bisher wurde lediglich ein Regenrückhaltebecken im Lauf der Warne (0,93 Mio. m^3 Stauraum) fertiggestellt. Die Ausführung der anderen Bauvorhaben an der Oker ist beim gegenwärtigen Stand der Umweltschutzdiskussion und vor allem vor dem Hintergrund der Stillegung landwirtschaftlicher Flächen aufgrund von Überproduktion nicht zu erwarten.

6.6 Besiedlungsdichte und wirtschaftsräumliche Einheiten

Das Okergebiet liegt zum überwiegenden Teil in Niedersachsen und zum kleineren Teil mit seinem südöstlichen Randbereich in Sachsen–Anhalt. Es ist bei einer Bevölkerungsdichte von durchschnittlich 338 Einwohnern /km^2 wesentlich dichter besiedelt als das Land Niedersachsen mit durchschnittlich 152 Einwohnern /km^2.

Die z.T. in hohem Maße industriell geprägten Städte Braunschweig, Wolfenbüttel und Goslar (Ortsteil Oker) sind mit maximal 1306 Einwohnern/ km^2 als Verdichtungsräume anzusehen, während die Bevölkerungsdichte in ländlichen Bereichen stellenweise bis auf 30 Einwohner/ km^2 sinkt (BEWIRTSCHAFTUNGSPLAN OKER).

Bei der Abgrenzung wirtschaftsräumlicher Einheiten kann im Okergebiet die Raumgliederung in Großlandschaften (s.o.) zugrunde gelegt werden. Es besteht weitgehende Kongruenz zwischen Naturraumpotential und wirtschaftlicher Inwertsetzung.

Im Oberharz und am Nordharzrand umfassen die unterschiedlichen Wirtschaftsbereiche neben dem forst- und fremdenverkehrswirtschaftlichen vor allem den industriellen Sektor (Hüttenindustrie).

---

[98] Quelle: Eigene Berechnungen basierend auf Angaben von CRAMER (1994) und DENNERT (1986).

Im Nördlichen Harzvorland, im Ostbraunschweigischen Hügelland sowie im Ostbraunschweigischen Flachland herrscht auf Löß-, Sandlöß- und Geschiebelehmböden die intensive Landwirtschaft vor.

Der städtische Verdichtungsraum Braunschweig–Wolfenbüttel ist durch industrielle Produktion und Dienstleitungsgewerbe gekennzeichnet.

An der Unteren Oker, im Bereich der Burgdorf–Peiner–Geestplatten und der Oberen Allerniederung tritt neben der Landwirtschaft die Freizeitwirtschaft und der Fremdenverkehr wieder stärker hervor. Im Gebiet der Peiner–Sandplatte dominiert die intensive wasserwirtschaftliche Nutzung, hier liegen die Abwasserverregnungsflächen der Stadt Braunschweig die sich bis in die westliche Okeraue erstrecken.

6.7 Abriß der Siedlungs-, Wirtschafts- und Umweltgeschichte

Die Geschichte der Besiedlung des Okergebiets und der angrenzenden Regionen reicht bis in die Altsteinzeit zurück (vgl. TODE et al. 1953). Insgesamt sind altsteinzeitliche Funde sehr selten, häufiger finden sich Hinweise auf eine mesolithische Besiedlung des Gebiets. An der mittleren Oker, aber auch an deren Nebenflüssen wurden mehrere Siedlungsplätze aus der mittleren Steinzeit gefunden (TODE 1965), die bevorzugt an den Talrändern der Flüsse liegen. Dieses trifft gleichfalls auf den im Bereich der ehemaligen Pfalz Werla an der Oker nördlich von Schladen nachgewiesenen mesolithischen Siedlungsplatz zu (STELZER 1970).

In der Jungsteinzeit traten erstmals bäuerliche Siedlungen nördlich des Harzes an Oker und Innerste auf. Die in diesem Gebiet ansässigen "Bandkeramiker"[99] bewirtschafteten bevorzugt die fruchtbaren Lößböden im Harzvorland, sie können daher als "Lößsiedler" bezeichnet werden. Typische Denkmale für die Jungsteinzeit sind die in Norddeutschland häufiger gefundenen Großsteingräber, die auch im Harzvorland vereinzelt vorkommen und bis heute in Resten erhalten sind (vgl. LAUER 1979). Am Ende des Neolithikums treten im Harz Siedlungen auf, Einzelfunde von Steinbeilen existieren für das gesamte östliche Harzgebiet (GRIMM 1930), im Nordharzer Okergebiet ist die Funddichte jedoch wesentlich geringer (THIELEMANN 1970).

Die mit der Landnahme im Neolithikum verbundenen Waldrodungen führten im Okergebiet vermutlich zu Bodenerosion. Eine Ablagerung des abgeschwemmten Materials in den Flußniederungen ist zu vermuten, jedoch finden sich aus dieser Zeit in der Okeraue keine Auelehme, wahrscheinlich wurden diese Ablagerungen später ausgeräumt oder umgelagert (DRESCHHOFF 1974).

Zur Besiedlung des Okergebiets in der Bronzezeit existieren für das Harzvorland und das Ostbraunschweigische Hügelland unterschiedliche Angaben. TODE (1965) nimmt für das Braunschweiger Gebiet einen Rückgang der Bevölkerung an, nach

---

[99] Dieser Begriff beschreibt die bandförmigen Verzierungen an den auf Siedlungsplätzen gefundenen Tongefäßen (vgl. THIELEMANN 1970).

Angaben von THIELEMANN (1970) trat jedoch für das Okergebiet vom Harzrand bis zur Warne und ebenfalls für den Hornburger Bereich eine Zunahme der Besiedlung auf. Möglicherweise kam es bereits während der Bronzezeit zu ersten bergbaulichen Aktivitäten im Harz (vgl. NOTHNING 1962; NIEHOFF et al. 1992).

In der vorrömischen Eisenzeit war das Okergebiet im Harzvorland sowie im Braunschweiger Land besiedelt. Eine wichtige wirtschaftliche Rolle spielte die Verhüttung von Raseneisenerzen im Bereich der Schunter und der Oker nördlich von Braunschweig (TODE 1965).

Ab der mittleren römischen Kaiserzeit entwickelten sich die Sachsen zum bedeutendsten Stamm Niedersachsens; eine Erweiterung ihres Stammesgebiets vom nördlichen Niedersachsen bis zum Mittelgebirgsrand wird vermutet, ist jedoch nicht sicher nachzuweisen (LAUER 1979). Insgesamt nimmt mit dem Beginn der Völkerwanderungszeit die Siedlungstätigkeit im Okergebiet bedeutend zu, hierfür sprechen zahlreiche Dorfgründungen (TODE 1965). Parallel dazu kam es zu intensiven Waldrodungen sogar außerhalb der Lößstandorte, so z.B. in den feuchten Flußniederungen ("ältere Rodeperiode")[100].

Im frühen Mittelalter begann nach den Sachsenkriegen[101] Karls des Großen die "jüngere Rodeperiode"[102], die eine bedeutende Ausweitung des bäuerlichen Kulturlands mit sich brachte und bis ins 13. Jhdt. andauerte. Obwohl Belege aus dem Okergebiet fehlen, fällt in diesen Zeitraum sehr wahrscheinlich die zunehmende Abholzung der Auewälder, auf deren Standorten sich wohl zunächst Feuchtwiesen entwickelten. Diese können nach Angaben von WILLERDING (1977) bereits für das Mittelalter im mitteleuropäischen Raum nachgewiesen werden.

Besonders hinzuweisen ist auf die mittelalterliche Entwicklung des Ortes Braunschweig. Diese sehr wahrscheinlich schon seit der römischen Eisenzeit bestehende Siedlung (vgl. NIQUET 1973), an einer Okerfurt an der Kreuzung wichtiger alter Handelswege gelegen, konnte sich im Mittelalter zur Stadt entwickeln.

Im Harz können nach Angaben von DENECKE (1978) ab dem 13. Jhdt. Bergbausiedlungen angenommen werden, die beim zeitweiligen Erlöschen des Bergbaus (s.u.) wieder aufgegeben wurden.

Im Verlauf der beiden Rodungsperioden kam es zu einer erheblichen Intensivierung der Bodenerosion. Das abgetragene und in die Okerniederung transportierte Material bildet besonders an der mittleren Oker eine mehrere Meter mächtige Auelehmdecke.

Nach Erreichen des vorläufigen Maximums der Besiedlung im Harzvorland zu Beginn des 14. Jhdts. (KÜCHENTHAL 1966) war in der darauffolgenden Wüstungsperiode im 14. und 15. Jhdt. vor allem aufgrund von Seuchen und Kriegen ein erheblicher Bevölkerungs- und Besiedlungsrückgang zu verzeichnen (TODE 1965). Auf landwirtschaftlich ungünstigen Standorten breiteten sich nach Aufgabe

---

[100] Vgl. TODE 1965, S. 159.
[101] In die Geschichte eingegangen ist die zum Zeichen der Unterwerfung unter die Herrschaft der Franken bei Ohrum an der Oker durchgeführte Sachsentaufe (vgl. THIELEMANN 1970).
[102] Vgl. TODE 1965, S. 159.

der Landwirtschaft erneut Wälder aus (BORNSTEDT 1970a). Im gesamten östlichen Niedersachsen ging die Bodenerosion stark zurück, hielt sich dann jedoch auf einem gegenüber dem Frühmittelalter immer noch deutlich erhöhten Niveau (BORK 1989). In der Okerniederung war die Intensität der Auelehmbildung reduziert, es kam z.T. zu anmoorigen Bildungen oberhalb des mittelalterlichen Auelehms (DRESCHHOFF 1974). Im Harz konnten sich aufgrund des Niedergangs des Bergbaus in diesem Zeitraum die Wälder regenerieren.

Nach dem Ende der Wüstungsperiode trat erneut ein Bevölkerungswachstum ein. Die wiederbewaldeten ehemaligen landwirtschaftlichen Flächen wurden erneut gerodet, zusätzlich wurden Rodungen in Waldgebieten auf landwirtschaftlich ungünstigeren Standorten vorgenommen. Die mit der Ausdehnung des Ackerlands erneut einsetzende Bodenerosion und Sedimentation in den Gewässerniederungen führte zur Entwicklung weiterer Auelehmdecken.

Im Harz wurden ab dem 16. Jhdt. der Bergbau wieder aufgenommen, aufgrund der von verschiedenen Landesfürsten gewährten "Bergfreiheiten" kam es zur Gründung privilegierter freier Bergstädte (DENECKE 1978).

Mit der Industrialisierung setzte im Okergebiet ein erhebliches Wachstum der Städte, vor allem von Braunschweig ein, das sich nach 1945 zunächst unter dem Einfluß des Zuzugs von Flüchtlingen aus den ehemaligen deutschen Ostgebieten und später aufgrund des wirtschaftlichen Aufschwungs noch verstärkte.

Die mit der Siedlungs- und Wirtschaftstätigkeit verbundenen menschlichen Eingriffe in den Naturhaushalt im Okergebiet spiegelten sich bis zum Beginn der Neuzeit vor allem in der Rodung der Wälder und den Veränderungen ihrer Baumartenzusammensetzung, der Bodenerosion sowie der Bildung von Auelehmdecken wider. Zusätzlich kam es zu Einträgen von Schadstoffen, die aus Pochsanden und Grubenwässern[103] des Harzer Bergbaus und der Buntmetallverhüttung emittiert wurden, in die Gewässer.

Im Industiezeitalter traten hierzu noch großflächige Bodenversiegelungen, Immissionen von Luftschadstoffen aus Verkehr, Gewerbe und Industrie sowie eine verstärkte Verschmutzung der Gewässer.

---

[103] Vgl. hierzu den bei HARTUNG & STRUVE (1988) zitierten Bericht von Lazerus Ercker aus dem Jahre 1565 zur ökologischen Verödung der Oker im Harzvorland durch die Einleitung toxischer Grubenwässer aus dem Rammelsberg.

7 Naturraum "Oberharz"

7.1 Naturräumliche Ausstattung

Geologie und Morphologie. Der Harz wurde im Verlauf der saxonischen Gebirgsbildung entlang einer NW–SE streichenden, "herzynischen" Bruchrichtung emporgehoben (MOHR 1982). Dabei kam es nach Abtragung des mesozoischen Deckgebirges zu einer erneuten Exposition des variskisch gefalteten paläozoischen Grundgebirges (NEEF 1976).

Im Bereich des Okergebiets stehen westlich der Oker die Gesteine des Oberharzer Devonsattels, der Clausthaler Kulmfaltenzone, des Okergranits und des Oberharzer Diabaszugs an (MOHR 1982). Östlich des Okerlaufs dominieren der an seiner Oberfläche freigelegte Pluton des Brockengranits mit dem Harzburger Gabro und dem Eckergneis sowie Gesteine der Sösemulde. Kleinere Areale werden vom Okergranit, einem Nebenpluton des Brockengranits, sowie von Gesteinen des Acker–Bruchbergzugs und der Blankenburger Faltenzone eingenommen (MOHR 1978). Die Gesteine des Harzes weisen verbreitet Vererzungen auf, die wirtschaftlich bei der Produktion von Silber, Buntmetallen und Eisen z.T. seit Jahrhunderten eine wichtige Rolle spielen. Die Lagerstätten und Gesteine im niedersächsischen Teil des Okergebiets sind bei BRÜNING et al. (1952)[104] verzeichnet. Eine ausführliche Darstellung der Bodenschätze und der Bergbautätigkeit im Braunschweiger Land findet sich bei LOOK (1985).

In morphologischer Hinsicht ist der Harz als eine nach Süden geneigte Pultscholle anzusprechen; sie steigt an ihrem Nordrand an der "Harz–Rand–Störung" steil aus dem Vorland auf und weist an den stark zertalten Rändern ein ausgeprägtes Relief auf.

In ca. 600 m NN finden sich im Bereich der flachwelligen "Clausthaler Hochfläche" weite Verebnungen. Diese werden von HÖVERMANN (1950) als Teil einer tertiären "Rumpftreppe" aufgefaßt, die sich in weiteren Verebnungen bzw. deren Resten in ca. 900 m NN fortsetzt und vom 1142 m hohen Brockenmassiv, der höchsten Erhebung des Harzes, überragt wird.

Im steil eingekerbten Okertal wird der Talboden nur vom Gewässerbett und einem schmalen Uferstreifen repräsentiert. Der Flußlauf wird streckenweise von Relikten zweier übereinander liegender Terrassen gesäumt, die unterhalb der Okertalsperre als

---

[104] Vgl. Kartenverzeichnis.

Erosionsflächen in das anstehende Gestein eingeschnitten sind. Sie werden von MENSCHING (1950) als Reste pleistozäner Terrassen gedeutet.

Böden. Im Bereich des Oberharzes sind vornehmlich flachgründige, steinige Böden mit überwiegend saurer Reaktion anzutreffen. Sie weisen einen reliefbedingten, starken Wechsel in der Mächtigkeit auf und sind als Ranker, Braunerde–Ranker, saure Braunerden oder Podsol–Ranker anzusprechen (SCHAFFER & ALTEMÖLLER 1964; MEYER, H.–H. 1986). Die geringe Basensättigung der Silikatverwitterungsböden hat durch die Einflüsse der sauren Deposition ("saurer Regen") verbreitet zu einem z.T. starken Absinken des Boden–pH–Wertes geführt (HAUHS et al. 1987).

Kleinere Areale im Bereich der Diabas- und Gabbrogesteine werden von nährstoffreichen Braunerden eingenommen (DRACHENFELS 1990). Vom Acker–Bruchberg bis zur Westabdachung des Brockens (700–1080 m NN) sind im Oberharz großflächige Vernässungen und Moorbildungen (Hochmoore) mit Mächtigkeiten von maximal 5 m anzutreffen, die randlich ausdünnen und in versumpfte Fichtenwälder übergehen (STOCK 1990).

In der Tiefenlinie des Okertals sind die flachgründigen, skelettreichen Böden als Braunerde–Ranker einzustufen. Die Talränder und unteren Hangbereiche werden von sauren Braunerden, in denen z.T. Podsolierungsmerkmale entwickelt sind, eingenommen (SCHAFFER & ALTEMÖLLER 1964).

Klima: Das Mittelgebirgsklima des Oberharzes ist im Vergleich mit dem restlichen Okergebiet durch höhere Niederschläge, größere Schneehöhen sowie niedrigere Sommer- und Jahresmittel der Lufttemperatur gekennzeichnet.

Die mittlere Jahressumme des Niederschlags steigt von 800–900 mm am nördlichen Harzrand bis auf über 1600 mm auf dem Brocken an.

Der Jahresmittelwert der Lufttemperatur fällt gegenläufig von 7°–8° C auf 2,3° C. Die jahresdurchschnittliche Schwankung der Lufttemperatur nimmt mit der Höhe von 16,5°–17° C am Gebirgsrand bis auf 14,5° C auf dem Brocken ab, die Sommermittelwerte der Lufttemperatur fallen gleichsinnig von 14° auf 7° C. Auf den Harzhochflächen beträgt die durchschnittliche Sommertemperatur 10°–12° C (KLIMAATLAS NIEDERSACHSEN 1950). Die Hauptwindrichtung ist Südwest, gefolgt von West und Nordwest (ders.). Stürme sind im Harz, besonders im Brockengebiet, häufig.

Das Lokalklima des Gebirgsraums ist in hohem Maße von Relief und Exposition abhängig. Aufgrund der klimatischen Unterschiede in den verschiedenen Höhenlagen lassen sich im Harz fünf Höhenstufen von collin bis subalpin, die auch in der Vegetationszonierung in Erscheinung treten, ausgliedern (DRACHENFELS 1990; HAEUPLER 1970).

Am nördlichen Harzrand sind besonders im Winterhalbjahr bei Inversionswetterlagen starke anthropogene Beeinflussungen des Witterungsgeschehens zu beobachten. Wegen der durch die Inversionsschicht verursachten Austauscharmut der

Luftmassen kommt es zu einem Stau der von den Industriebetrieben emittierten schwefel- und schwermetallhaltigen Abgase und Stäube vor dem Gebirgsrand. Die so eintretende Smogentwicklung verschärft die ohnehin schon sehr hohe Luftschadstoffimmission am Harznordrand zusätzlich (GODT 1986; SCHULZE 1989).

Gewässernetz: Die Oker durchfließt den Harz in S–N–Richtung. Neben zahlreichen kleineren Gewässern fließen ihr von Westen die Bäche Schwarzwasser, Riesenbach und die Große Bramke und von Osten die Bäche Scheidewasser, Quellwasser sowie die Große und Kleine Romke zu.

Der östliche Teil des Harzer Okergebiets und des Harzvorlands entwässert zur Radau, zur Ecker und zur Ilse, die z.T. erst weit unterhalb ihres Austritts aus dem Harz in die Oker münden. Der Rösecken- und der Hurlebach durchziehen den Harzrandbereich und fließen der Oker von Osten zu.

Aktuelle und potentielle natürliche Vegetation: Der Harz wird im Okergebiet größtenteils von Wirtschaftswäldern eingenommen. Bis in ca. 350 m NN handelt es sich um Rotbuchenbestände, die in höheren Lagen von Fichtenmischbeständen und schließlich ab ca. 700 m NN von reinen Fichtenforsten abgelöst werden.

In der kollinen bis submontanen Höhenstufe des Nordharzes wird die potentielle natürliche Vegetation auf basenarmen Böden vom Hainsimsen–Buchenwald (Luzulo–Fagetum) und auf den basenreicheren Standorten vom Perlgras–Buchenwald (Melico–Fagetum) gebildet (DRACHENFELS 1990). Dieser wird in der montanen und oberen montanen Stufe auf frischen, basenarmen Standorten vom Fichten–Buchenwald (Calamagrostio villosae–Fagetum) und Wollreitgras–Fichtenwald (Calamagrostio villosae–Piceetum), z.T. mit Buchenanteil, abgelöst (ders.).

Die Bestände des Wirtschaftswalds der collinen und montanen Stufe unterscheiden sich also von der potentiellen natürlichen Vegetation i.w. durch ihren hohen Fichtenanteil. Seit der bergbaulichen Inwertsetzung des Harzes wurde die Rotbuche zugunsten der Fichte zurückgedrängt (MEYER 1986). Die schnellwüchsige Fichte diente der Erzeugung des hohen Holzkohlenbedarfs der Erzverhüttung.

Im ehemals z.T. waldfreien Bereich der oberen montanen Stufe stocken auf entwässerten Niedermooren Forsten mit hohem Anteil fremder Fichtenherkünfte. Die Niedermoore sind durch künstliche Entwässerung heute weitgehend am Wachstum gehindert. Die Hochmoore des Hochharzes weisen einen relativ naturnahen Zustand auf.

Ab 850 bis 1100 m NN treten im Hochharz, besonders im Brockengebiet, subalpine Zwergstrauchheiden (Empetreto–Vaccinetum, Hieracio alpini–Vaccinetum) (STÖCKER 1965) mit Krüppelfichten auf. Diese Bestände entsprechen größtenteils der potentiellen natürlichen Vegetation (SCHUBERT 1960).

Im niedersächsischen Harzgebiet sind 61 % des gesamten Waldes und 97 % der über 60 jährigen Bestände von "neuartigen Waldschäden" (Waldsterben) betroffen (JANSSEN 1989). Die Fichtenforsten des höheren Oberharzes sind besonders am

210 B.7 Naturraum "Oberharz"

Ackerbruchberg schwer geschädigt. Weite Teile der Bestände waren bereits im Jahre 1985 abgestorben (DRACHENFELS 1990).

In den Bächen des Harzes wird die aquatische Vegetation aufgrund der meist hohen Fließgeschwindigkeiten und des Gerölltriebs üblicherweise von niederen Pflanzen (Kryptogamen) gebildet (WEBER–OLDECOP 1969).

Im Okertal kommen flußbegleitend hauptsächlich Bestände von Schwarzerlen (*Alnus glutinosa*) und Grauerlen (*Alnus incana*) sowie in der Krautschicht Hain–Sternmiere (*Stellaria nemorum*) und Riesen–Schwingel (*Festuca gigantea*) vor (NLVA 1979). Die aktuelle Vegetation entspricht somit im wesentlichen der potentiellen natürlichen Vegetation, die vom Hainmieren–Schwarzerlenwald (Stellario nemori–Alnetum glutinosae) gebildet wird (DRACHENFELS 1990).

Der aktuelle Vegetationsbestand im Aquatischen Bereich der Westharzbäche stimmt mit den natürlichen Verhältnissen nahezu überein (DRACHENFELS 1990), das gilt gleichermaßen für die Oker.

7.2 Charakterisierung des Lebensraums Okertal

Die Oker durchfließt in ihrem Quellauf und etwa der ersten Hälfte ihres Oberlaufs den Oberharz. Der Stausee der Okertalsperre, der das Okertal auf einer Länge von ca. 5 km überflutet, kann als Grenze zwischen Quellauf und Oberlauf angesehen werden. In der vorliegenden Untersuchung wird nur der unterhalb der Okertalsperre gelegene Teil des Okertals betrachtet (s. Kap. B.5.4). Diese Strecke weist von der Staumauer der Okertalsperre bis zur Mündung der Abzucht in die Oker eine Lauflänge von 8,9 km auf, die Breite des Überschwemmungsgebiets beträgt maximal ca. 50 m.

Von St.km 112,5 bis 107,3 durchfließt die Oker in freier Landschaft das tief eingeschnittene Okertal. Unterhalb von St.km 107,3 durchzieht der Okerlauf die Ortslage Goslar–Oker.

Direkt unterhalb der Talsperre, von der Staumauer bis zur Einmündung der Romke am Wasserkraftwerk "Romkerhalle" ist das Okerbett nur selten durchflossen. Lediglich beim Anspringen der Hochwasserentlastung ("Überlaufen der Talsperre") und bei der Abgabe von Talsperrenwasser über den Grundablaß führt das Flußbett Wasser. In den anderen Zeiten wird das Wasser des Stausees dem Kraftwerk Romkerhalle zugeführt und erst hier wieder in das Flußbett eingeleitet[105]. Etwa 2,5 km unterhalb des Kraftwerkes durchfließt die Oker einen 0,5 km langen Ausgleichsstausee, der ein gleichmäßiges Wasserdargebot für die unterstrom liegenden Kleinkraftwerke sicherstellen soll. Bis in die Ortslage Goslar–Oker hinein wird auf dem überwiegenden Teil der unterhalb des Ausgleichsbeckens gelegenen Fließstrecke ein großer Teil des Wassers durch künstliche Kanäle den Kleinkraftwerken zugeleitet.

---

[105] Zum Überblick über die Installationen an den Talsperren des Oberharzes vgl. HARZWASSER-WERKE (1986).

Während im Bereich der freien Landschaft die Uferbereiche nur punktuell bzw. auf kurzer Strecke künstlich gesichert sind, treten in der Ortschaft Goslar–Oker Abschnitte mit naturfern ausgebauten Ufern sowie wenig verbaute Bereiche mit gut entwickelten Ufergehölzen (z.B. *Alnus incana*, *Fraxinus excelsior*) auf, diese können als naturnahe Ufersicherung bezeichnet werden. Der unmittelbar an das Gewässer grenzende Geländestreifen wurde streckenweise als befestigter Fußweg ("Okerpromenade") ausgebaut, der Gewässernahbereich und das hieran anschließende Gelände wird im wesentlichen von Industrieflächen, Straßen und Hausgärten eingenommen.

Die Gewässergüte ist im Harzer Okertal nahezu auf ganzer Länge als "unbelastet" bzw. "unbelastet bis gering belastet" einzustufen (Güteklassen I, I–II). Lediglich auf den letzten 900 m der oberhalb der Abzuchtmündung gelegenen Fließstrecke ist die Gewässergüte der Güteklasse II zuzuordnen.

Trotz der anthropogenen Veränderungen des Lebensraums weist das Okertal vor allem oberhalb der Ortschaft Goslar–Oker wertvolle Landschaftselemente auf, daher wurde der Biotop oberstrom von St.km 107,3 unter Landschaftsschutz gestellt. Auch in der niedersächsischen Naturschutzkartierung wird das Harzer Okertal als ökologisch wertvoller Lebensraum eingestuft (vgl. NLVA 1979).

7.3 Detailuntersuchungsgebiet (DUSG) I: Okertal oberhalb von Goslar–Oker

7.3.1 Repräsentanz im Naturraum

Aufgrund der insgesamt großen Heterogenität der Okerstrecke im Naturraum Harz kann kein einzelner Gewässerabschnitt angegeben werden, der nach den in Kap. A.4.1.3 genannten Kriterien als repräsentativ für diesen Naturraum angesehen werden kann. Um für den Harz jedoch eine Gewässerstrecke vorstellen zu können, an der möglichst viele der hier für die Oker charakteristischen Verhältnisse anzutreffen sind, wurde der unterhalb der Staumauer des Ausgleichsbeckens und oberhalb der Ortslage Goslar–Oker gelegene Gewässerabschnitt Nr. 2 als DUSG I für den Naturraum Harz ausgewählt. Hierbei wurde von folgenden Überlegungen ausgegangen:

1. Das DUSG I befindet sich wie größte Teil der Okerstrecke im betrachteten Naturraum außerhalb geschlossener Siedlungen.
2. Der Gewässerabschnitt weist hinsichtlich der Vegetation, der geomorphologischen Ausprägung des Gewässerbetts und der Gewässergüte Zustände auf, die für die Oker und andere Bäche des Nordharzes typisch sind.
3. Das Abflußregime ist durch die Talsperre und die aus historischen Wasserkraftanlagen hervorgegangenen Kleinkraftwerke stark überprägt, daher lassen sich an diesem Gewässerabschnitt die Einflüsse beider Nutzungsformen gut darstellen.

Das Gebiet weist eine Größe von 34 ha auf und wird von der Oker auf einer Länge von 2,2 km durchflossen.

7.3.2 Herleitung historischer Landschaftszustände:

Die Herleitung historischer Landschaftszustände stützt sich für den Bereich des Harzer Okertals auf die Analyse historischen Kartenmaterials und die Auswertung von Pegelunterlagen.

Auswertung historischen Kartenmaterials: Für den Bereich des Harzer Okertals einschließlich des DUSG I existiert eine historische Karte aus der zweiten Hälfte des 18. Jhdts.[106].

In Bezug auf den Gewässergrundriß stimmen die in der Karte wiedergegebenen historischen Verhältnisse mit den aktuellen nahezu vollständig überein, der Oberlauf der Oker ist durch Talmäander gekennzeichnet. Mit Änderungen der Abflußdynamik muß jedoch auch schon im 18. Jhdt. gerechnet werden, im DUSG I sind in der historischen Karte auf einer Lauflänge von 2 km 6 Wassermühlen eingezeichnet, von denen heute noch 5 als Kleinkraftwerke weiterbestehen.

Im Bereich der Ortslage Goslar–Oker waren im 18. Jhdt. bereits metallverarbeitende Betriebe angesiedelt (Eintragungen "Messing Hütte", "Ocker–Hütte", "Kupfer–Hammer"), in denen die Wasserkraft der Oker zur Energiegewinnung genutzt wurde[107]. Nahe der Mündung der Abzucht sind in der historischen Karte "Schlacken–Haufen" bis nahe an das rechte Okerufer heran verzeichnet. Im Vergleich mit den heutigen Abraum- und Schlackenhalden ist die flächenhafte Ausdehnung der Halden jedoch sehr gering.

Die heutige Ausdehnung der Ortschaft Goslar–Oker ist gegenüber dem historischen Zustand erheblich größer. Praktisch alle Bereiche an der Oker, die in der historischen Karte noch als "Ödland" ausgewiesen werden, sind aktuell mit Wohngebäuden oder Fabrikanlagen bebaut.

Im Hinblick auf die Vegetation im Okertal läßt sich aus der Karte lediglich entnehmen, daß die Talhänge und die schmale Talsohle von Wald eingenommen wurden, die Baumartenzusammensetzung wird als "unbekannt" ausgewiesen.

Auswertung historischer Pegelreihen: Aus der historischen Karte lassen sich keine Rückschlüsse auf die Abflußverhältnisse der Oker ziehen. Gerade im Bereich der Harzer Okerstrecke ist jedoch ein Vergleich der heutigen mit früheren Verhältnissen interessant, da durch den Bau der Okertalsperre tiefgreifende Veränderungen des Abflußgeschehens verursacht werden.

---

[106] Vgl. Kartenverzeichnis: KARTE DES LANDES BRAUNSCHWEIG im 18. Jhdt., Blatt Vienenburg/ Bad Harzburg, Maßstab 1: 4 000 (Reprint 1: 25 000).
[107] Nach Angaben von HARTUNG & STRUVE (1988) wurde die am orogr. rechten Okerufer gelegene Buntmetallhütte schon im Jahre 1527 gegründet.

Tabelle 27: Abflußkennwerte wichtiger Okerpegel im Harzer Okertal

Pegel	BZR[a]	MHQ [m³/s]	MQ [m³/s]	MNQ [m³/s]
Juliusstau	1931–1955	42,7	2,03	0,25
Okertal	1958–1989	10,3	2,01	1,06
	MHQ: MNQ	durchschnittlicher monatlicher Abfluß		
		Maximum		Minimum
Juliusstau	171: 1	August		Januar
Okertal	10,0: 1	Dezember		März

[a] BZR = Beobachtungszeitraum.

Quellen: DEUTSCHES GEWÄSSERKUNDLICHES JAHRBUCH, Abflußjahr 1989; HARZWASSERWERKE (o.J.A.)

Kurz oberhalb der Staumauer der Talsperre wurde von 1931–1955 der Pegel "Juliusstau" betrieben, der im Jahre 1955 nach Fertigstellung der Okertalsperre aufgegeben und durch den weiter unterstrom eingerichteten Pegel "Okertal" ersetzt wurde. Wichtige Kennwerte beider Pegel sind in Tabelle 27 wiedergegeben.

Aus der Tabelle läßt sich entnehmen, daß das Abflußregime durch den Betrieb der Talsperre weitestgehend verändert wurde; dieses betrifft sowohl die Abflußunterschiede als auch die zeitliche Lage der durchschnittlichen Abflußextreme im Jahresverlauf.

7.3.3 Naturschutzwert

Die im Bereich des Gewässerabschnitts auftretenden wertvollen Landschaftselemente sind in Abb. 14a dargestellt. Insgesamt kann von einem hohen Naturschutzwert der Gewässerlandschaft gesprochen werden, in 6 von 9 Teilräumen wurde der Naturschutzwert als "sehr hoch" eingestuft.

Typisch für den **Aquatischen Bereich** ist eine natürliche Linienführung des Gewässerlaufs. Trotz der Einflüsse von Okertalsperre und Wehrbauten (s.u.) weist das Gewässerbett zahlreiche abiotische Strukturelemente wie Felsen und Schotterbänke auf, die bei großen Hochwässern aktuell noch umgelagert werden. Oberhalb der Ortslage Goslar–Oker treten im Flußbett zusätzlich Blöcke unterschiedlicher Größe auf, die im Extremfall ein Volumen von mehreren Kubikmetern aufweisen können und aus Okergranit bestehen.

Hervorzuheben ist die hohe Gewässergüte (Güteklasse I) der Oker im betrachteten Abschnitt, sowie die Existenz einer naturnahen Gewässervegetation aus blütenlosen Wasserpflanzen, die an den Geölltrieb im Gewässerbett angepaßt sind (vgl. WEBER–OLDECOP 1976). Das seltene Wassermoos *Fontinalis squamosa* wurde bei einer Untersuchung der Oberharzbäche nur in der Oker angetroffen (ders.).

Die **Uferbereiche** weisen insgesamt einen "sehr hohen" Naturschutzwert auf. Wertbestimmend ist hier neben der hohen Gewässergüte die wertvolle Vegetation mit Uferstaudenfluren und gut entwickelten Beständen eines typischen Bachuferwalds (Stellario–Alnetum–glutinosae, mit *Alnus incana* als dominierender Baumart), der sich bis in den Gewässernahbereich hinein fortsetzt. Die Vegetationseinheiten des Gewässerbetts und des Gewässernahbereichs sind in Abb. 15 (s.u.) wiedergegeben.

Die Ufer sind abgesehen von 4 Wehrbauten und punktuellen Sicherungen mit Schüttsteinen unbefestigt, sie werden aus Kiesen, Steinen und Blöcken aufgebaut. Streckenweise ist das orogr. linke Ufer in den anstehenden Okergranit eingeschnitten (s.u., Gewässerbettprofil, Abb. 15). Wegen der auf langer Strecke ökologisch und geomorphologisch wirksamen Einflüsse der Wehrbauten[108] wurde der Naturschutzwert des Bewertungsfaktors Ausbauzustand im Uferbereich insgesamt als "gering" klassifiziert.

Die **Gewässernahbereiche** sind an beiden Seiten des Gewässerlaufs als für den Naturschutz "sehr wertvoll" einzustufen. Die Gewässergüte wurde bei der Gesamtbewertung nicht berücksichtigt, da die Gewässernahbereiche selbst bei großen Hochwässern (Überlaufen der Talsperre) nur sehr kleinflächig überschwemmt werden. Der "sehr hohe" Naturschutzwert der Gewässernahbereiche beruht auf dem Vorkommen der wertvollen Bachuferwälder, die jeweils über 75 % der Flächen einnehmen.

Die Gewässernahbereiche grenzen meistens direkt an die Talhänge, die **Auebereiche**[109] umfassen daher in dem engen Kerbtal nur einen sehr kleinen Teil des ohnehin schmalen Talbodens. Ihre Bewertung erfolgte ausschließlich anhand der Vegetationsbestände[110].

Der Naturschutzwert der Vegetation ist im linken Auebereich als "sehr hoch" zu bezeichnen, denn es treten hier an mehr als 35 % der Fläche Bachuferwälder auf. Im rechten Auebreich kommen vorwiegend naturferne und naturfremde Nutzungen vor, der Naturschutzwert wurde daher als "gering" klassifiziert.

---

[108] Vgl. hierzu Kap. A.3.5.3.1, Abschn. "Wehrbauten und Sohlabstürze".

[109] Daß diese Gewässerteilräume als "Aue" angesprochen werden, obwohl sie von Hochwässern nicht erreicht werden, begründet sich in der Tatsache, daß die Bachuferwälder z.T. bis über den Gewässernahbereich hineinreichen und den angrenzenden Talboden als typischen fließgewässerbegleitenden Lebensraum ausweisen. Die Existenz der Feuchtwälder ist wohl auf den hohen Grundwasserstand zurückzuführen, wobei in dem sehr schmalen Tal sicherlich auch zuströmendes Hangwasser eine Rolle spielt.

[110] Da keine Stillgewässer auftreten, weiterhin sehr wahrscheinlich auch unter natürlichen Aflußbedingungen die Auebereiche bei Hochwässern nicht überschwemmt werden und somit weder die Kriterien Gewässergüte noch Abflußcharakter mitzubewerten sind (vgl. Kap. A.4.3.3.1), verbleibt als einziges Bewertungskriterium der Vegetationszustand.

Als **Übergangsbereiche** werden im DUSG I zwei jeweils 50 m breite Geländestreifen beiderseits des Talbodens im unteren Hangbereich ausgewiesen (s. Abb. 14a). Sie sind durch intensive Forstwirtschaft und weitere Intensivnutzungen (s.u.) gekennzeichnet. An wertvollen Landschaftselementen treten kleinflächig Felsen und Felsburgen aus Okergranit auf, die z.T. mit seltener Vegetation (z.B. *Sesleria varia*, *Cotoneaster integerrimus*, vgl. NLVA 1979) bewachsen sind. Aufgrund der Dominanz naturferner Vegetationszustände ist der Naturschutzwert in beiden Übergangsbereichen als "gering" einzustufen.

7.3.4 Störungsintensität und Störungsfaktoren

Im DUSG I ist die Störungsintensität in 8 Teilräumen als "sehr hoch" und in einem weiteren Teilraum als "hoch" einzustufen. Es treten mehrere Störungsfaktoren auf (s. Abb. 14b), die zu intensiven Beeinträchtigungen des Naturhaushalts führen und den hohen Naturschutzwert des Gebiets auf Dauer gefährden. Als wichtigste Faktoren sind die technisch gesteuerte Wasserführung der Oker, die Einflüsse der Bundesstraße 498 und die Schwermetallbelastung der Gewässerbettsedimente zu nennen.

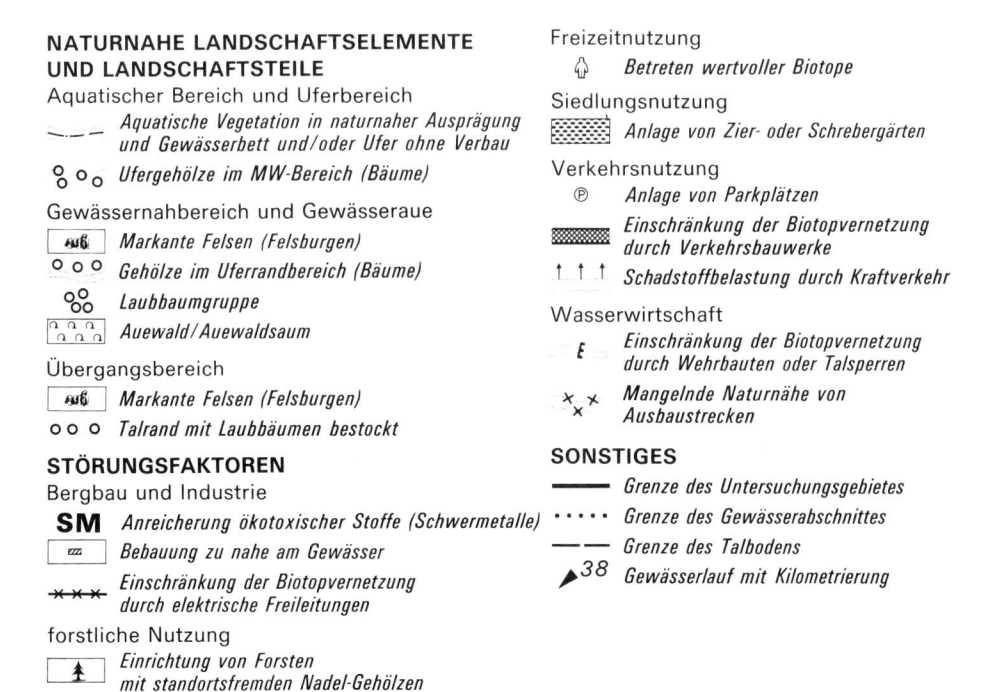

NATURNAHE LANDSCHAFTSELEMENTE UND LANDSCHAFTSTEILE

Aquatischer Bereich und Uferbereich
- *Aquatische Vegetation in naturnaher Ausprägung und Gewässerbett und/oder Ufer ohne Verbau*
- *Ufergehölze im MW-Bereich (Bäume)*

Gewässernahbereich und Gewässeraue
- *Markante Felsen (Felsburgen)*
- *Gehölze im Uferrandbereich (Bäume)*
- *Laubbaumgruppe*
- *Auewald/Auewaldsaum*

Übergangsbereich
- *Markante Felsen (Felsburgen)*
- *Talrand mit Laubbäumen bestockt*

STÖRUNGSFAKTOREN

Bergbau und Industrie
- **SM** *Anreicherung ökotoxischer Stoffe (Schwermetalle)*
- *Bebauung zu nahe am Gewässer*
- *Einschränkung der Biotopvernetzung durch elektrische Freileitungen*

forstliche Nutzung
- *Einrichtung von Forsten mit standortsfremden Nadel-Gehölzen*

Freizeitnutzung
- *Betreten wertvoller Biotope*

Siedlungsnutzung
- *Anlage von Zier- oder Schrebergärten*

Verkehrsnutzung
- *Anlage von Parkplätzen*
- *Einschränkung der Biotopvernetzung durch Verkehrsbauwerke*
- *Schadstoffbelastung durch Kraftverkehr*

Wasserwirtschaft
- *Einschränkung der Biotopvernetzung durch Wehrbauten oder Talsperren*
- *Mangelnde Naturnähe von Ausbaustrecken*

SONSTIGES
- *Grenze des Untersuchungsgebietes*
- *Grenze des Gewässerabschnittes*
- *Grenze des Talbodens*
- *38 Gewässerlauf mit Kilometrierung*

Legenden zu den Detailkarten des Gewässerabschnitts (s.u., Abb. 14a u. 14b)

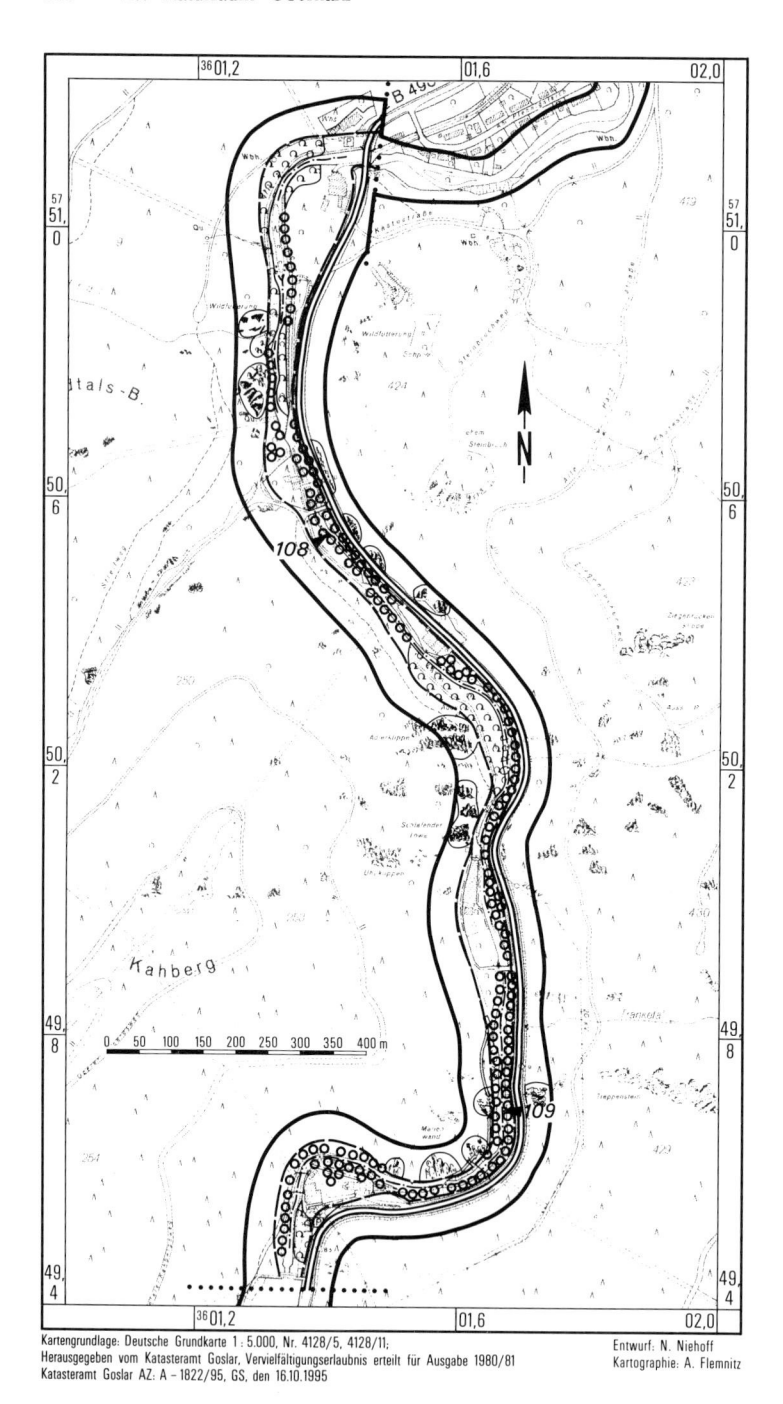

Abb. 14a: Okertal oberhalb von Goslar–Oker; naturnahe Landschaftsteile und -elemente

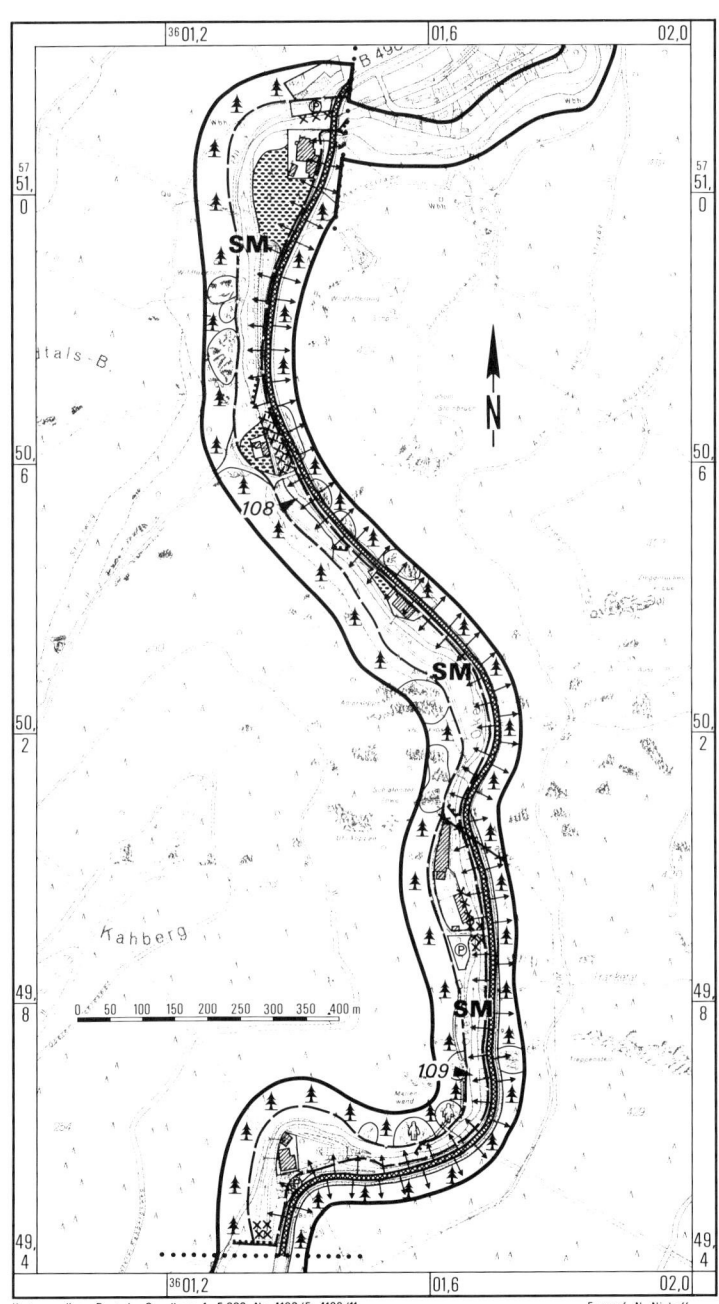

B.7.3 Okertal oberhalb von Goslar–Oker (DUSG I) 217

Abb. 14b: Okertal oberhalb von Goslar–Oker; Störungsfaktoren

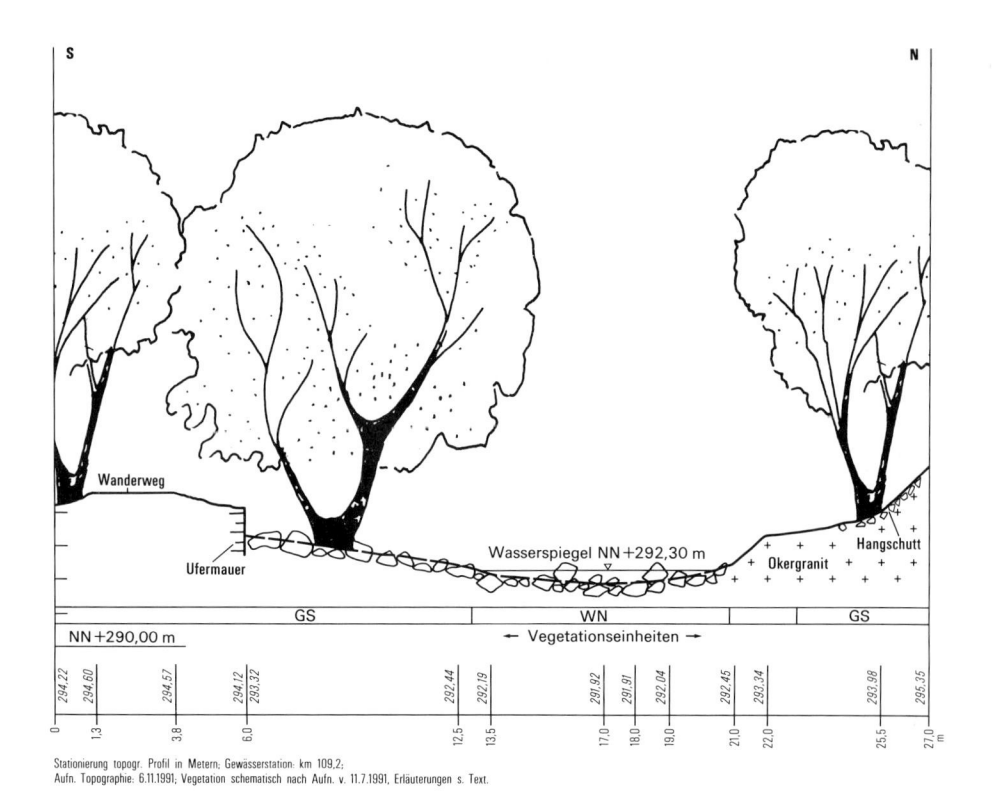

Abb. 15: Profil des Okerbetts und der Uferbereiche im Detailuntersuchungsgebiet I; Gewässerstation: km 109,2

Vegetationseinheiten:
WN = Wasservegetation, niedere Pflanzen (Kryptogamen)
GS = Gehölzsaum, standortstypisch; hier Bachuferwald

Im **Aquatischen Bereich** weist der Abflußcharakter eine "sehr hohe" Störungsintensität auf. Zusätzlich zu einem durch die Okertalsperre völlig überprägten Abflußregime tritt im Gewässerbett auf langen Strecken erheblicher Wassermangel aufgrund der Ausleitung von Wasser in die Kanäle der Kleinkraftwerke auf; die für die Ausleitungen notwendigen 4 Wehrbauten (ohne Fischtreppen) behindern die Biotopvernetzung erheblich. Diese Maßnahmen der Gewässerregulierung kommen den Auswirkungen eines intensiven Gewässerausbaus gleich (s. Kap. A.3.5.3.1). Daher wird die Störungsintensität des Bewertungskriteriums Ausbauzustand im Bereich der Ausleitungsstrecken als "sehr hoch" klassifiziert.

Aufgrund der Schwermetallbelastung der Gewässerbettsedimente, die als "Schadstoffanreicherung" eingeschätzt werden kann, wurde die Störungsintensität des Bewertungskriteriums Sedimentzustand als "hoch" angesprochen.

Auch in beiden **Uferbereichen** ist die Störungsintensität als "sehr hoch" anzusprechen; entsprechend eingestuft wurden die Bewertungskriterien Abflußcharakter und Ausbauzustand. In den **Gewässernahbereichen** ist die Störungsintensität insgesamt "gering". Die **Auebereiche** sind im Hinblick auf die Störungsintensität als "sehr stark gestört" (Störungsstufe 4) anzusehen. Zwar treten links des Gewässers wertvolle Vegetationsbestände auf, jedoch werden auch nahezu 50 % des Bereichs von Parkplätzen, Gebäuden und Ziergärten eingenommen. Im orogr. rechten Auebereich kommen an intensiv gestörten Bereichen vor allem naturferne Ziergärten und überbaute Flächen (Gebäude der Kleinkraftwerke) vor.

Abb. 16: Die Oker oberhalb von Goslar–Oker
Der Okerlauf wird im Harzer Okertal auf großer Länge von Bachuferwäldern gesäumt. Das Gewässerbett ist durch ein grobes Substrat mit Kies- und Schotterbänken sowie Blöcken gekennzeichnet. Aufgrund der Ausleitung des Wassers in die Kanäle von Kleinkraftwerken ist das Gewässerbett auf längeren Strecken häufig fast wasserleer;
St.km 107,8; Aufnahme v. 17.01.96; Blickrichtung flußaufwärts nach N.

Die **Übergangsbereiche** sind ebenfalls durch Intensivnutzungen gekennzeichnet. Im orogr. links gelegenen Übergangsbereich ist die Störungsintensität aufgrund forstwirtschaftlicher Nutzung mit Anbau standortsfremder Gehölze als "hoch" zu klassifizieren. Der orogr. rechte Übergangsbereich wird zusätzlich auf ganzer Länge von der Bundesstraße 498 durchschnitten. Die Störungsintensität wurde als "sehr hoch" angesprochen, denn neben Störungen der Biotopvernetzung, Beeinträchtigungen des Landschaftsbildes und Schadstoffemissionen kommt es zu einer starken Verlärmung des Gebiets, die in dem engen Tal besonders wirksam ist und den Erholungswert der Landschaft erheblich beeinträchtigt.

7.3.5 Untersuchungen zur Schadstoffbelastung der Gewässersedimente

In der folgenden Beschreibung der Untersuchungsergebnisse zur Schwermetallbelastung der Gewässersedimente im DUSG I und den anderen DUSG (s.u.) werden die Stoffkonzentrationen auf einen regionalen geochemischen Hintergrund für das Okergebiet reflektiert (vgl. NIEHOFF et al. 1992). Für dessen Herleitung wurden 6 Proben, die nördlich von Wolfenbüttel auf Höhe von St.km 63,5 in den Auesedimenten in der Okerniederung in einer Tiefe zwischen 2,85 m und 5,65 m erbohrt werden konnten, analysiert. Eine pollenanalytische Datierung dieser Sedimente ergab, daß das Material unterhalb von 2,85 m u. GOF spätestens im Älteren Atlantikum abgelagert wurde. Eine bergbauliche Beeinflussung der Schwermetallkonzentrationen kann somit weitestgehend ausgeschlossen werden. In Anh. 2 sind die Medianwerte und die Maximum- und Minimumkonzentrationen aller untersuchten Stoffe angegeben. Die Medianwerte werden i.f. als regionaler geochemischer Hintergrund der durch Vererzungen im Harz beeinflußten Okersedimente akzeptiert. Die in den Proben gefundenen Minimumkonzentrationen der umweltrelevanten Schwermetalle Cd, Cu, Pb und Zn geben in etwa die hypothetischen geochemischen Hintergrundwerte des Okergebiets ohne Einfluß der Vererzungen wieder; sie liegen auf dem Niveau der von WEDEPOHL (1991) angegebenen weltweiten Durchschnittswerte für Ton-/Schluffgesteine (Anh. 2).

Im Jahre 1991 wurde die Schadstoffbelastung der Sedimente in der Okerniederung untersucht (s. Kap. B.5.2), dabei wurden auch die Gewässerbettsedimente im DUSG I beprobt. Die Ergebnisse der Untersuchungen wurden bereits publiziert (vgl. MATSCHULLAT et al. 1991), daher sollen i.f. nur einige wesentliche Meßwerte vorgestellt werden.

In Tabelle 28 sind die im DUSG I (Probe OkS2) und in der Ortslage Goslar–Oker (Probe OkS3) in den Bettsedimenten der Oker gemessenen Schwermetallkonzentrationen den regionalen geochemischen Backgroundwerten und den von WEDEPOHL (1991) angegebenen Stoffkonzentrationen in unbelasteten Sedimenten gegenübergestellt.

B.7.3 Okertal oberhalb von Goslar–Oker (DUSG I)

Im Bereich des DUSG I sind die Konzentrationen der Elemente Cu und Ni in den Gewässerbettsedimenten in Relation zum geochemischen Hintergrund erhöht. Die Anreicherungsfaktoren für Pb und Zn betragen $AF_{Pb} > 30$ und $AF_{Zn} > 10$.

Im Falle des Pb werden die D–Prüfwerte der Hamburger Liste überschritten (Gefährdung der menschlichen Gesundheit auf Dauer möglich; s. Tabelle 14, Kap. A.4.3.3.1). Als Quellen der Stoffe können neben dem Eintrag von Stäuben aus dem Emissionsschwerpunkt Oker–Harlingerode (Buntmetallhütten und chemische Industrie) Einflüsse der historischen Buntmetallverhüttung im Okertal angenommen werden. So wurde sehr wahrscheinlich Wasserkraft zum mechanischen Zerkleinern des Erzes (Pochwerke) eingesetzt. Von daher ist auch aktuell mit einem Eintrag vor allem von Cu, Pb und Zn aus heute lange überwachsenen kleineren Abraumhalden in die Oker zu rechnen. Zusätzlich spielen möglicherweise auch Emissionen von Benzinblei von der stark befahrenen Bundesstraße 498 eine Rolle. Dieser Anteil läßt sich jedoch hier nicht quantifizieren, er kann in Relation zu den hohen Vorbelastungen als gering angenommen werden.

In der Ortschaft Goslar–Oker erreichen die Sedimentbelastungen spektakuläre Werte. Besonders die Elemente Pb und Zn können mit $AF_{Pb} > 300$ und $AF_{Zn} > 100$ als hochgradig angereichert bezeichnet werden. Die Konzentrationen beider Elemente überschreiten die A–Prüfwerte der Hamburger Liste (akute Gefährdung der menschlichen Gesundheit möglich) um das Mehrfache.

Tabelle 28: Schwermetallkonzentrationen in Gewässerbettsedimenten der Oker im Harzer Okertal und in der Ortslage Goslar–Oker

Probe	St.km	\multicolumn{6}{c}{Elementkonzentrationen [μg/g Trockensubstanz]}
		Co	Cr	Cu	Ni	Pb	Zn
OkS2[a]	103,3	30	90	280	100	1.600	2.400
OkS3[a]	104,0	70	180	1.200	150	15.000	> 21.000
bckgrd. (Median)[b]		20	100	110	40	50	230
bckgrd. (Minimum)[b]		10	90	50	30	30	110
Ton–/Schluffgestein[c]		19	90	45	68	22	95

[a] Vgl. MATSCHULLAT et al. (1991).
[b] bckgrd. = regionaler geochemischer Hintergrund, vgl. Anh. 2.
[c] Vgl. WEDEPOHL (1991).

Zwar liegen zur Schwermetallbelastung der Oker im Harz und im Bereich Goslar–Oker mehrere Publikationen und Gutachten vor, in denen u.a. Ansätze zur Sanierung kontaminierter Bereiche vorgestellt werden (vgl. u.a. HARTUNG & STRUVE 1989; KASELOW et al. 1987), Untersuchungen über die Bindungsform und die Mobilität der Stoffe fehlen jedoch bisher weitestgehend. Auf eine Verfrachtung der Stoffe mit dem Grundwasserstrom deuten Ergebnisse einer Untersuchung von ICKS et al. (1985) hin.

Trotz der hohen Sedimentbelastungen im Flußbett der Oker wurde die Gewässergüte im überwiegenden Teil der Laufstrecke in der Ortschaft Goslar–Oker in die Güteklasse II eingestuft (StAWA–GÖTTINGEN 1993). Es kann vermutet werden, daß ein Übergang der Schadstoffe aus dem Sediment in den Gewässerkörper nur in relativ begrenztem Umfang stattfindet, zusätzlich ist mit Anpassungen der Saprobien an die Schadstoffbelastung zu rechnen. Trotz der relativ hohen Gewässergüteklasse der Oker wurden an der Gütemeßstelle Probsteiburg, ca. 2,5 km unterstrom der Ortschaft Goslar–Oker bei einer vom WWA–Göttingen von 1987–1988 durchgeführten Untersuchung des Okerwassers erhebliche Überschreitungen der in der Trinkwasserverordnung[111] festgelegten Grenzwerte für die Elemente Cd und Pb festgestellt (WWA–GÖTTINGEN 1988).

Vor dem Hintergrund der hohen Schadstoffbelastungen in den Gewässersedimenten in der Ortslage Oker und den unterstrom liegenden Gewässerabschnitten (s.u.) wären weiterführende Untersuchungen zur Bindungsform und Mobilität der Schwermetalle sinnvoll.

7.3.6 Formulierung ökologischer Planungsziele für die Auswahl von Sanierungs- und Renaturierungsmaßnahmen

Der Gewässerabschnitt repräsentiert im Bereich des Harzer Okertals einen für den Naturschutz hochwertigen Lebensraum. Insbesondere der hohe Wert der Vegetation im Gewässerbett und in den gewässernahen Bereichen wird in der Literatur mehrfach betont (vgl. z.B. NLVA 1979; WEBER–OLDECOP 1974, 1976).

Als Planungsziel sollte der Schutz der in wesentlichen Teilen erhaltenen wildflußartigen Gewässerlandschaft angestrebt werden. Hierzu ist eine naturnähere Wasserführung der Oker unabdingbar. Diese kann durch eine Wasserabgabe aus der Okertalsperre, die sich an den natürlichen Abflußverhältnissen orientiert und durch eine veränderte Wasserführung im Bereich der Ausleitungsstrecken an den Kleinkraftwerken leicht herbeigeführt werden. Dem Hochwasserschutz in den unterstrom liegenden Ortschaften kommt selbstverständlich nach wie vor hohe Priorität zu. Weiterhin wäre im Rahmen einer naturnahen Waldbewirtschaftung mittel- bis langfristig der Ersatz der standortsfremden Nadelwaldforsten durch standortstypische Laub- bzw. Mischwaldforsten an den Hängen des Okertals anzustreben.

---

[111] Vgl. Bundesminister für Jugend, Familie und Gesundheit (BMG) (1986).

8 Naturräume "Nördliches Harzvorland" und "Ostbraunschweigisches Hügelland"

8.1 Naturräumliche Ausstattung

Geologie und Morphologie. Im Nördlichen Harzvorland und im Bereich des Ostbraunschweigischen Hügellands schließen sich nördlich der morphologisch markanten "Harz–Rand–Störung" Sattel- und Muldenstrukturen an; sie sind während tektonischer Bewegungen, die im oberen Jura einsetzten und in der Kreide andauerten, durch Faltung entstanden. Im weiteren Verlauf der "saxonischen Bruchschollentektogenese" (MEYER 1986) wurden die Falten zerbrochen und verstellt. An der Formung waren auch halokinetische Vorgänge beteiligt, die sehr wahrscheinlich noch rezent wirksam sind (HARK 1954).

Zwischen diesen in mesozoischen Gesteinen angelegten Sattelstrukturen befinden sich flachwellige Verebnungsbereiche, sie werden in weiten Teilen an der Tagesoberfläche von weichselzeitlichen Lößablagerungen eingenommen. Die morphologisch als Höhenrücken oder Schichtrippen in Erscheinung tretenden Sattelbereiche sind dagegen weitgehend lößfrei (MEYER 1986).

Im Harzvorland werden die Täler der Harzflüsse Oker, Radau, Ecker und Ilse von mächtigen, glazifluvialen, pleistozänen Schottermassen begleitet, diese werden als "Steinfelder" bezeichnet (vgl. MENSCHING 1950).

Der Niederungsbereich der Oker wird an seinem westlichen Rand von den stellenweise mit Schwemmlöß verhüllten Schotterkörpern der drenthestadialen Mittelterrasse und am Ostrand von der weichselzeitlichen Oberen Niederterrasse begrenzt. In der Okeraue treten Schotter und Sande des im Holozän umgelagerten Niederterrassenmaterials auf, sowie Auelehme, deren Mächtigkeit nach N zunimmt. Die Ablagerungen werden von DRESCHHOFF (1974) in drei, z.T. vier Sedimentationszyklen unterteilt.

Das Relief des Nördlichen Harzvorlands und des Ostbraunschweigischen Hügellands ist im Gegensatz zum südlich angrenzenden Harz eher schwach ausgeprägt. Die Höhenzüge weisen maximale Höhen von ca. 350 m NN auf (Sudmerberg), die in das flachwellige Plateau des "Steinfelds" eingetieften Niederungen von Oker und Ilse befinden sich auf 100 bis 120 m NN.

Böden. Die Höhenzüge der beiden Naturräume werden in Abhängigkeit vom Ausgangsgestein von meist flachgründigen Rendzinen, Braunerden und erodierten

Parabraunerden eingenommen (SCHAFFER & ALTEMÖLLER 1964). In den Beckenlandschaften sind in den durchschnittlich 1–2 m mächtigen Lößdecken meist Parabraunerden entwickelt, die durch Degradation aus den unter trockeneren Klimabedingungen entstandenen Tschernosemen (Schwarzerden) hervorgegangen sind.

In der Okerniederung wurden die Schotterfluren des Steinfelds nahe der Ortschaft Schladen im Zuge der in den Jahren 1870–1894 durchgeführten Meliorationsmaßnahmen weitflächig mit humosem Bodenmaterial in einer Mächtigkeit von durchschnittlich einem Meter (DRESCHHOFF 1974) überdeckt[112]. Die künstlich aufgeschütteten Bereiche weisen mächtige humose Feinerdeschichten auf, in denen in Grundwassernähe Vergleyungsmerkmale auftreten.

Nördlich des Steinfelds wurden in der Okeraue bis in das Gebiet nördlich von Braunschweig Auesedimente in einer Mächtigkeit von bis zu 5 m abgelagert (DRESCHHOFF 1974). Die Böden sind hier als Auen–Ranker und Auen–Gleye ausgebildet. Die Ränder der Gewässeraue werden in Abhängigkeit von den unterschiedlichen Gesteinen und den Erosions-/ Akkumulationsbedingungen von Parabraunerde–Pseudogleyen, erodierten Parabraunerden, Lößparabraunerden, basenarmen Braunerden und Braunerde–Tschernosemen eingenommen (SCHAFFER & ALTEMÖLLER 1964).

In den Stadtbereichen Braunschweigs und Wolfenbüttels dominieren anthropogen gestörte Bodenprofile und überbaute Flächen.

Klima. Klimatisch weist das Gebiet nördlich des Harzes, im Vergleich mit den meisten anderen Gebieten in Niedersachsen, deutlich kontinentale Züge auf. Es ist durch Niederschlagsarmut, hohe Sommertemperaturen sowie eine große jährliche Temperaturamplitude gekennzeichnet.

Die mittlere Jahressumme des Niederschlags, die am Harzrand bei Goslar noch über 900 mm beträgt, vermindert sich nach Osten erheblich und liegt in Werningerode im Regenschatten des Hochharzes nur noch bei 650 mm. Der Höhenzug des Elm empfängt aufgrund seiner Exponiertheit 800 mm Jahresniederschlag (IfL & DIfL 1959–1962).

Der Sommermittelwert der Lufttemperatur beträgt 13,5°–14,0° C, der Jahresmittelwert liegt zwischen 8,3° und 8,8° C und die mittlere Jahrestemperaturamplitude weist Werte zwischen 16,5° und 16,9° C auf (HOFFMEISTER 1937). Die Hauptwindrichtung des Gebiets ist Südwest, gefolgt von West und Nordwest (KLIMAATLAS NIEDERSACHSEN). Die durchschnittlichen Windgeschwindigkeiten sind mit 4,5–5,5 m/s gering, die Zahl der Sturmtage beträgt 13–15 Tage/Jahr (HOFFMEISTER 1937).

In der Okerniederung wird das Lokalklima vom Harzrand bis zur Okermündung vor allem durch den meist hohen Grundwasserstand beeinflußt. An Gewässern und im Bereich feuchter oder mooriger Gebiete verringert sich die Amplitude der Lufttemperatur durch die hohe Wärmekapazität des im Gewässerkörper und im Boden

---

[112] Das Oberbodenmaterial fällt bei der Säuberung der in Schladen verarbeiteten Zuckerrüben an.

vorhandenen Wassers. Über Grundwasserböden ist auch mit häufigerer Nebelbildung und höherer relativer Luftfeuchtigkeit als im Umland zu rechnen (HEYER 1972).

In den von der Oker durchflossenen Städten Braunschweig und Wolfenbüttel kann davon ausgegangen werden, daß das für Gewässerniederungen typische Lokalklima von den Einflüssen des Stadtklimas überprägt bzw. modifiziert wird. Als wichtigste mesoklimatische Veränderungen gegenüber dem Umland sind in Großstädten häufig Erhöhungen von Lufttemperatur, Jahresniederschlagssumme und Nebelhäufigkeit zu beobachten, während die Anzahl der Frost- und Eistage und die relative Luftfeuchtigkeit abnehmen (ders.).

Gewässernetz. Der Okerlauf durchzieht das Harzvorland zunächst in nordöstlicher Richtung, unterhalb der Stadt Vienenburg in nördlicher und schließlich in nordwestlicher Richtung.

Als Nebengewässer der Oker durchfließen die Abzucht, der Weddebach und die Warne das Harzvorland westlich des Okerlaufs. Die Warne entwässert auch den südwestlichen Bereich des Braunschweiger Hügellands.

Im weiteren Verlauf der Oker wird von Westen die Warne, der Brückenbach und der Thiedebach aufgenommen. Aus östlicher Richtung fließt ihr neben einigen kleineren Bächen die Altenau zu. Diese entwässert große Teile der Höhenzüge der Asse und des Elms und hat bedeutenden Einfluß auf das Hochwassergeschehen im Oker–Mittellauf, da die Hochwässer des Oker–Oberlaufs und seiner Nebenflüsse durch Talsperren und Hochwasserrückhaltebecken überwiegend zurückgehalten werden.

Die Ortslagen der Städte Wolfenbüttel und Braunschweig werden von der Oker jeweils in einem westlichen und einem östlichen Umfluter passiert. Innerhalb des Stadtgebiets von Braunschweig wird von Westen der Fuhsekanal aufgenommen, er verbindet die Oker mit der Aue. Die im südlichen und nördlichen Stadtbereich Braunschweigs in der Okerniederung gelegenen künstlichen Seen, der "Südsee" und der "Ölper–See" sind durch Kiesbaggerungen für den Bau der Braunschweiger Stadtautobahnen in den Jahren 1966–1983 entstanden.

Aktuelle und potentielle natürliche Vegetation. Die Höhenzüge des Nördlichen Harzvorlands und des Braunschweiger Hügellands werden von geschlossenen Forsten eingenommen. Sie stehen der natürlichen Pflanzengesellschaft dieser Bereiche, dem Waldmeister–Buchenwald (Galio odorati–Fagetum) nahe. Die potentielle natürliche Vegetation der zwischen den Höhenzügen liegenden Muldenbereiche ist der Eichen–Hainbuchenwald (Querco–Carpinetum). Er ist heute nur noch lokal anzutreffen (ATLAS NIEDERSACHSEN UND BREMEN 1961). Die waldfreien Gebiete werden von Ackerfluren eingenommen, es dominiert der Anbau von Weizen, Zuckerrüben und Gerste (MEYER 1986).

Die potentielle natürliche Vegetation der Okeraue bilden vom Harzrand bis zur Schuntermündung nördlich von Braunschweig flußbegleitende Weidengebüsche (*Salix spec.*) und Pappel–Weiden–Auewälder (Salici–Populetum). Weiterhin besteht die potentielle natürliche Vegetation aus Eichen–Hainbuchen–und Eschen–Ulmen–Hartholzauewäldern (Querco–Carpinetum, Fraxino–Ulmetum) (ATLAS NIEDERSACHSEN 1950).

In der Okerniederung tritt in Gewässernähe verbreitet Dauergrünland auf, das in den gewässerferneren, trockeneren Bereichen häufig in Ackerland umgewandelt wurde. Zwischen den Ortschaften Vienenburg und Schladen ist die Okeraue heute noch auf etwa 9 km Länge von Auewaldbeständen geprägt, die der potentiellen natürlichen Vegetation nahekommen. Es handelt sich um das einzige größere, zusammenhängende Auewaldrelikt in der gesamten Okeraue.

Die aktuelle aquatische Vegetation der Oker entspricht nur zum Teil den natürlichen Verhältnissen; im Harzvorland ist sie durch den Einfluß schwermetallhaltiger Abwässer z.T. stark verarmt (WEBER–OLDECOP 1969). Darüberhinaus sind besonders im Lößgebiet starke Eutrophierungseinflüsse zu verzeichnen, die zur Verdrängung charakteristischer Pflanzenarten geführt haben (HERR et al. 1989a).

8.2 Charakterisierung des Lebensraums Okeraue

Das Nördliche Harzvorland wird von der Oker auf einer Länge von ca. 24 km und das Ostbraunschweigische Hügelland auf einer Länge von 34 km durchflossen.

Die Gewässergüte der Oker ist, von einem kurzen Abschnitt unterhalb der Ortslage Goslar–Oker abgesehen, bis etwa zur Ortslage Börßum der Güteklasse II zuzuordnen. Nördlich von Börßum ist die Gewässergüte durchgängig als "kritisch belastet" (Güteklasse II–III) anzusprechen.

Unterhalb der Ortslage Goslar–Oker sowie zwischen Vienenburg und Schladen befindet sich das Gewässerbett des teils mäandrierenden, teils verzweigten Flußlaufs in naturnahem Zustand. Südlich von Vienenburg wurde die Oker auf einer Länge von 3,1 km, begradigt um einen Kiesabbau in der Okeraue zu ermöglichen. Innerhalb der Ortslage Schladen wurde das Gewässer aus Gründen des Hochwasserschutzes ausgebaut. Auf der Fließstrecke unterhalb von Schladen bis nördlich von Braunschweig ist die Oker auf mehr als 2/3 der Lauflänge reguliert, es überwiegt der Intensivausbau. Zwischen Braunschweig und Wolfenbüttel ist das Gewässerbett unbefestigt; nördlich von Wolfenbüttel wurde auf einer Länge von 2 km eine Uferrenaturierung durchgeführt.

Durch die Einflüsse der Harztalsperren und der Intensivausbauten ist die Hochwasserhäufigkeit im überwiegenden Teil der Okerniederung gering (Hochwasserjährigkeit < 2). In den naturnahen Gewässerabschnitten zwischen Vienenburg und Schladen beträgt demgegenüber die durchschnittliche Überflutungsdauer der Aue trotz der dämpfenden Einflüsse der Okertalsperre ca. ein bis drei Tage pro Jahr bei einer durchschnittlichen Breite des Überschwemmungsgebiets von ca. 500 m. Dies ermöglicht die Existenz eines etwa 9 km langen flußbegleitenden Auewaldstreifens; durch den hohen Grundwasserstand konnten auch einige naturnahe Altgewässer sowie Feuchtgrünland erhalten bleiben. Aufgrund des hohen Naturschutzwerts der

Gewässerlandschaft wurde das Naturschutzgebiet "Okertal" mit einer Flächengröße von 246 ha ausgewiesen (vgl. BEZIRKSREGIERUNG BRAUNSCHWEIG 1982 u. 1991).

Südlich von Wolfenbüttel mündet die nur wenig regulierte Altenau als wichtigstes Nebengewässer der Oker in den betrachteten Naturräumen in den Fluß ein. Die hierdurch theoretisch mögliche größere Hochwasserhäufigkeit an den unterstrom liegenden Okerstrecken wird in Braunschweig und Wolfenbüttel durch entsprechend hochwassersichere Ausbauprofile (Abflußleistung > 100 m^3/s) kompensiert. Zwischen den Städten und im Rückstaubereich oberstrom der Altenaumündung ist die Hochwasserhäufigkeit größer als 1 Tag/Jahr.

Unterstrom der Ortschaft Goslar–Oker kommen in der Okerniederung aufgrund der hohen Schwermetallbelastung der Sedimente y vor (Assoziation Armerietum halleri, Hallersche Grasnelken–Flur). Diese ursprünglich auf den Ausbissen von Buntmetallerzgängen im Harz auftretenden Pflanzen haben nach dem Abbau der oberflächennahen Erze hier Ersatzstandorte gefunden. Die Kennarten des Armerietum halleri, das nach Angaben von WEBER–OLDECOP (1968) weltweit nur im Harz und im Harzvorland anzutreffen ist, sind in der "Roten Liste" der in Niedersachsen gefährdeten Pflanzen (vgl. GARVE 1993) verzeichnet.

Trotz der Vielzahl von Gewässerstrecken unterschiedlicher Entstehung und anthropogener Beeinflussung mußte sich die Auswahl der i.f. dargestellten Gewässerabschnitte in den beiden Naturräumen auf nur ein DUSG beschränken. In die Karte 1 (s. Beilage) wurden jedoch ergänzend die Gewässerdiagramme der östlichen Umflutgräben in Braunscheig und Wolfenbüttel sowie 6 zusätzlicher Gewässerabschnitte aufgenommen.

Ein weiteres DUSG befindet sich nördlich von Wolfenbüttel, da wesentliche Untersuchungsergebnisse bereits veröffentlicht wurden[113] kann an dieser Stelle jedoch auf weitere Ausführungen verzichtet werden.

8.3 Detailuntersuchungsgebiet (DUSG) II: Okeraue nördlich von Schladen

8.3.1 Repräsentanz im Naturraum

Das DUSG II mit einer Gesamtflächengröße von 122,8 ha wird von der Oker auf einer Länge von 1,6 km durchflossen. Es liegt am nördlichen Rand des Naturraums Nördliches Harzvorland und kann als repräsentativ für die ausgebauten und landwirtschaftlich intensiv genutzten Abschnitte der Oker im Harzvorland gelten.

Aufgrund der durch die Gewässerregulierungen hervorgerufenen Einschränkungen des Überschwemmungsgebiets wurde lediglich der aktuell noch bei großen

---

[113] Vgl. zur ökologischen Bewertung des Gebiets: NIEHOFF & PÖRTGE (1990), zur Uferrenaturierung: NIEHOFF & LAMBERTZ (1991) sowie zur Schwermetallbelastung der Auesedimente: NIEHOFF et al. (1992).

Hochwässern überflutete Teil der Okeraue untersucht. Die Trasse der Bahnlinie Braunschweig–Bad Harzburg wird als östliche Begrenzung des DUSG II akzeptiert, ein östlicher Übergangsbereich wurde nicht ausgewiesen; die zwischen Bahnlinie und aktivem Überschwemmungsgebiet gelegenen Flächen (vgl. Abb. 17) wurden dem östlichen Auebereich zugeordnet.

8.3.2 Herleitung historischer Landschaftszustände

Auswertung historischen Kartenmaterials. Für den Bereich des DUSG II liegt als vermutlich älteste historische Karte das Blatt Hornburg der "KARTE DES LANDES BRAUNSCHWEIG im 18. Jhdt." vor[114]. Für das DUSG II weist die Karte einen gekrümmten Flußlauf aus (Flußentwicklung e_F = 0,46, vgl. Kap. A.4.3.3.1). Die weitläufige östliche Flußaue, die sich mit der Niederung der Ecker verzahnt, wird von Triften und Wiesen eingenommen; über die westliche Okeraue und die nahegelegene Mittelterrassenkante lassen sich aus der Karte keine Informationen entnehmen.

In einer jüngeren historischen Karte[115] aus der Mitte des 19. Jhdts. ist in der östlichen von Wiesen eingenommenen Okeraue bereits die Trasse der Eisenbahnlinie Braunschweig–Bad Harzburg verzeichnet, südlich des DUSG II führt die Bahnlinie z.T. sehr nahe am Flußlauf entlang, die Oker wurde auf einer Länge von 1,2 km begradigt. Die westliche Okeraue verzahnt sich nördlich von St.km 82,0 mit der Aue des Warne–Baches, der Niederungsbereich ist durch Wiesen- und Weidenutzung gekennzeichnet. Der in 100 bis 700 m Entfernung vom Okerlauf gelegene orogr. linke Übergangsbereich wird vom Hang der pleistozänen Mittelterrasse gebildet. Zum Vegetationsbestand dieses Teilraums läßt sich der historischen Karte nur entnehmen, daß der Bereich gehölzfrei war; genauere Angaben fehlen.

Der aktuelle Zustand der Okerniederung stimmt mit dem historischen in der ersten Hälfte des 19. Jhdts. nur in Bezug auf die Linienführung des Flußlaufs annähernd überein, allerdings wurde ein Mäanderbogen durchstochen. Im Rahmen der Urbarmachung des Steinfelds wurde die Oker in der 2. Hälfte des 19. Jhdts. eingedeicht. Bei weiteren Ausbaumaßnahmen zwischen 1930 und 1940 erfolgte eine Aufweitung des Abflußprofils durch Abgrabungen. Die ehemaligen Auegrünlandbereiche sind heute nahezu komplett in Ackerland überführt. Das aktuelle Überschwemmungsgebiet der Oker ist auf einen kleinen Teil der ehemaligen Gewässeraue beschränkt.

Auswertung historischer Pegelmeßreihen. Für den 1,4 km oberstrom des DUSG gelegenen Abflußmeßpegel Schladen I liegen lediglich Meßreihen vor, die bis zum Jahr 1951, also 5 Jahre vor Fertigstellung der Okertalsperre zurückreichen. Dieser kurze Beobachtungszeitraum läßt keinen sicheren Vergleich mit den über eine

---

[114] Maßstab 1: 4 000 (reprint 1: 25 000), s. Kartenverzeichnis
[115] Vgl. Kartenverzeichnis: GAUSSCHE LANDESAUFNAHME der 1815 durch Hannover erworbenen Gebiete; Blatt Schladen; Maßstab 1: 21 333 (reprint 1: 25 000).

Zeitspanne von mehr als 30 Jahren nach dem Bau der Talsperre erhobenen Abflußdaten zu. Wie bereits für den Pegel "Okertal" festgestellt (s. Kap. B.7.3.2) deutet sich jedoch am Pegel Schladen I ebenfalls eine mehrmonatige Verschiebung der mittleren Jahresabflußmaxima und -minima sowie eine starke Verringerung des Abflußunterschieds nach dem Bau der Talsperre an. Rein rechnerisch reduziert sich der mittlere Abflußunterschied MHQ: MNQ auf ca. 30 % des natürlichen Werts. Dieses Ergebnis läßt sich zwanglos in die für die ober- und unterstrom gelegenen Pegel mit langen Beobachtungsreihen berechneten Veränderungen des Abflußcharakters an der Oker einordnen[116].

8.3.3 Naturschutzwert

Aus Abb. 17a (s.u.) wird unmittelbar deutlich, daß der Gewässerabschnitt an naturnahen Landschaftselementen nahezu vollständig verarmt ist, die Gewässerlandschaft kann als "ausgeräumt" bezeichnet werden.

NATURNAHE LANDSCHAFTSELEMENTE UND LANDSCHAFTSTEILE
Aquatischer Bereich und Uferbereich
— Gewässerbett und/oder Ufer ohne Verbau
°°°° Ufergehölze im MW-Bereich (Gebüsch)

Gewässernahbereich und Gewässeraue
°°°° Feldhecke/Feldgehölzstreifen
o o o o Laubbaumreihe
▒▒▒▒ Ruderalflur

Übergangsbereich
°°°° Talrand/Terrassenkante mit Gebüsch bestockt

STÖRUNGSFAKTOREN
Bergbau und Industrie
SM Anreicherung ökotoxischer Stoffe (Schwermetalle)
▲▲ Ablagerung von Abraumhalden
✕✕✕ Einschränkung der Biotopvernetzung durch el. Freileitungen

forstliche Nutzung
[▲] Einrichtung von Forsten mit standortsfremden Gehölzen

Landwirtschaft
∿∿∿ Ackerflächen zu nahe am Gewässer oder an wertvollen Biotopen

* * * * Anlage befestigter Wirtschaftswege
▨▨▨ Ausräumung biotopbildender Strukturelemente durch Intensivnutzung
▽ Bauschuttverkippung
▨▨▨ Umwandlung von Grünland in Ackerland

Verkehrsnutzung
▨▨▨ Einschränkung der Biotopvernetzung durch Verkehrsbauwerke
↑ ↑ ↑ Schadstoffbelastung durch Eisenbahnverkehr

Wasserwirtschaft
° ° ° Auflichtung des Ufergehölzgürtels im Mittelwasser-Bereich
// // Einschränkung der Biotopvernetzung durch Flußdeiche

indifferente Verursacher
• • • Verarmung der subaquatischen Vegetation

SONSTIGES
—— Grenze des Untersuchungsgebietes
· · · · · Grenze des Gewässerabschnittes
—— Grenze des Überschwemmungsgebietes
▶38 Gewässerlauf mit Kilometrierung

Legenden zu den Detailkarten des Gewässerabschnitts (s. Abb. 17a u. 17b)

---

[116] An den Pegeln Okertal (St.km 109,4) und Ohrum (St.km 73,1) beträgt der langjährige Abflußunterschied 6 % bzw. 68 % des natürlichen, von Talsperren unbeeinflußten Wertes.

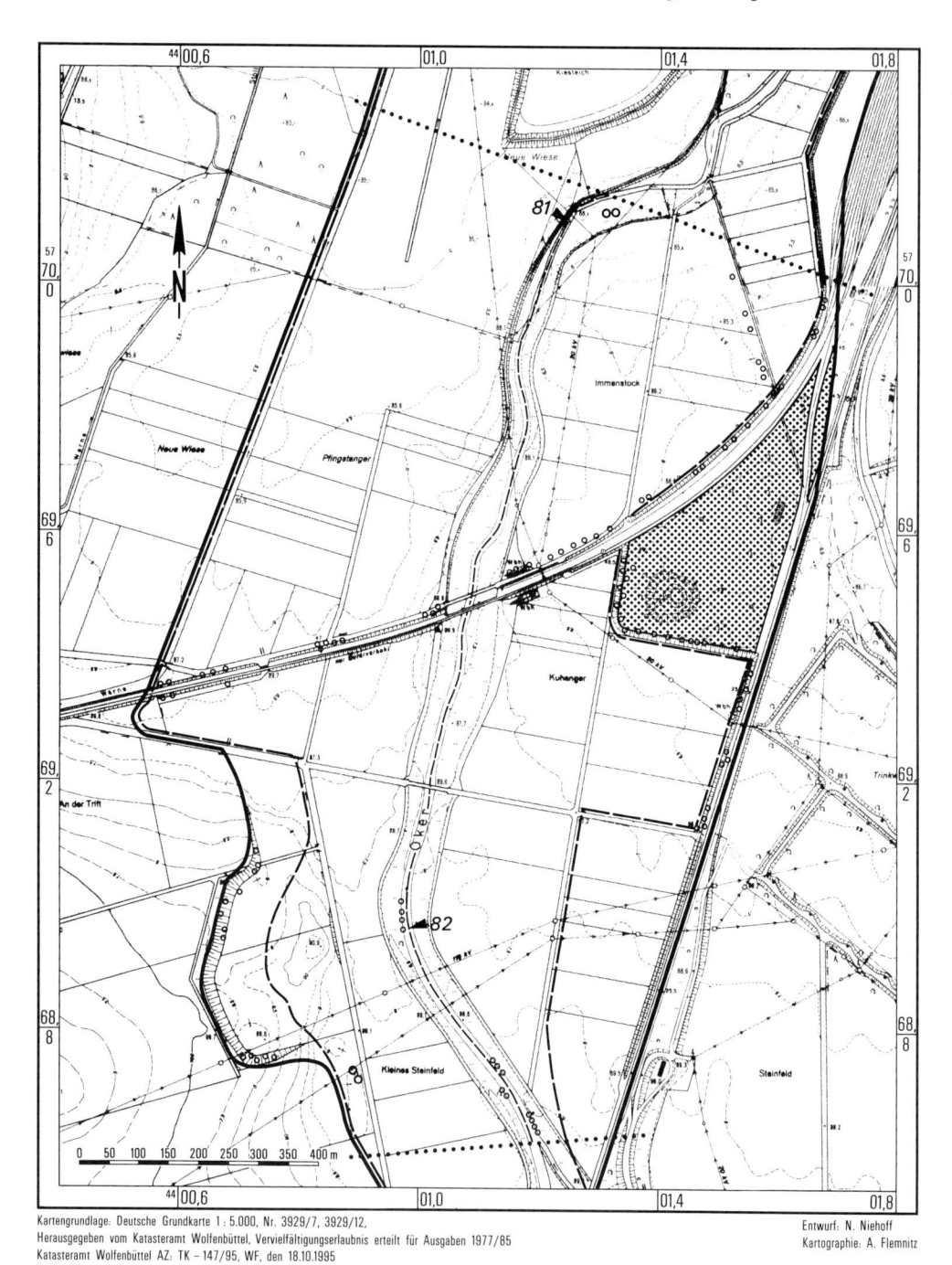

230   B.8 Naturräume "Nördliches Harzvorland" und "Ostbraunschweigisches Hügelland"

Abb. 17a: Okeraue nördlich von Schladen; naturnahe Landschaftsteile und -elemente

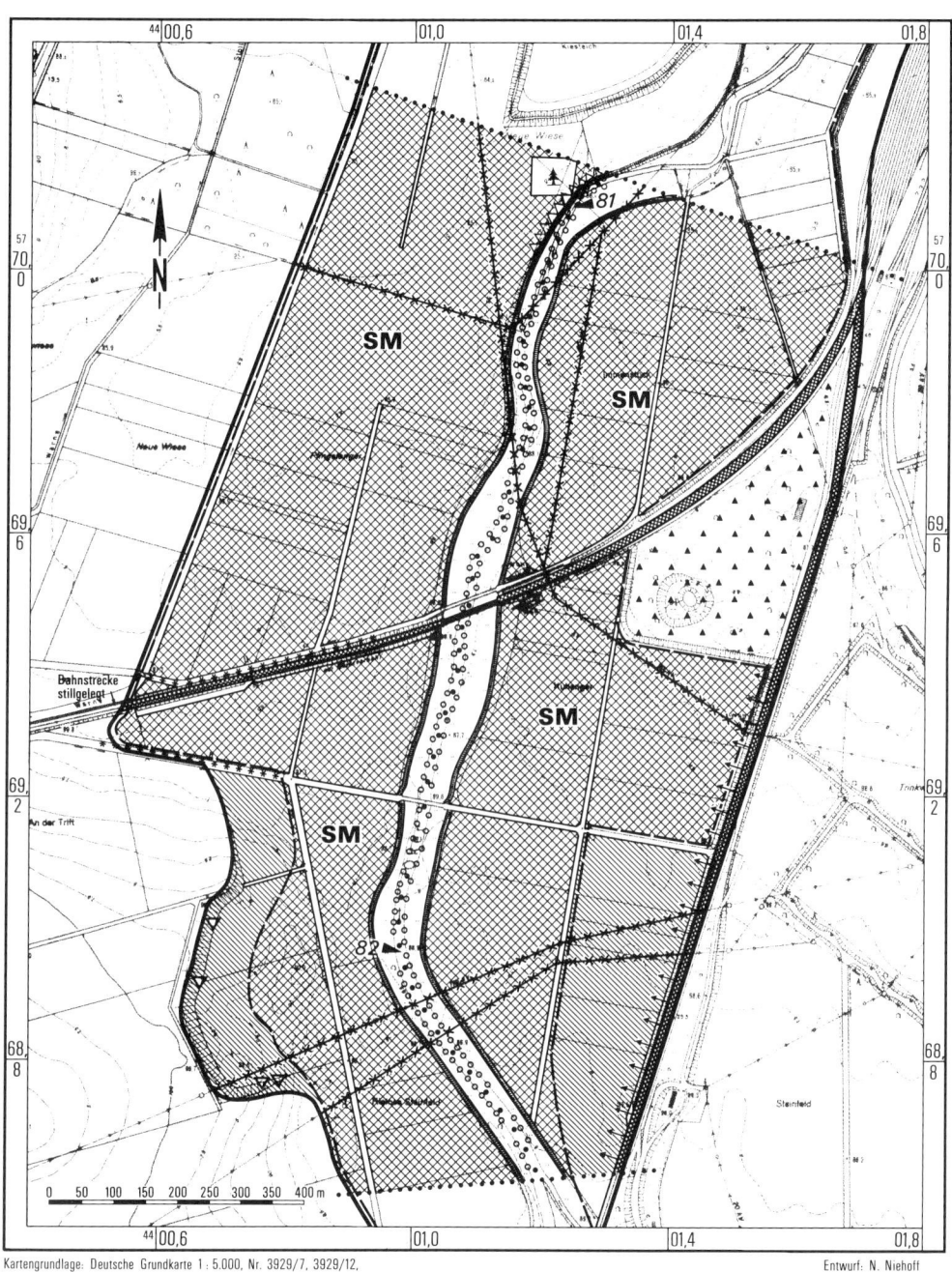

B.8.3 Okeraue nördlich von Schladen (DUSG II) 231

Abb. 17b: Okeraue nördlich von Schladen; Störungsfaktoren

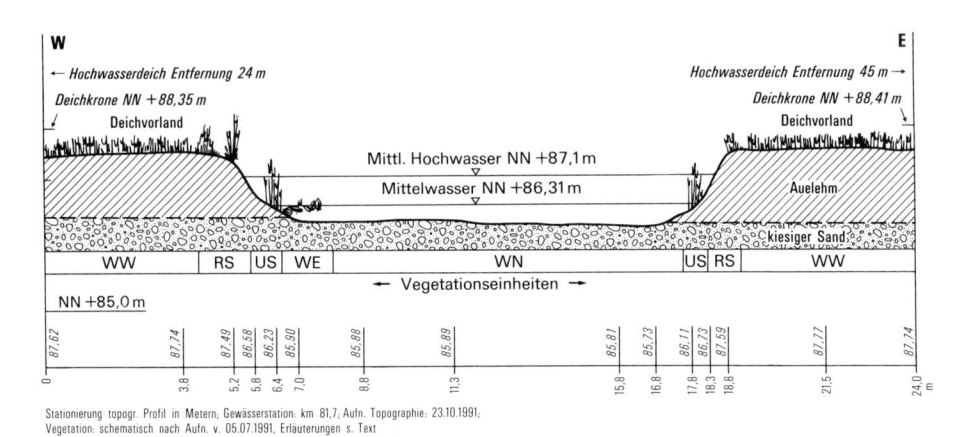

232   B.8 Naturräume "Nördliches Harzvorland" und "Ostbraunschweigisches Hügelland"

Abb. 18: Profil des Okerbetts und der Uferbereiche im Detailuntersuchungsgebiet II, Gewässerstation: km 81,7

Vegetationseinheiten:
WN = Wasservegetation, niedere Pflanzen (Kryptogamen)
WE = Wasservegetation eutropher Gewässer
US = Uferstauden
RS = Ruderalsäume
WW = Frischwiesen und Weiden

Der **Aquatische Bereich** wurde aufgrund der unverbauten, kiesigen Gewässersohle und der hohen Wasserqualität (Güteklasse II) der Schutzwertstufe 3 ("hoch") zugeordnet, der Naturschutzwert des orogr. linken **Übergangsbereichs** wurde als "mäßig" (Schutzwertstufe 2) klassifiziert; in **allen übrigen** untersuchten **Teilräumen** jedoch war der Naturschutzwert als "gering" bzw. "sehr gering" anzusprechen. Abb. 18 zeigt einen schematischen Querschnitt des Gewässerbetts. Das künstlich aufgeweitete Abflußprofil wird aus Auelehmschichten aufgebaut, die in einer Mächtigkeit von ca. 1,5 m sandig–kiesigen Sedimenten auflagern. Die steilen, lediglich mit schütterer Vegetation bewachsenen Ufer bilden nur einen schmalen ökologisch verarmten Lebensraum, Gehölze fehlen weitestgehend.

8.3.4 Störungsintensität und Störungsfaktoren

Die Störungsintensität wurde im orogr. linken Uferbereich als "hoch" und in 7 weiteren Teilräumen des DUSG II als "sehr hoch" eingestuft; durch die dominierenden Formen der Intensivnutzung treten im betrachteten Gewässerabschnitt zahlreiche anthropogene Störungsfaktoren auf (s. Abb. 17b).

Wie im DUSG I ist in diesem Gewässerabschnitt das Abflußgeschehen unter dem Einfluß der Okertalsperre ebenfalls größtenteils künstlich gesteuert, zusätzlich ist das Gewässer naturfern ausgebaut. Die Sommerdeiche, die in den Jahren 1935 bis 1936 angelegt wurden, treten nur bei großen Hochwässern in Funktion. Bei einem extrem starken Hochwasser im Jahre 1981 mit Überlaufen der Okertalsperre wurde jedoch ein durchschnittlich 300 m breiter Geländestreifen beiderseits des Gewässers auch außerhalb der Deiche überschwemmt.

Unter dem Aspekt der Biotopvernetzung sind die Deiche und die Bahndämme, die das Gebiet längs und quer durchschneiden, sowie die elektrischen Freileitungen als Störungsfaktoren anzusehen.

Die Qualität der Gewässerbettsedimente und der Aueböden wird durch eine hohe Belastung mit Schwermetallen (s.u.) stark beeinträchtigt.

Das in Abb. 18 (s.o.) wiedergegebene Gewässerbettprofil verdeutlicht die "sehr hohe" Störungsintensität für das Gewässerbett und die Gewässernahbereiche: Der **Aquatische Bereich** ist fast vollständig vegetationsfrei. In geringem Umfang kommen kryptogame Pflanzen (Wassermoose) und punktuell einige für eutrophe Gewässer typische höhere Pflanzen vor. Unter naturnahen Verhältnissen wären Kryptogamen und höhere Pflanzenarten der Assoziation des Ranunculo–sietum (Wasser–Hahnenfuß–Gesellschaft) zu erwarten.

Abb. 19: Die Oker nördlich von Schladen
   Nördlich von Schladen ist die Okerniederung fast vollständig ausgeräumt. Gehölze treten im Uferbereich nur punktuell auf, der hochgradig mit Schwermetallen belastete Gewässernahbereich unterliegt der Grünlandnutzung und ist durch Hochwasserdeiche vom restlichen Auebereich isoliert.
   St.km 81,5; Aufnahmedatum 24.01.96; Blickrichtung flußabwärts nach N.

Im **Uferbereich** finden sich lediglich kleine Bestände an Uferstauden und an der oberen Böschung Ruderalpflanzen, Gehölze fehlen fast völlig (s.o., Abb. 19).

Die **Gewässernahbereiche** werden von den Deichvorländern repräsentiert, sie unterliegen der Weidenutzung, Gehölze treten nur punktuell auf.

Die **Auebereiche** sind durch intensive ackerbauliche Nutzung geprägt, das Auegrünland wurde zum größten Teil umgebrochen, naturnahe Feldraine fehlen vollständig, linienförmige Gehölzbestände kommen nur selten am Rande der Bahndämme vor. Im östlichen Auebereich befindet sich eine 8,4 ha große und 5 m hohe Abraumhalde. Sie besteht zum Großteil aus Schotter, wie er zum Aufschütten von Bahndämmen verwendet wird, untergeordnet sind Schlacken aus der Eisenverhüttung (Stahlwerk Peine–Salzgitter) und sehr wahrscheinlich auch aus der Buntmetallverhüttung (Hüttenwerke Goslar–Oker) vorhanden[117]; die genauen Mengenverhältnisse sind nicht bekannt. Für eine Einschätzung der Störungsintensität ist im günstigsten Fall von einer Einschränkung des Überschwemmungsgebiets bzw. einer Verschüttung ehemaligen Auegrünlands auszugehen. Eine Emission von Schwermetallen aus dem Haldenbereich kann nicht ausgeschlossen werden.

Auf die Ausweisung eines **Übergangsbereichs** wurde weitgehend verzichtet. Aufgrund der Gewässerregulierungen und der damit verbundenen starken Einschränkung des Überschwemmungsgebiets wird nur im südlichen Teil der westlichen Gewässerniederung die natürliche Auengrenze von der Ausuferungslinie großer Hochwässer nahezu erreicht (vgl. Abb. 17a). Der etwa 10 m breite Hang der pleistozänen Mittelterrasse wird als orogr. linker Übergangsbereich ausgewiesen. Die hier vorkommende Ruderalvegetation unterliegt durch das in der Gewässeraue und das oberhalb der Terrassenkante unmittelbar angrenzende Intensivackerland starken Eutrophierungseinflüssen.

8.3.5 Untersuchungen zur Schadstoffbelastung der Gewässersedimente

Im Rahmen von Untersuchungen zur Schadstoffbelastung der Sedimente in der Okerniederung (vgl. Kap. B.5.2) wurde nördlich von Schladen eine Beprobung der Gewässerbettsedimente durchgeführt. In einigen der Detailuntersuchungsgebiete konnten nach einem Hochwasser im Frühjahr 1988 Proben des in der Gewässerniederung frisch abgelagerten Hochflutlehms untersucht werden; da jedoch im DUSG II aufgrund der Gewässerregulierungen bei dem Hochwasser keine Überflutung aufgetreten war, wurden ersatzweise 3 Proben aus dem Oberboden (0–10 cm Tiefe) im Gewässernahbereich und im Auebereich analysiert. In Tabelle 29 sind einige wesentliche Meßwerte, die den Gewässerabschnitt und die nahe Umgebung direkt betreffen, verzeichnet.

---

[117] AMT FÜR WASSER UND ABFALL DES LANDKREISES WOLFENBÜTTEL (1994, mdl.)

Wie bereits am Harzrand beobachtet, sind die Konzentrationen umwelschutzrelevanter Schwermetalle im Gewässerbettsediment gegenüber dem geochemischen Hintergrund erhöht, die Elemente Pb und Zn sind stark angereichert. Die Probe aus dem Ah–Horizont des Bodens im Deichvorland (s. Probe OkB1, Tabelle 29) ähnelt der Gewässerbettsedimentprobe (OkS6), in beiden Fällen sind erhebliche Stoffbelastungen zu verzeichnen. Das Element Cd in der Probe OkB1 weist ein außergewöhnlich hohes Konzentrationsniveau auf, es ist gegenüber dem geochemischen Background um mehr als das 1000–fache angereichert. Die insgesamt sehr hohe Schadstoffbelastung der Probe überrascht nicht, denn die Gewässerbettsedimente werden bei Hochwässern z.T. aus dem Flußbett geschwemmt und als Hochflutlehme im Deichvorland abgelagert. Da dieses der Grünlandnutzung unterliegt und daher nicht gepflügt wird, sind die Belastungen in den obersten 10 cm des Bodens sehr hoch, es erfolgt keine mechanische Durchmischung der Sedimente.

Die Proben aus den Oberböden im Auebereich (Pr. OkB2 u. OkB3, Tabelle 29) weisen hinsichtlich der Elemente Cu und Pb ähnliche Konzentrationen wie die beiden oben genannten Proben auf, die Zn– und die Cd–Konzentrationen sind jedoch erheblich niedriger. Dieses ist sehr wahrscheinlich vor allem auf die Einflüsse der Bedeichung zurückzuführen. Die Eindeichung des Gewässers erfolgte am Ende des letzten Jahrhunderts, also etwa 30 Jahre nach dem Beginn einer starken Zunahme der Erzförderung im Rammelsberg.

Tabelle 29: Schwermetallkonzentrationen in Gewässerbettsedimenten und in Böden der Okerniederung nördlich von Schladen

Probe	St.km	Elementkonzentrationen [μg/g Trockensubstanz]						
		Cd	Co	Cr	Cu	Ni	Pb	Zn
OkS6[a]	84,1		140	150	310	100	1.900	4.300
OkB1[b]	81,7	130	34	40	390	61	2.200	4.400
OkB2[c]	81,7	4	26	38	330	32	2.200	2.600
OkB3[d]	81,7	6	25	30	360	33	2.500	2.700
	bckgrd.[e]	< 0,1	20	100	110	40	50	230

[a] Probe OkS6 aus Flußbett 1,6 km oberstrom DUSG II, vgl. MATSCHULLAT et al. (1991).
[b] Probe OkB1 aus Ah–Horizont (Grünland) in orogr. linkem Deichvorland
[c] Probe OkB2 aus Ah–Horizont (Ackerland) in orogr. linkem Auebereich.
[d] Probe OkB3 aus Ah–Horizont (Feldrain) in orogr. rechtem Auebereich.
[e] bckgrd. = regionaler geochemischer Hintergrund, s. Anh. 2.

Infolge der Erschließung des "Neuen Lagers" stieg ab etwa 18680 die Schwermetallimmission in der Okeraue erheblich an (vgl. NIEHOFF et al. 1992). Dieses betrifft besonders die Zn–Immission, aber auch Cd wurde vermehrt in die Okeraue eingetragen, demgegenüber war der Anstieg der Pb–Emission geringer. Da die Okerniederung seit dem Bau der Deiche und der Harztalsperren nur noch selten überschwemmt wird, dokumentiert die Schwermetallbelastung der dort beprobten Oberbodenhorizonte in etwa die Stoffbelastung am Ende des 19. Jhts. Weiterhin kommt es durch den Einfluß des Pflügens zu einer Homogenisierung des Bodenmaterials, auch ist mit Stoffentzügen durch Ernteeinflüsse zu rechnen, dieses betrifft vor allem das relativ mobile Element Cd und in geringerem Maße auch das Zn.

Zusätzlich zu den oben genannten Proben aus den jüngsten Sedimenten wurden Proben älterer Auenablagerungen untersucht: Aus einem Bohrkern aus der orogr. rechten Talaue (Nr. III/8; R: 44.01322, H: 57.69342) wurden 11 Sedimentproben bis maximal 4,3 m u. GOF geochemisch untersucht. Im Hinblick auf die Schwermetallbelastung der Sedimente im Tiefprofil ergaben die Untersuchungen für die Elemente Cd, Pb und Zn bis in eine Tiefe von 1,5 m u. GOF eine hohe Belastung. Die Anreicherungsfaktoren betragen im Durchschnitt: $AF_{Cd} > 100$, $AF_{Pb} > 50$ und $AF_{Zn} > 25$. Die Konzentrationen dieser Elemente überschreiten die A–Prüfwerte der Hamburger Liste (akute Gefährdung der menschlichen Gesundheit möglich, vgl. Tabelle 14, Kap. A.4.3.3.1). Nach einem Rückgang der Stoffgehalte im Bereich zwischen 1,5 m und 2,5 m u. GOF steigen die Konzentrationen der Elemente Cd, Pb und Zn bei 2,5–3,5 m u. GOF erneut an, sie erreichen das Niveau der G–Werte der Hamburger Liste (Gefährdung des Grundwassers möglich), unterhalb von 3,5 m entsprechen die Stoffkonzentrationen etwa dem regionalen geochemischen Hintergrund.

Im obersten Profilbereich, oberhalb von 0,9 m u. GOF, weisen die Sedimente pH–Werte über 5,5 auf, bei 0,9–2,5 m u. GOF liegen sie niedriger als pH 5,5. Im untersten Profilteil beträgt der pH mehr als 6,0.

Eine Einschätzung der von den Sedimentbelastungen ausgehenden Umweltgefahren kann sich in erster Linie an den gesetzlichen Bodengrenzwerten der Klärschlammverordnung orientieren. Diese werden in den Gewässerbettsedimenten, den beprobten Ah–Horizonten der Aueböden und den Auesedimenten bis 3,3 m u. GOF z.T. um ein Mehrfaches überschritten. Eine Nutzung der Grünlandbereiche in den Deichvorländern als Viehweide erscheint vor dem Hintergrund der sehr hohen Schwermetallbelastung vor allem mit dem hochtoxischen Kadmium nicht sinnvoll. In den Auebereichen außerhalb der Deiche wurden von HODENBERG (1974) starke Schädigungen mit Totalausfällen der Nutzpflanzen ("Steinfeldkrankheit") beschrieben, die auf die Schwermetallbelastung der Böden und die Pflanzenverfügbarkeit der Schadstoffe zurückgeführt werden konnten. Neben den sehr hohen Schadstoffanreicherungen in den obersten Auesedimenten verdient die Stoffbelastung in 2,5–3,5 m u. GOF besonderes Augenmerk. In dieser Schicht sind die Schwermetallkonzentrationen zwar erheblich niedriger als in den obersten 1,5 m des Sedimentprofils, jedoch noch immer so hoch, daß potentiell Gefährdungen des Grundwassers möglich sind. Dieses erscheint vor allem wegen der Entfernung von nur 300 m zum Brunnenfeld des Grundwasserwerks Börßum problematisch, wobei einschränkend festzustellen ist, daß die relativ hohen pH–Werte in den unteren Sedimenten aktuell eher auf eine geringe Mobilität der Schwermetalle hindeuten.

8.3.6 Formulierung öklogischer Planungsziele für die Auswahl von Sanierungs- und Renaturierungsmaßnahmen

Nördlich von Schladen ist die Okerniederung in sehr hohem Maße durch anthropogene Nutzungsansprüche gekennzeichnet. Vor allem durch die Einflüsse der Gewässerregulierung, der Verkehrsnutzung und der Intensivlandwirtschaft ist die fast vollständig ausgeräumte Gewässerlandschaft für den Naturschutz nahezu wertlos.

Als langfristiges Planungsziel ist die Renaturierung der Gewässerniederung anzustreben. Erste Schritte in dieser Richtung könnten eine Bepflanzung des Gewässerufers mit standortstypischen Gehölzen sowie eine Extensivierung der Landwirtschaft zumindest im Bereich des aktiven Überschwemmungsbereichs der Oker sein. Wünschenswert wäre eine Überführung der Flächen in mäßig intensives Grünland. Als primär geeignete Bereiche sind die Flächen zwischen dem Okerlauf oberstrom von St.km 81,9 und dem etwa 200 m entfernt liegenden westlichen Hang der Mittelterrasse zu nennen. Dieser Übergangsbereich könnte durch eine Bepflanzung mit geeigneten Gehölzen ebenfalls in die Renaturierung einbezogen werden. Ein Gehölzstreifen würde auch zu einer Verminderung der von den angrenzenden Ackerflächen emittierten Agrarchemikalien in die Okeraue beitragen.

Auf die Notwendigkeit einer größeren Naturnähe des künstlich gesteuerten Abflußregimes wurde bereits oben hingewiesen (vgl. Kap. B.7.3.6).

9 Naturräume "Ostbraunschweigisches Flachland" und "Obere Allerniederung"

9.1 Naturräumliche Ausstattung

Geologie und Morphologie. Das Ostbraunschweigische Flachland und die Obere Allerniederung schließen sich nach Norden an das Ostbraunschweigische Hügelland an.

Das Gebiet weist ein insgesamt sehr schwach ausgeprägtes Relief mit einem kleinräumigen Wechsel von lehmigen, drenthestadialen Grundmoränenplatten und Moränenrücken sowie flachen Niederungen auf, in denen glazifluviale Sedimente des Drenthestadials und weichselzeitliche Talsande zur Ablagerung kamen (MEYER 1986). Die Obere Allerniederung ist als Teil des drenthestadialen Aller–Ohre–Urstromtals anzusehen, das sich bis zum Breslau–Magdeburger–Urstromtal fortsetzt (GLAPA 1971).

Nördlich der Linie Peine–Braunschweig–Helmstedt dünnen die im Harzvorland und im südlichen Braunschweiger Land vorhandenen Lößdecken aus und gehen in einem Übergangssaum in Sandlöß- und Dünenfelder über[118].

Der Niederungsbereich der Oker ist nur noch lückenhaft mit Auelehm verhüllt. Häufig treten sandige Auesedimente an die Tagesoberfläche. Die Okeraue wird am östlichen Auenrand streckenweise von drenthestadialen Moränenplatten, z.T. mit auflagernden kleinen Sandlößfeldern und Dünen, begrenzt. An beiden Rändern der Gewässerniederung sind die Ablagerungen der Niederterrasse gut zu verfolgen. Sie nehmen nach Norden an Breite zu und werden von POSER (1950) in eine obere Akkumulations- und eine untere Erosionsterrasse unterteilt. Durch Erosionsprozesse kam es zur Herausbildung einer Terrassenkante, sie tritt im Gelände häufig als etwa 1–2 m hohe Stufe in Erscheinung.

Böden. Der südliche Teil des Ostbraunschweigischen Flachlands weist einen häufigen räumlichen Wechsel der Bodentypen und -arten auf. Während in den tonigen und meist kalkhaltigen Verwitterungsdecken der mesozoischen Gesteine verbraunte Pelosole und Pseudogleye entwickelt sind, herrschen im Bereich der Geschiebelehmdecken Braunerden vor. Für die pleistozänen Sand- und Kiesablagerungen sind basenarme, z.T. podsolierte Braunerden typisch (SCHAFFER & ALTEMÖLLER

---

[118] Zum Problem der nördlichen Lößgrenze vgl. u.a. POSER (1951) u. GEHRT (1994).

1964). In den Aueablagerungen der Okerniederung sind Auen–Ranker, Gleye und Pseudogleye die dominanten Bodentypen.

In der Oberen Allerniederung werden die Böden im gewässerferneren Okergebiet und in der Okerniederung stark durch den hohen Grundwasserstand beeinflußt, daher sind anmoorige Böden wie Anmoor–Gleye und Auenranker häufig vertreten (dies.). Für die Flugsandareale sind weitverbreitet Podsol–Ranker und Podsole, meistens mit Ortsteinbildungen, charakteristisch (MEYER 1986; WOLDSTEDT & DUPHORN 1974).

Klima. Im Ostbraunschweigischen Flachland und in der Oberen Allerniederung ist von Westen nach Osten eine starke Abnahme der mittleren Jahressumme des Niederschlags von 700 mm auf ca. 550 mm zu verzeichnen (IfL & DIfL 1959–1962).

Der Jahresmittelwert der Lufttemperatur beträgt 8,5° C, der Sommermittelwert liegt zwischen 14,0° und 16,0° C und die Jahrestemperaturamplitude weist einen Wert von 17,5°–17,5° C auf. Die Hauptwindrichtung des Gebiets ist West, gefolgt von Südwest und Nordwest (KLIMAATLAS NIEDERSACHSEN).

In der Okerniederung ist mit Beeinflussungen des Lokalklimas durch den hohen Grundwasserstand zu rechnen.

Gewässernetz. Die Oker durchfließt das Braunschweiger Flachland in SE–NW –Richtung; ihre Niederung ist von zahlreichen Altwässern durchsetzt. Nördlich von Braunschweig durchquert der Mittellandkanal das Okergebiet in SW–NE–Richtung, die Oker wird unter dem Bauwerk mittels eines Dükers durchgeführt. Über den Aue –Oker–Kanal besteht nördlich des Mittellandkanals eine Verbindung mit der nicht zum Okersystem gehörenden Aue.

Etwa auf halber Strecke zwischen der Stadt Braunschweig und der Okermündung fließt der Oker von Osten die Schunter, ihr wichtigster Nebenfluß, zu. Die Schunter entwässert den Nordteil des Elm–Höhenzugs sowie das gesamte südliche Ostbraunschweigische Flachland und hat großen Einfluß auf die Hochwasserführung des Oker–Unterlaufs. Sie weist unter den Okernebenflüssen das größte Einzugsgebiet auf, dessen Fläche etwa einem Drittel des gesamten Okergebiets entspricht.

Beim Eintritt der Oker in die Obere Allerniederung ändert sich die Fließrichtung letztmalig, sie verläuft nun bis zur Mündung nahe der Ortschaft Müden wieder S–N orientiert. Unterstrom der Schuntermündung nimmt die Oker nur noch kleinere Bäche und der Entwässerung dienende Gräben auf.

Aktuelle und potentielle natürliche Vegetation. Im Ostbraunschweigischen Flachland werden die Böden auf Geschiebelehm und Sandlöß fast ausschließlich als Ackerland genutzt. Sie dienen der Produktion von Weizen, Roggen und Kartoffeln (MEYER 1986). Lokal wird auf sandigen Böden Spargel angebaut.

Der unter natürlichen Bedingungen stockende Sternmieren–Eichen–Hainbuchenwald (Stellario–Carpinetum) kommt praktisch nicht mehr vor. Die Eichen–Buchenforsten auf den Pelosolarealen kommen dem typischen Eichen–Hainbuchenwald

(Querco–Carpinetum), der potentiellen natürlichen Vegetation dieser Bereiche, relativ nahe (ATLAS NIEDERSACHSEN UND BREMEN 1961). Die potentielle natürliche Vegetation der Oberen Allerniederung bildet auf trockenen Standorten der Stieleichen–Birkenwald (Betulo–Quercetum) (ebenda). Bis in die Mitte des vorigen Jahrhunderts wurden seine Areale weiträumig in Calluna–Heiden umgewandelt, heute werden sie häufig von Kiefernforsten und Äckern eingenommen.

In der Okeraue und den anderen Flußauen wurden die Auewälder fast vollständig zunächst in Dauergrünland und später z.T. großflächig in Ackerland überführt. Niedermoore treten aufgrund von Meliorationsmaßnahmen nur noch selten auf. Ähnlich wie im Nördlichen Harzvorland und im Ostbraunschweigischen Hügelland sind an der aquatischen Vegetation der Oker aufgrund von Eutrophierungs- und Schadstoffeinflüssen Verschiebungen im Artenspektrum gegenüber der potentiellen natürlichen Vegetation in Richtung auf Massenwuchs einzelner Arten bzw. Verarmungen des Vegetationsbestands zu verzeichnen (vgl. HERR et al. 1989b).

9.2 Charakterisierung des Lebensraums Okeraue

Die Oker durchfließt das Ostbraunschweigische Flachland auf 31 km Länge. In der Oberen Allerniederung beträgt die Fließstrecke 15 km.

Der z.T. stark mäandrierende Flußlauf befindet sich auf langen Strecken in naturnahem Zustand. Im Bereich der Ortslage Meinersen wurde am Gewässerbett jedoch im Jahre 1981 auf einer Länge von 2,2 km ein Intensivausbau durchgeführt. Die Abflußleistung des Profils wurde von ca. 20 m^3/s auf 88,6 m^3/s erhöht (WWA –BRAUNSCHWEIG 1983). Eine zweite 2 km lange Ausbaustrecke mit einer Profilleistung von ca. 40 m^3/s (WWA–BRAUNSCHWEIG 1957), die bereits um die Jahrhundertwende angelegt wurde, befindet sich direkt oberhalb der Okermündung.

Aufgrund der an den übrigen Gewässerstrecken geringen Leistung des Abflußprofils von ca. 15 m^3/s kommt es am überwiegenden Teil der Flußstrecke an durchschnittlich mehr als 20 d/a zu Überschwemmungen der Gewässeraue. Unterhalb der Schuntermündung beträgt die durchschnittliche Überschwemmungshäufigkeit sogar 35 d/a. Die Breite des Überschwemmungsgebiets beträgt ca. 500–800 m.

Wegen der unverbauten Gewässerufer konnten auf langen Strecken wertvolle standorttypische Ufergehölze mit Arten des Weichholzauewalds erhalten bleiben, die das Ufer vor Erosion schützen.

Im östlich des Flußlaufs gelegenen Auebereich ist die Vegetation ebenfalls großflächig als wertvoll zu bezeichnen. Neben der Existenz von Auewaldrelikten, Altarmen und Feuchtgebieten ist das weitverbreitete Vorkommen von Auegrünland mit nur mäßiger Bewirtschaftungsintensität zu nennen, ein Grünlandumbruch wurde nur in geringem Umfang durchgeführt. Der an die östliche Gewässeraue anschließende Übergangsbereich wird an manchen Stellen von der Oker unterschnitten und versteilt. Der morphologisch markant ausgeprägte, bis zu 15 m hohe Talrand und die mancherorts angrenzenden Dünenfelder sind mit standorttypischen Gehölzen wie *Quercus robur*, *Betula pendula* und *Pinus sylvestris* bestockt.

Im Unterschied hierzu unterliegt die Okeraue westlich des Flußlaufs in hohem Maße intensiver landwirtschaftlicher Nutzung, verbreitet wurde Auengrünland in Ackerland überführt. Nördlich der Ortschaft Rothe Mühle (St.km 32,0) werden in der westlichen Okeraue vom Abwasserverband Braunschweig vorgeklärte kommunale Abwässer verregnet. Bei der Einrichtung der Verregnungsflächen wurde eine Flurbereinigung durchgeführt, hierbei wurden in der Okeraue große Teile des Inventars an naturnahen Landschaftselementen ausgeräumt.

Der westliche Übergangsbereich, der von der oberen Niederterrasse gebildet wird, ist insgesamt morphologisch nicht so markant wie der östliche; stellenweise treten standorttypische Gehölze, weitaus häufiger jedoch Ruderalfluren mit weitverbreiteten Arten wie *Urtica dioica*, *Silene alba* und *Artemisia vulgaris* auf. Vielerorts ist die Terrassenkante durch landwirtschaftliche Einflüsse und Erosion derartig stark abgeflacht, daß sie ebenso wie die angrenzenden Bereiche beackert werden kann.

Die Gewässergüte weist von Braunschweig bis etwa 10 km unterstrom der Schuntermündung die Güteklasse II–III auf, im nördlichen Teil der Fließstrecke ist sie der Güteklasse II zuzuordnen.

Trotz der Störungen des Naturhaushalts durch Intensivnutzungen ist der Naturschutzwert der Okerniederung insgesamt als "hoch" anzusehen. Daher wurde die Okerniederung in den betrachteten Naturräumen auf einer Länge von ca. 37 Flußkilometern unter Landschaftsschutz gestellt (vgl. BEWIRTSCHAFTUNGSPLAN OKER; BEZIRKSREGIERUNG BRAUNSCHWEIG 1987b).

Für den Bereich von der Ortslage Neubrück (St.km 26,7) bis zur nördlichen Grenze der Stadt Braunschweig (St.km 33,3) läuft seit 1985 ein Verfahren zur Ausweisung der Okerniederung als Naturschutzgebiet (vgl. BEZIRKSREGIERUNG BRAUNSCHWEIG 1985 u. 1994). Das südlich daran anschließende Niederungsgebiet der Oker weist bis zum Beginn des Ölpersees nördlich von Braunschweig (St.km 45,9) ebenfalls die Qualität eines Naturschutzgebiets auf; wegen der ungeklärten Planungsverhältnisse hinsichtlich des Neubaus der Bundesstraße 214 (Braunschweig–Celle) wurde der Bereich bisher nicht unter Naturschutz gestellt, der größte Teil des Gebiets steht seit 1968 unter Landschaftsschutz.

9.3 Detailuntersuchungsgebiet (DUSG) III: Okeraue bei Braunschweig–Watenbüttel

Das 86 ha große und von der Oker auf einer Länge von 3,8 km durchflossene Gebiet weist von allen Detailuntersuchungsgebieten die heterogensten ökologischen Verhältnisse auf, es wurde daher für die exemplarische Dokumentation eines vollständig ausgefüllten Gewässererhebungsbogens ausgewählt (s. Anh. 3).

9.3.1 Repräsentanz im Naturraum

Der für die Oker innerhalb des Naturraums "Ostbraunschweigisches Flachland" repräsentative Gewässerabschnitt entspricht nach seiner ökologischen Ausstattung und den anthropogenen Störungsfaktoren weitgehend den oben für den Naturraum beschriebenen Verhältnissen. Die mit der Abwasserverregnung in der westlichen Okeraue verbundenen Störungen treten hier allerdings noch nicht auf, da das Verregnungsgebiet erst nördlich des Gewässerabschnitts beginnt. Dementsprechend befindet sich im vorgestellten Gewässerabschnitt der westliche Auebereich in einem wesentlich naturnäheren Zustand als im Abwasserverregnungsgebiet, dieses vor allem deshalb, weil keine Flurbereinigung durchgeführt worden ist.

9.3.2 Herleitung historischer Landschaftszustände

Auswertung historischen Kartenmaterials. Da für das Gebiet zwei historische Karten unterschiedlichen Alters in großem Maßstab vorliegen[119], läßt sich der frühere Landschaftszustand im Hinblick auf die Konfiguration des Gewässerlaufs und die Landnutzung bis vor ca. 200 Jahren rekonstruieren: Die ältere, aus dem Jahre 1793 stammende Karte im Originalmaßstab 1: 8.000 (s. Abb. 20) zeigt eine Gewässerlandschaft, in dem der stark mäandrierende, von Galeriewald gesäumte Fluß eine von Grünlandbereichen eingenommene, mit Altarmen und Auewaldrelikten durchsetzte Auelandschaft durchfließt. Die Ackerflächen sind relativ weit vom Gewässer entfernt, sie liegen oberhalb des östlichen Talrandes. Eine kleinere dörfliche Siedlung befindet sich am Rande des Auebereichs.

Der jüngeren, aus dem Jahre 1825 stammenden Karte, ebenfalls im Originalmaßstab 1: 8.000, läßt sich entnehmen, daß die bis 1825 in der Gewässerlandschaft durchgeführten Veränderungen hauptsächlich in der Ausdünnung des Galeriewalds und in der Beseitigung von Auewaldrelikten zugunsten des Niederungsgrünlands bestanden.

Der heutige Zustand ist dem historischen von 1825 in Bezug auf den Gewässergrundriß, die Gehölzvorkommen und die Landnutzung ähnlich. Die Altarmreste hingegen sind stark reduziert, die Übergangsbereiche werden z.T. von Straßen eingenommen, der Siedlungsbereich am östlichen Rand der Gewässerniederung wurde erheblich erweitert.

Auswertung historischer Pegelreihen. Der am "Ölper Wehr", ca. 5 km oberstrom des DUSG III neu installierte Abflußmeßpegel läßt ebenso wie der neuere Meßpegel Wolfenbüttel keine Rückschlüsse auf die Abflußverhältnisse vor dem Bau der Harztalsperren zu, so daß auf die für den Meßpegel Ohrum (St.km 73,1) vorhandenen langjährigen Meßreihen verwiesen werden muß (s. Tabelle 30).

---

[119] Vgl. Kartenverzeichnis: "PLAN DES OCKERSTROMES von 1793" und "GRUNDRISS DES OKERFLUSSES von 1825".

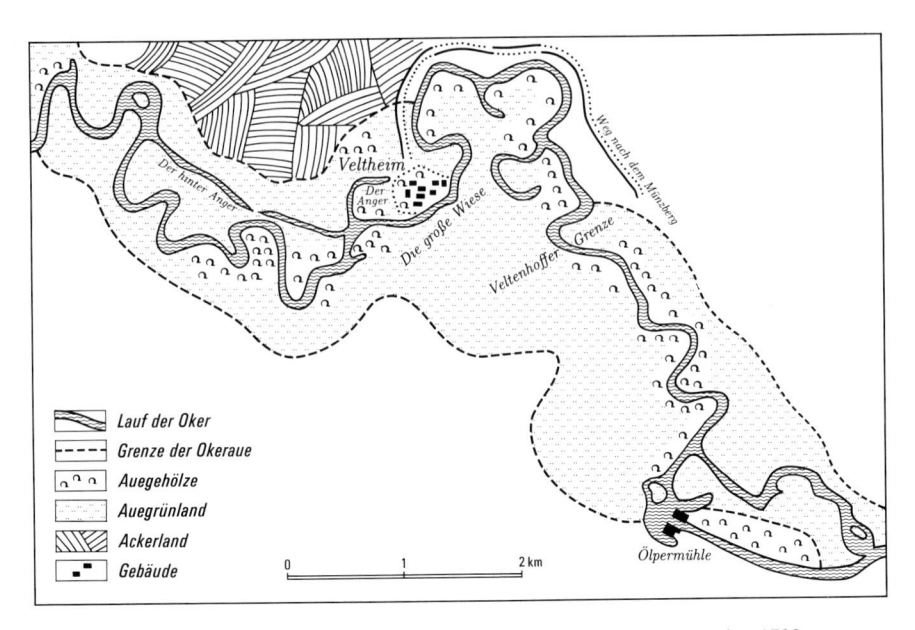

Abb. 20: Historische Karte der Okeraue nördlich von Braunschweig aus dem Jahre 1793
Quelle: Umzeichnung nach CAMERER (1984)

Tabelle 30: Abflußkennwerte am Okerpegel Ohrum

Pegel	BZR[a]	MHQ [m³/s]	MQ [m³/s]	MNQ [m³/s]
Ohrum				
	1926–1955	54,7	6,38	1,32
	1926–1989[b]	44,7	6,25	1,62
	BZR	MHQ: MNQ	monatlicher Abfluß Maximum	Minimum
	1926–1955	41,4: 1	Januar	Juli
	1926–1989[b]	28,1: 1	Januar	November

[a] BZR = Beobachtungszeitraum.
[b] Inbetriebnahme der Okertalsperre: 1956.

Quellen: DEUTSCHES GEWÄSSERKUNDLICHES JAHRBUCH, Abflußjahre 1959 u. 1989

Die Tabelle zeigt, daß das Abflußregime der Oker durch den Betrieb der Harztalsperren beeinflußt wird. Die sich aus der Tabelle ergebenden Veränderungen des Abflußgangs sind hierbei als Minima anzusehen, denn die für die Jahre 1926–1989 ausgewiesenen Verhältnisse enthalten auch über 20–30 Jahre die Meßwerte für den naturnahen Zustand vor dem Talsperrenbau. Höher auflösende Abflußwerte, die eine strikte Differenzierung der Verhältnisse vor und nach dem Bau der Harztalsperren zulassen würden, sind nicht verfügbar. Die Einflüsse der unterstrom von Ohrum in die Oker einmündenden Altenau und der durch großflächige Flächenversiegelungen im Einzugsgebiet der Oker geprägten Stadt Braunschweig führen tendentiell zu einer Vergrößerung des für den Pegel Ohrum berechneten Abflußverhältnisses (MHQ: MNQ = 28,1: 1). Wie groß dieses im Bereich nördlich von Braunschweig vor dem Bau der Harztalsperren war, läßt sich aus den vorhandenen Abflußdaten nicht ermitteln.

9.3.3 Naturschutzwert

Aus Abb. 21a läßt sich erkennen, daß der Gewässerabschnitt mit zahlreichen für den Naturschutz wertvollen Landschaftselementen ausgestattet ist. In 4 Teilräumen wurde dementsprechend der Naturschutzwert als "hoch", in 4 weiteren Teilräumen sogar als "sehr hoch" eingestuft (s. Anh. 3: Gewässerbewertungsbogen).

Kennzeichnend für den **Aquatischen Bereich** ist eine naturnahe Linienführung des Gewässerlaufs, die nur geringfügig von den in den historischen Karten dokumentierten Zuständen abweicht. Ein weiteres prägendes Merkmal ist das unverbaute Gewässerbett, das geomorphologische Strukturelemente und Variationen der Sohlsubstratverhältnisse durch Bildung von Gleit- und Prallhängen aufweist.

Die **Uferbereiche** sind ebenfalls bis auf einen kurzen, etwa 50 m langen Abschnitt, der bis zur Mittelwasserlinie mit Schüttsteinen gesichert ist, unverbaut. Das Abflußprofil wird aus unterschiedlich feinen Auesanden, die von humosen Schichten durchzogen sind, aufgebaut (s.u., Abb. 22); am orogr. linken Ufer existiert eine deutlich ausgeprägte Uferrehne. Neben dem naturnahen Gewässerbett beruht der sehr hohe Naturschutzwert der Ufer vor allem auf den in weiten Bereichen vorhandenen gutausgeprägten Gehölzen der Weichholzaue mit zahlreichen Kopfweiden. Weiterhin treten krautige Vegetationsbestände auf, die zu Grünlandnutzungen im Gewässernahbereich überleiten. Die Vegetationseinheiten des Gewässerbetts und des Gewässernahbereichs sind in Abb. 22 schematisch wiedergegeben.

Die **Gewässernahbereiche** und **Auebereiche** sind beiderseits des Gewässers aus Sicht des Naturschutzes als wertvoll (= Schutzwertstufe "hoch") zu klassifizieren. Sie unterliegen zum größten Teil einer nur mäßig intensiven Grünlandnutzung, zusätzlich kommen Auewaldrelikte, aufgelassenes Grünland mit Hochstaudenfluren, Feuchtwiesen und standortstypische Gehölzreihen mit Arten des Weichholzauewalds vor (s.u., Abb. 23). Die im orographisch rechten Auebereich vorhandenen Stillgewässer tragen ebenfalls zur Biotopvielfalt bei.

Trotz einer deutlich nachweisbaren Dämpfung der Abflußunterschiede sind die Auswirkungen der Harztalsperren auf die Überschwemmungshäufigkeit nicht sehr erheblich (s. Anh. 3, Gewässererhebungsbogen, Aquatischer Bereich, Pkt. 1: Abflußcharakter). Die Abflußleistung des Gewässerprofils ist mit etwa 16 m^3/s recht gering, die Hochwasserwahrscheinlichkeit beträgt durchschnittlich ca. 20 d/a. Dieses ermöglicht bei hohem Grundwasserstand den Erhalt wertvoller Feuchtgebiete und auentypischer Vegetationsbestände.

Die **Übergangsbereiche** schließen sich lateral an die Hochwasserausuferungslinien an, sie werden zum größten Teil vom Hang der pleistozänen Niederterrasse gebildet, der von kolluvialem Material verhüllt ist. Am orogr. rechten Auerand unterschneidet die Oker häufig den Talrand. Im Hinblick auf den Naturschutzwert bestehen zwischen den Verhältnissen am orographisch linken und rechten Auenrand erhebliche Unterschiede. Während der südwestliche Übergangsbereich durch Intensivnutzungen geprägt ist (s.u.), ist der Naturschutzwert des nordöstlichen Übergangsbereichs als "sehr hoch" zu bezeichnen. Charakteristische Elemente sind der auf langer Strecke morphologisch deutlich ausgeprägte Talrand, punktuell mit östlich angrenzenden Dünen, und die gut entwickelten standortstypischen Gehölzbestände mit Arten des Eichen–Hainbuchenwalds (Stellario–carpinetum).

9.3.4 Störungsintensität und Störungsfaktoren

Im betrachteten Gewässerabschnitt ist die Störungsintensität in 6 Teilräumen als "mäßig" und in 3 Teilräumen als "hoch" bzw. "sehr hoch" anzusehen.

Trotz des aus Sicht des Naturschutzes insgesamt hochwertigen Zustands des Gewässerabschnitts (s.o.) sind gravierende anthropogene Störungsfaktoren wirksam (s. Abb. 21b und Anh. 3, Gewässererhebungsbogen, Teil 3), die zu erheblichen Beeinträchtigungen des Naturhaushalts führen. Hier ist in erster Linie die stark befahrene Bundesstraße 214 mit durchschnittlich mehr als 35.000 Fahrzeugen pro Tag (NIEDERSÄCHSISCHES LANDESAMT FÜR STRASSENBAU 1990) zu nennen, sie führt auf einer Länge von 980 m am südwestlichen Rand des Gewässerabschnitts entlang. Eine Verlegung der B 214 verbunden mit einem Neubau der Straße durch die Okeraue (vgl. geplante Trassenführung in Abb. 21a) würde zu weiteren erheblichen Störungen führen (NIEHOFF et al. 1991b). Die Sedimentbelastung mit Schwermetallen aus unterschiedlichen Quellen ist auch im DUSG III derartig hoch, daß von einer "Schadstoffanreicherung" gesprochen werden kann.

Im **Aquatischen Bereich** weist die Vegetation eine "sehr hohe" Störungsintensität auf. Sie wurde von HERR et al. (1989b) nach der Artenfehlbetragsmethode klassifiziert und der niedrigsten Wertstufe (= Klasse III, vgl. Kap. A.4.3.3.1) zugeordnet. Eigene Untersuchungen bestätigen dieses ungünstige Ergebnis: Die Gewässersohle ist stark an Vegetation verarmt, kleinflächig treten lediglich Fadenalgen und am Übergang zum Uferbereich mit niedrigem Deckungsgrad der Ästige Igelkolben (*Sparganium emersum*) auf; seltene oder geschütze Arten wurden nicht angetroffen. Ursächlich ist möglicherweise die Wasser- bzw. Sedimentqualität. Die Gewässergüte weist aktuell zwar die Güteklasse II–III auf, es ist jedoch damit zu rechnen, daß die in den Sedimenten gespeicherten Schadstoffe (s.u.) das Pflanzenwachstum behindern.

Die Störungsintensität des Aquatischen Bereichs war bei einem Bewertungskriterium als "sehr hoch" und in den anderen Fällen als ≤ "hoch" einzustufen. Somit wurde der Aquatische Bereich insgesamt der Störungsstufe "hoch" zugeordnet, da bei einer Klassifikation anhand von 6 Bewertungskriterien mindestens 2 Kriterien der wertbestimmenden Stufe entsprechen müssen (vgl. Kap. A.4.4.3.2).

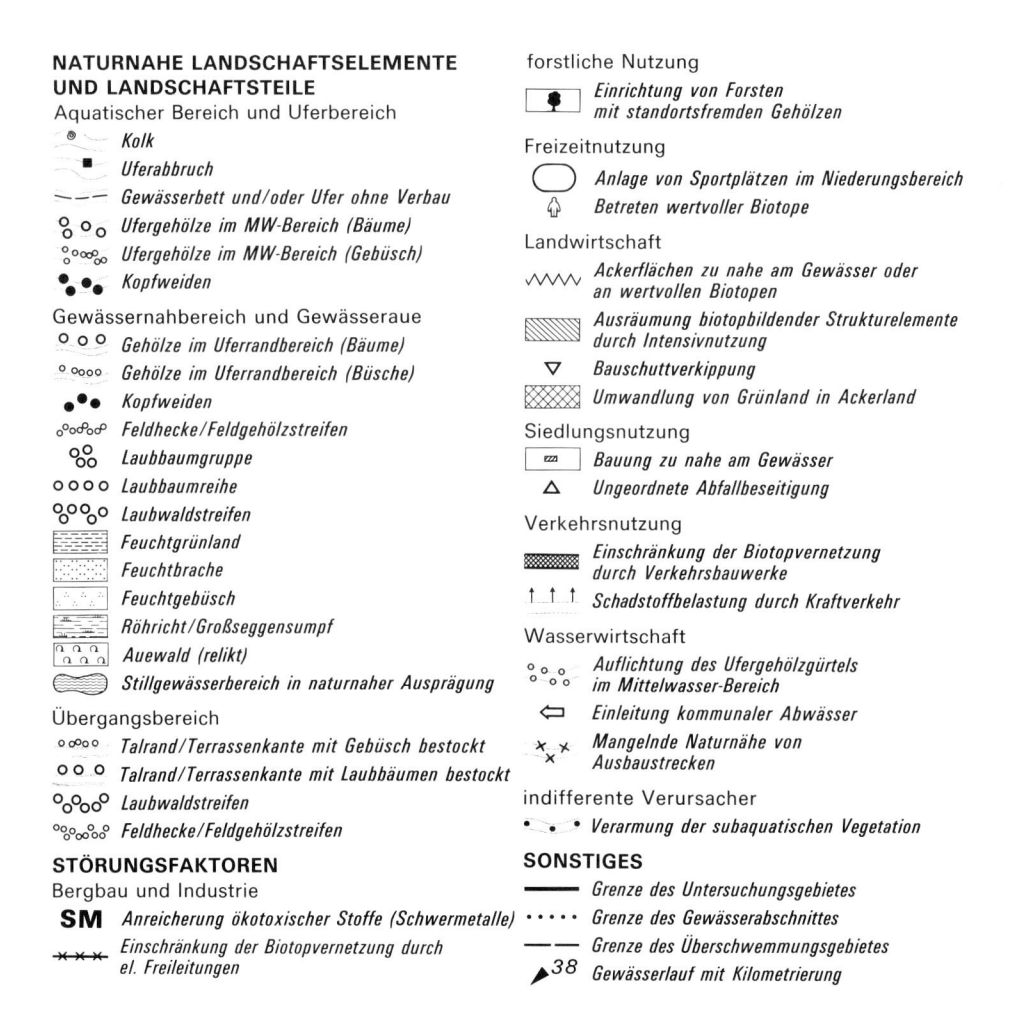

NATURNAHE LANDSCHAFTSELEMENTE UND LANDSCHAFTSTEILE
Aquatischer Bereich und Uferbereich
- Kolk
- Uferabbruch
- Gewässerbett und/oder Ufer ohne Verbau
- Ufergehölze im MW-Bereich (Bäume)
- Ufergehölze im MW-Bereich (Gebüsch)
- Kopfweiden

Gewässernahbereich und Gewässeraue
- Gehölze im Uferrandbereich (Bäume)
- Gehölze im Uferrandbereich (Büsche)
- Kopfweiden
- Feldhecke/Feldgehölzstreifen
- Laubbaumgruppe
- Laubbaumreihe
- Laubwaldstreifen
- Feuchtgrünland
- Feuchtbrache
- Feuchtgebüsch
- Röhricht/Großseggensumpf
- Auewald (relikt)
- Stillgewässerbereich in naturnaher Ausprägung

Übergangsbereich
- Talrand/Terrassenkante mit Gebüsch bestockt
- Talrand/Terrassenkante mit Laubbäumen bestockt
- Laubwaldstreifen
- Feldhecke/Feldgehölzstreifen

STÖRUNGSFAKTOREN
Bergbau und Industrie
- **SM** Anreicherung ökotoxischer Stoffe (Schwermetalle)
- Einschränkung der Biotopvernetzung durch el. Freileitungen

forstliche Nutzung
- Einrichtung von Forsten mit standortsfremden Gehölzen

Freizeitnutzung
- Anlage von Sportplätzen im Niederungsbereich
- Betreten wertvoller Biotope

Landwirtschaft
- Ackerflächen zu nahe am Gewässer oder an wertvollen Biotopen
- Ausräumung biotopbildender Strukturelemente durch Intensivnutzung
- Bauschuttverkippung
- Umwandlung von Grünland in Ackerland

Siedlungsnutzung
- Bauung zu nahe am Gewässer
- Ungeordnete Abfallbeseitigung

Verkehrsnutzung
- Einschränkung der Biotopvernetzung durch Verkehrsbauwerke
- Schadstoffbelastung durch Kraftverkehr

Wasserwirtschaft
- Auflichtung des Ufergehölzgürtels im Mittelwasser-Bereich
- Einleitung kommunaler Abwässer
- Mangelnde Naturnähe von Ausbaustrecken

indifferente Verursacher
- Verarmung der subaquatischen Vegetation

SONSTIGES
- Grenze des Untersuchungsgebietes
- Grenze des Gewässerabschnittes
- Grenze des Überschwemmungsgebietes
- ▶38 Gewässerlauf mit Kilometrierung

Legenden zu den Detailkarten des Gewässerabschnitts (s. Abb. 21a u. 21b)

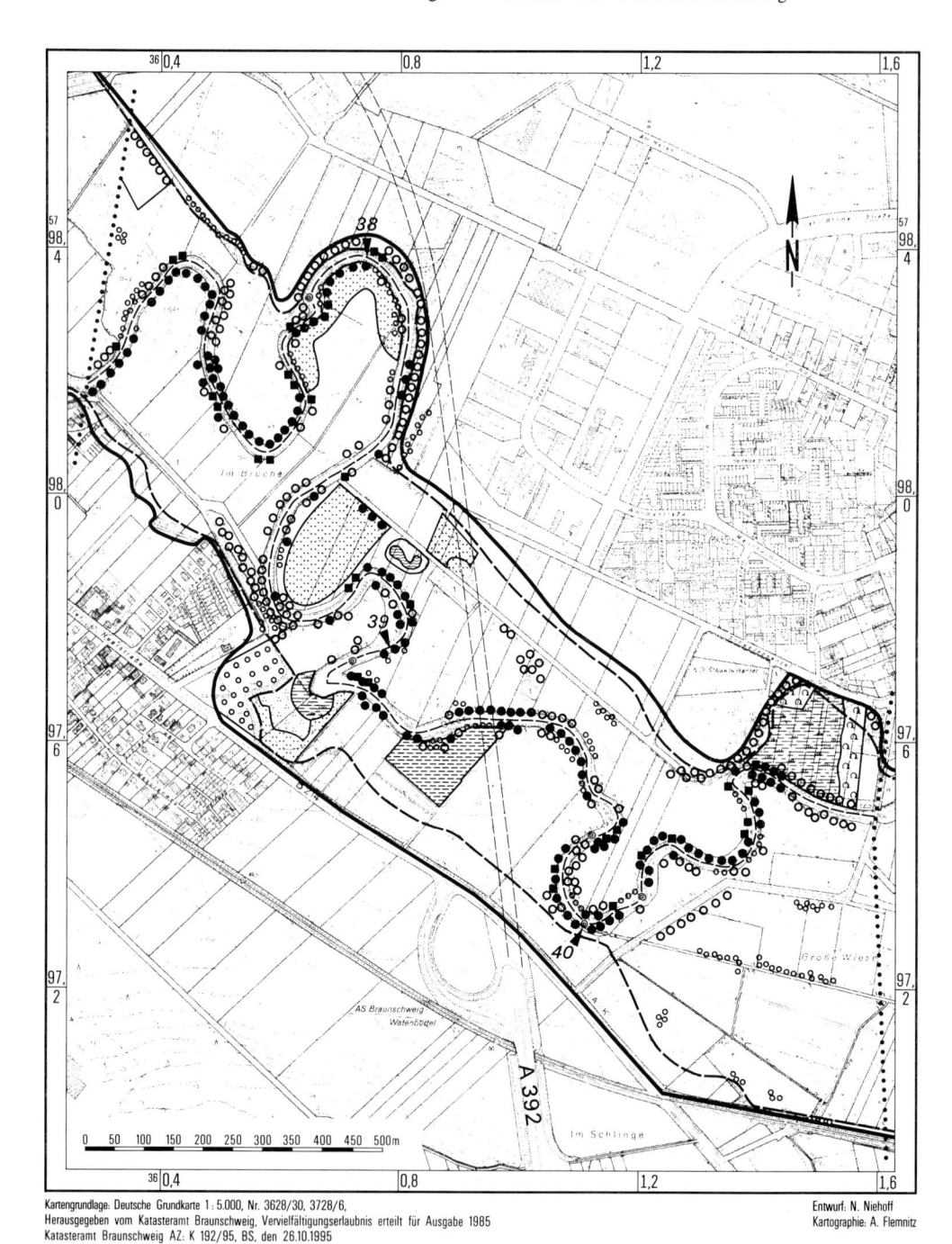

248   B.9 Naturräume "Ostbraunschweigisches Flachland" und "Obere Allerniederung"

Abb. 21a: Okeraue nördlich von Braunschweig; naturnahe Landschaftsteile und -elemente

B.9.3 Okeraue bei Braunschweig–Watenbüttel (DUSG III) 249

Abb. 21b: Okeraue nördlich von Braunschweig; Störungsfaktoren

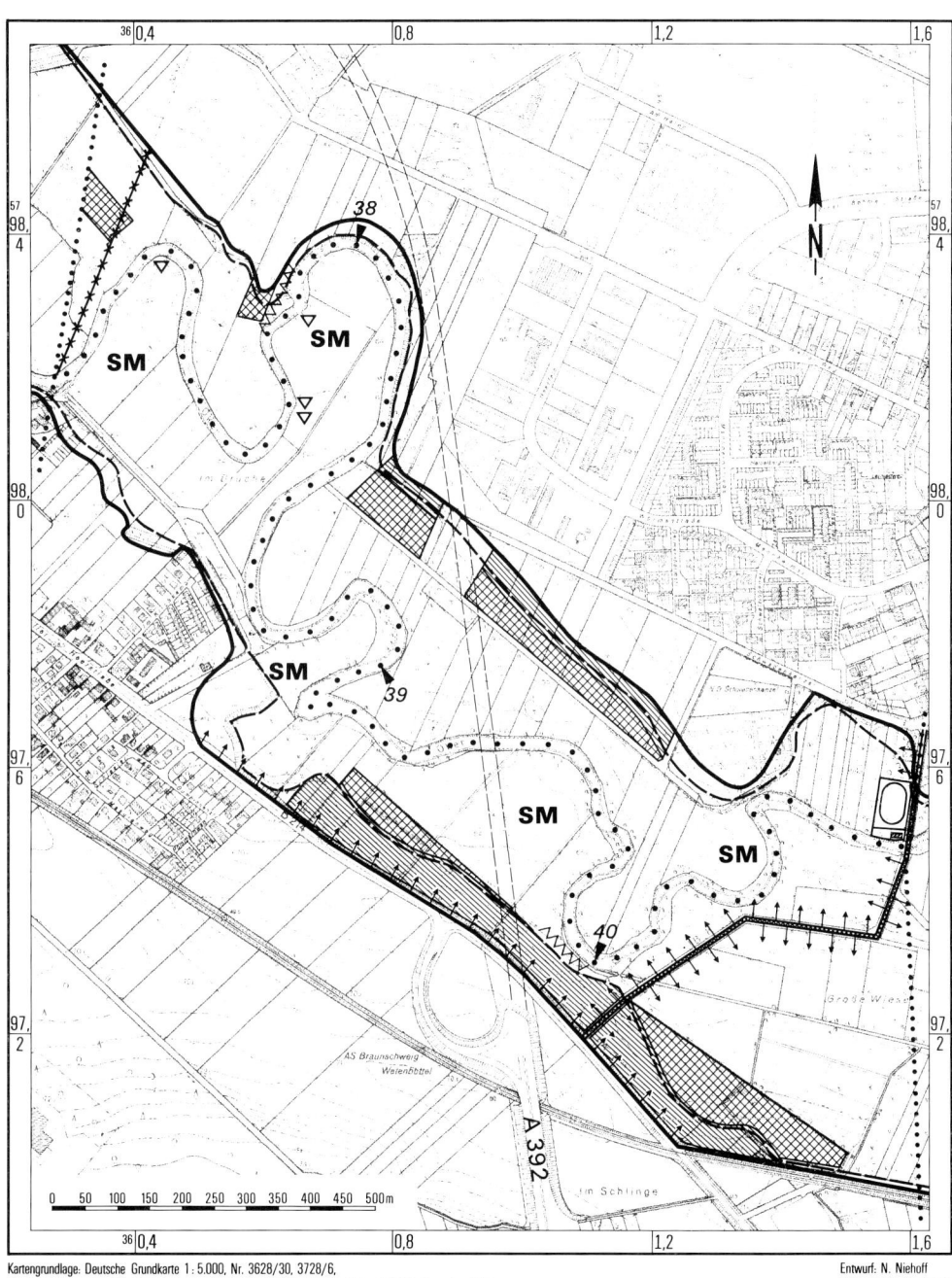

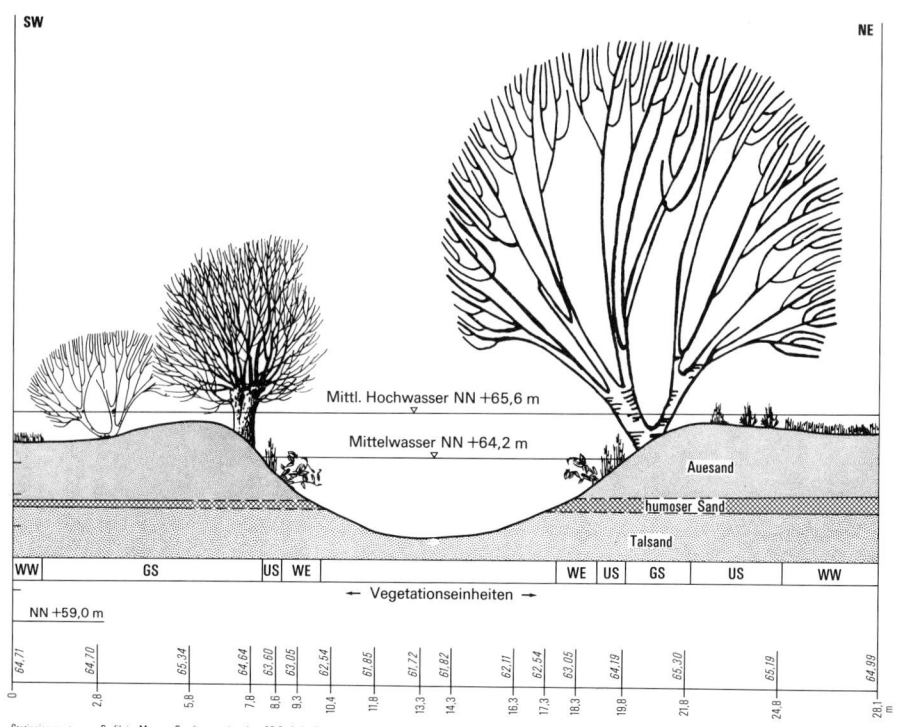

250   B.9 Naturräume "Ostbraunschweigisches Flachland" und "Obere Allerniederung"

Abb. 22: Profil des Okerbetts und der Uferbereiche im Detailuntersuchungsgebiet III
Gewässerstation: km 39,6

Vegetationseinheiten:
WE = Wasservegetation eutropher Gewässer
US = Uferstauden
GS = Gehölzsaum, standortstypisch
WW = Frischwiesen und Weiden

In beiden **Uferbereichen** ist die Störungsintensität ebenfalls als "hoch" einzuschätzen, die Bewertungskriterien Sedimentzustand und Vegetationszustand wurden dieser Wertstufe zugeordnet.

In den **Gewässernahbereichen** und **Auebereichen** sind im orogr. links gelegenen Teil der Gewässerniederung trotz wertvoller Vegetationsbestände kleinflächig Nutzungsformen vor allem der Intensivlandwirtschaft vorhanden, die zumindest auf eine insgesamt "mäßige" Störungsintensität hinweisen.

Im orogr. rechten Teil der Gewässerniederung ist die Störungsintensität im Gewässernahbereich und im Auebereich ebenfalls als "mäßig" anzusehen. Hier ist die Größe naturfern genutzter Flächen (Gebäude, Landwirtschaft) etwas höher, zusätzlich treten an den 4 vorhandenen Stillgewässern starke Störungen der Vegetation sowie Eutrophierungserscheinungen auf (s. Anh. 3, Gewässererhebungsbögen der Stillgewässer).

Im **Übergangsbereich** spiegelt sich der oben für den Naturschutzwert beschriebene starke Unterschied zwischen den beiden Bereichen am linken und rechten auch in der Höhe der Störungsintensität wieder. Zwar sind in beiden Teilräumen kleinflächig Flächenversiegelungen vorhanden, der orographisch links gelegene Übergangsbereich ist jedoch zusätzlich durch einen hohen Flächenanteil an intensivem Ackerland mit ausgeräumter Struktur gekennzeichnet. Die Störungsintensität wurde als "sehr hoch" angesprochen, demgegenüber war die Störungsintensität im rechten Übergangsbereich lediglich als "mäßig" zu klassifizieren.

Abb. 23: Die Oker bei Braunschweig–Watenbüttel
Der Okerlauf wird in diesem Gewässerabschnitt von gut ausgeprägten Gehölzen der Weichholzaue gesäumt. Der Auebereich ist großflächig durch Grünlandnutzung geprägt, zusätzlich treten wertvolle auentypische Elemente wie Altwässer, Feuchtgrünland und Röhrichte auf. Der östliche Übergangsbereich ist mit starken, standortstypischen Gehölzen bestockt;
St.km 38,1; Aufnahmedatum 24.01.96; Blickrichtung flußaufwärts nach SW.

9.3.5 Untersuchungen zur Schadstoffbelastung der Gewässersedimente

Für Untersuchungen zur Schadstoffbelastung der Sedimente in der Okerniederung (s. Kap. B.5.2) wurden im DUSG III Beprobungen der Gewässerbettsedimente und der Hochflutlehme durchgeführt. Die Konzentrationen wichtiger Elemente sind in Tabelle 31, und im Gewässererhebungsbogen (s. Anh. 3) aufgelistet. Bei der Bewertung der ökologischen Teilräume des Gewässerabschnitts wurde der Sedimentzustand nur im Aquatischen Bereich und im Uferbereich als Bewertungskriterium berücksichtigt.

Sowohl die Schwermetallgehalte der Gewässerbettsedimente als auch der rezenten Hochflutsedimente sind hinsichtlich der in Tabelle 31 aufgelisteten Elemente gegenüber dem geochemischen Hintergrund deutlich erhöht bzw. im Falle des Pb und des Zn um mehr als das 10–fache angereichert. Die Cd–Anreicherung in den Hochflutsedimenten beträgt mehr als das 500–fache.

Aus Abb. 24 ergibt sich, daß die Schwermetallkonzentrationen in den Hochwassersedimenten, nachdem sie vom Harzrand bis südlich von Braunschweig kontinuierlich abnehmen, unterstrom der Stadt erneut ansteigen.

Dieses deutet darauf hin, daß die bergbaulichen Einflüsse aus dem Emissionsraum Goslar–Oker innerhalb des Stadtgebiets von Braunschweig von diffusen Einträgen (Mischwasserkanalisation, Regenwasserabläufe der Straßen, industrielle Einleiter) überlagert werden, so daß unterstrom von Braunschweig ein Sekundäranstieg der Stoffbelastung auftritt.

Tabelle 31: Schwermetallkonzentrationen in Gewässerbett- und Hochflutsedimenten in der Okeraue bei Braunschweig–Watenbüttel

Probe	St.km	Elementkonzentrationen [µg/g Trockensubstanz]						
		Cd	Co	Cr	Cu	Ni	Pb	Zn
OkS15[a]	38,6		50	100	330	70	590	2.600
4a[b]	37,5	80	50	100	490	80	1.100	3.600
4b[b]	37,5	70	90	110	300	80	1.100	4.000
	bckgrd.[c]	< 0,1	20	100	110	40	50	230

[a] Vgl. MATSCHULLAT et al. (1991).
[b] Vgl. Abb. 24.
[c] bckgrd. = regionaler geochemischer Hintergrund, vgl. Anh. 2.

B.9.3 Okeraue bei Braunschweig–Watenbüttel (DUSG III) 253

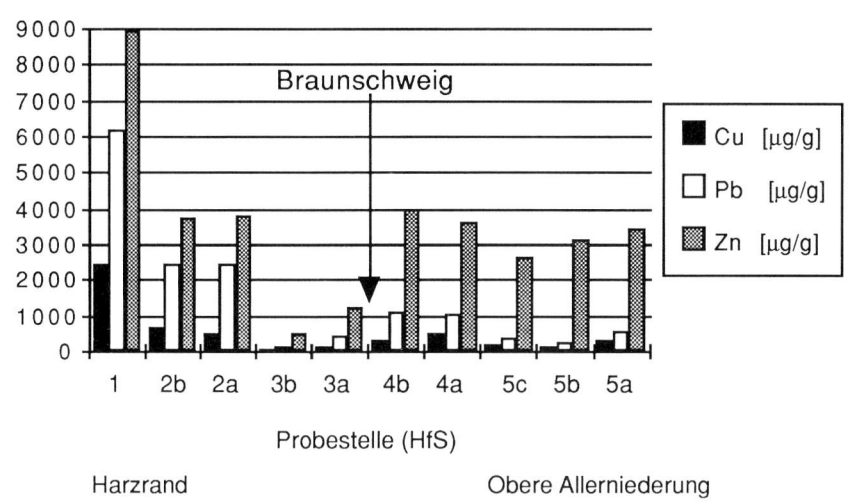

Abb. 24: Die Konzentrationen der Elemente Cu, Pb und Zn in den Hochflutsedimenten der Oker aus dem Jahre 1988

Quelle: nach MATSCHULLAT & NIEHOFF (1991)

In Ergänzung der Untersuchungen an rezenten Gewässersedimenten wurden die Auenablagerungen in einem Talprofil aufgenommen. Im Jahre 1988 wurde auf Höhe von St.km 39,6 bei der Verlegung einer Wasserversorgungsleitung ein 2 m tiefer Graben quer durch die Okeraue angelegt. Innerhalb des Aufschlusses wurden zahlreiche Sedimentprofile, die z.T durch Handbohrungen bis in maximal 5,5 m u. GOF weiter vertieft wurden, untersucht.

Aus einem der Profile in der orogr. linken Gewässeraue wurden 12 Proben in einem Tiefenprofil bis maximal 5,5 m u. GOF geochemisch analysiert (Profil Nr. VI/24, R: 36.01025, H: 57.97542). Die Konzentrationen der Schwermetalle Cd, Cu, Pb und Zn zeigen mit zunehmender Tiefe eine abnehmende Tendenz:

Im obersten Profilteil bis ca. 1,6 m u. GOF ist die Cd–Konzentration außergewöhnlich hoch, dieses Element ist gegenüber dem geochemischen Hintergrund im Durchschnitt um mehr als das 500–fache angereichert. Die Elemente Zn und Pb können mit $AF_{Zn} > 15$ bzw. $AF_{Pb} > 10$ ebenfalls als stark angereichert eingestuft werden. Zwischen 1,6 m und 3,4 m u. GOF läßt die Belastung der Sedimente mit Schwermetallen im Vergleich zum Hangenden zwar nach, die Anreicherungen wichtiger Elemente betragen jedoch immer noch ein Vielfaches des geochemischen Backgrounds (z.B. $AF_{Cd} > 50$, $AF_{Zn} > 7,5$).

Unterhalb von 3,4 m u. GOF bis zur Basis des Bohrkerns gehen die Schwermetallbelastungen deutlich zurück, wobei die Sedimente jedoch Ni– und Zn– Konzentrationen aufweisen, die gegenüber dem regionalen geochemischen Hintergrund etwa um den Faktor 2 erhöht sind. Die Basis der von anthropogenen Schwermetalleinträgen beeinflußten Auesedimente wurde nicht erbohrt.

Die pH–Werte liegen im Tiefenprofil nahezu durchgängig oberhalb von pH 5,5. Eine Probe im Profilteil 2,3 bis 2,9 m u. GOF wies einen pH–Wert von unter 4,5 auf, so daß in diesem Bereich mit der Möglichkeit erhöhter Schwermetallmobilität gerechnet werden muß.

Aus Sicht des Umweltschutzes ist besonders auf die hohen Gehalte an Cd und Zn in den Hochflutsedimenten hinzuweisen. Die Konzentrationen beider Stoffe übersteigen die Bodengrenzwerte der Klärschlammverordnung und die A–Prüfwerte der Hamburger Liste (akute Gefährdung der menschlichen Gesundheit möglich; s. Tabelle 14, Kap. A.4.3.3.1) um ein Mehrfaches. Dieses gilt auch für die Schadstoffgehalte in den oberen Auesedimentschichten, weiterhin treten hohe Pb– und Ni–Konzentrationen auf. Als Emittenten des Pb kommen zusätzlich zu den Einflüssen aus dem Bereich des Harznordrands der starke Kraftverkehr in Braunschweig sowie im Falle des Ni und des Cd die in Braunschweig ansässigen Betriebe der galvanischen und metallverarbeitenden Industrie in Frage.

An Einschränkungen der Nutzungen in der Okeraue ist neben der Landwirtschaft die Naherholung zu nennen. Das Gebiet wird recht häufig von Einwohnern der nahegelegenen Ortschaft Braunschweig–Watenbüttel aufgesucht. Im Hinblick auf die Gefährdung der Grundwasserressourcen durch die Schadstoffbelastungen kann von einer potentiellen Gefährdung ausgegangen werden, die G–Prüfwerte der Hamburger Liste (Gefährdung des Grundwassers möglich) werden bis 3,4 m u. GOF überschritten. Bezüglich der Notwendigkeit von Untersuchungen zur Stoffmobilität gilt das für die anderen DUSG bereits Gesagte.

Am Beispiel des DUSG III zeigt sich, daß ein Gebiet mit hohen Schadstoffkonzentrationen im Boden bzw. in diesem Fall in den Sedimenten durchaus einen aus Sicht des Naturschutzes sehr wertvollen Lebensraum darstellen kann, die Oker ist keineswegs als Industriekloake anzusehen. Die Organismen haben sich sehr wahrscheinlich bis zu einem gewissen Grad an die Belastungen angepaßt. Alle Eingriffe in die Okeraue, die zu einem weiteren Eintrag an Schwermetallen oder zu einer Remobilisierung der Stoffe führen können wie z.B. ein Neubau der Bundestraße 214 durch die Gewässerniederung, sind unbedingt zu vermeiden.

9.3.6 Formulierung ökologischer Planungsziele für die Auswahl von Sanierungs- und Renaturierungsmaßnahmen

Bei dem Gewässerabschnitt handelt es sich um einen noch innerhalb der Stadtgrenzen Braunschweigs gelegenen Teil eines längeren, hochwertigen Auebiotops mit wertvoller Vegetationsausstattung insbesondere extensiver Nutzungsformen und einem naturnahen Gewässerlauf.

Als Planungsziel wird der Schutz der in wesentlichen Teilen erhaltenen traditionell genutzten Gewässerlandschaft angestrebt, die erneute Entwicklung der verlorengegangenen und die Vitalisierung der noch vorhandenen natürlichen Landschaftselemente ist zu initiieren. Dieses betrifft vor allem die Stillgewässer in der östlichen Gewässeraue. Die Elemente der traditionellen bäuerlichen Kulturlandschaft (extensives Grünland, Kopfbäume) sollten mit Hilfe einer "Biotoppflege" erhalten werden.

Wegen des "sehr hohen" Naturschutzwerts des Gebiets und des gleichzeitig hohen Nutzungsdrucks am Rande des stark prosperierenden industriellen Ballungsraums Braunschweigs sollte eine Ausweisung als Naturschutzgebiet so schnell wie möglich erfolgen. Ein Bau der Bundesstraße 214 durch die Okeraue ist aus Sicht des Naturschutzes abzulehnen. Die hierbei zu erwartenden Schäden würden zu einer naturfernen Umstrukturierung der Gewässerlandschaft führen.

10 Zusammenfassung wichtiger Untersuchungsergebnisse in den Naturräumen des Okergebiets

Das folgende Kapitel bezieht sich im wesentlichen auf Karte 1 (s. Beilage), in der die Gewässerdiagramme (vgl. Kap. A.4.5.4) der Detailuntersuchungsgebiete und ausgewählter Gewässerabschnitte in den von der Oker durchflossenen naturräumlichen Einheiten dargestellt sind.

Im Bereich des **Harzes** zwischen der Okertalsperre und der Ortschaft Goslar–Oker ist die Oker insgesamt als ein aus Sicht des Naturschutzes wertvolles Gewässer einzustufen (vgl. u.a. Gewässerabschnitt 2 = DUSG I, Karte 1). Sein Wert wird vor allem durch die hohe Wasserqualität (überwiegend Güteklasse I u. I–II), das geomorphologisch reich strukturierte Gewässerbett und die naturnahe Vegetation mit seltenen Kryptogamen und Bachuferwäldern bestimmt.

Innerhalb der Ortslage Goslar–Oker nimmt der Naturschutzwert ausgehend vom Aquatischen Bereich hin zu den lateralen Teilräumen der Gewässerlandschaft ab (z.B. Gewässerabschnitt 4, Karte 1). Während der Aquatische Bereich aufgrund der unverbauten Gewässersohle und der hohen Wasserqualität als wertvoll anzusprechen ist, sind die Gewässerufer für den Naturschutz von geringerem Wert, da sie streckenweise durch Intensivausbauten gekennzeichnet sind. Im Gewässernahbereich treten verbreitet Flächenversiegelungen auf.

Die anthropogene Störungsintensität ist im Bereich der gesamten Fließstrecke im Harz "sehr hoch". Als Ursache ist an erster Stelle das durch die Okertalsperre und die Kleinkraftwerke weitestgehend technisch gesteuerte Abflußregime der Oker zu nennen. Die wasserbaulichen Anlagen stören auch die Biotopvernetzung erheblich.

Trotz des Befunds des StAWA–Göttingen zur Gewässergüte, der auf eine insgesamt geringe Belastung des Gewässerkörpers hindeutet, ist die Schwermetallbelastung der Gewässerbettsedimente bereits auf der Fließstrecke oberhalb von Goslar–Oker durch Einflüsse der historischen Buntmetallverhüttung im Okertal gegenüber den natürlichen Verhältnissen deutlich erhöht. Innerhalb der Ortschaft ist die Sedimentbelastung mit Schwermetallen als "exzeptionell hoch" einzustufen. Als Quellen dieser Stoffe sind die Abraum- bzw. Schlackenhalden des Harzer Bergbaus und der Buntmetallverhüttung zu nennen, die z.T. direkt bis an das Okerufer heranreichen. Zusätzlich ist mit Einträgen über den Luftpfad zu rechnen.

Eine weitere Störung mit hoher Intensität ist die vielbefahrene Bundesstraße 498, die die Gewässerlandschaft des Okertals teils im Auebereich, teils im Übergangsbereich auf ganzer Länge durchzieht. In der Ortschaft Goslar–Oker werden die Gewässernahbereiche z.T. von Straßen eingenommen.

Im **Nördlichen Harzvorland** sind die Verhältnisse an der Oker im Hinblick auf den Naturschutzwert heterogen. Es lassen sich 3 Bereiche unterschiedlicher Naturnähe ausweisen:

1. Zwischen Goslar–Oker und der Ortschaft Vienenburg ist der Naturschutzwert der Okerniederung insgesamt "gering" (vgl. Gewässerabschnitt 8, Karte 1). Die Oker ist streckenweise naturfern ausgebaut, das ehemals verzweigte Flußbett wurde kanalisiert. Dieses ermöglicht in der Gewässeraue Intensivnutzungen wie Intensivlandwirtschaft und großflächigen Kiesabbau. Die neu entstandenen zahlreichen Abbaugewässer sind bis auf 2 Ausnahmen als naturfern einzustufen.
2. Zwischen den Ortschaften Vienenburg und Schladen fließt die Oker auf größerer Strecke nahe der Grenze zur ehemaligen DDR. Durch den im Vergleich zu den nördlich und südlich angrenzenden Fließstrecken eher geringen Nutzungsdruck befindet sich die Gewässerlandschaft insgesamt in naturnahem Zustand (s. Gewässerabschnitt 12, Karte 1), das Gebiet steht auf einer Länge von ca. 10 km unter Naturschutz. Wertbestimmend sind der unverbaute, verzweigte Gewässerlauf und vor allem die auf größerer Fläche anzutreffenden Auewaldvorkommen.
3. Nördlich von Schladen sind in Bezug auf den Naturschutzwert der Okerlandschaft ähnliche Verhältnisse wie südlich der Ortslage Vienenburg anzutreffen (s. Gewässerabschnitt 16 = DUSG II, Karte 1). In diesem Bereich ist das Gewässer ebenfalls naturfern ausgebaut um eine Intensivnutzung in der Aue zu ermöglichen. Der Naturschutzwert der Okerniederung ist insgesamt gesehen "gering", jedoch ist der Aquatische Bereich höher zu bewerten, da bei den Ausbaumaßnahmen die Gewässersohle unverbaut belassen wurde.

Die Störungsintensität im Bereich der Laufstrecke zwischen Goslar–Oker und Vienenburg ist in den meisten Gewässerabschnitten durchschnittlich als "sehr hoch" einzustufen (s. z.B. Gewässerabschnitt 8, Karte 1). Die Einflüsse der Gewässerregulierung (Ausbau und Talsperrenbetrieb) auf das Abflußregime sind derartig hoch, daß das aktuelle Überschwemmungsgebiet nur sehr schmal ist. Da die Talränder sogar von großen Hochwässern bei weitem nicht erreicht werden, wurde entsprechend den Vorgaben in Kap. A.2.2 auf die Ausweisung von Übergangsbereichen verzichtet. Ein weiterer nennenswerter Störungsfaktor ist in der hohen Schwermetallbelastung der Gewässersedimente zu sehen, hierfür gilt im Prinzip das für die Belastungen in der Ortslage Goslar–Oker Gesagte (s.o.). Potentiell ist die Gefahr der Grundwasserkontamination im Nördlichen Harzvorland hoch, denn im Steinfeld versickern "nennenswerte Anteile des Abflusses der Oker" in den pleistozänen Schotterkörper (vgl. BEWIRTSCHAFTUNGSPLAN OKER, S. 12). Auf diese

Weise können auch kontaminierte Feinsedimentpartikel in den Grundwasserleiter verschleppt werden.

Innerhalb des Naturschutzgebiets "Okertal" steht der naturnahe Charakter des Biotops vor allem durch die Einflüsse der Intensivlandwirtschaft in Frage. Intensiv genutzte Flächen nehmen zwar in der Gewässeraue nur einen kleinen Teil ein, jedoch existieren randlich große Ackerflächen, aus denen Agrarchemikalien in die Okeraue immitiert werden können. An den Rändern des Naturschutzgebiets wurden bisher keine Pufferzonen ausgewiesen, die derartige Einflüsse zurückhalten könnten.

Nördlich von Schladen ist die Störungsintensität in der Gewässerniederung "sehr hoch" (s. Gewässerabschnitt 16 = DUSG II, Karte 1). Neben den wasserbaulichen Maßnahmen spielen landwirtschaftliche Einflüsse eine Rolle, der Kiesabbau tritt gegenüber dem Bereich südlich von Vienenburg in den Hintergrund.

Im **Ostbraunschweigischen Hügelland** lassen sich ähnlich wie im Nördlichen Harzvorland an der Oker mehrere große Bereiche mit unterschiedlichem Naturschutzwert unterscheiden: In den Gewässerabschnitten südlich von Wolfenbüttel ist der Naturschutzwert häufig in den meisten Teilräumen der Gewässerlandschaft als "mäßig" einzustufen. Das Gewässer ist auf dem größten Teil der Strecke ausgebaut (z.B. Gewässerabschnitt 18, Karte 1). Das bedingt i.d.R. eine naturferne Linienführung und Einschränkungen des Überschwemmungsgebiets. So wird etwa im Gewässerabschnitt 18 der Auenrand sogar von großen Hochwässern bei weitem nicht erreicht. Dementsprechend wurde von der Ausweisung von Übergangsbereichen abgesehen (s. Kap. A.2.2). Die naturfernen Maßnahmen des Gewässerausbaus werden seit einigen Jahren durch Bepflanzungen der Ufer mit standortstypischen Gehölzen z.T. abgemildert, an älteren Ausbaustrecken wurden die vor den Baumaßnahmen vorhandenen Ufergehölze erhalten. Einige Gewässerabschnitte befinden sich in nicht ausgebautem Zustand (z.B. Gewässerbschnitt 22, s. Karte 1). Aufgrund der hier höheren Hochwasserwahrscheinlichkeit sind in den Niederungen derartiger Flußabschnitte stellenweise auentypische Lebensräume erhalten geblieben.

In den Städten Braunschweig und Wolfenbüttel ist der Naturschutzwert der Oker generell als "mäßig" bis "hoch" zu bezeichnen. Das trifft insbesondere für die Innenstadtbereiche zu, in denen die Oker in jeweils 2 Umflutgräben, die als künstliche Gewässer schon Teil der mittelalterlichen Stadtbefestigungen waren, um die Altstädte herumgeführt wird (s. Gewässerabschnitte 25 u. 35, Karte 1). Die Ufer der Umfluter sind auf längerer Strecke mit starken, standortstypischen Gehölzen bestockt; dieses ist deshalb besonders hervorzuheben, da ansonsten nahezu der gesamte Okerlauf im Ostbraunschweigischen Hügelland stark an Gehölzen verarmt ist. Die Gewässernahbereiche werden häufig von Parkanlagen oder Gärten, die i.d.R. einen alten Baumbestand aufweisen, eingenommen, z.T. kommen jedoch auch Flächenversiegelungen vor.

Zwischen Braunschweig und Wolfenbüttel ist der Naturschutzwert der Gewässerlandschaft insgesamt "mäßig" bis "hoch". Es existieren mehrere unausgebaute Gewässerabschnitte mit naturnaher Linienführung. Die wenigen verbauten Strecken befinden sich z.T. aufgrund einer nur extensiven Gewässerunterhaltung in fortgeschrittenem Entwicklungsstadium zum naturnahen Zustand. Vielerorts sind in den Auebereichen noch kleinere auentypische Biotope wie Altgewässer und Feuchtwiesenrelikte anzutreffen. Aufgrund ihrer potentiellen Gefährdung im Ballungsgebiet Braunschweig–Wolfenbüttel wurden die naturnahen Okerstrecken unter Landschaftsschutz gestellt.

Entsprechend dem hohen Nutzungsdruck ist die Störungsintensität in den Gewässerabschnitten innerhalb der Städte Braunschweig und Wolfenbüttel und im Bereich südlich von Wolfenbüttel in zahlreichen Teilräumen der Gewässerlandschaft als "sehr hoch" anzusprechen (vgl. Gewässerabschnitte 22, 25, 27, 35, Karte 1). Dominierende anthropogene Störungsfaktoren sind die Gewässereutrophierung, die Intensivlandwirtschaft in der durch lößbürtige Auelehme gekennzeichneten Okerniederung sowie die Verkehrsnutzung im Großraum Braunschweig. Weitere Störungseinflüsse gehen von der Nutzung der Okeraue als Naherholungsgebiet im Großstadtraum aus. Zusätzlich existieren in den Stadtgebieten von Braunschweig und Wolfenbüttel und südlich von Wolfenbüttel mehrere Okerwehre ohne Fischtreppen, die erhebliche Ausbreitungshindernisse für Organismen darstellen. Auf die Fernwirkungen der Harzwasserwirtschaft wurde bereits oben hingewiesen. Ein weiterer, über größere Entfernungen wirksamer Störungsfaktor sind die Buntmetallgewinnung und -verhüttung und die chemische Industrie am Harzrand. Durch die Auswirkungen dieser Emittenten sind die Gewässerbett- und Hochflutsedimente der Oker auch mehr als 40 km unterstrom des Emissionsschwerpunkts Goslar–Oker stark mit Schwermetallen kontaminiert, wobei jedoch bis südlich von Braunschweig ein rückläufiger Trend der Belastungen zu beobachten ist. Im Stadtgebiet und unterhalb von Braunschweig steigen die Schadstoffkonzentrationen in den Gewässerbettsedimenten bedingt durch örtliche Emittenten (Verkehr, Industrie) erneut stark an.

Zwischen Braunschweig und Wolfenbüttel ist die Störungsintensität in der Okerniederung etwas geringer als im Bereich der übrigen Gewässerstrecken. Es sind zwar die oben genannten Störungsfaktoren ebenfalls wirksam, jedoch tritt die Intensivlandwirtschaft aufgrund der durchschnittlich geringeren Ausbauintensität des Gewässerbetts und der damit erhöhten Hochwasserwahrscheinlichkeit etwas mehr zurück.

Im **Ostbraunschweigischen Flachland** kann der Naturschutzwert der Okerlandschaft durchgängig als "hoch" bis "sehr hoch" angesprochen werden (z.B. Gewässerabschnitt 39 = DUSG III u. Gewässerabschnitt 49, Karte 1). Wertbestimmend sind das weitgehend unverbaute Gewässerbett mit naturnaher Linienführung, die vielerorts gut ausgeprägten Ufergehölze und die vor allem in der östlichen Okeraue vorkommenden Feuchtgebiete. Die hydraulischen Einflüsse der Okertalsperre treten nördlich von Braunschweig deutlich zurück, so daß besonders unterstrom der Mündung der unregulierten Schunter ein naturnahes Abflußregime vorherrscht. Der Naturschutzwert in den westlichen Auebereichen ist gegenüber der östlichen Seite durch intensive landwirtschaftliche Nutzungen und aufgrund von Einflüssen der Verregnung kommunaler Abwässer der Stadt Braunschweig insgesamt geringer.

In der Okeraue treten mehrere erhebliche Störungsfaktoren auf. Durch das Bauwerk des Mittellandkanals, der die Okerniederung bei St.km 36,4 quert, wird diese nördlich von Braunschweig im rechten Winkel zur Fließrichtung der Oker quasi in zwei Hälften zerschnitten. Es kann von einer erheblichen Störung der Biotopvernetzung ausgegangen werden.

Als weiterer wesentlicher Störungsfaktor ist neben der Intensivlandwirtschaft und der Eutrophierung der westlichen Okeraue durch die Abwasserverregnung die Anreicherung von Schwermetallen in den Gewässerbett- und Auesedimenten zu nennen. Die Belastungen konnten von MATSCHULLAT et al. (1991) neben Einflüssen des Harzer Bergbaus und der Hüttenindustrie am Harzrand sowie diffusen Immissionen innerhalb des Stadtgebiets von Braunschweig auf Stoffeinträge mit den verregneten Abwässern zurückgeführt werden.

Die Störungsintensität in der Okerniederung ist im Ostbraunschweigischen Flachland insgesamt geringer als im Ostbraunschweigischen Hügelland, dieses vor allem aufgrund der nach Norden hin nachlassenden Einflüsse der Harztalsperren und des geringeren Nutzungsdrucks der Landwirtschaft. Im Bereich des Abwasserverbands Braunschweig ist die Störungsintensität in der westlichen Gewässeraue durch die Intensivnutzungen (Abwasserverregnung, Landwirtschaft) erhöht, dieses spiegelt sich besonders gut in dem asymmetrischen Diagramm der Störungsintensität für den Gewässerabschnitt 45 (s. Karte 1) wider.

In der **Oberen Allerniederung** ist der Naturschutzwert der Okerlandschaft insgesamt ähnlich hoch wie im Ostbraunschweigischen Flachland (vgl. z.B. Gewässerabschnitt 49, Karte 1). Von einer kurzen Intensivausbaustrecke im Bereich der Ortschaft Meinersen abgesehen ist das Gewässerbett weitgehend unverbaut, in den Uferbereichen stocken auf langen Strecken standortstypische Gehölze. Der hohe Naturschutzwert der Gewässeraue begründet sich vor allem auf dem Vorkommen von wertvollen Feuchtbiotopen. Ein Teil der westlichen Okeraue unterliegt jedoch der Abwasserverregnung (s.o.), hier ist der Naturschutzwert regelmäßig niedriger.

Im Bereich der Okeraue sind mehrere Störungsfaktoren wirksam, von denen sehr nachteilige Einflüsse auf den Lebensraum ausgehen. Durch den im Jahre 1981 durchgeführten Intensivausbau des Gewässers im Bereich westlich von Meinersen sind das Gewässerbett und der Gewässernahbereich an biotischen und abiotischen Strukturelementen verarmt. Die naturferne Ausbaustrecke und besonders das im Rahmen der Regulierungsmaßnahmen neu errichtete Wehr Meinersen, das keine Fischtreppe aufweist, unterbrechen das Gewässer in Längsrichtung und stören die Biotopvernetzung. Das gleiche gilt für das nahe der Okermündung vorhandene Wehr Müden.

An weiteren Störungsfaktoren sind die Intensivlandwirtschaft und die Einflüsse der Verregnung kommunaler Abwässer der Stadt Braunschweig in der westlichen Okerniederung zu nennen (vgl. z.B. Gewässerabschnitt 49). An den innerhalb des

Abwasserverregnungsgebiets liegenden Gewässerstrecken treten erhebliche Eutrophierungen auf, weiterhin kommt es zusätzlich zur bereits vorhandenen hohen Belastung der Gewässeraue mit Schwermetallen zur weiteren Schwermetallanreicherung in den Böden der Gewässerniederung.

Die Störungsintensität in der Okerlandschaft kann in der Oberen Allerniederung durchschnittlich als "mäßig" bis "hoch" eingestuft werden. Eine Ausnahme bildet die Ausbaustrecke bei Meinersen, hier ist die Störungsintensität insgesamt als "sehr hoch" anzusprechen. Die Ausbaumaßnahmen sind als nahezu irreversibel einzustufen. Die große Fallhöhe des Okerwehrs bei Meinersen läßt den Bau einer Fischtreppe technisch nicht zu.

Im Niedersächsischen Fließgewässerschutzsystem (NFSS) (vgl. RASPER et al. 1991) ist geplant, die Oker von der Mündung bis zur Ortschaft Schladen als "Verbindungsgewässer" zwischen unterschiedlichen Naturräumen und weiterhin zwischen Schladen und der Okertalsperre als ein "Hauptgewässer 1. Priorität", d.h. für die Repräsentation eines Gewässertyps innerhalb einer naturräumlichen Einheit, zu entwickeln. Aufgrund der Ergebnisse der vorliegenden Untersuchung kann festgestellt werden, daß sich die Oker aktuell in einem Zustand befindet, der von diesen ökologischen Zielvorgaben weit entfernt ist. Insbesondere die naturfernen Ausbaustrecken sowie die zahlreichen Ausbreitungsbarrieren für Organismen (Wehrbauten, hohe Sohlabstürze, Staumauern) behindern die erwünschte großräumige Biotopvernetzung der niedersächsischen Gewässer von der Nordsee bis zu den Quelläufen, zu der die Oker beitragen soll.

Die im NFSS beschriebenen Charakteristika für ein Hauptgewässer 1. Priorität, die für die Oker auf der Fließstrecke oberstrom von Schladen angestrebt werden, sind im Naturschutzgebiet "Okertal" zwischen den Ortschaften Vienenburg und Schladen bereits jetzt als gut erfüllt anzusehen. Die Okerstrecke im Harz unterhalb der Okertalsperre wäre durch eine geänderte Wasserabgabe aus dem Stausee zumindest aus technischer Sicht recht einfach den ökologischen Zielvorgaben des NFSS näherzubringen. Der Bereich zwischen Goslar–Oker und Vienenburg jedoch muß sowohl wegen der hohen Schwermetallbelastung der Gewässersedimente als auch aufgrund des auf längeren Strecken naturfernen Gewässerausbaus und intensiver Nutzungsansprüche in der Gewässeraue als hochgradig gestört gelten. Die Gewässerstrecke kann als mittelfristig, möglicherweise sogar als langfristig nicht renaturierbar angesehen werden, dieses trifft auf das Gewässerbett und die angrenzenden Auebereiche zu.

Die kritische Einschätzung der Ziele des NFSS in Bezug auf die Oker steht nicht in Widerspruch zu den oben gemachten Aussagen zum insgesamt hohen Naturschutzwert der Okerlandschaft. Wesentliche Strecken der Oker sind aus Sicht des Naturschutzes wertvoll, diese Bereiche sind jedoch z.T. durch Ausbreitungsbarrieren voneinander isoliert. Es muß betont werden, daß nur unzerschnittene Gewässerstrecken als Bestandteil eines Biotopverbundsystems fungieren können. Die naturfernen Ausbaustrecken sind i.d.R. nicht geeignet in naher oder mittlerer

Zukunft gemäß den m.E. aus konzeptioneller Sicht zwar wünschenswerten, im Falle der Oker als ganzes jedoch eher utopischen Zielvorgaben des NFSS entsprechend renaturiert zu werden.

Diese Feststellung berührt auch im Okergebiet das im Naturschutz häufig diskutierte Problem, ob primär der Schutz einzelner Biotope oder die Entwicklung von Vernetzungsstrukturen angestrebt werden soll (vgl. JEDICKE 1990).

An der Oker muß angesichts beschränkter ökonomischer Mittel für den Naturschutz und i.d.R. nur geringer Durchsetzbarkeit von Natur- und Umweltschutzmaßnahmen gegenüber einflußreichen Intensivnutzern die Frage gestellt werden, ob die Entwicklung von Vernetzungsstrukturen durch eine aufwendige Renaturierung vollkommen naturferner, schadstoffbelasteter und ausgeräumter Ausbaustrecken im Harzvorland sinnvoll sein kann, wenn gleichzeitig die noch vorhandenen wertvollen Lebensräume unter dem Druck expandierender Ansprüche insbesondere des Straßenverkehrs (s. DUSG III) und der Freizeitnutzung im Großraum Braunschweig degradiert oder gar zerstört werden.

Zusammenfassung

In Teil A des vorliegendes Buches wird ein Verfahren zur Untersuchung und ökologischen Bewertung von Fließgewässern vorgestellt. Ein großer Teil der Untersuchungsmethodik wurde vollständig neu entwickelt, in einigen Fällen konnte auf bereits existierende Bewertungsansätze für einzelne Untersuchungsparameter aus der Literatur zurückgegriffen werden. Dieses ermöglicht die Integration von Ergebnissen anderer Untersuchungen, etwa von Biotopkartierungen.

Das Verfahren beinhaltet die Untersuchung aller ökologisch–morphologischen Teilräume in der Gewässerlandschaft vom Gewässerbett über die Gewässeraue bis zum Übergangsbereich, der zur umgebenden Landschaft vermittelt.

Mit Hilfe der Bewertungskriterien "Abflußcharakter", "Ausbauzustand", "geomorphologische Struktur", "Gewässergüte", "Hochwasserdynamik", "Stoffbelastung der Sedimente", "Vegetationszustand" und "Zustand der Stillgewässer" werden der Naturschutzwert und die Störungsintensität durch anthropogene Nutzungsansprüche in den ökologisch–morphologischen Teilräumen klassifiziert und mit einer fünfstufigen Skala bewertet. Zusätzlich gestattet das Verfahren einzelne Störungsfaktoren, die unterschiedlichen Verursachern zugeordnet werden, auszuweisen.

Für eine kartographische Darstellung der Untersuchungsergebnisse in großem Maßstab wird am Beispiel der Oker eine umfangreiche Legende vorgestellt. Bei der Erarbeitung von Übersichtskarten steht ein "Gewässerdiagramm" zur Verfügung. Dieses ermöglicht für jeden der an einem längeren Gewässer auszuweisenden Untersuchungsabschnitte die graphische Darstellung wichtiger Bewertungsergebnisse und grundlegender hydrologischer Kennwerte.

Im Buchteil B wird die Methodik auf die Gewässerlandschaft der Oker im östlichen Niedersachsen angewandt. Die 5 von der Oker durchflossenen Großlandschaften werden hinsichtlich ihrer naturräumlichen Ausstattung beschrieben und die bei der Aufnahme des Gewässers erzielten Untersuchungsergebnisse zusammenfassend dargestellt. Anhand von 3 Detailuntersuchungsgebieten aus den 53 bearbeiteten Gewässerabschnitten im Bereich des ca. 90 km langen Untersuchungsgebiets wird die Durchführung des Untersuchungsverfahrens exemplarisch vorgestellt. Die aus Sicht des Naturschutzes wertvollen Landschaftsteile und -elemente sowie die anthropogenen Störungsfaktoren werden für jedes einzelne Detailuntersuchungsgebiet im Kartenbild dokumentiert.

Aufgrund der hohen Schwermetallbelastung der meisten Harzflüsse, die sowohl auf geogene Vorbelastungen als auch auf Einflüsse des seit Jahrhunderten betriebenen Harzer Bergbaus sowie auf moderne industrielle Emittenten zurückzuführen ist, wurde die Untersuchung der Oker dahingehend vertieft, daß an den Sedimenten im Flußbett und in den rezenten und holozänen Auenablagerungen geochemische Analysen durchgeführt wurden. Dieses mit dem Ziel, eine erste Einschätzung des ökologischen Gefahrenpotentials der Schadstoffbelastungen zu ermöglichen.

Auf eine detaillierte Ausarbeitung von Maßnahmeplänen wurde verzichtet, die Beschreibungen der einzelnen Detailuntersuchungsgebiete beinhalten jedoch Hinweise auf mögliche Maßnahmen zum Schutz, zur Sanierung und zur Renaturierung der Gewässerlandschaft.

Folgende wichtige Ergebnisse wurden bei den Untersuchungen an der Oker erzielt: Die Flußlandschaft der Oker kann auf langen Strecken als für den Naturschutz wertvoll angesehen werden. Dieses betrifft vor allem die Fließstrecken im Harz, im nördlichen Teil des Harzvorlands und im Gebiet nördlich von Braunschweig. Das größtenteils unverbaute Gewässerbett, die naturnahe Laufentwicklung und die lebensraumtypischen Vegetationseinheiten (Bachuferwald, Auewald, Auegrünland) sind hier wertbestimmend. Als wichtigste Störungsfaktoren in diesen Naturräumen sind der Einfluß der Harztalsperren, die Intensivlandwirtschaft und im Gebiet der Unteren Oker die großflächige Verregnung kommunaler Abwässer zu nennen.

Im südlichen Teil des Nördlichen Harzvorlands und im Ostbraunschweigischen Hügelland ist der Naturschutzwert der Okerniederung generell wesentlich geringer, der Flußlauf ist auf langen Strecken naturfern ausgebaut, Ufergehölze fehlen meist. Aufgrund der Gewässerregulierungen ist bei geringem Hochwasserrisiko ein großer Teil des ehemaligen Auegrünlands unter Verlust naturnaher Landschaftselemente in Intensivackerland überführt worden. Im Harzvorland wird in der Okerniederung großflächig Kies abgebaut. Von kurzen naturnahen Laufabschnitten abgesehen sind für den Naturschutz wertvolle Landschaftselemente wie Feuchtwiesen, Altgewässer und Ufergehölze nur reliktisch erhalten.

Innerhalb der Stadtgebiete von Braunschweig und Wolfenbüttel wird die Oker jeweils in zwei Umflutgräben um die Altstädte herumgeführt. Besonders in diesen Bereichen aber auch in den anderen Teilen der Fließstrecke in den Städten ist der Gewässerlauf aus stadtökologischer Sicht als wertvoll zu bezeichnen. Dieses begründet sich vor allem auf der Existenz gut entwickelter Gehölze der Weich- und Hartholzaue, die an der Oker anzutreffen sind. In den städtischen Bereichen sind die Einflüsse des Straßenverkehrs und zusätzlich auch die Nutzung der Gewässerlandschaft für die Naherholung als wichtigste Störungsfaktoren zu nennen.

Die Untersuchungen der Gewässersedimente ergaben, daß die Schwermetallbelastungen im Flußbett beeinflußt durch Bergbau, Hüttenindustrie und chemische Industrie am Harzrand außerordentlich hoch sind. Die Konzentrationen der Elemente Pb und Zn sind gegenüber den regionalen geochemischen Hintergrundwerten maximal um mehr als den Faktor 100 angereichert. Das Belastungsniveau nimmt im Verlauf der Fließstrecke bis oberhalb von Braunschweig durchschnittlich um den

Faktor 10–15 ab und steigt im Stadtgebiet von Braunschweig und auch unterstrom vor allem aufgrund von Emissionen aus Industrie, Straßenverkehr und kommunaler Abwasserverregnung in der Okeraue erneut an. In den Sedimenten der Okeraue werden durchschnittlich bis in 3,5 m unter Flur die G–Prüfwerte der Hamburger Liste von den Elementen Pb und Zn erreicht bzw. überschritten, dieses kann als Hinweis auf eine mögliche Gefährdung des Grundwassers gelten.

Trotz der insgesamt hohen Schadstoffbelastungen in den Gewässersedimenten ist die Oker über weite Strecken als ein für den Naturschutz wertvolles Gewässer anzusehen, das keinesfalls als Industriekloake betrachtet werden darf.

Literatur- Karten und Quellenverzeichnis

Literaturzeichnis

AKADEMIE FÜR NATURSCHUTZ UND LANDSCHAFTSPFLEGE (ANL) (1991): Begriffe aus Ökologie, Umweltschutz und Landnutzung.- Inform. d. ANL, Bd. 4, 125 S.; Frankfurt a.M.
ANSELM, R. (1990): Gestaltung und Wirkung der Uferstreifen aus gewässerkundlicher und wasserbaulicher Sicht.- DVWK–Schr. 90: 1–54; Hamburg, Berlin.
ARBEITSGRUPPE BODENKUNDE der geologischen Landesämter und der Bundesanstalt für Geowissenschaften und Rohstoffe in der Bundesrepublik Deutschland (1982): Bodenkundliche Kartieranleitung.- 331 S.; Hannover.
ARBEITSKREIS UMWELTGEOLOGIE im Bundesverband Deutscher Geologen (Hrsg.) (1990): Höchstmengenwerte für Schadstoffe in Boden, Grundwasser und Luft. Dokumentation und Bewertung aus geowissenschaftlicher Sicht.- Schriftenr. BDG, Bd. 5, 105 S.; Bonn.
BAHR, H. (1957/ 58): Die Gütekartierung der Gewässer Niedersachsens. Der Zustand der Gewässer im Niedersächsischen Verwaltungsbezirk Braunschweig.- N. Arch. Nieders. 9/4: 266–275; Bremen–Horn.
BANNING, M.; LEUCHS, H. et al. (1989): Die Bundeswasserstraßen als Lebensraum für Tiere.- In: BUNDESANSTALT FÜR GEWÄSSERKUNDE (Hrsg.): Jahresbericht. S. 1–25; Koblenz.
BARKOWSKI, D.; GÜNTHER, P. et al. (1991): Altlasten.- Alternative Konzepte; Schriftenr. Stiftg. Ökol. u. Landb., Bd. 56, 382 S.; Karlsruhe.
BARTELS, D. (1969): Der Harmoniebegriff in der Geographie.- Die Erde 100/2–4: 124–137; Berlin.
BASEDOW, T. (1988): Feldrand, Feldrain und Hecke aus der Sicht der Schädlingsregulation.- Mitt. Biol. Bundesanst. Land- u. Forstwirtsch. 247: 129–137; Berlin–Dahlem.
BAUBEHÖRDE FREIE UND HANSESTADT HAMBURG (Hrsg.) (1990): Bodenbelastung mit Schwermetallen. Konsequenzen für Bauleitplanung, Baugenehmigungsverfahren und Baudurchführung.- 27 S.; Hamburg.
BAUER, G. (1990): Ökologische Gliederung und Anforderungen des Naturschutzes und der Landschaftspflege.- DVWK–Schr. 90: 135–239; Hamburg, Berlin.
BAUER, H.-J. (1971): Landschaftsökologische Bewertung von Fließgewässern.- Natur u. Landsch. 46/10: 277–282; Stuttgart.
BAUER, L. & NIEMANN, E. (1971): Zieltypen und Behandlungsformen für die Ufervegetation von Fließgewässern auf der Grundlage einer geobotanisch–hydrogeographischen Kartierung.- Prace Geograficzne 51: 103–110; Krakau.
—‚—; HIEKEL, W. et al. (1967): Zur Aufnahmemethode des Uferzustandes von Fließgewässern.- Arch. Natursch. u. Landschaftsforsch. 7/2: 99–127; Berlin.
BAUMANN, A.; BEST, G. & KAUFMANN, R. (1977): Hohe Schwermetallgehalte in Hochflutsedimenten der Oker (Niedersachsen).- Dt. Gewässerkdl. Mitt. 5: 113–117; Koblenz.
BAUMGARTNER, A. & LIEBSCHER, H.-J. (1990): Lehrbuch der Hydrologie. Band 1: Allgemeine Hydrologie.- 673 S.; Berlin, Stuttgart.
BAYERISCHES LANDESAMT FÜR WASSERFORSCHUNG (Hrsg.) (1986): Bewertung der Wasserqualität und Gewässergüteanforderungen.- Münch. Beitr. Abwasser-, Fischerei- u. Flußbiol., Bd. 40, 620 S.; München.
BECHMANN, A. & JOHNSON, B. (1980): Zur Methodik der Bewertung von Naturschutzpotential.- Verh. Ges. Ökol. (Freising–Weihenstephan 1979) VIII: 53–65; Göttingen.

BERNINGER, O. (1968): Die physischen Landschaftselemente.- In: BUCHWALD, K. & ENGELHARDT, W. (a.a.O.), Bd. 1: 6–33.
BERTSCH, W. & KNÖPP, H. (1990): Über die Unterbringung von Baggergut in Kiesgruben als "Unterwasserdeponie".- Zeitschr. Dt. Geol. Ges. 141: 393–398; Hannover.
BEWIRTSCHAFTUNGSPLAN OKER: s. BEZIRKSREGIERUNG BRAUNSCHWEIG (1987a)
BEZIRKSREGIERUNG BRAUNSCHWEIG (1982): Verordnung über das Naturschutzgebiet "Okertal", Samtgemeinde Schladen, Stadt Vienenburg in den Landkreisen Wolfenbüttel und Goslar v. 11.05.1982.- Amtsbl. Regierungsbez. Braunschw. 11: 104–106; Braunschweig.
—,— (1985): Verordnung (Entwurf) über das Naturschutzgebiet "Nördliche Okeraue", in den Landkreisen Gifhorn und Peine.- Entwurf Bezirksregierung v. 1985; Braunschweig.
—,— (1987a): Bewirtschaftungsplan Oker.- 32 S.; Braunschweig.
—,— (1987b): Verordnung zum Schutze von Landschaftsteilen im Bereich der Samtgemeinden Meinersen und Papenteich im Landkreis Gifhorn, Landschaftsschutzgebiet "Okertal" v. 19.06.1987.- Amtsbl. Regierungsbez. Braunschw. 15: 223–226; Braunschweig.
—,— (1991): Verordnung zur Änderung der Verordnung über das Naturschutzgebiet "Okertal", Samtgemeinde Schladen, Stadt Vienenburg in den Landkreis Wolfenbüttel und Goslar v. 28.12.1990.- Amtsbl. Regierungsbez. Braunschw. 2, S. 17; Braunschweig.
—,— (1994): Verordnung (Entwurf) über das Naturschutzgebiet "Nördliche Okeraue", in den Landkreisen Gifhorn und Peine.- Entwurf Bezirksregierung v. 1994; Braunschweig.
BITTMANN, E. (1968): Landschaftspflege an Gewässern.- In: BUCHWALD, K. & ENGELHARDT, W. (a.a.O.), Bd. 2: 350–374.
BJÖRNSEN, G. & TÖNSMANN, F. (1986): Naturnahe Umgestaltung des Holzbaches.- Mitt. Inst. Wasserb. RTW–Aachen 60/1: 285–304; Aachen.
BLASIUS, R. (Hrsg.) (1897): Braunschweig im Jahre MDCCCXCVII.- 634 S.; Braunschweig.
BOHL, M. (1986): Zur Notwendigkeit von Uferstreifen.- Natur u. Landsch. 61/4: 134–136; Stuttgart.
BOMBIEN, H. (1987): Geologisch–petrographische Untersuchungen zur quartären (früh–Saalezeitlichen) Flußgeschichte im nördlichen Harzvorland.- Mitt. Geol. Inst. Univ. Hannover Bd. 26, 131 S.; Hannover.
BORK, H.-R. (1989): Soil erosion during the past millennium in Central Europe and its significance within the geomorphodynamics of the holocene.- Catena Suppl. 15: 121–131; Cremlingen–Destedt.
BORN, B. (1986): Ökologisch–visuelle Bewertung Mittelländischer Flußlandschaften am Beispiel der Broye (FR/VD).- Dipl.–Arb., 88 S.; Bern.
BORNSTEDT, W. (1970a): Binnenschiffahrt. Die ehemalige Schiffahrt und Flößerei.- In: NLVA & WWGN (1970) (a.a.O.), Bd. 24, S. 270–273.
—,— (1970b): Entwicklung und Grundzüge des Siedlungsbildes.- In: NLVA & WWGN (1970) (a.a.O.), Bd. 24, S. 132–139.
BÖTTGER, K. (1985): Zur ökologischen Grundlage von Güteaussagen bei Fließgewässern unserer Kulturlandschaft, unter besonderer Berücksichtigung der Situation im ländlichen Raum Norddeutschlands.- Schr. Naturwiss. Ver. Schleswig-Holstein 55: 35–62; Kiel.
BRETSCHNEIDER, H.; LECHER, K. & SCHMIDT, M. (Hrsg.) (1993): Taschenbuch der Wasserwirtschaft.- 1022 S.; Hamburg, Berlin.
BROCKNER, W. (1991): Spätantike Buntmetallverhüttung in der Harzregion.- Ber. Denkmalpfl. Nieders. 11/1: 29–32; Hannover.
BRUNKEN, H. (1986): Zustand der Fließgewässer im Landkreis Helmstedt: ein einfaches Bewertungsverfahren.- Natur u. Landsch. 61/4: 130–133; Stuttgart.
BRÜNING et al (1952): s. Kartenverzeichnis.
BUCHWALD, K. (1968): Naturnahe und ihnen verwandte, vom Menschen mitgeschaffene Elemente der Kulturlandschaft.- In: BUCHWALD, K. & ENGELHARDT, W. (a.a.O.), Bd. 2: 11–70.
—,— & ENGELHARDT, W. (Hrsg.) (1968–1969): Handbuch für Landschaftspflege und Naturschutz.- Bd. 1–4; München, Basel.

BUNDESMINISTER FÜR JUGEND FAMILIE UND GESUNDHEIT (BMG) (1986): Verordnung über Trinkwasser und über Wasser für Lebensmittelbetriebe (Trinkwasserverordnung) v. 22. Mai 1986.- Bundesgesetzbl. 1986, Teil 1: 760–773; Bonn.
BUNDESNATURSCHUTZGESETZ (BNatSchG): s. BUNDESREGIERUNG (1976a u. 1987)
BUNDESREGIERUNG (1976a): Gesetz über Naturschutz und Landschaftspflege (Bundesnaturschutzgesetz) - B.Nat.Sch.G. v. 20.12.1976.- Bundesgesetzbl. I: 3574; Bonn.
—,— (1976b): Gesetz zur Ordnung des Wasserhaushalts (Wasserhaushaltsgesetz) - WHG. v. 16.10.-1976.- Bundesgesetzbl. I: 3017; Bonn.
—,— (1987): Gesetz über Naturschutz und Landschaftspflege (Bundesnaturschutzgesetz) - B.Nat.Sch.G. v. 12.03.1987.- Bundesgesetzbl. I: 889; Bonn.
BUSCHMANN, M. & UNGER, C. (1992): Führer zur Exkursion der Deutschen Gesellschaft für Limnologie am 27. März 1992 in die Oberweserniederung im Rahmen der Fachtagung.- "Ökosystem Weser - gestern - heute - morgen" in Höxter am 27.3.1992; 18 S.; Höxter.
CASPERS, G. (1993): Vegetationsgeschichtliche Untersuchungen zur Flußauenentwicklung an der Mittelweser im Spätglazial und Holozän.- Abh. Westf. Mus. Naturkde. Bd. 55/1, 101 S.; Münster.
CRAMER, S. (1994): Archäologische Spurensuche im Harz. Exkursionsführer zum Kolloquium: Der Harz als frühmittelalterliche Industrielandschaft vom 23.–25.3.1994 in Goslar; Teil A: Mittelharz 11 S., Teil B: Westharz 19 S.; Goslar.
DAHL, H.-J. (1983): Bewirtschaftungspläne. Teil V: Pilotprojekt Leine, Zielvorstellungen des Naturschutzes als ökologischer Bewertungsrahmen für die Gewässer des Leinegebietes.- Dt. Gewässerkdl. Mitt. 27/5–6: 168–173; Koblenz.
—,— & HULLEN, M. (1989): Studie über die Möglichkeiten eines naturnahen Fließgewässersystems in Niedersachsen (Fließgewässerschutzsystem Niedersachsen).- Natursch. u. Landschaftspflege Nieders. 18: 5–120; Hannover.
DARSCHNIK, S.; RENNERICH, J. et al. (1989): Rekonstruktion des potentiell natürlichen Gewässerzustandes als Grundlage für die ökologische Bewertung und Renaturierung von Fließgewässern im Ballungsraum.- Verh. Ges. Ökol. (Essen 1988) XVIII: 541–547; Göttingen.
DELORME, A. & LEUSCHNER, H.–H. (1983): Dendrochronologische Befunde zur jüngeren Flußgeschichte von Main, Fulda, Lahn und Oker.- Eiszeitalter u. Gegenw. 33: 45–57; Hannover.
DENECKE, D. (1978): Erzgewinnung und Hüttenbetriebe des Mittelalters im Oberharz und im Harzvorland.- Archäologisches Korrespondenzbl. 8/2: 77–84; Mainz.
DENNERT, H. (1986): Bergbau und Hüttenwesen im Harz v. 16. bis 19. Jahrhundert, dargestellt in Lebensbildern führender Persönlichkeiten.- 195 S.; Clausthal–Zellerfeld.
DETTMAR, J. (1992): Vegetation auf Industrieflächen.- LÖLF–Mitt. 2: 20–26; Recklinghausen.
DEUTSCHER NATURSCHUTZRING (DNR) (1985): Hecken und Feldgehölze. Bedeutung - Schutz - Pflege.- DNR–Schriftenr. "Gefährdete Lebensstätten unserer Heimat", H. 1, 17 S.; Bonn.
DEUTSCHER RAT FÜR LANDESPFLEGE (DRL) (1983): Ein "Integriertes Schutzgebietssystem" zur Sicherung von Natur und Landschaft, entwickelt am Beispiel des Landes Niedersachsen.- Schriftenr. Dt. Rat Landespfl. 41: 5–15; Bad Godesberg.
DEUTSCHER VERBAND FÜR WASSERWIRTSCHAFT UND KULTURBAU (DVWK) (1984): Ökologische Aspekte bei Ausbau und Unterhaltung von Fließgewässern.- DVWK–Merkbl. Bd. 204, 188 S.; Hamburg, Berlin.
—,— (1985): Nitrat im Grundwasser.- DVWK–Schr. Bd. 73, 245 S.; Weinheim.
—,— (1987): Erfahrungen bei Ausbau und Unterhaltung von Fließgewässern.- DVWK–Schr. Bd. 79, 259 S.; Weinheim.
—,— (1988): Filtereigenschaften des Bodens gegenüber Schadstoffen. Teil I: Beurteilung der Fähigkeit von Böden zugeführte Schwermetalle zu immobilisieren.- DVWK–Merkbl. Bd. 112, 8 S.; Hamburg, Berlin.
—,— (1989): Stoffbelastung der Fließgewässerbiotope.- DVWK–Schr. Bd. 88, 344 S.; Weinheim.
—,— (1990): Uferstreifen an Fließgewässern.- DVWK–Schr. Bd. 90, 345 S. ;Weinheim.
—,— (1991a): Methoden und ökologische Auswirkungen der maschinellen Gewässerunterhaltung.- DVWK – Merkbl. Wasserwirtsch., Entwurf, 134 S.; Hamburg, Berlin.

—,— (1991b): Ökologische Aspekte zu Altgewässern.- Merkbl. Wasserwirtsch. 219, 48 S.; Hamburg, Berlin.

—,— (1992): Landschaftsökologische Gesichtspunkte bei der Gestaltung und Erhaltung von Flußdeichen.- DVWK–Merkbl. Wasserwirtsch., Entwurf 1992, 27 S.; Hamburg, Berlin.

DEUTSCHES GEWÄSSERKUNDLICHES JAHRBUCH, Weser- und Emsgebiet Abflußjahr 1959, herausgegeben vom Niedersächsischen Ministerium für Ernährung, Landwirtschaft und Forsten, 164 S.; Hannover.

—,— Abflußjahr 1989, herausgegeben vom Niedersächsischen Landesamt für Ökologie, 319 S.; Hildesheim.

DEUTSCHES INSTITUT FÜR NORMUNG (DIN) (1989): Entwurf DIN 4049 Teil1: Hydrologie. Begriffe, Grundbegriffe und Wasserkreislauf.- 49 S.; Berlin.

—,— (1990): DIN 38410, Teil 2: Deutsche Einheitsverfahren zur Wasser-, Abwasser- und Schlammuntersuchung. Biologisch–ökologische Gewässeruntersuchung (Gruppe M). Bestimmung des Saprobienindex (M2).- 18 S.; Weinheim, Berlin u.a.

DIERSCHKE, H. & VOGEL, A. (1981): Wiesen- und Magerrasen–Gesellschaften des Westharzes.- Tuexenia 1: 139–183; Göttingen.

DISTER, E. (1980): Geobotanische Untersuchungen in der hessischen Rheinaue als Grundlage für die Naturschutzarbeit.- Diss., 170 S.; Göttingen.

—,— (1985): Die Zukunft der ostbayerischen Donaulandschaft.- Laufener Seminar Beitr. 3: 74–90 Laufen–Salzach.

DRACHENFELS, O. v. (1990): Naturraum Harz - Grundlagen für ein Biotopschutzprogramm.- Natursch. u. Landschaftspfl. Nieders. Bd. 19, 100 S.; Hannover.

—,— ; MEY, H. & MIOTK, P. (1984): Naturschutzatlas Niedersachsen. Erfassung der für den Naturschutz wertvollen Bereiche . Ergebnis der ersten landesweiten Kartierung (Stand 1984).- Natursch. u. Landespfl. Nieders. Bd. 13, 267 S.; Hannover.

—,— & MEY, H. (1990): Kartieranleitung zur Erfassung der für den Naturschutz wertvollen Bereiche in Niedersachsen.- Natursch. u. Landschaftspfl. Nieders., R. A., H. 3, 103 S.; Hannover.

DRANGMEISTER, D.; GRÖVER, W. & MARTEN, F. (1981): Landschaftsplanung Untere Oker.- Projektarbeit (Dipl.–Arb.), 321 S.; TU–Hannover.

DREHWALD, U. & PREISING, E. (1991): Die Pflanzengesellschaften Niedersachsens. Moosgesellschaften.- Natursch. u. Landschaftspfl. Nieders. Bd. 20/9, 204 S.; Hannover.

DRESCHHOFF, E. (1974): Geologische Untersuchungen in den Holozänablagerungen des mittleren Okergebietes.- Diss., 170 S.; TU–Braunschweig.

EGLI, H.-R. (1990): Die Karte als Darstellungsmittel geographischer Ergebnisse.- Geogr. Helv. 45: 72–76; Zürich.

EHRENDORFER, F. (1973): Liste der Gefäßpflanzen Mitteleuropas.- 318 S.; Stuttgart.

EIGNER, J. (1976): Böschungen und Wasserwechselzonen von schleswig-holsteinischen Fließgewässern als Lebensraum für Pflanzen.- Vortrag auf dem 21. Fortbildungslehrgang des DWK v. 1.–3.3.76 in Rendsburg. In: NIEMEYER–LÜLLWITZ, A. & ZUCCHI, H. (a.a.O.).

ELLENBERG, H. (1986): Vegetation Mitteleuropas mit den Alpen in ökologischer Sicht.- 989 S.; Stuttgart.

ENGELHARDT, W. (1968a): Die Verschmutzung der Gewässer, ihre Ursachen und Wirkungen.- In: BUCHWALD, K. & ENGELHARDT, W. (a.a.O.), Bd.2: 397–406.

—,— (1968b): Die Beeinflussung der Lebewelt der Gewässer durch Maßnahmen des Wasserbaus.- In: BUCHWALD, K. & ENGELHARDT, W. (a.a.O.), Bd.2: 391–397.

—,— (1973): Umweltschutz.- 192 S.; München.

—,— (1980): Was lebt in Tümpel, Bach und Weiher? 257 S.; Stuttgart.

—,— (1983): Die Gewässer.- In: ENGELHARDT, W. (1983) (a.a.O.), S. 32–50.

—,— (Hrsg.) (1983): Ökologie im Bau- und Planungswesen.- 190 S.; Stuttgart.

ERFTVERBAND (1989): Konzept zur ökologischen Verbesserung der Fließgewässer des Erftverbandes.- In: ROSE, U. (a.a.O.).

ERZ, W. (1990): Naturschutzgebiete der Bundesrepublik Deutschland.- Geogr. Rundsch. 42/5: 299–302; Braunschweig.

FIEDLER, H.-J. & RÖSLER, H.-J. (Hrsg.) (1988): Spurenelemente in der Umwelt.- 278 S.; Stuttgart.
FISCHER, W. R. (1987): Das Verhalten von Spurenelementen im Boden.- Naturwiss. 74: 63–70; New York, Berlin u.a.
FLEER, H.-D. (1984): Eine kleine Hydrographie der Oker.- In: WASSERVERBAND MITTLERE OKER (Hrsg.): 25 Jahre Wasserverband Mittlere Oker, S. 10–32; Braunschweig.
FLIEGER, B. (1978): Bewertung von Fließgewässern dargestellt am Beispiel des Neckars.- Veröff. Natursch. u. Landschaftspfl. Baden–Württ. 47/48: 75–127; Karlsruhe.
FÖRSTNER, U. & MÜLLER, G. (1974): Schwermetalle in Flüssen und Seen als Ausdruck der Umweltverschmutzung.- 225 S.; Berlin, Heidelberg.
FRANZ, D. (1989): Zur Bedeutung flußbegleitender Schilf-/ Brennessel- und Gebüschstreifen für die Vogelwelt und deren Gefährdung durch Mahd.- Schriftenr. Bayer. Landesamt Umweltsch. 92/ Beitr. Artensch. 8: 61–69; München.
FRIEDRICH, G. & LACOMBE, J. (Hrsg.) (1992): Ökologische Bewertung von Fließgewässern.- Limnol. Akt., Bd. 3, 462 S.; Stuttgart, Jena.
FROELICH & SPORBECK (1990): Umweltverträglichkeitsstudie für die Verlegung der B 214 bei Watenbüttel.- Gutachten im Auftrag des Niedersächsischen Landesamtes für Straßenbau, 131 S., (unveröff.); Bochum.
GARVE, E. (1993): Rote Liste der gefährdeten Farn- und Blütenpflanzen in Niedersachsen und Bremen. Fassung vom 1.1. 1993.- Inform.–Dienst Natursch. Nieders. Bd. 1, 47 S.; Hannover.
GEBHARDT, D. (1993): Geoökologische Untersuchungen und Bewertung der Gerinnemorphologie, Ufervegetation und Auennutzung am Unterlauf der Elsenz/ Kraichgau.- Dipl.–Arb., 108 S.; Univ. Heidelberg.
GEHRT, E. (1994): Die äolischen Sedimente im Bereich der nördlichen Lößgrenze zwischen Leine und Oker und deren Einflüsse auf die Bodenentwicklung.- Diss., 218 S.; Univ. Göttingen.
GELDMACHER – VON MALLINCKRODT, M. (1991): Acute metal toxicity in humans.- In: Merian, E. (a.a.O.), S. 585–590.
GERKEN, B. (1990): Auewälder, Wechselspiel aus Naß und Trocken.- Natursch. heute 1: 36–38; Bonn.
GLAPA, H. (1971): Warthezeitliche Eisrandlagen im Gebiet der Letzlinger Heide.- Geologie 20/10: 1087–1110; Berlin.
GLEICH, M. (1987): Grüne Eintracht: Bauern reservieren Wiesen für die Vögel.- Natur 4: 97–98; München.
GODT, J. (1986): Untersuchung von Prozessen im Kronenraum von Waldökosystemen und deren Berücksichtigung bei der Erfassung von Schadstoffeinträgen unter besonderer Berücksichtigung der Schwermetalle.- Ber. Forschungszentr. Waldökosyst./Waldsterben Bd. 19, 264 S.; Göttingen.
GRIMM, P. (1930): Die vor- und frühgeschichtliche Besiedlung des Unterharzes und seines Vorlandes auf Grund der Bodenfunde.- Jahresschr. Vorgesch. d sächs.–thür. Länder Bd. XVIII, 179 S.; Halle.
HAARMANN, K. & PRETSCHER, P. (1977): Diagnosebogen zur Feststellung akuter Schäden in Naturschutzgebieten.- Natur u. Landsch. 52/7: 198–200; Stuttgart.
HAASE, H. (1966): Kunstbauten alter Wasserwirtschaft im Oberharz.- 131 S.; Clausthal–Zellerfeld.
HABER, W. (1982): Naturschutz zwischen Ideologie und Wissenschaft.- Bild d. Wiss. 5: 60–68; Stuttgart.
—,— & KÖHLER, A. (1972): Ökologische Untersuchung und Bewertung von Fließgewässern mit Hilfe höherer Wasserpflanzen.- Landsch. u. Stadt 4: 159–167; Stuttgart.
—,— & DUHME, F. (1990): Naturraumspezifische Entwicklungsziele als Kriterium zur Lösung regionalplanerischer Zielkonflikte.- Raumforsch. Raumordn. 2–3: 84–91; Hannover.
HAEUPLER, H. (1970): Vorschläge zur Abgrenzung der Höhenstufen der Vegetation im Rahmen der Mitteleuropakartierung, II. Teil.- Gött. Flor. Rundbr. 4/54–62; Göttingen.
HAGEDORN, J. & LEHMEIER, F. (1983): Zur Konzeption der geomorphologischen Karte 1:25.000 (GMK 25) aufgrund von Kartierungserfahrungen im Niedersächsischen Bergland.- Forsch. Dt. Landeskde. 220: 63–81; Trier.

HAMPICKE, U. (1988): Extensivierung der Landwirtschaft für den Naturschutz - Ziele, Rahmenbedingungen und Maßnahmen.- Schriftenr. Bayer. Landesamt Umweltsch. 84: 9–35; München.
HÄNSELMANN, L. (1897): Geschichtliche Entwicklung der Stadt Braunschweig.- In: BLASIUS, R. (a.a.O.).
HARD, G. (1970): Die "Landschaft" der Sprache und die "Landschaft" der Geographen.- Colloq. Geogr. Bd. 11, 278 S.; Bonn.
HARK, H.–U. (1954): Pleistozäne Bewegungen im Subherzynen Becken.- Mitt. Geol. Staatsinst. Hamburg 23: 121–125; Hamburg.
HARTUNG, W. (1983): Vorstudie Vorflutverbesserung unterhalb des Ölper–Sees.- Erläuterungsbericht zum Planungsgutachten, 31 S. (unveröff.); Braunschweig.
—,— & STRUVE (1988): Verbesserung der Wassergüte im Stadtteil Oker.- Sanierungsgutachten im Auftrag der Stadt Goslar, 118 S. (unveröff.); Braunschweig.
HARZWASSERWERKE des Landes Niedersachsen (1986): Aus Hochwasser wird Trinkwasser.- Informationsbroschüre 13 S.; Hildesheim.
—,— (o.J.A.): Pegelbuch Juliusstau, Haupttabelle.- (unveröff.); Hildesheim.
HAUHS, M.; BENECKE, P. & ULRICH, B. (1987): Ursachenforschung zu Waldschäden - Forschungsschwerpunkt Harz.- In: PAPKE, H. E.; KRAHL–URBAN, B. et al. (Hrsg.): Waldschäden - Ursachenforschung in der Bundesrepublik Deutschland und in den Vereinigten Staaten von Amerika, S. 58–59; Jülich.
HELLER, H. (1963): Struktur und Dynamik von Auenwäldern.- Beitr. Geobot. Landesaufn. Schweiz Bd. 44, 71 S.; Bern.
HELLMANN, H. (1972): Definition und Bedeutung des backgrounds für umweltbezogene gewässerkundliche Untersuchungen.- Dt. Gewässerkd. Mitt. 16/6: 170–174; Koblenz.
—,— (1983): Zum Begriff der Anreicherung in der Umweltschutzdiskussion.- Dt. Gewässerkd. Mitt. 27–5/6: 146–153; Koblenz.
HEMKER, F. (1985): Naturnahe Umgestaltung von Gewässern.- Fachtagung 1985 des BWK in Lüneburg, 6 S.
HERMS, U. & BRÜMMER, G. (1984): Einflußgrößen der Schwermetallöslichkeit und -bindung in Böden.- Zeitschr. Pflanzenern. Bodenkde. 147: 400–424; Weinheim.
HERR, W.; WIEGLEB, G. & TODESKINO, D. (1989a): Veränderung von Flora und Vegetation in ausgewählten Fließgewässern Niedersachsens nach vierzig Jahren (1946/1986).- Natursch. u. Landschaftspfl. Nieders. 18: 121–144; Hannover.
—,—; WIEGLEB, G. & TODESKINO, D. (1989b): Übersicht über Flora und Vegetation der niedersächsischen Fließgewässer unter besonderer Berücksichtigung von Naturschutz Landschaftspflege.- Natursch. Landschaftspfl. Nieders. 18: 145–283; Hannover.
HESSE, H. J. (1961): Die Wasserversorgung im Zonengrenzgebiet des nördlichen Harzvorlandes.- Wasser u. Boden 1: 18–21; Hamburg, Berlin.
HEYDEMANN, B. (1983): Vorschlag für ein Biotopschutzzonen–Konzept am Beispiel Schleswig-Holsteins - Ausweisung von schutzwürdigen Ökosystemen und Fragen ihrer Vernetzung.- Schriftenr. Dt. Rat Landespfl. 41: 95–104; Bad Godesberg.
HEYER, E. (1972): Witterung und Klima. Eine allgemeine Klimatologie.- 458 S.; Leipzig.
HILLE, G.; ALTHOFF, G. et al. (1982): Ökologisches Gutachten zur Situation der Nördlichen Okeraue.- Gutachten im Auftrage der Stadt Braunschweig, 135 S. (unveröff.); Braunschweig.
HODENBERG, A. von (1974): Ermittlung von Toxizitätsgrenzwerten für Kupfer, Zink und Blei in Getreide, Rotklee und Rüben sowie Aufklärung der Toxizitätsschäden an Feldpflanzen im Harzvorland.- Diss., 169 S.; Univ. Kiel.
HOFFMEISTER, J. (1937): Die Klimakreise Niedersachsens.- 84 S.; Oldenburg.
HOOKE, J. M. & REDMOND, C. E. (1989): Use of cartographic sources for analysing river channel change with examples from Britain.- In: PETTS, E. H.; MÖLLER, G. & ROUX, A. L. (ed.): Historical change of large alluvial rivers: Western Europe.- p. 73–93; Chichester, New York a.o.
HÖVERMANN, J. (1950): Die Oberflächenformen des Harzes.- Geogr. Rundsch. 2/6: 208–212; Braunschweig.
HÜTTER, L.–A. (1990): Wasser und Wasseruntersuchung.- 511 S.; Aarau, Frankfurt a.M. u.a.

ICKS, G., WOLFF, J. & ZACHMANN, D. (1985): Hydrogeologische Verhältnisse im Einzugsbereich des Wasserwerkes Börßum (Landkreis Wolfenbüttel).- Zeitschr. Dt. Geol. Ges. 136: 627–634; Hannover.
INSTITUT FÜR LANDESKUNDE & DEUTSCHES INSTITUT FÜR LÄNDERKUNDE (IfL & DIfL) (Hrsg.) (1959–1962): Handbuch der naturräumlichen Gliederung Deutschlands.- Bd. I + II, 1339 S.; Bonn–Bad Godesberg.
JANSSEN, G. (1989): Aufgaben und Ziele der Niedersächsischen Forstverwaltung. Der Harz und die Erhaltung des Waldes.- Allg. Forstzeitschr. 44: 18–20 u. 443–448; München.
JEDICKE, E. (1990): Biotopverbund. Grundlagen und Maßnahmen einer neuen Naturschutzstrategie.- 255 S.; Stuttgart.
JENSEN, U. (1987): Die Moore des Hochharzes. Allgemeiner Teil.- Natursch. u. Landschaftspfl. Nieders. Bd. 15, 93 S.; Hannover.
JOHNSON, I.–C. (1978): Einfluß der Nutzungsintensität auf Kompartimente von Grünlandökosystemen.- Diss., 249 S.; Univ. Giessen.
JÜRGING, P. (1985): Beachtung ökologischer Aspekte bei Ausbau und Unterhaltung von Fließgewässern.- Münch. Beitr. Abw.-, Fischerei- u. Flußbiol. 39: 553–572; München.
KARL, H. & KLEMMER, P. (1988): Gewässergüteindikatoren der Raumplanung - Nutzwertanalysen als Grundlagen für die Bestimmung von Güteindikatoren.- Forschungs- u. Sitzungsber. Akad. Raumforsch. Landesplg. 179: 125–156; Hannover.
KASELOW, M.; ENGELBACH, K. & WALTHER, W. (1987): Langfristige historische Entwicklung einiger Parameter des Stoff- und Wasserhaushaltes im oberen Okertal (Niedersachsen).- Zeitschr.Dt. Geol. Ges. 138: 527–533; Hannover.
KAULE, G. (1985): Anforderungen an Größe und Verteilung ökologischer Zellen in der Agrarlandschaft.- Zeitschr. Kulturtechn. Flurberr. 26: 202–207; Berlin, Hamburg.
—,— (1991): Arten- und Biotopschutz.- 519 S.; Stuttgart.
—,— & SCHOBER, M. (1985): Ausgleichbarkeit von Eingriffen in Natur und Landschaft.- Schriftenr. Bundesmin. Ern., Landwirtsch. u. Forsten, R. A 314, 80 S.; Münster–Hiltrup.
KELLER, H. (1901): Weser und Ems, ihre Stromgebiete und ihre Nebenflüsse. Band IV: Die Aller und die Ems.- 575 S.; Berlin.
KELLER, R. (1962): Gewässer und Wasserhaushalt des Festlandes.- 520 S.; Leipzig.
KERN, K. (1994): Grundlagen naturnaher Gewässergestaltung. Geomorphologische Entwicklung von Fließgewässern.- 256 S.; Berlin, Heidelberg, New York.
KIEMSTEDT, H.; BECHMANN, A. et a. (1975): Landschaftsbewertung für Erholung im Sauerland.- Schriftenr. Landes- u. Stadtentwicklungsforsch. Nordrh.–Westf., Landesentwicklg. 1.008/I: 160 S.; Dortmund.
KIRWALD, E. (1968): Der Wald.- In: BUCHWALD, K. & ENGELHARDT, W. (a.a.O.), Bd. 2: 82–136.
KLÄRSCHLAMMVERORDNUNG (KVO) (1992): Bundesgesetzbl., Teil I 21: 912–934; Bonn.
KLAPPAUF, L.; LINKE, F.–A. & BROCKNER, W. (1990): Interdisziplinäre Untersuchungen zur Montanarchäologie im westlichen Harz.- Zeitschr. Archäol. 24: 207–242; Berlin.
KLOKE, A. (1985): Richt- und Grenzwerte zum Schutz des Bodens vor Überbelastungen mit Schwermetallen.- Forsch. Raumentwicklg. 14: 13–24; Bonn.
KNAUER, N. (1988): Ackerschonstreifen und Hecken als Kompensationsbereich im Agrarökosystem.- Mitt. Biol. Bundesanst. Land- u. Forstwirtsch. 247: 147–161; Berlin–Dahlem.
KOCH, D. (1993): Erfassung und Bewertung der Schwermetallmobilität über Sickerwässer aus Böden hoher geogener Anreicherung und zusätzlicher Belastung.- Diss., 150 S., Univ. Göttingen.
KOCH, W. (1968): Unkrautbekämpfung.- In: BUCHWALD, K. & ENGELHARDT, W. (a.a.O.), Bd. 2: 250–257.
KÖNIG, J. (1974): Dörfer im Schunter- und Okertal auf einer Karte vom Ende des 16. Jahrhunderts.- Heimatbote Landkr. Braunschw. Bd. 1974: 57–63; Braunschweig.
KOOP, U. (1989): Untersuchungen über die Schwermetallanreicherung in Fischen aus schwermetallbelasteten Gewässern im Hinblick auf deren fischereiliche Nutzung.- Diss., 186 S., Univ. Göttingen.

KORNECK, D. & SUKOPP, H. (1988): Rote Liste der in der Bundesrepublik Deutschland ausgestorbenen, verschollenen und gefährdeten Farn- und Blütenpflanzen und ihre Auswertung für den Arten- und Biotopschutz.- Schriftenr. Vegetationskde., Bd. 19, 210 S.; Bonn–Bad Godesberg.

KÖSTER, W. (1990): Düngung. Notwendige Kulturmaßnahme oder Umweltbelastung? Geogr. Rundsch. 42/3: 159–163; Braunschweig.

KRAUME, E. (1948): Die geschichtliche Entwicklung der Erzaufbereitung im Harz.- Erzmetall I: 2–12; Stuttgart.

KRAUSE, G. (1990): Gesetzliche und administrative Vorgaben für die Anlegung von Gewässerrandstreifen.- DVWK–Schriften, H.94: Deutsch–deutsche Zusammenarbeit in der Wasserwirtschaft: Beiträge zur Fachveranstaltung am 4.Oktober 1990 in Göttingen S.257–270; Bonn.

KÜCHENTHAL, W. (1966): Bezeichnung der Bauernhöfe und Bauern im Gebiete des früheren Fürstentums Braunschweig–Wolfenbüttel und des früheren Fürstentums Hildesheim.- In: BORNSTEDT, W. (1970b), (a.a.O.).

KUMMERT, R. & STUMM, W. (1987): Gewässer als Ökosysteme. Grundlagen des Gewässerschutzes.- 242 S.; Zürich.

KUNTZE, H.; HERMS, U. & PLUQUET, E. (1984): Schwermetalle in Böden. Bewertung und Gegenmaßnahmen.- Geol. Jb., R. A 75: 715–736; Hannover.

KUPHAL, A. (1989): Und die "sozialen Ausgleichsmaßnahmen"? Arb. Geogr. Inst.Univ. Saarland 37: 129–145; Saarbrücken.

KURATORIUM FÜR WASSER- UND KULTURBAUWESEN e.V. & DEUTSCHER VERBAND FÜR WASSERWIRTSCHAFT e.V. (KWK & DVWK) (1978): Richtlinie für die Gestaltung und Nutzung von Baggerseen.- Regeln Wasserwirtsch. Bd. 108: 15 S.; Hamburg, Berlin.

LAMPERT, W. & SOMMER, U. (1993): Limnoökologie.- 440 S.; Stuttgart, New York.

LANDESANSTALT FÜR ÖKOLOGIE, LANDSCHAFTSENTWICKLUNG UND FORSTPLANUNG NORDRHEIN–WESTFALEN (LÖLF) (1980): Fließgewässer, Richtlinie für naturnahen Ausbau und Unterhaltung.- Wasserwirtschaft in Nordrhein–Westfalen, 46 S.; Recklinghausen, Düsseldorf.

—,— & LANDESAMT FÜR WASSER UND ABFALL NORDRHEIN–WESTFALEN (LWA) (1985): Bewertung des ökologischen Zustandes von Fließgewässern.-Teil 1: Bewertungsverfahren, 26 S., Teil 2: Grundlagen für das Bewertungsverfahren, 65 S.; Recklinghausen, Düsseldorf.

LANGE, G. & LECHER, K. (1986): Gewässerregelung Gewässerpflege. Naturnaher Ausbau und Unterhaltung von Fließgewässern.- 288 S.; Hamburg, Berlin.

LÄNDERARBEITSGEMEINSCHAFT WASSER (LAWA) (1987): Bericht über Gefährdungspotentiale und Maßnahmen zum Schutz des Grundwassers in der Bundesrepublik Deutschland.- Inform. Raumentwicklg. 3/4: 247–264; Bonn.

—,— (1990): Die Gewässergütekarte der Bundesrepublik Deutschland 1990.- 29 S.; Wiesbaden.

—,— (1993): Die Gewässerstrukturgütekarte der Bundesrepublik Deutschland. Teil 1, Verfahrensentwurf für kleine umd mittelgroße Fließgewässer in der freien Landschaft.- Als Manuskript vervielfältigt und zur Erprobung freigegeben von der LAWA; 28 S., o.O.A.

LARSEN, P. (Hrsg.) (1991): Beiträge zur naturnahen Umgestaltung von Fließgewässern.- Mitt. Inst. f. Wasserb. u. Kulturtechn. H. 180, 303 S.; Karlsruhe.

LAUER, H.–A. (1979): Archäologische Wanderungen in Ostniedersachsen. Ein Führer zu Geländedenkmälern.- 197 S.; Göttingen.

LEIBUNDGUT, C. (1986): Zur Methodik der Uferschutz–Bewertung.- In: AERNI, K.; BUDMIGER, G. et al (Hrsg.): Der Mensch in der Landschaft. Festschrift Georges Grosjean. Jb. Geogr. Ges. Bern 55: 151–171; Bern.

—,— & HIRSIG, P. (1984): Uferschutz - ein Beitrag der Geographie.- Geogr. Helv. 39/2: 76–79; Bern.

LEICHT, H. (1987): Ruderalfluren.- Schriftenr. Bayer. Landesamt f. Umweltsch. 78: 53–65; München.

LEINEVERBAND (1993): Unterhaltungsrahmenplan Dramme. Planungsgutachten.- (unveröff.); Göttingen.

LESER, H. & KLINK, H.–J. (1988): Handbuch und Kartieranleitung Geoökologische Karte 1:25000 (KA GÖK 25).- 349 S.; Trier.

LICHTFUSS, R. & BRÜMMER, G. (1977): Schwermetallgehalte von Sedimenten schleswig-holsteinischer Fließgewässer (Elbe, Trave, Eider, Schwentine).- Mitt. Dt. Bodenkdl. Ges. 25: 209–216; Göttingen.
LIEBMANN, H. (1962): Handbuch der Frischwasser- und Abwasser-Biologie.- Band 1, 588 S.; München.
LIEDTKE, H. (1994): Namen und Abgrenzungen von Landschaften in der Bundesrepublik Deutschland.- Forschungen zur deutschen Landeskunde **239**: 136 S.; Trier.
LIERSCH, K.-M. (1989): Gewässergütekarten - ein wirksames Instrument des Gewässerschutzes.- Geogr. Rundsch. 41/6: 332–339; Braunschweig.
LIPPS, S. (1988): Fluviatile Dynamik im Mittelwesertal während des Spätglazials und Holozäns.- Eiszeitalter u. Gegenw. 38: 78–86; Hannover.
LOHMEYER, W. & KRAUSE, A. (1975): Über die Auswirkungen des Gehölzbewuchses an kleinen Wasserläufen des Münsterlandes auf die Vegetation im Wassser und an den Böschungen im Hinblick auf die Unterhaltung der Gewässer.- Schriftenr. Vegetationskde. 9: 105 S.; Bonn–Bad Godesberg.
LOOK, E.-R. (1985): Geologie, Bergbau und Urgeschichte im Braunschweiger Land.- Geol. Jb. A, Bd. 88, 452 S.; Hannover.
LOUB, W. (1975): Umweltverschmutzung und Umweltschutz in naturwissenschaftlicher Sicht.- 324 S.; Wien.
LUDER, P. (1980): Das ökologische Ausgleichspotential der Landschaft. Untersuchungen zum Problem der empirischen Kennzeichnung von ökologischen Raumeinheiten, Beispiel Region Basel und Rhein–Neckar.- Diss., 172 S., Univ. Maulburg.
LÜDERS, V. (1988): Geochemische Untersuchungen an Erz- und Gangartmineralien des Harzes.- Berliner Geowiss. Abh. Bd. 93, 74 S.; Berlin.
MADER, H.-J. (1983): Größe von Schutzgebieten unter Berücksichtigung des Isolationseffektes.- Schriftenr. Dt. Rat Landespfl. 41: 82–85; Bonn.
MANGELSDORF, J. & SCHEURMANN, K. (1980): Flußmorphologie. Ein Leitfaden für Naturwissenschaftler und Ingenieure.- 262 S.; München, Wien.
MATSCHULLAT, J. (1989): Umweltgeologische Untersuchungen zu Veränderungen eines Ökosystems durch Luftschadstoffe und Gewässerversauerung (Sösemulde, Harz).- Gött. Arb. Geol. Paläont. Bd. 42, 109 S.; Göttingen.
—,— & NIEHOFF, N. (1991): Pressegespräch Ökosystem Oker.- Tischvorlage zur Pressekonferenz am Mineralogischen Institut der Tu–Clausthal am 8. März 91; Clausthal–Zellerfeld.
—,—; NIEHOFF, N. & PÖRTGE, K.-H. (1991): Zur Element–Dispersion an Flußsedimenten der Oker (Niedersachsen); röntgenfluoreszenz–spektrometrische Untersuchungen.- Mitt. Dt. Geol. Ges. 142: 339–349; Hannover.
—,—; NIEHOFF, N. & PÖRTGE, K.-H. (1992): Bergbau- und Zivilisationsgeschichte des Harzes am Beispiel eines Auelehmprofils der Oker (Niedersachsen).- N. Bergbautechn. 22/8: 322–326; Leipzig.
MATTHEY, W.; DELLA–SANTA, E. & WANNENMACHER, C. (1989): Praktische Ökologie.- 334 S.; Aarau, Frankfurt a.M. u.a.
MEIER, H. (1987): Die Eingriffsregelung des Niedersächsischen Naturschutzgesetzes.- Natursch. Landschaftspfl. in Nieders. - Beiheft 16, 60 S.; Hannover.
MEISCH, H.-U. & BECKER, L.J.M. (1978): Die Remobilisierung von Blei aus Flußsedimenten in Gegenwart von Komplexbildnern.- Vom Wasser 50: 75–92; Weinheim.
MEISEL, K. (1977): Die Grünlandvegetation nordwestdeutscher Flußtäler und die Eignung der von ihr besiedelten Standorte für einige wesentliche Nutzungsansprüche.- Schriftenr. Vegetationskde. 11: 106–117; Bonn–Bad Godesberg.
—,— (1983): Veränderung der Ackerunkraut- und Grünlandvegetation in landwirtschaftlichen Intensivgebieten.- Schriftenr. des Dt. Rates Landespfl. 42: 168–174; Bonn.
MENSCHING, H. (1950): Schotterfluren und Talauen im Niedersächsischen Bergland.- Gött. Geogr. Abh. Bd. 4, 54 S.; Göttingen.
MERIAN, E. (Hrsg.) (1991): Metals and Their Compounds in the Environment.- 1438 S.; Weinheim, New York u.a.

MERKEL, D. & KÖSTER, W. (1981): Schwermetallgehalte von Grünlandböden in der Oker- und Alleraue.- Landwirtsch. Forschg. Sonderheft 37. Kongreßband 1980, S. 556–563; Frankfurt a.M.
MEYER, H.-H. (1986): Landschaftsökologisches Profil Harz–Heide.- Geogr. Rundsch. 38/5: 242–246; Braunschweig.
MICHLER, G. (1989): Landschaftsmalerei als Quelle ökologischer Forschung.- Mitt. Geogr. Ges. München 74: 77–105; München.
MINISTERIE VROM (Ministerie van Volkshuisvestning Ruimtelijke Ordening en Milieubeheer) (1983): Leidraad bodemsanering.- In: ARBEITSKREIS UMWELTGEOLOGIE im Bundesverband Deutscher Geologen (a.a.O.).
MITGAU, L. (1897): Die Wasserversorgung.- In: BLASIUS, R. (a.a.O.).
MOHR, K. (1978): Geologie und Minerallagerstätten des Harzes.- 387 S.; Stuttgart.
—,— (1982): Harzvorland westlicher Teil.- Sammlung geologischer Führer Bd. 70, 155 S.; Berlin, Stuttgart.
—,— (1992): 400 Millionen Jahre Harzgeschichte. Die Geologie des Westharzes.- 93 S.; Clausthal–Zellerfeld.
MOLDE, P. (1991): Aktuelle und jungholozäne fluviale Geomorphodynamik im Einzugsgebiet des Wendebaches (Südniedersachsen).- Gött. Geogr. Abh. Bd. 94, 107 S.; Göttingen.
MÜLLER, A.; ZUMBROICH, T. & HERWEG, U. (1992): Schwermetallbelastung von Aueböden im Bergischen Blei–Zink–Erzbezirk.- LÖLF–Mitt. 1: 29–33; Recklinghausen.
MÜLLER, J. (1990): Funktion von Hecken und deren Flächenbedarf vor dem Hintergrund der landschaftsökologischen und -ästhetischen Defizite auf den Mainfränkischen Gäuflächen.- Würzburger Geogr. Arb. Bd. 77, 320 S.; Würzburg.
MÜLLER, T. (1968): Schiffahrt und Flösserei im Flußgebiet des Oker.- Braunschw. Werkstücke. R. A 39, 231 S.; Braunschweig.
NEEF, E. (Hrsg.) (1976): Das Gesicht der Erde.- 907 S.; Zürich, Frankfurt a.M.
NIEDERSÄCHSISCHES LANDESAMT FÜR STRASSENBAU (1990): B 214 Ortsumgehung Watenbüttel. Zusammenfassung der Untersuchungsergebnisse.- 41 S., Gutachten (unveröff.); Braunschweig.
NIEDERSÄCHSISCHES LANDESVERWALTUNGSAMT (NLVA) (1979): Kommentar zur Karte der für den Naturschutz wertvollen Bereiche (ökologisch und naturwissenschaftlich). Vorinformationen zu den Kartenblättern L 4128 Goslar, L 3928 Salzgitter, L 3728 Braunschweig, L3528 Gifhorn.- Unveröff.; Hannover.
—,— (1990/91): Kartenverzeichnis 1990/91.- Hannover.
—,— & WIRTSCHAFTSWISSENSCHAFTLICHE GESELLSCHAFT ZUM STUDIUM NIEDERSACHSENS e.V. (WWGN) (Hrsg.) (1965): Der Landkreis Braunschweig I. Amtliche Kreisbeschreibung.- Die Landkreise in Niedersachsen Bd. 22, 451 S.; Bremen–Horn.
—,— (1970): Der Landkreis Goslar I. Amtliche Kreisbeschreibung.- Die Landkreise in Niedersachsen Bd. 24, 408 S.; Bremen–Horn.
NIEDERSÄCHSISCHES MINISTERIUM FÜR ERNÄHRUNG, LANDWIRTSCHAFT UND FORSTEN (NMLW) (1973): Runderlaß des Ministers für Landwirtschaft und der Ministerkonferenz vom 5.10.1973 über die Berücksichtigung von Naturschutz und Landschaftspflege bei wasserbaulichen Maßnahmen.- Niedersächs. Ministerialbl. H. 47, S. 1518; Hannover.
—,— (1979): Hochwasser–Abflußspenden–Längsschnitt für das niedersächsische Wesergebiet.- 40 S.; Hannover.
NIEHOFF, N. (1982): Nährstoffaustrag bei rein agrarischer Nutzung im Einzugsgebiet des Wöllmarshausener Baches (Südniedersachsen).- Dipl.-Arb., 117 S., Univ. Göttingen.
—,— (1987): Untersuchungen zum Landschaftshaushalt der Oker.- Planungsgutachten 75 S. (unveröff.); Braunschweig.
—,— & LAMBERTZ, B. (1991): Fünf Jahre Versuchsstrecke Mittlere Oker. Ein Fallbeispiel zur Uferrenaturierung an Fließgewässern.- Verh. Ges. Ökol. 20/1: 361–367; Freising–Weihenstephan.
—,— & NIEHOFF, P. (1994): Gewässerrenaturierung ein ökologischer Neubeginn - auch für den Geographieunterricht? Aspekte eines Lehransatzes, der eine ökosystemare Sichtweise von

Fließgewässern und eine mehrperspektivische Betrachtung von Natur im Geographieunterricht ermöglicht.- Zeitschr. Erdkundeunterr. 46/5: 208–216; Berlin.

—,— & PÖRTGE, K.-H. (1990): Untersuchungen zum ökologischen Zustand und zur Auswirkung anthropogener Störungen der Oker und ihrer Talaue.- Die Erde 121: 87–104; Berlin.

—,— & RUPPERT, H. (1996): Holozäne Stoffdispersion und Sedimententwicklung in der Okerniederung (Südniedersachsen) - ein Beitrag zur Rekonstruktion der Umweltgeschichte bergbaulich beeinflußter Auenablagerungen in Mitteleuropa.- In Vorbereitung.

—,—; Pörtge, K.-H. & LAMBERTZ, B. (1991): Beispiele zur ökologisch orientierten Ufergestaltung an Versuchsstrecken der Mittleren Oker.- Zeitschr. Kulturtechn. Landentwicklg. 33: 1–33; Berlin, Hamburg.

—,—; PÖRTGE, K.-H. & MATSCHULLAT, J. (1991): Untersuchungen zum ökologischen Zustand und zur Auswirkung anthropogener Störungen der Oker und ihrer Talaue im Bereich Watenbüttels.- Gutachterliche Stellungnahme für die Bezirksregierung Braunschweig bezüglich der Verlegung der B 214 bei Watenbüttel (unveröff.), 19 S.; Göttingen.

—,—; MATSCHULLAT, J. & PÖRTGE, K.-H. (1992): Bronzezeitlicher Bergbau im Harz? Ber., Denkmalpfl. Nieders. 1: 12–14; Hannover.

NIEMANN, J. (1992): Untersuchung zur Störungsökologie an Wasservögeln (militärischer Übungsbetrieb) im Feuchtgebiet von internationaler Bedeutung "Weserstaustufe Schlüsselburg"; Vortrag.- Symposium der Deutschen Gesellschaft Limnologie "Ökosystem Weser-gestern-heute-morgen" in Holzminden am 25.3.–27.3. 1992.

NIEMEYER–LÜLLWITZ & ZUCCHI, H. (1985): Ökologie fließender Gewässer unter besonderer Berücksichtigung wasserbaulicher Eingriffe.- 224 S.; Frankfurt a.M., Berlin u.a.

NOWOTHNING, W. (1962): Spuren eines urzeitlichen Bergbaus im Oberharz? Nachr. Nieders. Urgesch. 31: 173–176; Hildesheim.

OBERDORFER, E. (1983): Pflanzensoziologische Exkursionsflora.- 1050 S.; Stuttgart.

OHNESORGE, K.-W. (1974): Wolfenbüttel Geographie einer ehemaligen Residenzstadt.- Braunschweiger Geogr. Stud. Bd. 5, 242 S.; Braunschweig.

OLSCHOWY, G. (1979): Nutzung und Gestaltung von Tallandschaften.- Schriftenr. Dt. Rat Landespfl. 33: 179–183; Bonn.

—,— (1984): Zur Ökologie der Fließgewässer.- Zeitschr. Kulturtechn. Flurberr. 25: 66–77; Berlin, Hamburg.

OTTL, A. (1990): Untersuchungen zur Festlegung von Mindestabflüssen in wasserkraftbedingten Ausleitungsstrecken.- Mitt. Inst. Wasserwes. Univ. d. Bundeswehr München 38/a: 195–203; München.

OTTO, A. (1991): Grundlagen einer morphologischen Typologie der Bäche.- In: LARSEN, P. (a.a.O.).

OTTO, A. & BRAUKMANN, U. (1983): Gewässertypologie im ländlichen Raum.- Schr. R. d. BMLW, A 288: 1–61; Münster–Hiltrup.

PAFFEN, K.-H. (1953): Die natürliche Landschaft und ihre räumliche Gliederung. Eine methodische Untersuchung am Beispiel der Mittel- und Niederrheinlande.- Forsch. Dt. Landeskde., Bd. 68, 196 S.; Remagen.

PARDÉ, M. (1947): Fleuves et Rivières.- 224 S.; Paris.

PÄTZMANN, K. (1988): Die Baugrundplanungskarte der Stadt Goslar unter Einbeziehung der Schwermetallgehalte in den Lockergesteinen und Bodenzonen der Bauplanungsbereiche der Stadt Goslar.- Clausthaler Geowiss. Diss. 31, 246 S.; Clausthal–Zellerfeld.

PENKA, M.; VYSKOT, M. et al. (Hrsg.) (1985): Floodplain forest ecosystem.- Dev. agric. and manag.–forest ecol. vol. 15 a, 462 p.; Amsterdam, Oxford a.o.

PETER, M. & WOHLRAB, B. (1990): Auswirkungen landwirtschaftlicher Bodennutzung und kulturtechnischer Maßnahmen.- DVWK–Schr. 90: 55–100; Hamburg, Berlin.

PETERSEN, A. & KRETSCHMER, W. (1992): Gefährdungsabschätzung von Rüstungsaltlasten in Niedersachsen, Erfahrungen bei den Voruntersuchungen.- Altlastentage in Hannover am 5.–7.5. 1992; 15 S.; Hannover.

PIEPER, H.-G. & MEIJERING, M. P. D. (1981): Derzeitiger Zustand von Ufergehölzen osthessischer Fließgewässer.- Beitr. Naturkde. Osthessens 17: 53–59; Fulda.

PINZ, K.-H. (1964): Generalplan zur Hochwasserregelung in den Flußgebieten der Aller, Leine und Oker.- In: NMLW (Hrsg.): Wasserwirtschaft in Niedersachsen, S. 82–88; München.

PLACHTER, H. (1989): Naturschutzplanung auf wissenschaftlicher Grundlage.- Schriftenr. Bayer. Landesamt Umweltsch. 80: 58–89; München.

PLANUNGSGRUPPE PILOTPROJEKT LEINE (Hrsg.) (1980–1985): Pilotprojekt Bewirtschaftungsplan Leine.- Bd. 1–18; Hannover, Berlin.

—,— (1985): Pilotprojekt Bewirtschaftungsplan Leine. Abschlußbericht - 18. Arbeitsbericht zum Leineprojekt.- 148 S.; Hannover, Berlin.

PÖRTGE, K.-H. & HAGEDORN, J. (Hrsg.) (1989): Beiträge zur aktuellen fluvialen Morphodynamik.- Gött. Geogr. Abh., Bd. 86, 143 S.; Göttingen.

POSER, H. (1950): Die Niederterrassen des Okertales als Klimazeugen.- Abh. Braunschw. Wiss. Ges. II: 109–122; Braunschweig.

—,— (1951): Die nördliche Lößgrenze in Mitteleuropa und das spätglaziale Klima.- Eiszeitalter u. Gegenw. 1: 27–55; Öhringen.

PREISING, E.; VAHLE, H.-C. et al. (1990): Die Pflanzengesellschaften Niedersachsens. Wasser- und Sumpfpflanzengesellschaften des Süßwassers.- Natursch. Landschaftspfl. Nieders. 20/8: 47–161; Hannover.

PRETSCH, K. (1994): Spätpleistozäne und holozäne Ablagerungen als Indikatoren der fluvialen Morphodynamik im Bereich der mittleren Leine.- Gött. Geogr. Abh. Bd. 99, 111 S.; Göttingen.

RASPER, M.; SELLHEIM, P. & STEINHARDT, B. (1991): Das Niedersächsische Fließgewässerschutzsystem; Grundlagen für ein Schutzprogramm.- Bd. 25/2, 457 S.; Hannover.

RICHTER, G. (1970): Quantitative Untersuchungen zur rezenten Auelehmablagerung.- In: MECKELEIN, W. & BORCHERDT, C. (Hrsg.): Deutscher Geographentag Kiel. Tagungsbericht und wissenschaftliche Abhandlungen, S. 413–425; Wiesbaden.

ROOSTAI, A.H. (1987): Geogene und anthropogene Quellen von Schwermetallen im Einzugsgebiet der Sösetalsperre (Westharz).- In MATSCHULLAT (1989) (a.a.O.).

ROSE, U. (1990): Beurteilung von Fließgewässerstrukturen aus ökologischer Sicht - Ergebnisse und Erfahrungen mit einer einfachen Methode.- Wasserwirtsch. 80/5: 236–242; Stuttgart.

ROTHER, N. (1989): Holozäne fluviale Morphodynamik im Ilmetal und an der Nordostabdachung des Sollings (Südniedersachsen).- Gött. Geogr. Abh. Bd. 87, 104 S.; Göttingen.

ROWECK, H.; KLEYER, M. & SCHMELZER, B. (1987): Lebensraumverbund Mittlerer Neckar.- Landsch. u. Stadt 19/4: 173–187; Stuttgart.

RUNGE, F. (1980): Die Pflanzengesellschaften Mitteleuropas.- 287 S.; Münster.

RUPPERT, H. (1988): Natürliche Gehalte und anthropogene Anreicherungen von Schwermetallen in Böden des Donautales.- Bayerisches Geol. Landesamt - Fachber. 4: 14–28; München.

SALOMONS, W. & FÖRSTNER, U. (1984): Metals in the Hydrocycle.- 349 S.; Berlin.

SANDROCK, F. (1981): Fließgewässer.- Unterr. Biol. 59: 2–11; Seelze.

SCHAFFER, G. & ALTEMÖLLER, H.-J. (1964): s. Kartenverzeichnis.

SCHEFFER, F. & SCHACHTSCHABEL, P. (1989): Lehrbuch der Bodenkunde.- 491 S.; Stuttgart.

SCHILLING, J. (1983): Bewirtschaftungspläne. Teil II: Erfahrungen und erste Empfehlungen aus dem Pilotprojekt Bewirtschaftungsplan Leine.- Dt. Gewässerkdl. Mitt. 27/1: 3–7; Koblenz.

SCHLICHTING, E. & BLUME, H.-P. (1966): Bodenkundliches Praktikum.- 209 S.; Hamburg, Berlin.

SCHMIDT, A. (1984): Biotopschutzprogramm NRW. Teil I: Vom isolierten Schutzgebiet zum Biotopverbundsystem.- Mitt. LÖLF 9/1: 3–9; Recklinghausen.

SCHMIDT, M. (1983): Die großen Hochwässer an Innerste und Oker 1981.- Braunschw. Heimat 69/1: 3–12; Braunschweig.

SCHMIDTHÜSEN, J. (1974): Was verstehen wir unter Landschaftsökologie? In: RATHJENS, C. & BORN, M. (Hrsg.): Deutscher Geographentag Kassel. Tagungsbericht und wissenschaftliche Abhandlungen. Bd. 39, 409 S.; Wiesbaden.

SCHNEIDER, J. (1987): Geosciences in conflict: Provision of resources versus protection of environment.- In: ARNDT, P. & LÜTTIG, W. (Hrsg.): Mineral resources' extraction, environmental protection and land-use planning in the industrial and developing countries; p. 29–46; Stuttgart.

SCHRAMKE, W. (1975): Zur Paradigmengeschichte der Geographie und ihrer Didaktik.- Gött. Geogr. Hochschulms. Bd. 2, 289 S.; Göttingen.
SCHUBERT, R. (1960): Die zwergstrauchreichen azidophilen Pflanzengesellschaften Mitteldeutschlands.- Pflanzensoziol. Bd. 11, 235 S.; Jena.
SCHUHMACHER, H. (1989): Stadtbäche als Lebensraum.- Naturwissenschaften 76: 505–511; Heidelberg.
SCHULZE, C. (1989): Akteure im Umweltschutz. Umweltschutzvollzug zwischen Industrie und staatlicher Verwaltung am Beispiel altindustrialisierter Standorte des Nordharzes.- 250 S.; Wiesbaden.
SCHWOERBEL, J. (1984): Einführung in die Limnologie.- 269 S.; Stuttgart.
SIEGERT, J. (1971): Methoden zur Erfassung und Kartierung von Landschaftsschäden am Beispiel der Kreise Göttingen und Rotenburg (Wümme).- Schr. Wirtschaftswiss. Ges. z. Stud. Nieders. e.V., N.F., Reihe A, H. 98, 130 S.; Göttingen.
SIEWERS, U. & SCHOLZ, R. (1985): Geogener und anthropogener Eintrag in die Umwelt.- Inform. Raumentwicklg. 1/2: 63–66; Bonn.
SÖCHTIG, W. & KNOLLE, F. (1989): Kartierung bautechnischer Eingriffe in die größeren Fließgewässer des Landkreises Goslar.- Bund für Umwelt und Naturschutz Deutschland e.V., Kreisgruppe Goslar, BUND–Info 2, 21 S.; Goslar.
SPÄTE, A. & WERNER, W. (1991): Erfassung und Auswertung der Hintergrundgehalte ausgewählter Schadstoffe in Böden Nordrhein-Westfalens.- Mat. z. Ermittlg. u. Sanierg. v. Altl. 4: 109 S.; Düsseldorf.
STAATLICHES AMT FÜR WASSER UND ABFALL (StAWA)–BRAUNSCHWEIG (1993): Gewässergütebericht, Ergänzungen 1992.- 60 S.; Braunschweig.
StAWA–GÖTTINGEN (1989): Gewässergütebericht 1989.- 122 S.; Göttingen.
—,— (1993): Gewässergütebericht 1992.- 196 S.; Göttingen.
STEFFEN, D. (1989): Die Belastung der niedersächsischen Flußsedimente mit Schwermetallen.- Mitt. Niedersächs. Landesamt Wasserwirtsch. 8: 71–89; Hildesheim.
STELZER, G. ((1970): Die sächsische Königspfalz Werla.- In: NLVA & WWGN (1970), (a.a.O.), Bd. 24, S. 127–131.
STICHMANN, W. (1986): Naturschutz mit der Landwirtschaft.-Geogr. Rundsch. 38/6: 294–302; Braunschweig.
STIER, G. (1979): Geochemische Untersuchungen an Gesteinen, Böden und Gewässern des nördlichen Harzvorlandes sowie des Hils.- Diss., 299 S.; TU–Braunschweig.
STOCK, R. (1990): Die Verbreitung von Waldschäden in Fichtenforsten des Westharzes - Eine geographische Analyse.- Gött. Geogr. Abh. 89, 102 S.; Göttingen.
STÖCKER, G. (1965): Eine neue Zwergstrauch–Gesellschaft aus dem Naturschutzgebiet "Oberharz".- Arch. Natursch. Landschaftsforsch. 5/2: 11–115; Berlin.
STÖCKMANN, A.; STROSCHER, K. et al. (1989): Fließgewässerrenaturierung im Siedlungsbereich - der naturnahe Ausbau der Wieseck im Stadtgebiet von Gießen.- Verh. Ges. Ökol. (Essen 1988) XVIII: 557–561; Göttingen.
STORM, P.–C. (Hrsg.) (1994): Umwelt–Recht. Wichtige Gesetze und Verordnungen zum Schutz der Umwelt.- 905 S.; München.
SUKOPP, H. (1983): Erfahrungen bei der Biotopkartierung in Berlin im Hinblick auf ein Schutzgebietssystem.- Schriftenr. Dt. Rat Landespfl. 41: 69–73; Bonn.
SURBURG, U. (1995): Kommunale Umweltqualitätskonzepte und Umweltentwicklungspläne – Begriffsbestimmungen, Aufstellung und Bedeutung in Städten und Gemeinden.- In: DÖRHÖFER, G.; THEIN, J. & WIGGERING, H. (Hrsg.): Umweltqualitätsziele – natürliche Variabilität – Grenzwerte. Umweltgeol. heute 5: 25–31; Berlin.
SYMADER, W. (1980): Zur Problematik landschaftsökologischer Raumgliederungen.- Landsch. u. Stadt 2/12: 81–89; Stuttgart.
THIELEMANN, O. (1970): Siedlung und Wohnen. Ur- und frühgeschichtlicher Siedlungsgang.- In: NLVA & WWGN (1970), (a.a.O.), Bd. 24, S. 122–127.
THOMAS, J. (1993): Untersuchungen zur holozänen fluvialen Geomorphodynamik an der oberen Weser.- Gött. Geogr. Abh. Bd. 98, 111 S.; Göttingen.

THÖNE, F. & STOLETZKI, G. (1959): Wolfenbüttel.- 48 S.; Wolfenbüttel.
TISCHLER, W. (1968): Veränderungen der Pflanzen- und Tierwelt durch Entstehung der Kulturlandschaft.- In: BUCHWALD, K. & ENGELHARDT, W. (a.a.O.), Bd. 2: 70–82.
TODE, A. (1965): Siedlung und Wohnen.- In: NLVA & WWGN (1965) (a.a.O.), Bd. 22, S. 155–171.
—,— PREUL, F.; RICHTER, K. et al. (1953): Die Untersuchung der paläolitischen Freilandstation von Salzgitter–Lebenstedt.- Eiszeitalter u. Gegenw. 3: 144–220; Öhringen.
TREPL, L. (1987): Geschichte der Ökologie.- 280 S.; Frankfurt a.M.
TROMMER, G. (1989): Wahrnehmung und Bedeutung von Naturganzheit am Anfang des 20. Jahrhunderts in Deutschland.- Verh. Ges. Ökologie (Essen 1988) XVIII: 823–828; Göttingen.
TUREKIAN, K. K. & WEDEPOHL, K. H. (1961): Distribution of the Elements in Some Major Units of the Earth´s Crust.- Geol. Soc. Amer. Bull. Vol.72: 175-192; Boulder, Colorado.
VALLENTYNE, J.R. & HAMILTON, A.L. (1987): Manging human uses and abuses of natural resources in the Canadian ecosystem.- In MATSCHULLAT (1989), (a.a.O.).
VANNOTE, R. L.; MINSHALL, G. W. et al. (1980): The river continuum concept.- Canad. J. Fish Aquat. Sc.; vol 37/130. In : LAMPERT, W. & SOMMER, U. (a.a.O.).
VERBÜCHELN, G. (1992): Entstehung, Differenzierung und Verarmung von Grünlandgesellschaften in Nordrhein–Westfalen.- LÖLF–Mitt. 3: 38–41; Recklinghausen.
VÖLKSEN, G. (1977): Zur landschaftspflegerischen Problematik wasserbaulicher Eingriffe.- N. Arch. Nieders. 26/2: 119–130; Göttingen.
WACHENDORF, H. (1986): Der Harz - variszischer Bau und geodynamische Entwicklung.- Geol. Jb., R. A 91, 67 S.; Hannover.
WALTER, H. & LIETH, H. (1960): Klimadiagramm Weltatlas.- Jena.
WALTHER, W.; TEICHGRÄBER, B. et al. (1985): Messungen ausgewählter organischer Spurenstoffe in der Bodenzone, eine Bestandsaufnahme an einem Ackerbaugebiet.- Zeitschr. Dt. Geol. Ges. 136: 613–625; Hannover.
WASSERHAUSHALTSGESETZ (WHG): s. BUNDESREGIERUNG (1976b)
WASSERVERBAND MITTLERE OKER (1961): Antrag zur Durchführung des Planfeststellungsverfahrens zum Ausbau des Okerlaufes in den Gemarkungen Melverode, Wilhelmitor, Rüningen, Klein Stöckheim und Leiferde.- Planungsantrag (unveröff.); Braunschweig.
WASSERVERBANDSTAG NIEDERSACHSEN e.V. (Hrsg.) (1987): Unterhaltungsrahmenplan, Formblätter und Begleitheft.- 56 S.; Hannover.
WASSERWIRTSCHAFTSAMT (WWA)–BRAUNSCHWEIG (1953): Entwurf zur Regulierung der Oker zwischen Börßum und Ohrum, Erläuterungsbericht.- (unveröff.); Braunschweig.
—,— (1957): Genereller Entwurf zur Okerregelung im Rahmen des Aller–Leine–Oker–Planes.- Planungsentwurf (unveröff.); Braunschweig.
—,— (1983): Hydraulische Berechnung zum Antrag auf Erlaubnis, die Oker in Meinersen aufzustauen und das Wasser teilweise zur Energiegewinnung zu nutzen.- Bauentwurf (unveröff.); Braunschweig.
WWA–GÖTTINGEN (1988): Gewässergütebericht für 1987.- 70 S.; Göttingen.
WEBER–OLDECOP, D. W. (1968): Die Steinfelder der Oker und ihre kennzeichnende Pflanzengesellschaft.- Braunschw. Heimat 54/1: 69–71; Braunschweig.
—,— (1969): Wasserpflanzengesellschaften im östlichen Niedersachsen.- Diss., 172 S., TU–Hannover.
—,— (1974): Makrophytische Kryptogamen in der oberen Salmonidenregion der Harzbäche.- Arch. Hydrobiol. 74/1: 82–86; Stuttgart.
—,— (1976): Pflanzengesellschaften in den Forellenbächen des Westharzes.- Braunschw. Heimat 62/1: 22–137; Braunschweig.
—,— (1977): Fließgewässertypologie auf vegetationskundlicher Grundlage.- Mitt. flor.-soziol. Arbeitsgem. N.F. 19/20: 135–137; Todenmann, Göttingen.
WEDEPOHL, K.-H. (1991): The composition of the upper earth´s crust and the natural cycles of selected metals.- In: MERIAN, E. (a.a.O.), S. 4–17.
WEINITSCHKE, H. (1986): Schutz, Pflege und Gestaltung von Landschaftselementen im Agrarraum als Habitate gefährdeter Pflanzen und Tierarten.- Hercynia, N.F. 23/4: 463–466; Leipzig.

WERTH, W. (1987): Ökomorphologische Gewässerbewertungen in Oberösterreich (Gewässerzustandskartierungen).- Österreichische Wasserwirtsch. Bd. 39, H. 5/6: 122–129; Wien, New York.
WESTRICH, B. (1985): Hydromechanische Einflußfaktoren auf das Transportverhalten kontaminierter Schwebstoffe in Flüssen.- DVWK–Mitt. H. 9, 52 S.; Bonn.
WETZEL, J. (1984): Ein visuell–ökologisches Bewertungsverfahren für alpine Flußlandschaften.- Dipl.–Arb., 149 S.; Bern.
WILLERDING, U. (1977): Über Klima-Entwicklung und Vegetationsverhältnisse im Zeitraum Eisenzeit bis Mittelalter.- Abh. Akad. Wiss. Gött., Philol.–Hist. Kl. 101: 357–405; Göttingen.
WITT, R. (1985): Die Streuobstwiese, Natur aus Menschenhand.- Natur 10: 65–68; München.
—,— (1986): Die Waldhecke, Lebendiger Zaun.- Natur 7: 75–78; München.
WOLDSTEDT, P. & DUPHORN, K. (1974): Norddeutschland und angrenzende Gebiete im Eiszeitalter.- 500 S.; Stuttgart.
WORLD WILDLIFE FOUND (WWF) (1988): Auen am Oberrhein. Ökologie und Management.- 79 S.; Rastatt.
WÜTHRICH, L.–H. (Hrsg.) (1961): Merian Braunschweig-Lüneburg 1654.- 220 S.; Kassel.
ZAHN, M. T. (1990): Transportprozesse bei der Ausbreitung von Schwermetallen im Grundwasser quartärer Kiese aus dem Raum München.- Mitt. Inst. Wasserwes. Univ. d. Bundeswehr München 38/a: 253–261; München.
ZIMMERMANN, F. (1944): Grundlagen der wasserwirtschaftlichen Generalplanung im niedersächsischen Harzvorland.- Arch. Landes- u. Volkskde. Nieders. 22: 279–302; Oldenburg.
ZÜLLIG, H. (1988): Waren unsere Seen früher wirklich "rein"? Anzeichen von Früheutrophierung gewisser Seen im Spiegel jahrtausendealter Seeablagerungen.- Gas–Wasser–Abwasser, Schweizerr. Ver. Gas- u. Wasserf. 1153/1: 17–31; Zürich.
ZUNDEL, R. (1987): Die "Renaturierung" der Leineaue im Flecken Bovenden.- Plesse–Arch. 23: 323–331; Bovenden.

Kartenverzeichnis

ATLAS NIEDERSACHSEN (1950), Deutscher Planungsatlas Bd. II.- Hrsg.: Niedersächsisches Amt für Landesplanung und Statistik, Hannover.

ATLAS NIEDERSACHSEN UND BREMEN (1961), Deutscher Planungsatlas Bd. II.- Hrsg.: Akademie für Raumforschung und Landesplanung & NiedersächsischesLandesverwaltungsamt (ARL & NLVA), Hannover.

BRÜNING, K.; DIENEMANN, W. & SICKENBERG, O. (1952): Niedersachsens nutzbare Lagerstätten und Gesteine; Atlas.- Bremen–Horn.

CAMERER, L. (1984): Das Herzogtum Braunschweig in alten Karten. Verzeichnis der vor 1830 erschienenen Karten und Pläne der Stadtbibliothek Braunschweig.- Stadtarch. u. Stadtbibl. Braunschweig, Kl. Schr. H. 11, 40 S., Braunschweig.

DEUTSCHE GRUNDKARTE 1: 5 000, Hrsg. der verwendeten Blätter: Katasterämter der Stadt Braunschweig und der Landkreise Wolfenbüttel und Goslar.
   Bl. 3628/30, Braunschweig Hafen
   Bl. 3728/6, Watenbüttel Südost
   Bl. 3929/7, Heiningen Süd
   Bl. 3929/12, Werladenkmal
   Bl. 4128/5, Oker Waldhaus
   Bl. 4128/11, Whs. Romkerhalle

GAUSSCHE LANDESAUFNAHME der 1815 durch Hannover erworbenen Gebiete, I. Fürstentum Hildesheim 1827–1840; Bl. 11, Schladen Originalmaßstab 1: 21 333.- Neuausg. Historische Kommission Niedersachsen, M. 1: 25 000, Hannover 1963.

GROTRIAN, H. (1793): Plan des Ockerstromes zwischen Ölpermühle und Veltheim. Kolorierte Zeichnung 1: 8 000 aus dem Jahre 1793.- vgl. Verzeichn. v. CAMERER (a.a.O.).

GRUNDRISS DES OKERFLUSSES von 1825 zwischen dem Münzberge und Watenbüttel. Kolorierte Zeichnung ca. 1: 8 000, Braunschweig.- vgl. Verzeichn. v. CAMERER (a.a.O.).

HYDROGRAPHISCHE KARTE NIEDERSACHSEN 1: 50 000: Flächenverzeichnis und Karten; Bl.: Braunschweig, Gifhorn, Goslar, Königslutter, Salzgitter, Schöningen.- Hrsg.: Niedersächsisches Ministerium für Ernährng, Landwirtschaft und Forsten, Hannover 1983.

KARTE DES LANDES BRAUNSCHWEIG im 18. Jhdt., Bl. Vienenburg/ Bad Herzburg; zusammengestellt nach Feldrissen der Generallandesvermessung von 1746–1784 im Originalmaßstab 1: 4 000 und den Bl. 144/ 145 der Kurhannoverschen Landesaufnahme des 18. Jahrh.- Neuausg. Historische Kommission Niedersachsen, M. 1: 25 000, Wolfenbüttel 1962.

KARTE DES LANDES BRAUNSCHWEIG im 18. Jhdt., Bl. Hornburg; zusammengestellt nach Feldrissen der Generallandesvermessung von 1746–1784 im Originalmaßstab 1: 4 000 und gleichzeitigen Grenzkarten.- Neuausg. Historische Kommission Niedersachsen, M. 1: 25 000, Wolfenbüttel 1960.

KARTE DES LANDES BRAUNSCHWEIG im 18. Jhdt., Bl. Wendeburg; zusammengestellt nach Feldrissen der Generallandesvermessung von 1746–1784 im Originalmaßstab 1: 4 000.- Neuausg. Historische Kommission Niedersachsen, M. 1: 25 000, Wolfenbüttel 1958.

KLIMAATLAS NIEDERSACHSEN, Hrs.: Deutscher Wetterdienst, Offenbach 1964.

KREISGRENZENKARTE 1: 1 500 000, Hrsg.: Bundesforschungsanstalt für Landeskunde und Raumordnung, Bonn 1990.

KURHANNOVERSCHE LANDESAUFNAHME des 18. Jhdt., Bl. Goslar; zusammengestellt nach Aufnahmen des hannoverschen Ingenieurkorps aus dem Jahre 1784 im Originalmaßstab 1: 21 333.- Neuausg. Niedersächsisches Landesverwaltungsamt/ Landesvermessung u. Historische Kommission Niedersachsen, M. 1: 25 000, Hannover 1959.

SCHAFFER, G. & ALTEMÖLLER, H.–J. (1964): Raumplanungsgutachten Südostniedersachsen, Bodenkundliche Übersichtskarte 1: 200 000.- Frankfurt a.M.

TOPOGRAPHISCHE ÜBERSICHTSKARTE 1: 200 000, Bl. CC 3926 Braunschweig, CC 4726 Goslar, Hrsg.: Niedersächsisches Landesverwaltungsamt/ Landesvermessung, Hannover.

ÜBERSICHTSKARTE VON NIEDERSACHSEN 1: 500 000, Hrsg.: Niedersächsisches Landesverwaltungsamt/ Landesvermesseung, Hannover.

Quellenverzeichnis

Abb. 2	BITTMANN (1968): Abb. 109, S. 352, Bayerischer Landwirtschaftsverlag; Basel, München, Wien.
Abb. 3	MATTHEY et al. (1989): Abb. F/10, S. 246, Verlag Moritz Diesterweg; Frankfurt a.M. und Verlag Sauerländer; Aarau, Frankfurt a.M., Salzburg.
Abb. 4	ELLENBERG (1986): Abb. 186 unterer Teil, S. 335, Verlag Eugen Ulmer; Stuttgart.
Abb. 5	DVWK (1991b): Bild 4, S. 5, Verlag Paul Parey; Hamburg, Berlin.
Abb. 6	LOHMEYER & KRAUSE (1975): Abb. 70, S. 90, Landwirtschaftsverlag GmbH; Hiltrup.
Abb. 8	MANGELSDORF & SCHEURMANN (1980): Abb. 5.24, S. 159, Oldenbourg Verlag; München, Wien.
Abb. 13	WALTER & LIETH (1960): Diagr. Mitteleuropa 1/112 u. 1/669, VEB Gustav Fischer Verlag; Jena.
Abb. 20	GROTRIAN (1793): vgl. Verzeichnis von CAMERER (1984), Kt 33 IV 16, Selbstverlag Stadtarchiv und Stadtbibliothek Braunschweig.
Tabelle 7	VERBÜCHELN (1992): Abb. 1, S. 39, Bitter Verlag; Recklinghausen.
Tabelle 19	KAULE (1991): Tabelle 108, S. 320, Verlag Eugen Ulmer; Stuttgart.

Die Titel der genannten Quellen sind im Literatur- bzw. Kartenverzeichnis aufgeführt.

Verzeichnis der Abbildungen, Tabellen, Anhänge und Beilagen

Abb. 1	Schematische Übersicht über das Untersuchungsverfahren		10
Abb. 2	Ökologisch–morphologische Teilräume im Querprofil der Fließgewässer		14
Abb. 3	Ökologische Fließgewässerzonierung nach Sohlgefälle und Gewässergröße		21
Abb. 4	Schema der Vegetationszonierung im Längsprofil von Fließgewässerlandschaften		23
Abb. 5	Verlandungsstadien an einem Altgewässer		68
Abb. 6	Funktion standortstypischer Gehölze beim Erosionsschutz an Fließgewässerufern im Vergleich mit standortsfremden Gehölzen		78
Abb. 7	Übersicht über die Schemata zur Aufnahme und Bewertung der Gewässerlandschaft		110
Abb. 8	Talquerschnittsformen		137
Abb. 9	Gewässergrundrißformen und charakterisierende Begriffe		140
Abb. 10	Gewässer–Diagramm zur zusammenfassenden Darstellung der Untersuchungsergebnisse an einem Gewässerabschnitt		176
Abb. 11	Die Lage des Oker–Laufes und der Detailuntersuchungsgebiete		190
Abb. 12	Das Einzugsgebiet der Oker und die Großlandschaften des Okergebiets		195
Abb. 13	Klimadiagramme wichtiger Meßstationen im Okergebiet		196
Abb. 14a	Okertal oberhalb von Goslar–Oker; naturnahe Landschaftsteile und -elemente		216
Abb. 14b	Okertal oberhalb von Goslar–Oker; Störungsfaktoren		217
Abb. 15	Profil des Okerbetts und der Uferbereiche im Detailuntersuchungsgebiet I		218
Abb. 16	Die Oker oberhalb von Goslar–Oker		219
Abb. 17a	Okeraue nördlich von Schladen; naturnahe Landschaftsteile und -elemente		230
Abb. 17b	Okeraue nördlich von Schladen; Störungsfaktoren		231
Abb. 18	Profil des Okerbetts und der Uferbereiche im Detailuntersuchungsgebiet II		232
Abb. 19	Die Oker nördlich von Schladen		233
Abb. 20	Historische Karte der Okeraue nördlich von Braunschweig von 1793		244
Abb. 21a	Okeraue nördlich von Braunschweig; naturnahe Landschaftsteile und -elemente		248
Abb. 21b	Okeraue nördlich von Braunschweig; Störungsfaktoren		249
Abb. 22	Profil des Okerbetts und der Uferbereiche im Detailuntersuchungsgebiet III		250
Abb. 23	Die Oker bei Braunschweig–Watenbüttel		253
Abb. 24	Die Konzentrationen der Elemente Cu, Pb und Zn in den Hochflutsedimenten der Oker aus dem Jahre 1988		334
Tabelle 1	Zonierung natürlicher Fließgewässer nach morphologischen und fischereibiologischen Kriterien		21
Tabelle 2	Zusammenstellung ökologischer Faktoren und Merkmale zur Bewertung von Fließgewässerlandschaften nach verschiedenen Autoren		33
Tabelle 3	Deskriptive Merkmale zur Charakterisierung von Fließgewässerlandschaften		35
Tabelle 4	Definition und Skalierung von Naturschutzwertstufen		37

Tabelle 5	Definition und Skalierung von Intensitätsstufen zur Klassifikation von Störungszuständen		39
Tabelle 6	Kriterien zur Bewertung der Fließgewässerlandschaft und ihrer Teilräume		41
Tabelle 7	Die historische Entwicklung der Wiesen- und Weidenutzung		91
Tabelle 8	Wichtige Abflußregimetypen im mitteleuropäischen Raum		138
Tabelle 9	Verhältniszahlen zur Charakterisierung der Abflußunterschiede an Fließgewässern		138
Tabelle 10	Klassifikation anthropogener Veränderungen des Abflußcharakters an Fließgewässern		139
Tabelle 11	Charakterisierung des Gewässergrundrisses in Abhängigkeit von der Flußentwicklung		140
Tabelle 12	Bewertung der geomorphologischen Gewässerstruktur anhand des Gewässergrundrisses		141
Tabelle 13	Klassifizierung der relativen Schwermetallbelastung in Gewässersedimenten		143
Tabelle 14	"Hamburger Liste" der Orientierungs- und Prüfwerte für Untersuchungen an schwermetallbelasteten Sedimenten im Hinblick auf verschiedene Nutzungen		143
Tabelle 15	Klassifikation der Störungsintensität schwermetallbelasteter Fließgewässersedimente		144
Tabelle 16	Grenzwerte der Klärschlammverordnung (1992) für Schwermetalle		145
Tabelle 17	Modifiziertes Verfahren zur Bewertung der aquatischen Vegetation an Fließgewässern		147
Tabelle 18	Bewertung der Hochwasserdynamik an ausgebauten Fließgewässern		151
Tabelle 19	Kriterien zur Einschätzung der Naturnähe von Forstbeständen		153
Tabelle 20	Kriterien zur Einschätzung der Naturnähe von Parkanlagen und Gärten		154
Tabelle 21	Bewertung ackerbaulich genutzter Flächen in Gewässerlandschaften unter Einbeziehung linienhafter Vegetationsbestände		155
Tabelle 22	Klassifikation des Naturschutzwerts an Stillgewässern		172
Tabelle 23	Klassifikation der Störungsintensität an Stillgewässern		172
Tabelle 24	Modifiziertes Verfahren zur zusammenfassenden Bewertung von Stillgewässern		173
Tabelle 25	Die wichtigsten natürlichen und künstlichen Nebengewässer der Oker		197
Tabelle 26	Übersicht über die historische Entwicklung der Ausbauaktivitäten an der Oker		199
Tabelle 27	Abflußkennwerte wichtiger Okerpegel im Harzer Okertal		213
Tabelle 28	Schwermetallkonzentrationen in Gewässerbettsedimenten der Oker im Harzer Okertal und in der Ortslage Goslar–Oker		221
Tabelle 29	Schwermetallkonzentrationen in Gewässerbettsedimenten und in Böden der Okerniederung nördlich von Schladen		235
Tabelle 30	Abflußkennwerte am Okerpegel Ohrum		244
Tabelle 31	Schwermetallkonzentrationen in Gewässerbett- und Hochflutsedimenten in der Okeraue bei Braunschweig–Watenbüttel		252
Anh. 1	Übersicht über Lage und Größe der ausgewiesenen Gewässerabschnitte		
Anh. 2	Geochemische Hintergrundkonzentrationen von Haupt-, Neben- und Spurenelementen im Gebiet der Mittleren Oker		
Anh. 3	Gewässererhebungs- und -bewertungsbögen Detailuntersuchungsgebiet III		
Beilage	Karte 1, Diagramme ausgewählter Gewässerabschnitte und der Detailuntersuchungsgebiete (DUSG) an der Oker		

Sachverzeichnis

Abbaugewässer 65, 66
-, *Okeraue* 258
Abflußcharakter 12, 40, 42–44, 57, 58
-, anthropogene Veränderungen 43–44
-, *Oker* 218, 229
Abflußdauerganglinie 149
Abflußdynamik 17, 42
-, Abflußextrema 42–43
-, Abflußschwankungen 24, 26, 27
-, Abflußunterschied 42
Abflußleistung 48, 134
Abflußmenge 42
Abflußmeßpegel 42
-, Pegel *Ohrum Oker* 243–244
-, Pegel *Okertal Oker* 213
-, Pegel *Ölper Wehr Oker* 243
-, Pegel *Schladen Oker* 229
Abflußprofil 48, 52–53, 94
-, Aufweitung 51
-, Räumung 53
Abflußregime 24, 25, 27, 28, 42
-, *Oker* 213, 218, 229, 237, 260
-, Typen 42, 138
Abflußunterschied, Charakterisierung 138
Abflußverhältnisse, natürliche *(Oker)* 222
Abflußvorgang, Beschleunigung 87
Ablagerungen 24–28 → Sedimente
Abraumhalden *(Oker)* 221, 234
Abwasser
-, kommunales 61
-, Schwermetallbelastung *(Oker)* 226
Abwassereinleiter 8, 61
Abwassereinleitung 137
Abwasserverband, *Braunschweig* 202, 242, 261
Abwasserverregnung *(Okeraue)* 261
Ackerbegleitflora 85, 97
Acker–Bruchbergzug 207, 210
Ackerland 96–97
Ackerraine 97
Agglomeration ökologischer Daten 6, 161
 → Zusammenführung
Agglomerationsebene 163 → Bewertungsebene
Agrarchemikalien 74, 78, 84, 92, 94
-, Emission *(Okeraue)* 237, 259

Akkumulation, Sedimente 20
Aller 80
Allerniederung, Obere 239–241, 261–262
Aller–Leine–Oker–Plan 203
Aller–Ohre–Urstromtal 194, 239
Altarme 25, 67, 94
Altenau, 227 → Nebengewässer, *Oker*
Altgewässer 18, 25, 45, 65, 66
-, Entwicklungsstadien 67, 70
-, Genese 69–71
-, *Oker* 226, 241, 260
-, Verlandungsreihe 66, 68, 76
Altlasten 60
Altlastensanierung 64
Altsteinzeit *(Okergebiet)* 204
Amphibien 92
Anlandungen 28
Anreicherungsfaktor 62
-, Schwermetalle, *Okersedimente* 221, 236
Aquatischer Bereich 5, 14–15, 32, 39, 44, 54, 55, 58, 64, 83, 86, 87
 → Gewässererhebungsbogen
Artenfehlbetragsmethode 87
Artenschutz 82, 181
Artenverarmung 49, 97
Artenvielfalt 18, 31, 181
Äschenregion 25, 26
Auebereich 17–18, 32, 39, 44
 → Gewässererhebungsbogen
Aueböden 61, 152
Auegrünland 45, 90–94
-, *Okeraue* 241
Auelebensraum, Dynamik 108
Auelehm *(Okergebiet)* 204, 223, 260
Auelehmbildung *(Okergebiet)* 206
Auelehmdecken 27
-, *Okergebiet* 205
-, -, Tiefenprofil 236, 253
Auerenaturierung 69
Auesaum 17, 19
Auesedimente 60
-, Datierung 108
-, Untersuchung, feinstratigraphische 108
Auevegetation 18

Auewald 26, 32, 44, 67, 75, 92, 94
-, Hartholzauewald 26, 27, 75
-, *Okergebiet* 226, 258
-, typischer 75
Auewaldgesellschaften 27
Auewiesen 90 → Auegrünland
Aue –Oker–Kanal 240
Aufforstung 80, 90
Ausbaugeschichte 136
-, *Oker* 198–203
Ausbauintensität (Gewässer-) 47, 55, 104
-, *Oker* 260
Ausbaumaßnahmen 49
Ausbauquerschnitt 45
Ausbaustrecken
-, ältere 51
-, *Oker* 262, 263
Ausbauzustand 40, 46–54, 136
-, Gewässersohle 141
-, Gewässerufer 148
Ausbreitungsbarrieren *(Oker)* 262
Ausgleichbarkeit 38
Ausstattung, naturräumliche 4
-, *Allerniederung, Obere* 239–241
-, *Flachland, Ostbraunschweigisches* 239–241
-, *Harzvorland, Nördliches* 223–226
-, *Hügelland, Ostbraunschweigisches* 223–226
-, *Oberharz* 207–210
Austauschvorgänge 58
Ausuferung 27
Avifauna 84, 85, 92
Bach 20, 54, 98
Bachröhricht 23, 24, 25
Bachuferwald 17, 44
-, *Oker* 214
Background, geochemischer 62, 142
-, regionaler *(Okergebiet)* 220, 235, 253, Anh. 2
Baggersee 65 → Abbaugewässer
Ballungsraum *Braunschweig/ Wolfenbüttel* 255, 260
Barbenregion 26, 28
Basisklassifikation, Gewässerbewertung 162
Baumaßnahmen 73
Bauschutt 57
Begradigung 53
Bepflanzung 7
Bergbau *(Harzgebiet)* 205, 206, 257
Berglandgewässer 24–28
Beschattung 28, 83
Besiedlungsdichte *(Okergebiet)* 203
Beweidung, extensive 90
Beweissicherungsverfahren 5, 11, 34, 177

Bewertung, Gewässerlandschaft 111, 161–174
-, Bewertungsbogen 164–170
-, Bewertungsebenen 162–171
-, Durchführung der Bewertung 164
-, -, Bewertungsbeispiel 167–170
-, Kriterien 41, 161
-, -, Einbeziehung zusätzlicher Kriterien 162
-, Kriterienebene 162–165
-, -, Bewertungsbeispiel 167–168
-, Kriteriengewichtung 163
-, Rangzahlen 163
-, Stillgewässerbewertung 171–173
-, -, gemeinsame 173
-, -, Standardverfahren 171
-, -, Verfahren, modifiziertes 171–173
-, Teilraumebene 162–170
-, -, Bewertungsbeispiel 168–170
-, Verhältnisskala 162
Bewertungsansatz, quantitativer 4, 5
Bewertungsebene 11, 37
Bewertungsfaktoren 5
Bewertungsgrößen 32, 36
Bewertungshintergrund 29, 32
Bewertungskriterien 12, 32, 34, 35, 112
-, Auswahl und Beschreibung 40–42
-, Klassifikation 37
-, ökologische 32–34
Bewertungsmaßstäbe 9
Bewertungsmethoden 3
Bewertungsprozeß 11
Bewertungsstufen, Definition und Skalierung 33, 35
Bewertungsverfahren 4, 9
Bewirtschaftungsformen → Nutzungsformen
Bewirtschaftungsplan
-, *Leine* 3, 7
-, *Oker* 3, 7
Bezugssystem 31 → Referenzsystem
Binnendünen 80
Bioindikation 59
Biomassenproduktion 67
Biotope
-, aquatische 65–71 → Stillgewässer
-, Lagebeziehungen 177
Biotopanlagen 65, 69
Biotopfunktion 19, 55, 96
Biotopkartierung 31, 71, 109
Biotopmanagement 182
Biotoppflege 74, 92, 182
-, *Okeraue* 255
Biotoptypen 180
Biotopverbund 11, 76, 80, 81, 88, 90
→ Biotopvernetzung

Biotopverbundsystem 76
Biotopvernetzung 8, 48, 49, 50, 52, 54, 65, 68, 76–98, 153, 181
-, Elemente
-, -, lokale 80
-, -, regionale 89
-, -, überregionale 77
-, *Oker* 257, 261, 262
-, Strukturen *(Okergebiet)* 263
-, Trittsteinbiotop 65, 67, 69, 79
-, Verinselung 183
Biotopvielfalt 25, 36, 55, 56, 65, 68, 69
Biotopwert 47, 55, 73, 82, 95
Biozide 96
Biozönose 12, 58, 59
Block- und Geröllhalden 89
Bodenbelastung 61
Bodenerosion *(Okergebiet)* 204–206
Böden *(Okergebiet)* 208, 223, 239–240
Bohrprofil 61
Börßum, Grundwasserwerk 237
Brachestadien 27, 90
Brassenregion 27
Braunschweig
-, Residenzstadt 198
-, Stadtbefestigungsgräben, historische 198, 227, 259
Brockengranit 207
Bronzezeit *(Okergebiet)* 204
Bruchwald 27, 67, 76–77, 94
Brut- und Rastgebiete 69
Brutvögel 78
Bundesartenschutzverordnung 87
Bundeswasserstraßen 20
Buntmetallverhüttung 89
-, *Okergebiet* 199, 257
Darstellung der Untersuchungsergebnisse 11
-, Beschreibung, zusammenfassende 174–175
-, EDV–Anwendung 175
-, kartographische 9, 39, 175, 177–179
-, -, Landschaftsteile und -elemente, naturnahe *(Oker)* 216, 230, 248
-, -, Störungsfaktoren *(Oker)* 217, 231, 249
-, photographische 177
-, Profildarstellung 179
-, -, Gewässerbett *(Oker)* 218, 232, 250
-, tabellarische 175
-, Übersichtskarte 104, 175, 179
Datenbasis 101
Datierung, Auesedimente *(Oker)* 220
Deiche → Eindeichung
Detailuntersuchungsgebiet 11, 101, 105, 106, 108, 145, 180
-, Ausweisung 105

-, *Okergebiet* 257
-, -, DUSG I *Okertal* 211–222
-, -, DUSG II *Okeraue nördlich von Schladen* 227–237
-, -, DUSG III *Okeraue bei Braunschweig –Watenbüttel* 242–255
-, -, Übersichtsplan 190
Deutsches Gewässerkundliches Jahrbuch 45
Diversifizierung 85
Dokumentation, Landschaftszustände 177
Dünenfelder *(Okergebiet)* 239, 242
Eckertalsperre 202
EDV-Einsatz 109
Eindeichung 18, 32, 44, 52
-, Sommerdeiche *(Oker)* 232
Einflüsse, anthropogene 37, 38, 54, 56
Eingriffe, anthropogene 12, 34, 55
-, in Natur und Landschaft 38
-, -, *Okergebiet* 206
Eingriffsintensität, Quantifizierung 106
Einheiten
-, naturräumliche 4
-, -, *Okergebiet* 195
-, wirtschaftsräumliche *(Okergebiet)* 203
Einleiter → Abwassereinleiter
Einleiterüberwachung 60
Einzugsgebiet 103, 134
-, Charakterisierung 174
-, -, Aspekte 174
-, *Oker* 193–206
Elemente, flußmorphologische 27
→ Strukturelemente
Elsenz 12
Emissionsschwerpunkt *Goslar–Oker* 221, 252, 260
Emissionsvermeidung 9
Emittenten, örtliche *(Okergebiet)* 260
Ems 80
Entwässerung 85
Erfassung, aktueller Gewässerzustand 109
Erfolgskontrolle 12
Erosionsschutz 78
Erosion–Akkumulation
-, Gleichgewicht 20, 25
-, Vorgänge 49
Ersatzbiotop 69, 81
Eutrophierung
-, Fließgewässer 73, 87, 96
-, -, *Oker* 234, 260, 261, 262
-, Stillgewässer 69,
-, -, *Okeraue* 251
Extensivierung, Landwirtschaft *(Okeraue)* 237
Faktoren, ökologische 33
Fauna, aquatische 22

Faunenaustausch 84
Feldrain 85, 97
Felsen 54, 56, 89
Felsvegetation 89, 90
Feststofführung 18
Feuchtbiotop 95
-, *Okeraue* 260, 261
Feuchtbrache 79, 92–93
-, Sukzessionsphasen 92
Feuchtgebüsch 24, 27, 79–80
Feuchtgrünland 27, 32, 91–92
-, Bewirtschaftungsintensität 92
-, *Okeraue* 226
Feuchtwiesen 24, 25, 26
-, *Okeraue* 205
-, *Okergebiet* 260
Fischpaß 54
Fischregion 20, 22, 29, 136
Fischteich 65, 69, 95
Fischtreppe *(Oker)* 260, 261, 262
Flachland, Ostbraunschweigisches 239–241, 260–261
Flachlandgewässer 24–28, 66
Flachuferbereich 16, 56, 69
Flachwasserzone 24, 66
Flächennutzung 63, 105
Flächennutzungsplan 109
Flächenversiegelung 45, 98, 257
Flechtengesellschaften, submerse 24
Fließgeschwindigkeit 24, 25, 26, 49, 52, 56, 57, 86
Fließgewässer 6
-, Zonierung
-, - morphologische 21
-, - ökologische 21
Fließgewässerlandschaft 4, 12
Fließgewässerschutzsystem, Niedersächsisches 8, 262
Fließgewässertyp 56 → Gewässertyp
Fließkräfte 51, 52, 53, 57
Fluß 20, 98
Flußbett 15, 44, 55
Flußentwicklung *(eF)* 56, 139, 140
Flutmulde 18
Flutrasen 27
Forellenregion 23, 24, 25, 26
Formenelemente, biotopbildende 15, 46
→ Strukturelemente, geomorphologische
Formeninventar 57
Formenschatz, fluvialer geomorphologischer 16, 46, 54, 56
Formungsprozesse, fluviale 108
Forsten 81–82
-, Naturnähe 153

Freileitungen, elektrische 233
Freizeitnutzung 46, 89
Frischwiesen und -weiden 93–94
-, Besatzdichte 93
Gebirgsbildung, saxonische *(Okergebiet)* 207, 223
Gefahrenabschätzung 61
Gefährdung 41, 73
-, Grundwasser 62
-, -, *Okergebiet* 236, 237, 254
-, Trinkwasser 97
Gefährdungspotential 163
Gefälle 56
Gehölzabstände 79
Gehölzbestände, linienförmige 84–85, 91
Gehölze, standortstypische 51
Gehölzlücken 78, 82
Gehölzneupflanzungen 83–84
Gehölzsäume, geschlossene 79
Geländeaufnahme 109
Geländehöhe 134
Gemälde, historische 107
Geologie *(Okergebiet)* 207–208, 223, 239
Gerinne, verzweigtes 25, 141
Geschiebeführung 27
Geschiebetransport 56
Gestein 23, 56
Gesteinsabbau 89
Gewässerabschnitte
-, *Okergebiet* 257
-, repräsentative 101
→ Detailuntersuchungsgebiete
Gewässeraue 8, 16, 27, 58, 61 → Auebereich
Gewässerausbau 18, 32, 67, 73, 87
-, *Oker* 201, 261, 262
Gewässerbehandlung, naturnahe 7
Gewässerbett 5, 15, 16, 46, 55
-, Profil *(Oker)* 218, 232, 250
-, Querschnittsform 134
-, Querschnittsmaße 134
Gewässerbettsedimente 61
Gewässerbewertung, Methodik 4, 6
Gewässerbewertungsbogen 164–170, 175
Gewässerbewirtschaftungsplan 3, 7, 109
Gewässerdiagramm 163, 175–177, 179
-, Bewertungsergebnisse 175
-, Grunddaten, Hydrologie 175
Gewässerentwicklung, holozäne 108
Gewässererhebungsbogen 5, 11, 34, 37, 45, 54, 58, 59, 98, 109–162, 163, 175
-, Abkürzungen 111–112
-, Fallbeispiel *(Okergebiet)* Anh. 3
-, Hauptfließgewässer 113–129
-, -, Abflußcharakter 115, 138–139

Sachverzeichnis

-, -, Aquatischer Bereich 115–118, 138–147, 159
-, -, Auebereich 121–124, 149–154
-, -, Ausbauzustand 113, 119, 141, 148,
-, -, Gewässergüte 116, 142, 150
-, -, Gewässernahbereich 121–124, 149–154
-, -, Hochwasserdynamik 121, 149–151
-, -, Kommentar 133–159
-, -, Sedimentzustand 117, 123, 142–145, 152
-, -, Stillgewässerzustand 122, 151–152, 158–161
-, -, Störungsfaktoren 126–129, 155–158
-, -, Struktur, geomorphologische 115–120, 139–141, 148
-, -, Übergangsbereich 125, 154–155
-, -, Übersicht, allgemeine 113–114, 133–159
-, -, Uferbereich 119–120, 148–149, 159
-, -, Vegetationszustand 118, 120, 124, 125, 146–147, 148–149, 153–154
-, Klassifikationsstufen 111–112
-, Stillgewässer 111, 130–132
-, -, Aufnahmeverfahren 130–131, 132, 160–161
-, -, Kommentar 158–162
Gewässergröße 22, 135
Gewässergrundriß 54, 55, 139, 140
-, Bewertung 56
-, Konfiguration 55
-, -, aktuelle 56
-, -, historische 56
Gewässergüte 7, 12, 40, 42, 58, 83, 104
-, Bewertung 58–60
-, Meßeinrichtungen *(Okergebiet)* 197, 222
-, *Oker* 211, 214, 226, 242, 257
Gewässergütekarte 3
Gewässergüteklasse 59
Gewässerkilometrierung 137
Gewässerklassifizierung, morphologische 6
Gewässerkörper 14, 26, 58
Gewässerlandschaft 11, 13–19, 32, 33, 38, 40, 54, 55, 65, 99, 101, 106
-, Ausräumung *(Oker)* 9, 229, 237, 242, 251
-, Profil 179
-, Querprofil 52
Gewässerlängsprofil 20–28
Gewässerlauf 13
Gewässernahbereich 16–17, 32, 39, 44, 58
  → Gewässererhebungsbogen
Gewässernetz, *(Okergebiet)* 196–197, 209, 225, 240
Gewässerniederung 5, 9, 15, 17, 18, 25, 58, 60, 93
-, *Okergebiet* 239
Gewässerquerprofil 13–20

Gewässerrandstreifen 15 → Uferbereich
Gewässerregulierung *(Oker)* 218, 237, 258
Gewässerschutz 9
Gewässersohle 14, 24, 46, 47, 55, 58, 59
Gewässerstrecken, Unterteilung 104
Gewässerstruktur, abiotische 32, 46, 56–57, 65
-, Bewertung 46–58
Gewässerstruktur, biotische 95
Gewässerstrukturgütekarte 5
Gewässertypisierung 4, 6, 29, 41–43, 57, 134, 135
Gewässerufer 46, 50, 53, 54 → Uferbereich
Gewässerunterhaltung, naturnahe 69
Gewässeruntersuchung 12
-, Verfahrensablauf 9
Gewässerzone 22
Gewässerzustand 59
Gliederung, naturräumliche 174
-, *Okergebiet* 194–195
Gräben 54
Grenzwerte 61, 63 → Schwermetallbelastung
Großlandschaften → Einheiten, naturräumliche
Großseggenried 27
Großseggensumpf 67, 86, 94
Grundmoränenplatten *(Okergebiet)* 239
Grundräumung 48
Grundwasser 6, 17, 58, 61
Grundwasserabsenkung 18, 67, 69, 92, 94
Grundwassergefährdung 62
Grundwasserkontamination *(Okergebiet)* 258
Grundwasserleiter 61
-, *Okergebiet* 259
Grundwasserneubildung 18
Grundwasserschutz 63
Grundwasserstand 18
Grünland, extensives 91
Grünlandumbruch 93
Gutachten, ökologisches 4
Gülleausbringung 96
Güteklasse 60 → Gewässergüte
Halbtrockenrasen 85, 90
Hamburger Liste 63, 64, 65, 142, 143, 221, 236, 254
  → Schwermetallbelastung
Hangmoor 93
Hangrutschung 19
Hangwasser 44
Harz–(Gebirge) 194, 257
-, Höhenstufen 208
-, *Oberharz* 207–210,
Harz–Rand–Störung 207, 223
Harztalsperren 226, 245
Harzvorland, Nördliches 194, 223–226, 258–259, 263

Harzwasserwerke des Landes Niedersachsen 203
Hauptgewässer *(Oker)* 262
→ Fließgewässerschutzsystem
Hauptuntersuchung 101
Hecken 32, 84, 97
Heinrich der Löwe, Herzog von Braunschweig 198
Hintergrundbelastung, geochemische
→ Background, geochemischer
Hochflutlehm *(Okeraue)* 234, 252
Hochmoor 87–88
Hochmoorgewässer 65
Hochmoorvegetation 23
Hochstaudenflur 24, 26, 27, 28, 85
Hochwasser 51, 52, 53, 57, 58, 61, 67, 78, 150
Hochwasserdynamik 18, 40, 44–46, 57, 75
Hochwasserhäufigkeit *(Oker)* 226, 241
Hochwasserjährlichkeit 45, 46, 60
Hochwasserrisiko 45, 94
Hochwasserschutz 7, 18, 55, 88
-, *Oker* 202, 222
Hochwassersedimente 61, 152
Hochwasserwahrscheinlichkeit 44, 134
-, *Okeraue* 226, 259, 260
Höhenstufen 4, 22, 29, 135
-, *Harz* 208
Höhlenbrüter 76, 82
Hollandliste 64 → Schwermetallbelastung
Holzflößerei, *Oker* 200
Hügelland 24, 66
Hügelland , Ostbraunschweigisches 223–226, 259–260
Hydrodynamik, Bewertung 42–46
Hydrographie *(Oker)* 202
Idealzustand, Gewässerlandschaft 36
Immission 6
-, Agrarchemikalien 17, 78
Indikatoren, ökologische 9
Industrie, chemische *(Okergebiet)* 260
Intensivausbau 52
-, *Oker* 202
Intensivgrünland 82, 94
Intensivlandwirtschaft *(Okeraue)* 237, 250
Intensivnutzungen 98
-, landwirtschaftliche 17, 96
-, -, *Okeraue* 237, 250, 258, 259, 261
-, naturfremde 98
Intensivunterhaltung 48
Interstitial 14 → Gewässersohle
Interstitial, hyporheisches 15, 48, 49
Jahrestemperaturamplitude 20, 24–28
Julius, Herzog von Braunschweig 200

Jungsteinzeit *(Okergebiet)* 204
Kaiserzeit, römische *(Okergebiet)* 205
Karten
-, historische 11, 56
-, -, *Oker* 212
-, thematische 4, 177
-, -, *Oker* 212, 216, 217, 230, 231, 249, 248
Kartenanalyse 104, 106
-, historische 106–107
-, -, *Oker* 212, 228, 243–244
Kartenwerke, historische 107
-, *Karte des Landes Braunschweig im 18. Jhdt.* 201
-, *Kurhannoversche Landesaufnahme* 201
-, *Preussische Landesaufnahme* 201
Kartenzeichen, Symbolgehalt 179
Kartierungsmaßstab 105
Kastenprofil 54
Kationenaustauschkapazität 62
Kaulbarsch–Flunder–Region 28
Kerbtal 44
-, *Oker* 214
Kiesabbau *(Okeraue)* 226, 258
Klärschlammverordnung 63, 64, 143, 144
-, Grenzwerte 62, 63, 64 145, 236, 254
Kleinbiotop 15, 18, 47, 55, 68, 84, 178
Kleinkraftwerke *(Okergebiet)* 210
Kleinrelief 24
Klima 56
-, *Okergebiet* 196, 208, 224–225, 240
Kolke 54, 56, 57
Kombinationsverbau 51
Kommentar, Gewässererhebungsbogen 133–162
→ Gewässererhebungsbogen
Komplexität 8
Kopfbäume 78
-, *Okeraue* 245
Kraftwerkskanäle 43, 44, 139
Kriterien, Gewässerbewertung 32–34, 41
Kriterienebene, Gewässerbewertung 162–165
Kryptogame Pflanzen 86, 257
Kulturflüchter 81
Kulturlandschaft 31
-, extensiv genutzte 73
-, moderne 46, 180
-, traditionelle 31, 46, 56, 81, 178, 180
Lagerstätten *(Okergebiet)* 207
Laichplätze 68
Landnutzung, extensive 32
Landschaft, freie 103
Landschaftsästhetik 5
Landschaftsbewertung 31
Landschaftsbild 18, 82
-, Beeinträchtigungen *(Oker)* 220

Landschaftselemente
-, abiotische 54
-, biotische 55
-, biotopvernetzende 16
Landschaftshaushalt 3
Landschaftsökologie 12
Landschaftspflegemaßnahmen 84
Landschaftsplan 109
-, regionaler 11
Landschaftsschäden 38
Landschaftsschutzgebiet *(Okergebiet)* 242
Landschaftsteile und -elemente, naturnahe 178
-, *Oker* 216, 230, 248
Landschaftszustände 31, 33, 35, 37
-, Basisdaten 109
-, Bewertung 111, 162–173
-, Darstellung 173–179
-, Erfassung 101–162
-, historische 11, 106
-, -, *Oker* 212–213, 228–229, 243–245
Längsprofil 9 → Gewässerlängsprofil
Laubwald 77
Laufverkürzung 56
Lebendverbau 51, 83
Lebensgemeinschaft 53 → Biozönose
Lebensräume 51, 53, 55
-, amphibische 15
-, bedrohte 47
-, Charakterisierung *(Okergebiet)* 210–212, 226–227, 241–242
Leitbild, ökologisches 180
Leitfische 20
Lichtverhältnisse 16
Linienführung *(Oker)* 260
Literaturübersicht *(Okergebiet)* 193
Lokalklima *(Okerniederung)* 224
Lößböden *(Harzvorland)* 204
Mäander 25, 28, 50, 54, 56
Mäanderdurchbruch 56, 141
Mäanderdurchstiche 51
-, *Oker* 201
Mäanderverschiebung 70
Mädesüß–Staudenfluren 92
Magerrasen 90, 93
-, Brachestadien 80
Magerweiden 27
Mahdhäufigkeit 94
Makrozoobenthos 59
Maschenweite, Vegetationselemente 85
Massenentwicklung 73
Maßnahmen, Verbesserung ökologischer Zustand 6, 11
-, Aufbaumaßnahmen 182
-, Begleitung, wissenschaftliche 183

-, Durchsetzbarkeit 263
-, Erfolgskontrolle 183
-, Folgewirkungen 182
-, Sofortmaßnahmen 181
Maßnahmekatalog 6
Maßnahmekonzept 11, 180–183
Maßnahmeplan, gesetzliche Vorgaben 181
Maßnahmeverbund 4, 181
Maßnahmevernetzung 9
Melioration 69, 92
Merkmale, Gewässeraufnahme
-, beschreibende 34
-, ökologische 33
Merkmalsausprägungen 12
Methodik → Untersuchungsmethodik
Milieubedingungen 58
Mittelalter 46
Mittelgebirge 24, 25, 88, 89
Mittelgebirgsschwelle, deutsche 194
Mittellandkanal 202, 240, 261
Mittellauf 20, 25–26, 66
Mittelterrasse *(Oker)* 223
Mittelwasserlinie 52
Mittelwasserspiegel 66
Monokulturen, landwirtschaftliche 96
Mühlengraben 43, 44, 139
Mündungslauf 20, 28
Nadelwald 77
Naherholungsgebiet 93
-, *Okergebiet* 254, 260
Nahrungskette 58
Nährstoffgehalt, Wasser 24–28
Naturdenkmal 71
Naturlandschaft 31, 180
Naturnähe 36, 41, 54
Naturraum 29, 87, 105
Naturraumpotential 180
-, *Okergebiet* 203
Naturschutz, Ziele 35, 36
Naturschutzgebiet 36, 180
-, Ausweisung *(Okeraue)* 255
-, NSG *"Okertal"* 259, 262
Naturschutzgesetz
-, Bundes- 31, 32, 36, 38
-, Nieders. 36
Naturschutzwert 3, 11, 31, 33, 35–37, 40–99, 59, 64, 111, 163, 178
-, *Oker* 213–215, 229–230, 232, 245–246, 260, 261, 262
Natürlichkeit 31, 36
Nebenarme 28
Nebengewässer 22, 65, 104
-, *Oker* 197
-, wichtige 103

Neckar 12
Niedermoore 87, 88
Niederterrasse *(Oker)* 223, 239
Niederwald 32
Niedrigwasserabfluß 48
Nivellierung 52, 58
-, Artenspektrum 94
Nomenklatur, pflanzensoziologische 22
Nominalskala 12
Nutzungsanprüche
-, Abwägungsprozeß 180
-, konkurrierende 174
Nutzungsänderung 64, 92
Nutzungsformen
-, extensive 22, 25, 31, 74
-, -, *Okeraue* 254
-, traditionelle 11, 38
Nutzungsintensivierung 85
Nutzungsklassensystem 7
Oberlauf 20, 24–25
Oberweser 19
Obstwiesen 81, 84
Okergebiet 193–206
-, Anlagen, wasserbauliche 197
-, Ausbaugeschichte 198–203
-, Besiedlungsdichte 203
-, Böden 208, 223, 239–240
-, Einheiten
-, -, naturräumliche 195
-, -, wirtschaftsräumliche 203
-, Geologie 207–208, 223, 239
-, Gewässergüte 211, 214, 226
-, -, Meßeinrichtungen 197
-, Gewässernetz 196–197, 209, 225, 240
-, Klima 196, 208, 224–225, 240
-, Lagerstätten 207
-, Lebensräume 210–211, 226–227, 241–242
-, Literaturübersicht 193–194
-, Morphologie 207–208, 223, 239
-, Nebengewässer 197
-, Siedlungsgeschichte 204
-, Struktur
-, -, geologische 195
-, -, geomorphologische 195
-, Umweltgeschichte 204
-, Vegetation 209–210, 225–226, 240–241
-, Wirtschaftsgeschichte 204
Okergranit 207, 214
Okerlauf, Übersichtsplan 190
Okertal, Harzer 199, 207
Okertalsperre 200, 202, 210, 212, 213, 226, 232, 233, 257, 260, 262
Ökosysteme 65
-, Alter 36

-, Ersetzbarkeit 36
-, Regenerationsfähigkeit 9, 36
Operationalisierung 8
Organismen, aquatische 58
Organismenverarmung 49
Orientierungs- und Prüfwerte 64
→ Schwermetallbelastung
Ortslagen 103
Palynologie 88
Parkanlagen und Gärten 82, 154
Pegelbuch 107, 134
Pegelmeßreihen 4
-, historische *(Oker)* 212–213, 228–229, 243–245
Pelagial 14 → Gewässerkörper
Pestizide 85
Pfeifengraswiesen 92
Pflanzensoziologie 72
Pflanzmaßnahmen 51
Pflasterung/Betonierung 49, 53
Phanerogame Pflanzen 86
pH–Wert 62, 144
-, Gewässersedimente *(Oker)* 236, 237, 254
Planungsansatz, ökosystemarer 182
Planungshorizont 182
Planungsstrategien 8
Planungsziele 180
-, ökologische *(Oker)* 222, 237, 254–255
Pochsande 206
Pochwerke *(Okertal)* 221
Prallhang 15
Primärbelastung, geogene 64
Primäreutrophierung 60
Probenraster 65
Prozesse, geomorphologische 19
Pufferfunktion 19
Pufferzonen 181
Qualitätskriterien 11, 12
→ Gewässerbewertung
Quellauf 20
Quellbach 22
Quellbereich 14
Quellenanalyse, historische 106
-, Fehlinterpretationen 107
-, Hintergrund, sozio–historischer 107
Quellendaten, ökologisch–planerische 109
Quelltyp 22, 23
Quellwald 23
Querbarrieren 8
Querbauwerke 50
Rahmenplan, wasserwirtschaftlicher 109
Rammelsberg–Bergwerk (Harz) 203
-, Erzförderung 235
Rasenböschung 52, 94

Raumordnungsplan 109
Referenzhintergrund 32, 35
Referenzrahmen 31
Referenzsystem 11, 16, 106, 180
Regenerationsräume 181
Regenerationszellen, biologische 18, 65
Regenrückhaltebecken
-, Klein Mahner *(Okergebiet)* 202
Regulierungsmaßnahmen 40
→ Gewässerausbau
Reliefenergie 56
Renaturierungsmaßnahmen 34, 84
-, Oker 237, 254–255, 263
Renaturierungs- und Sanierungsziele 180
→ Planungsziele, ökologische
Repräsentanz 8, 9, 36, 41, 105
→ Untersuchungsgebiet
Reproduzierbarkeit 8
Retentionsraum 18
Retentionsvermögen 55
Reversibilität 38
River–Continuum–Konzept 21, 22
Rodungsperiode
-, ältere *(Okergebiet)* 205
-, jüngere *(Okergebiet)* 205
Röhricht 27, 28, 32, 67, 86, 94–95
Rote Liste 87
Rote Liste Arten 36
Rückbesiedlung mit Organismen 18
Rückstaubereich 139
Rückzugsbiotop 17, 79, 81
Ruderalflur 82–83, 95–96
Sandlöß *(Okergebiet)* 239
Sanierungsmaßnahmen 9, 12, 33, 34
Sanierungs- und Schutzziele 3
Saprobien 222
Saprobienindex 6, 42
Saprobiensystem 58
Sauerstoffgehalt 24
Sauerstoffsättigung 24–28
Schadstoffanreicherung *(Oker)* 218, 262,
Schadstoffbelastung
-, Gewässersedimente *(Oker)* 188, 220–222,
234–237, 252–254
→ Stoffbelastung
Schadstoffe 60
-, Verbindungen, organische 61
Schadstoffeinflüsse 59
Schadstoffgehalt 60
Schadstoffquellen 9
Schadstoffverschleppung 58, 61
Schädlingsbekämpfung, biologische 96
Schichtlücken, geologische 108
Schilfbestände 92

Schlackenhalden, Erzbergbau 89
Schotterbänke *(Oker)* 213
Schunter 240, 260 → Nebengewässer, Oker
Schutzgebiete 11, 36
Schutzwert 57 → Naturschutzwert
Schutzwürdigkeit 36
Schüttsteine 48, 50, 51, 52, 57
Schwermetalle 49, 59, 61–65, 142
-, Bindungsform 61
-, Gefährdungspotential 62
-, geogene 61
-, Konzentration 64
-, -, Gewässersedimente *(Oker)* 252
-, Mobilität 60–62
-, -, Gewässersedimente *(Oker)* 237, 254
-, -, Pflanzenverfügbarkeit *(Okeraue)* 236
-, Remobilisierung 96
-, umweltrelevante *(Oker)* 220, 235
Schwermetallanreicherung 61
Schwermetallbelastung 63, 142–145, 152
-, Böden *(Okeraue)* 236
-, Einträge, diffuse *(Oker)* 252
-, Elemente, limitierende 142
-, Gewässersedimente *(Oker)* 187, 215, 236,
252, 257, 258, 262
-, Grenzwerte 61, 63
-, Grundwassergefährdung *(Okergebiet)* 236,
237, 254
-, Konzentrationsniveau 143
-, Orientierungswerte 63, 64
-, Prüfwerte 64
-, relative 142, 143
-, Richtwerte 63
-, Untersuchung 145
-, Umweltgefährdung 236
Schwermetallfluren *(Okeraue)* 227
Schwermetallgehalt 89
Schwermetallkontamination 61
Schwermetallrasen 89–90
Sedimentbildung 6
Sedimente 48, 58, 106
-, Datierung *(Oker)* 220
-, Tongehalt 62
Sedimentfracht 61
Sedimentqualität 12
-, Bewertung 60–65
-, -, kombinierte Methode 64
-, Oker 247
Sedimentuntersuchungen 107–108
-, Oker 220–222, 234–237, 252–254, 257,
258, 262
Sedimentzufuhr 67
Sedimentzustand 40, 60–65
→ Sedimentqualität

Sekundärbiotop 66
Sekundärstörungen 182
Selbstreinigungsleistung 15, 16, 18, 47, 49, 50, 51, 52, 53, 54
Seltenheit 36, 41, 72
Sesquioxide 62
Siedlungen 18
Siedlungsbereiche 103
Siedlungsgeschichte *(Okergebiet)* 204
Sofortmaßnahmen 65
Sohlabstürze 43, 49–50, 54, 139
Sohlschwellen 48
Sohlsicherung 48
Spezialuntersuchungen 11, 61, 71
Sportplätze 93
Spülsaum–Gesellschaften 95
Stauanlage 57
Staudensäume 95
Staugewässer 54, 65
Stauhaltung 54
Stausee 65
Steilufer 54, 56, 57
Steinfeld *(Okergebiet)* 223, 224, 258
Steinfeldkrankheit *(Okergebiet)* 236
Steinschüttung 48, 52 → Schüttsteine
Stichprobenuntersuchungen 65, 145, 152
Stickstoffbelastung, Gewässer 96
Stillgewässer 14
-, Aquatischer Bereich 69
-, Aufnahme 69–71
-, -, Standardverfahren 69–70
-, -, Verfahren, modifiziertes 69–70
-, Bewertung 65–71, 152
-, Entwicklungsphasen 159
-, Eutrophierung *(Oker)* 251
-, Gewässertypen 65
-, Teilräume, ökologisch–morphologische 66
-, Uferbereich 70
-, Vegetation 67, 86
-, Verfüllung 69
-, Wasserwechselzone 159
-, Zustand 40
-, -, *Okeraue* 255
Stillwasserzonen 25, 26
Stoffanreicherung 63, 142
Stoffbelastung 40, 58, 61
-, Bewertung 58–65
  → Schadstoffbelastung
Stoffeintrag 19
Stoffhaushalt 50
Stoffkonzentration 142
Störungen, Landschaftshaushalt 3, 11, 98
Störungseinflüsse 179

Störungsfaktoren 11, 12, 34, 38, 112, 163
-, Ausweisung 98–99
-, *Oker* 215, 217–220, 231–234, 246–247, 249–251
Störungsintensität 33, 38, 40–99, 111, 163
-, Definition und Skalierung 37–38
-, *Oker* 215, 218–220, 232–234, 246–247, 250–251
Störungsmerkmale 38
Störungszustände 38, 39
Straßenbau *(Okergebiet)* 246, 254, 255
Strom 20, 98
Stromspaltung 19
Strömung 26
Strömungsrippeln 23, 54
Strömungsverhältnisse 86
Struktur
-, geologische *(Okergebiet)* 195
-, geomorphologische 54–58
-, -, *Okergebiet* 195, 257
Strukturelemente, geomorphologische 15, 17, 19, 23, 24, 28, 40, 46–58
-, Alter 55
-, *Oker* 245
-, -, Verarmung 57, 261
-, Wiederherstellbarkeit 55
Subjektivitätsproblem 8, 106
Substratverhältnisse 18
Synergismen 61
Synökologie 12
Talboden 17, 19
Talbreite 25, 27
Talentwicklung 6
Talform 29
Talgefälle 18
Talhang 19
Talprofil 9, 136, 137
Talsande *(Okergebiet)* 239
Talsperre 32, 43, 57, 58, 65
Teichröhricht 67
Teilraumebene, Gewässerbewertung 162–170
Teilräume 111
-, ökologisch–morphologische 9, 11, 13–19, 38, 66
Terrassenkante 19, 54, 55
Totverbau 53
Transportprozesse 20
Trockengebüsch 80
Trockenrasen 32, 90, 97
Trophiegrad 86
Turbulenz 56
Überflutungsdauer 44
Überflutungshäufigkeit 150

Übergangsbereich 18–19, 32, 39, 60
  → Gewässererhebungsbogen
Übergangsmoor 87–88
Überschwemmungen 17, 27, 149
Überschwemmungsgebiet 17, 135
-, Breite 19
-, Einschränkung *(Oker)* 259
-, gesetzliches 19
Überschwemmungsgrenze 17
Übersichtsaufnahme 106
Übersichtskarte 104, 175, 179
-, Untersuchungsergebnisse *(Okergebiet)* 188
Uferabbruch 28, 56
Uferbepflanzung 83
Uferbereich 5, 7, 15–16, 24, 32, 39, 44, 50–52, 54, 56–58, 64, 83, 84, 88
  → Gewässererhebungsbogen
-, Altgewässer 70
-, gehölzfreier 88, 96
Uferdamm 17
Uferfauna 52
Ufergehölze 16, 78–79, 84, 148
-, *Oker* 260
Uferpflanzen 50
Uferprofil 82, 83
Uferrehne 54
Uferrenaturierung 83
Uferschutzfunktion 51
Ufersicherung 50
Uferstabilität 95
Uferstaudenflur 24, 26, 82, 83, 86, 95
Uferstruktur, Bewertung 57
Uferwald 24
Uferzone 5
Umflutgräben 227
  → *Braunschweig*, *Wolfenbüttel*
Umweltentwicklungsziele, übergeordnete 180
Umweltgeschichte 106, 107
- , *Okergebiet* 204
Umweltmedien 38, 60, 61
Umweltqualität, Bewertung 11
Umweltqualitätsstandard 33, 180
Umweltrecht 8
-, Vollzugsdefizite 8
Umweltschutzmaßnahmen 8
-, sozioökonomische Probleme 8
-, technische 182
-, Vernetzung, Einzelmaßnahmen 8
Umweltschutzverbände 3
Umweltverträglichkeitsprüfung 11, 34
Umweltverträglichkeitsstudie 11, 109
Unterhaltungsmaßnahmen 16
Unterlauf 20, 26–28, 66
Untersuchungen, vertiefende 11

Untersuchungsabschnitte 9
-, Abgrenzung 102
-, -, Kriterien 102
-, homogene 102
-, Mindestlänge 104
Untersuchungsansatz, ganzheitlicher 12
Untersuchungsergebnisse
-, Darstellung 174–180
-, *Oker* → Untersuchungsgebiet
-, Übernahme externer Daten 87
Untersuchungsgebiet *(Oker)*
-, Abgrenzung 189–191
-, Abflußcharakter → Abflußregime
-, Abflußregime 213, 218, 229, 237
-, Abflußverhältnisse, natürliche 222
-, Altgewässer 226, 241, 260
-, Auelehm 223, 260
-, Background, geochemischer 220, Anh. 2
-, Böden 208, 223, 239–240
-, Detailuntersuchungsgebiete 189–191
-, -, DUSG I 211–222
-, -, DUSG II 227–237
-, -, DUSG III 242–255
-, Emissionsschwerpunkt *(Goslar–Oker)* 221, 252, 260
-, Gewässerbettprofil 218, 232, 250
-, Gewässererhebungsbogen, Fallbeispiel *(Oker)*
  → Anh. 3
-, Gewässergüte 197, 214, 222, 226, 242, 257
-, Gewässerregulierung 218, 237
-, Hochwasserhäufigkeit 226
-, Hochwasserschutz 222
-, Karten, historische 212, 228, 243–244
-, Landschaftsteile und -elemente, naturnahe 216, 230, 248
-, Landschaftszustände, historische 212–213, 228–229, 243–245
-, Naturschutzwert 213–215, 229–230, 232, 245–246, 260, 261, 262
-, Pegelreihen, historische 212–213, 228–229, 243–245
-, Planungsziele, ökologische 222, 237, 254–255
-, Renaturierungsziele → Planungsziele
-, Repräsentanz 211–212, 227–228, 243
-, Schadstoffbelastung, Gewässersedimente 220–222, 234–237, 252–254, 257, 258, 262
-, -, Anreicherung 221, 236, 253, 261
-, Sedimentdatierung 220
-, Störungsfaktoren 215, 217–220, 231–234, 246–247, 249–251, 261
-, Störungsintensität 215, 218–220, 232–234, 246–247, 250–251
-, Struktur, geomorphologische 195, 245, 257

Untersuchungsmerkmale, Verbreitungshäufigkeit 112
Untersuchungsmethodik 9, 12
-, Analytik, geochemische *(Okergebiet)* 188
-, Einordnung 9, 12
-, Übertragbarkeit 9
Untersuchungsumfang 101
-, *Oker* 187
Untersuchungsverfahren 11
-, Erprobung *(Oker, Elsenz)* 12
-, Modifikation 101
-, Übersicht 10
-, Verfahren, verkürztes 11
Urstromtal 76
Vegetation
-, Gliederung 75
-, eutropher Gewässer 86
-, *Okergebiet* 209–210, 225–226, 240–241
-, oligothropher Gewässer 86
-, potentielle natürliche 45, 73, 75, 80
-, Quellen und Quelläufe 86
-, Verarmung 73
Vegetationsbestand 72
-, sekundärer 98
Vegetationseinheiten 22, 72, 75–78
-, Charakterisierung 73–74
-, gehölzdominierte 75–85
-, gehölzfreie 86–98
Vegetationselemente, linienförmige 85, 153
Vegetationsformation 72
Vegetationszonierung 23
Vegetationszustand 40, 72
-, bedingt halbnatürlicher 74
-, Bewertung 72–98
-, -, modifizierte 146–147
-, halbnatürlicher 74
Verbauungsgrad 141
Verbindungsgewässer *(Oker)* 262
→ Fließgewässerschutzsystem
Verbreitungshäufigkeit, Skalierung 38–39
Verbuschung 90
Verhältnisskala 12, 36
Verinselung, Lebensräume 97
Verkehrsnutzung *(Okeraue)* 237, 260
Verkehrsweg, historischer *(Oker)* 201
Verkrautung 73
Verlandungsprozeß 67
Verlandungsvegetation 66, 67
Vernetzungen, Ökofaktoren 182
Verödung, biologische 53

Verrohrung. 54
Verschlammung, Gewässerbett 49
Verursachergruppen 98
Verursacherprinzip 34
Verwilderungsstrecke 20
Voruntersuchung 101, 104
-, *Okergebiet* 187
Waldbewirtschaftung, naturnahe 222
Waldrodungen *(Okergebiet)* 204
Waldsterben *(Okergebiet)* 209
Wälder 75
Wasserbehörden 3
Wasserführung 23, 24, 56
Wasserinhaltsstoffe 59
Wasserlösungsstollen *(Harzgebiet)* 199
Wasserpflanzen *(Oker)* 214
Wasserqualität 59
Wasserspiegelbreite 20
Wassertemperatur 23, 67
Wassertiefe 25–28, 56
Wasservegetation 86
Wasser- und Bodenverbände 5, 8
Wasserwechselzone 66
Wechselwirkungen 58
Wehrbauten 43, 49–50, 54, 139
Weichholzauewald 26, 27, 28, 75
Wert, ökologischer 55, 163
Wiederherstellbarkeit 36, 41, 73
Wiesen, montane 90
Wiesen- und Weidenutzung 91
Wiesenvögel 91
Wirkungsgefüge, ökologisches 8, 9, 32, 33
Wirkungszusammenhang 13
Wirtschaftsgeschichte *(Okergebiet)* 204
Wolfenbüttel
-, Residenzstadt 200
-, Stadtbefestigungsgräben, historische 198, 227
Wüstungsperiode, mittelalterliche 205
Zerstörung
-, Sohlsubstrat 87
-, Vegetation 98
Ziergärten 82
Zonen, ökologisch–morphologische 13–19, 20–28, 29, 135
Zoozönose 42, 69
Zusammenarbeit, fächerübergreifende 12
Zusammenführung, ökologische Basisdaten 161–174
-, Verlust an Detailinformation 162

Verzeichnis der Abkürzungen

AAS	Atomabsorptionsspektrometrie
AF_{Pb}	Anreicherungsfaktor eines chemischen Elements, z.B. des Bleis
ANL	Akademie für Naturschutz und Landschaftspflege
ARL	Akademie für Raumforschung und Landesplanung
BGBl	Bundesgesetzblatt
BMLW	Bundesminister für Ernährung, Landwirtschaft und Forsten
BMU	Bundesminister für Umwelt, Naturschutz und Reaktorsicherheit
BMG	Bundesminister für Jugend, Familie und Gesundheit
BNatSchG	Bundesnaturschutzgesetz
DIfL	Deutsches Institut für Länderkunde
DIN	Deutsches Institut für Normung
DRL	Deutscher Rat für Landespflege
DVWK	Deutscher Verband für Wasserwirtschaft und Kulturbau
DVWW	Deutscher Verband für Wasserwirtschaft
GMK	Geomorphologische Karte
ICP–OES	induktiv gekoppeltes Hochfrequenzplasma-Atomemissionsspektrometer
IfL	Institut für Landeskunde
KVO	Klärschlammverordnung
KWK	Kuratorium für Wasser und Kulturbauwesen
LAWA	Länderarbeitsgemeinschaft Wasser
LÖLF	Landesanstalt für Ökologie, Landschaftsentwicklung und Forstplanung Nordrhein–Westfalen
LWA	Landesamt für Wasser und Abfall Nordrhein–Westfalen
MS	Massenspektrometrie
NFSS	Niedersächsisches Fließgewässerschutzsystem
NLÖ	Niedersächsisches Landesamt für Ökologie
NLVA	Niedersächsisches Landesverwaltungsamt
NMI	Niedersächsisches Innenministerium
NMLW	Niedersächsisches Ministerium für Ernährung, Landwirtschaft und Forsten
NMU	Niedersächsisches Umweltministerium
NNatSchG	Niedersächsisches Naturschutzgesetz
NSG	Naturschutzgebiet
NWG	Niedersächsisches Wassergesetz
OES	Atomemissionsspektrometrie
orogr.	orographisch
pnV	potentielle natürliche Vegetation
ppm	parts per million
RFA	Röntgenfluoreszenzanalyse
StAWA	Staatliches Amt für Wasser und Abfall
St.km	Flußkilometer (Gewässerstation)
UVP	Umweltverträglichkeitsprüfung
WHG	Wasserhaushaltsgesetz
WWA	Wasserwirtschaftsamt
WWF	World Wide Life Found for Nature
WWGN	Wirtschaftswissenschaftliche Gesellschaft zum Studium Niedersachsens e.V.

Anhang

Anhang 1: Lage und Größe der ausgewiesenen Gewässerabschnitte an der Oker

Gewässer-abschnitt	Gewässerstrecke	St.km	Länge (km)	Größe (ha)
1	Staumauer Okertalsperre	112,5 - 110,0	2,5	34,1
2/ DUSG I	bis Stauwurzel Ausgleichsbecken bis Straßenbrücke B 498	109,5 - 107,3	2,2	34,0
3	bis Beginn Ausbaustrecke Goslar–Oker	107,3 - 106,0	1,3	7,7
4	bis Einmündung Abzucht	106,0 - 103,6	2,4	15,8
5	bis unterstrom Ortslage Goslar–Oker	103,6 - 102,9	0,7	5,0
6	bis unterstrom Probsteiburg	102,9 - 100,5	2,4	58,9
7	bis unterstrom Brücke Kieswerk	100,5 - 99,4	1,1	55,0
8	bis oberstrom Ortslage Vienenburg	99,4 - 97,4	2,0	108
9	bis Einmündung Radau	97,4 - 95,1	2,3	59,8
10	bis Einmündung Ecker	95,1 - 93,8	1,3	33,6
11	bis unterstrom Eisenbahnbrücke	93,8 - 88,4	5,4	190
12	bis oberstrom Ortslage Schladen	88,4 - 86,4	2,0	59,3
13	Ausbaustrecke Ortslage Schladen	86,4 - 85,4	1,0	7,5
14	bis Einmündung Weddebach	85,4 - 84,2	1,2	43,0
15	bis Einmündung Eckergraben	84,2 - 82,5	1,7	56,7
16/ DUSG II	bis oberstrom Ortslage Börßum	82,5 - 80,9	1,6	123
17	bis Einmündung Ilse	80,9 - 79,3	1,6	87,3
18	bis Einmündung Warne	79,3 - 76,0	3,3	148
19	bis unterstrom Ortslage Dorstadt	76,0 - 75,1	0,9	31,1
20	bis Fährmühle Hedwigsburg	75,1 - 73,6	1,5	84,6
21	bis unterstrom Ortslage Ohrum	73,6 - 72,6	1,0	29,5
22	bis oberstrom Einmündung Altenau	72,6 - 70,9	1,7	188
23	bis Ortslage Wolfenbüttel	70,9 - 68,2	2,7	69,3
24	westlicher Umflutgraben Wolfenbüttel		2,5	17,5
25	östlicher Umflutgraben Wolfenbüttel	68,2 - 65,5	2,7	19,4
26	unterstrom Ortslage Wolfenbüttel bis Schäferbrücke	65,5 - 64,0	1,0	73,8
27	bis unterstrom Brücke BAB 395	64,0 - 62,0	2,0	64,9
28	bis Straßenbrücke Leiferde	62,0 - 60,1	1,9	61,1
29	Ausbaustrecke Stöckheim	60,1 - 58,8	1,3	32,0
30	Ausbaustrecke Rüningen	58,8 - 57,2	1,6	48,1
31	Ausbaustrecke Melverode	57,2 - 56,2	1,0	39,0
32	unterstrom Ausbaustrecke bis Straßenbrücke B 248	56,2 - 54,4	1,8	66,6
33	bis oberstrom Umflutgräben Braunschweig	54,4 - 52,8	1,6	81,2
34	westlicher Umflutgraben Braunschweig		3,4	26,2
35	östlicher Umflutgraben Braunschweig	52,8 - 48,8	4,0	31,2

Anhang

Anhang 1: Lage und Größe der ausgewiesenen Gewässerabschnitte an der Oker

Gewässer-abschnitt	Gewässerstrecke	St.km	Länge (km)	Größe (ha)
36	unterstrom Umflutgräben bis oberstrom Ölper See	48,8 - 47,5	1,3	10,4
37	Umflutstr. Ölper See	47,5 - 45,6	1,9	60,0
38	unterstrom Ölper See bis Straßenbrücke Braunschweig–Veltenhof	45,6 - 40,7	4,9	165
39/ DUSG III	bis Ortslage Braunschweig–Watenbüttel	40,7 - 37,1	3,6	86,0
40	bis Düker Mittellandkanal	37,1 - 36,4	0,7	16,0
41	bis Einmündung Aue-Oker-Kanal	36,4 - 33,2	3,2	144
42	bis Einmündung Schunter	33,2 - 31,2	2,0	118
43	bis Einmündung Bickgraben	31,2 - 29,5	1,7	73,0
44	bis Einmündung Rolfsbütteler Bach	29,5 - 24,0	5,5	169
45	bis Straßenbrücke Hillerse	24,0 - 20,5	3,5	124
46	bis Einmündung Dannigmoorgraben	20,5 - 19,4	1,1	29,3
47	bis Straßenbrücke Volkse	19,4 - 16,8	2,6	74,7
48	bis unterstrom Ortslage Dalldorf	16,8 - 15,0	1,8	49,1
49	bis unterstrom Einmündung Okerhanggraben III	15,0 - 12,1	2,9	161
50	bis Ausbaustrecke Meinersen	12,1 - 9,2	2,9	117
51	Ausbaustrecke Meinersen	9,2 - 7,5	1,7	42,8
52	unterstrom Ortslage Meinersen bis Ausbaustrecke Müden	7,5 - 2,0	5,5	150
53	Ausbaustrecke Müden	2,0 - 0,0	2,0	78,8

Anhang 2: Geochemische Hintergrundkonzentrationen von Haupt-, Neben- und Spurenelementen im Gebiet der Mittleren Oker

Angegeben sind jeweils die Median-, die Minimal- und Maximalwerte des Datensatzes mit 8 Proben. Zum Vergleich die weltweiten Durchschnittkonzentrationen im Ton-/ Schluffgestein (TUREKIAN & WEDEPOHL 1961, aktualisiert nach WEDEPOHL 1991), die häufig als geochemischer Hintergrund verwendet werden, wenn keine regionalen Daten vorliegen.

[%]	Si	Ti	Al	ΣFe	Mn	Mg	Ca	Na	K	P
Median	30,0	0,45	5,24	3,39	0,05	0,55	1,19	0,55	1,62	0,02
Min	26,4	0,38	4,64	2,62	0,03	0,47	0,48	0,47	1,49	0,04
Max	33,7	0,49	6,43	5,76	0,67	0,83	2,84	0,81	1,94	0,60
Tonsch.	7,3	0,46	8,00	4,80	0,09	1,60	2,21	0,96	2,66	0,07

[µg/g]	As	Ba	Cd	Ce	Co	Cr	Cu	Ga	La	Mo
Median	50	360	< 0,1	88	16	100	100	19	49	3
Min	12	320	< 0,1	63	7	87	47	10	37	2
Max	130	430	1,3	99	33	110	180	21	54	19
Tonsch.	13	580	0,13	59	19	90	45	19	92	1,3

[µg/g]	Nb	Nd	Ni	Pb	Pr	Rb	Sc	Sm	Sr	Th
Median	16	38	41	46	10	83	11	5	130	14
Min	12	35	26	28	8	76	9	4	92	6
Max	18	41	110	74	10	106	14	7	160	20
Tonsch.	11	24	68	22	5,6	140	13	6,4	300	12

[µg/g]	U	V	Y	Zn	Zr
Median	3	72	38	230	770
Min	2	65	34	110	650
Max	7	110	42	280	1300
Tonsch.	3,7	130	26	95	160

Anhang

Anhang 3a: Gewässererhebungsbogen–Teil 1 DUSG III

1	Name des Gewässers: Oker	2	Gewässerabschnitt Nr.: 39 Detailuntersuchungsgebiet Nr. III
3	Bearbeiter: N. Niehoff	4	Zeitraum der Erhebungen: 1990/ 1991
5	Landkreis: Stadt Braunschweig	6	Gemeinde: Stadt Braunschweig
7	Träger der Unterhaltung: Land Niedersachsen	8	TK 1: 50 000, Nr.: L 3728, Braunschweig
9	Gewässerstrecke von – bis: St.km 40,7 – 36,9; Straßenbrücke BS–Veltenhof bis NE Ortslage BS–Watenbüttel			
10	⊗ natürlich entstandenes Gewässer ○ künstlich angelegtes Gewässer			
11	Gewässergüteklasse: II – III	12	Naturraum: 624 Ostbraunschweigisches Flachland
13	Bodenarten des Abflußprofils: Auesande (z.T. humos) über Talsand			
14	Länge: 3,8 km	15	Höhe ü. NN: 65 m
16	Größe des Einzugsgebiets: 1105 km^2	17	durchschn. Laufgefälle: 0,19 °/$_{oo}$
18	Querschnittsform und –maße: unregelmäßig, da weitgehend unverbaut, B = ca. 15 m, T = ca. 3,9 m			
19	nächstgelegener Meßpegel: Wolfenbüttel		St.km: 65,1 Jahresreihe: ab 1966
20	mittl. NW–Abfluß (MNQ): 1,88 m^3/s	21	mittl. Abfluß (MQ): 6,57 m^3/s
22	mittl. HW–Abfluß (MHQ): 34,3 m^3/s	23	bordvolle Abflußleistung: 16,0 m^3/s
24	HW–Wahrscheinlichkeit: 20 Tage/Jahr	25	Breite des Überschwemmungsgebiets: ca. 900 m
26	Gewässertypisierung: Flußmittellauf im Flachland, in freier Landschaft, Sohlental, Brassenregion			
27	Ufersicherungsart: weitg. ohne künstl. Sicherung			
28	frühere Ausbauten: keine			
29	Einleiter: St.km 38,8 orogr. lks.: Regenwassersammler vom Gelände der Physikalisch–Technischen Bundesanstalt			
30	Quellen: s. Angaben in Kap. B.6.2–2.4 u. B.9.3, zusätzlich: NMLW (1979), WWA–BRAUNSCHWEIG (1957)			

Anhang 3

Anhang 3b: Gewässererhebungsbogen–Teil 2 DUSG III

Teil 2: Aufnahme des ökologischen Zustands

I.	AQUATISCHER BEREICH, Gesamtlänge: 3820 m			
	1. Abflußcharakter			
	Abflußregime: ozeanisches Regen–Schnee–Regime			
	aktueller Abflußunterschied:			V
	gering			
	mittel			100 %
	groß			
	sehr groß			
	künstliche Veränderung:	N	S	V
	weitgehend unverändert	4	0	
	wenig verändert	3	1	
	mäßig verändert	2	2	100 %
	stark verändert	1	3	
	sehr stark verändert	0	4	
	Die künstliche Veränderung des Abflußcharakters ist durch Vergleich mit historisch belegten Abflußunterschieden nach Tabelle 10 (s. Kommentar) zu klassifizieren.			
	2. geomorphologische Struktur Gewässergrundriß			
	aktuelle Grundrißform:			V
	mäandrierend			100 %
	gekrümmt			
	schlängelnd			
	leicht schlängelnd			
	gerade			
	Naturnähe:	N	S	V
	weitgehend natürlich	4	0	100 %
	naturnah	3	1	
	bedingt naturnah	2	2	
	naturfern	1	3	
	naturfremd verändert	0	4	
	Die geom. Struktur ist durch Vergleich mit historischen Grundrißformen zu bewerten (s. Tabelle 12, Kommentar). Quellen: historische Karte: KARTE DES LANDES BRAUNSCHWEIG im 18. Jhrdt., Nr. 3628, Blatt Wendeburg			

Anhang

Anhang 3b: Gewässererhebungsbogen–Teil 2 DUSG III

I.	AQUATISCHER BEREICH			
	3. Ausbauzustand Gewässersohle			
		N	S	V
	Zustand:			
	weitgehend ohne Sicherung	4	0	90 %
	geringe Sicherung	3	1	
	Grundräumung	2	2	
	Intensivunterhaltung	1	3	
	Steinschüttung	1	3	10 %
	Pflasterung/ Betonierung	0	4	
	Einfluß Wehrbauten und Sohlabstürze			
	–mit Fischpaß	1	3	
	–ohne Fischpaß	0	4	
	andere Ausbauten			
	andere Ausbauten			
	An künstlichen Gewässern werden die Ausbaustufen „weitg. ohne Sicherung" und „geringe Sicherung" zusammengefaßt und mit N = 3 und S = 1 bewertet.			
	4. Gewässergüte			
		N	S	V
	Güteklasse (GK):			
	GK I, I – II	4	0	
	GK II	3	1	
	GK II – III	2	2	100 %
	GK III	1	3	
	GK III – IV, IV	0	4	
	Bemerkungen:			

Anhang 3b: Gewässererhebungsbogen–Teil 2 DUSG III

I.	AQUATISCHER BEREICH

5. Sedimentzustand (Schwermetallbelastung)

⊗ eigene Untersuchungen
◯ Übernahme fremder Ergebnisse

AF	Stoffanreicherung:	N	V
≤ 1,0	ohne	4	
> 1,0 ≤ 1,5	gering	3	
> 1,5 ≤ 2,0	mäßig	2	
> 2,0 ≤ 2,5	stark	1	
> 2,5	sehr stark	0	100 %

AF = Anreicherungsfaktor

limitierende Elemente: Cu, Pb, Zn

berücksichtigte Elemente: Co, Cr, Cu, Ni, Pb, Zn

Stoffkonzentration:	S	V
≤ O–Wert der Hamburger–Liste	0	
> O–Wert der Hamburger–Liste	1	
> N–Wert der Hamburger–Liste	2	
> G–Wert der Hamburger–Liste	3	
> D–Wert der Hamburger–Liste	3	100 %
> A–Wert der Hamburger–Liste	4	

limitierende Elemente: Cu, Pb, Zn

berücksichtigte Elemente: Co, Cr, Cu, Ni, Pb, Zn

Untersuchungsmethodik:
Messung der Kornfraktion < 63 μm, Schmelzaufschluß, RFA

bei Übernahme fremder Ergebnisse, Quellen:

Bemerkungen:
ausführliche Diskussion s. MATSCHULLAT et al. (1991), Probennahmepunkt OkS 15, St.km 38,6

Anhang 3b: Gewässererhebungsbogen–Teil 2 DUSG III

I.	AQUATISCHER BEREICH			
	6. Vegetationsbestand			
	⊗ eigene Untersuchungen: nur stichprobenartig			
	Naturnähe:	N	S	V
	weitgehend natürlich	4	0	
	naturnah	3	1	
	bedingt naturnah	2	2	
	naturfern	1	3	
	naturfremd	0	4	
	⊗ Übernahme fremder Ergebnisse			
	Naturschutzwert Störungsintensität	N	S	V
	sehr hoch sehr gering	4	0	
	hoch gering	3	1	
	mäßig mäßig	2	2	
	gering hoch	1	3	
	sehr gering sehr hoch	0	4	100 %
	Wegen der Übernahme fremder Ergebnisse wurde der Naturschutzwert der Vegetationsbestände nach Tabelle 17 (s. Kommentar, Kap. A.4.3.3.1) bestimmt, zusätzlich wurden eigene Stichprobenuntersuchungen durchgeführt.			
	wichtige Pflanzengesellschaften und/ oder –arten (eigene Aufnahme): Fadenalgen (2), *Sparganium emersum* (1) Deckungsgrade: (1) = < 10 %, (2) = 10 % – < 20 %, (3) = ≥ 20 % Gesellschaften und/ oder Arten der „Roten Liste" (eigene Aufnahnahme): keine			
	bei Übernahme fremder Ergebnisse, Quellen: HERR et al. (1989b) weitere Quellen: WEBER–OLDECOP (1969)			
	Bemerkungen:			

Anhang 3b: Gewässererhebungsbogen–Teil 2 DUSG III

II.	UFERBEREICH				

	Gesamtlänge
	   Bereich orogr. lks.: 3790 m
	   Bereich orogr. rts.: 3850 m				

	1. Abflußcharakter: entfällt, Untersuchungsergebnis aus dem Aquatischen Bereich wurde für beide Uferbereiche in den Bewertungsbogen (s. Anh. 3c) übernommen.				
	2. Ausbauzustand Gewässerufer				
	Zustand:	N	S	V_l	V_r
	weitgehend ohne Sicherung	4	0	90 %	90 %
	geringe Sicherung	3	1		
	ältere Ausbauten weitgehend ohne Sicherung	2	2		
	Lebendverbau	2	2		
	Kombinationsverbau	2	2		
	Intensivausbauten				
	–Bedeichung	1	3		
	–Steinschüttung	1	3	<10 %	<10 %
	–Intensivunterhaltung	1	3		
	–Pflasterung/ Betonierung	0	4		
	–Verrohrung	0	4		
	–andere Ausbauten				
	Einfluß Wehrbauten und Sohlabstürze				
	–mit Fischpaß	1	3		
	–ohne Fischpaß	0	4		
	An künstlichen Gewässern werden die Ausbaustufen „weitgehend ohne Sicherung" und „geringe Sicherung" zusammengefaßt und mit N = 3 und S = 1 bewertet.				
	Bemerkungen:				

Anhang

Anhang 3b: Gewässererhebungsbogen–Teil 2 DUSG III

II.	UFERBEREICH				
	3. geomorphologische Struktur				
	Naturnähe:	N	S	V_l	V_r
	weitgehend natürlich	4	0	90 %	90 %
	naturnah	3	1		
	bedingt naturnah	2	2		
	naturfern	1	3	<10 %	<10 %
	naturfremd	0	4		
	4. Gewässergüte und **5. Sedimentzustand** entfallen, Untersuchungsergebnis aus dem Aquatischen Bereich wurde für beide Uferbereiche in den Bewertungsbogen (s. Anh. 3e) übernommen.				
	6. Vegetationsbestand				
	Vegetationseinheiten	N	S	V_l	V_r
	Auewald				
	–typischer Auewald	4	0		
	–Bach–Uferwald	4	0		
	geschlossene Gehölzsäume, standortstypisch, Lücken < 20 m	3	1	50 %	50 %
	sporadische Ufergehölze, standortypisch, Lücken 20–100 m	2	2	20 %	20 %
	Parkanlagen u. Gärten mit geschlossenem Ufergehölzsaum	3	1		
	Parkanlagen u. Gärten mit sporadischen Ufergehölzen	2	2		
	Gehölzneupflanzungen	2	2		
	standortsfremde Gehölze	1	3		
	gehölzfreie Ufer in Hoch– und Zwischenmooren	4	0		
	Uferstaudenfluren und Ruderalsäume, weitgehend gehölzfrei	1	3	30 %	30 %
	Intensivgrünland				
	–Viehweiden, bis in das Uferprofil	1	3		
	–Rasenböschungen an ausgebauten Gewässerufern	1	3		
	naturfremde Intensivnutzungen	0	4		
	wichtige Pflanzengesellschaften und/ oder –arten: s. Artenliste auf der folgenden Seite				

Anhang 3b: Gewässererhebungsbogen–Teil 2 DUSG III

II.	UFERBEREICH
	6. Vegetationsbestand, Artenliste
	Arten d. Veg.–Einh. „Ufergehölzsäume": *Populus nigra* (1), *Salix spec.* (2) Arten d. Veg.–Einh. „Uferstaudenfluren u. Ruderalsäume": *Artemisia vulgaris* (2), *Bidens tripartita* (1), *Calystegia sepium* (2), *Galeopsis tetrahit* (1), *Lamium maculatum* (1), *Lamium album* (1), *Linaria vulgaris* (1), *Myosoton aquaticum* (1), *Urtica dioica* (2) Arten der Veg.–Einh. „Feuchtgrünland" bzw. „Frischwiesen u. Weiden": *Agrostis stolonifera* (1), *Angelica sylvestris* (1), *Linum carthaticum* (1), *Poa pratensis* (1) weitere Pflanzenarten: *Matricaria maritima* (1) Deckungsgrade: $(1) = < 10\ \%$, $(2) = 10\ \% - < 20\ \%$, $(3) = \geq 20\ \%$ Gesellschaften und/ oder Arten der „Roten Liste": keine
	bei Übernahme fremder Ergebnisse, Quellen: – weitere Quellen: WEBER–OLDECOP (1969)

Anhang 3b: Gewässererhebungsbogen–Teil 2 DUSG III

III.	⊗ GEWÄSSERNAHBEREICH
IV.	○ GEWÄSSERAUE

	Gesamtflächengröße der Teilräume
	    Bereich orogr. lks.: 9,5 ha
	    Bereich orogr. rts.: 9,6 ha

	1. Hochwasserdynamik ○ weitgehend unregulierte Gewässer, keine Beeinflussung durch Talsperren ⟹ Übernahme des Untersuchungsergebnisses zum Abflußcharakter aus dem Aquatischen Bereich. ⊗ reguliertes Gewässer und/ oder Beeinflussung durch Talsperren ⟹ separate Untersuchung der Hochwasserdynamik:

Hochwasserwahrscheinlichkeit:	$V_{l/r}$
≥ 3–14 d/ a	100 %
≥ 1 d/ a	
1 Ereignis in 1–2 a	
1 Ereignis in > 2–5 a	
1 Ereignis in > 5 a	

künstliche Veränderung der Hochwasserdynamik:	N	S	$V_{l/r}$
weitgehend unverändert	4	0	
wenig verändert	3	1	
mäßig verändert	2	2	100 %
stark verändert	1	3	
sehr stark verändert	0	4	

An dem durch Talsperren beeinflußten Gewässer wurde die Hochwasserdynamik nach Tabelle 18 (s. Kommentar) bewertet. Das Ergebnis soll für die Teilräume beiderseits des Gewässers gelten.

2. Gewässergüte: entfällt
Untersuchungsergebnis aus dem Aquatischen Bereich wurde für die Teilräume beiderseits des Gewässers in den Bewertungsbogen (s.u. Anh. 3e) übernommen, da die Hochwasserwahrscheinlichkeit mindestens 1 mal in 2 Jahren beträgt.

Anhang 3b: Gewässererhebungsbogen–Teil 2 DUSG III

III.	⊗ GEWÄSSERNAHBEREICH
IV.	○ GEWÄSSERAUE

	3. **Stillgewässer:** kommen im Gewässernahbereich nicht vor.

	4. **Sedimentzustand (Schwermetallbelastung)**

⊗ eigene Untersuchungen
○ Übernahme fremder Ergebnisse

AF	Stoffanreicherung:	N	V_l	V_r
≤ 1,0	ohne	4		
> 1,0 ≤ 1,5	gering	3		
> 1,5 ≤ 2,0	mäßig	2		
> 2,0 ≤ 2,5	stark	1		
> 2,5	sehr stark	0	100 %	100 %
AF = Anreicherungsfaktor				

limitierende Elemente: Cd, Pb, Zn

berücksichtigte Elemente: Cd, Co, Cr, Cu, Ni, Pb, Zn

Stoffkonzentration:	S	V_l	V_r
≤ O–Wert der Hamburger–Liste	0		
> O–Wert der Hamburger–Liste	1		
> N–Wert der Hamburger–Liste	2		
> G–Wert der Hamburger–Liste	3		
> D–Wert der Hamburger–Liste	3		
> A–Wert der Hamburger–Liste	4	100 %	100 %

limitierende Elemente: Cd, Zn

berücksichtigte Elemente: Cd, Co, Cr, Cu, Ni, Pb, Zn

Untersuchungsmethodik: s. Aquatischer Bereich, zusätzlich:
Messung der Cd–Konz. mit AAS nach Totalaufschluß

bei Übernahme fremder Ergebnisse, Quellen:

Bemerkungen:

Anhang 3b: Gewässererhebungsbogen–Teil 2 DUSG III

III.	⊗ GEWÄSSERNAHBEREICH				
IV.	○ GEWÄSSERAUE				
	5. Vegetationsbestand				
	Vegetationseinheiten:	N	S	V_l	V_r
	Auewald				
	–typischer Auewald	4	0		<10 %
	–Bach–Uferwald	4	0		
	Bruchwald	4	0		
	Feuchtgebüsch flächenhaft	3	1		
	Forsten				
	–naturnah	3	1		
	–bedingt naturnah	2	2		
	–naturfern	1	3		
	Parkanlagen und Gärten				
	–naturnah	3	1		
	–bedingt naturnah	2	2		
	–naturfern	1	3		
	Gehölzneupflanzungen	2	2		
	Intensivobstanlagen	1	3		
	Hoch– und Übergangsmoore	4	0		
	Schwermetall–Rasen	4	0		
	Röhrichte und Großseggensümpfe	3	1		<10 %
	Ruderalfluren	2	2		
	Auegrünland				
	–Feuchtgrünland	4	0		<10 %
	–Feuchtbrachen	3	1	20 %	20 %
	–Frischwiesen u. Weiden	2	2	80 %	80 %
	–Intensivgrünland	1	3		
	Ackerflächen				
	–mit hochvernetzter Struktur	3	1		
	–mit mäßig vernetzter Struktur	2	2		
	–mit weitg. unvernetzter Struktur	1	3		
	naturfremde Intensivnutzungen				
	–Ackerflächen mit ausgeräumter Struktur	0	4		<10 %
	–versiegelte Flächen	0	4		<10 %
	–andere Nutzungen	0	4		
	wichtige Pflanzengesellschaften und/ oder –arten: Über die Ansprache der aufgelisteten Vegetationseinheiten hinaus wurden keine botanischen Untersuchungen durchgeführt. Gesellschaften und/ oder Arten der „Roten Liste": keine				

Anhang 3b: Gewässererhebungsbogen–Teil 2 DUSG III

| III. | ◯ GEWÄSSERNAHBEREICH |
| IV. | ⊗ GEWÄSSERAUE |

	Gesamtflächengröße der Teilräume
	  Bereich orogr. lks.: 29,4 ha
	  Bereich orogr. rts.: 13,4 ha

	1. Hochwasserdynamik ◯ weitgehend unregulierte Gewässer, keine Beeinflussung durch Talsperren $\Longrightarrow$ Übernahme des Untersuchungsergebnisses zum Abflußcharakter aus dem Aquatischen Bereich. ⊗ reguliertes Gewässer und/ oder Beeinflussung durch Talsperren $\Longrightarrow$ separate Untersuchung der Hochwasserdynamik:

Hochwasserwahrscheinlichkeit:	$V_{l/r}$
$\geq$ 3–14 d/ a	100 %
$\geq$ 1 d/ a	
1 Ereignis in 1–2 a	
1 Ereignis in > 2–5 a	
1 Ereignis in > 5 a	

künstliche Veränderung der Hochwasserdynamik:	N	S	$V_{l/r}$
weitgehend unverändert	4	0	
wenig verändert	3	1	
mäßig verändert	2	2	100 %
stark verändert	1	3	
sehr stark verändert	0	4	

An dem durch Talsperren beeinflußten Gewässer wurde die Hochwasserdynamik nach Tabelle 18 (s. Kommentar) bewertet. Das Ergebnis soll für die Teilräume beiderseits des Gewässers gelten.

2. Gewässergüte: entfällt
Untersuchungsergebnis aus dem Aquatischen Bereich wurde für die Teilräume beiderseits des Gewässers in den Bewertungsbogen (s.u. Anh. 3e) übernommen, da die Hochwasserwahrscheinlichkeit mindestens 1 mal in 2 Jahren beträgt.

Anhang

Anhang 3b: Gewässererhebungsbogen–Teil 2 DUSG III

III.	○ GEWÄSSERNAHBEREICH
IV.	⊗ GEWÄSSERAUE
	3. Stillgewässer: s. Stillgewässererhebungsbögen Anh. 3d

	a. Einzelgewässer
	
	Nummer des Gewässers:
	Lage zum Hauptgewässer:
	auf Höhe St.km ....
	   ○ orogr. lks. ○ orogr. rts.
	Gewässertyp:
	   ○ Abbaugewässer ○ Biotopanlage
	   ○ Altarm ○ Fischteich
	
	Gesamtfläche des untersuchten Stillgewässerbereichs:
	   .... m² im
	   ○ Gewässernahbereich
	   ○ Auebereich
	   des Hauptfließgewässers

	Bewertungsergebnisse Naturschutzwert: Störungsintensität:
	b. mehrere Gewässer Anzahl: 4 Stillgewässer im orogr. rechten Auebereich Bewertungsergebnisse über alle Stillgewässerbereiche Naturschutzwert: hoch Störungsintensität: hoch

Anhang 3b: Gewässererhebungsbogen–Teil 2 DUSG III

III.	○ GEWÄSSERNAHBEREICH			
IV.	⊗ GEWÄSSERAUE			
	4. Sedimentzustand (Schwermetallbelastung)			
	⊗ eigene Untersuchungen: s. Gewässernahbereich ○ Übernahme fremder Ergebnisse			
	AF Stoffanreicherung:	N	V_l	V_r
	$\leq 1,0$ ohne	4		
	$> 1,0 \leq 1,5$ gering	3		
	$> 1,5 \leq 2,0$ mäßig	2		
	$> 2,0 \leq 2,5$ stark	1		
	$> 2,5$ sehr stark	0		
	AF = Anreicherungsfaktor			
	limitierende Elemente:			
	berücksichtigte Elemente:			
	Stoffkonzentration:	S	V_l	V_r
	$\leq$ O–Wert der Hamburger–Liste	0		
	$>$ O–Wert der Hamburger–Liste	1		
	$>$ N–Wert der Hamburger–Liste	2		
	$>$ G–Wert der Hamburger–Liste	3		
	$>$ D–Wert der Hamburger–Liste	3		
	$>$ A–Wert der Hamburger–Liste	4		
	limitierende Elemente:			
	berücksichtigte Elemente:			
	Untersuchungsmethodik:			
	bei Übernahme fremder Ergebnisse, Quellen:			
	Bemerkungen: Es wurden nur Proben aus dem Gewässernahbereich untersucht (s.o.), in der Gewässeraue dürften die Stoffkonzentrationen in der gleichen Größenordnung liegen.			

Anhang 3b: Gewässererhebungsbogen–Teil 2 DUSG III

III.	○ GEWÄSSERNAHBEREICH				
IV.	⊗ GEWÄSSERAUE				
	5. Vegetationsbestand				
	Vegetationseinheiten:	N	S	V_l	V_r
	Auewald				
	–typischer Auewald	4	0	<10 %	<10 %
	–Bach–Uferwald	4	0		
	Bruchwald	4	0		
	Feuchtgebüsch flächenhaft	3	1		
	Forsten				
	–naturnah	3	1		
	–bedingt naturnah	2	2		
	–naturfern	1	3		
	Parkanlagen und Gärten				
	–naturnah	3	1		
	–bedingt naturnah	2	2		
	–naturfern	1	3		
	Gehölzneupflanzungen	2	2		
	Intensivobstanlagen	1	3		
	Hoch– und Übergangsmoore	4	0		
	Schwermetall–Rasen	4	0		
	Röhrichte und Großseggensümpfe	3	1		10 %
	Ruderalfluren	2	2		
	Auegrünland				
	–Feuchtgrünland	4	0	<10 %	
	–Feuchtbrachen	3	1	<10 %	20 %
	–Frischwiesen u. Weiden	2	2	80 %	50 %
	–Intensivgrünland	1	3		
	Ackerflächen				
	–mit hochvernetzter Struktur	3	1		
	–mit mäßig vernetzter Struktur	2	2		
	–mit weitg. unvernetzter Struktur	1	3		
	naturfremde Intensivnutzungen				
	–Ackerflächen mit ausgeräumter Struktur	0	4	10 %	20 %
	–versiegelte Flächen	0	4		<10 %
	–andere Nutzungen	0	4		
	wichtige Pflanzengesellschaften und/ oder –arten: Über die Ansprache der aufgelisteten Vegetationseinheiten hinaus wurden keine botanischen Untersuchungen durchgeführt. Gesellschaften und/ oder Arten der „Roten Liste": keine				

Anhang 3b Gewässererhebungsbogen–Teil 2 DUSG III

V.	ÜBERGANGSBEREICH				
	Gesamtflächengröße der Teilräume Bereich orogr. lks.: 7,2 ha Bereich orogr. rts.: 5,5 ha				
	1. Vegetationsbestand				
	Vegetationseinheiten:	N	S	V_l	V_r
	Auewald	4	0		
	Bruchwald	4	0		<10 %
	Laubwald	4	0		40 %
	Nadelwald	4	0		
	Feuchtgebüsch flächenhaft	3	1	<10 %	
	Trockengebüsch flächenhaft	3	1		
	Zwergstrauchheiden	3	1		
	Obstwiesen	3	1		
	Forsten				
	−naturnah	3	1		
	−bedingt naturnah	2	2		
	−naturfern	1	3		
	Parkanlagen und Gärten				
	−naturnah	3	1		
	−bedingt naturnah	2	2		
	−naturfern	1	3		
	Gehölzneupflanzungen	2	2		
	Hoch− und Übergangsmoore	4	0		
	Felsvegetation	4	0		
	Röhrichte und Großseggensümpfe	3	1		
	Ruderalfluren	2	2	20 %	10 %
	Grünland				
	−Magerrasen	4	0		
	−Frischwiesen u. Weiden	2	2		30 %
	−Intensivgrünland	1	3		
	Ackerflächen				
	−mit hochvernetzter Struktur	3	1		
	−mit mäßig vernetzter Struktur	2	2		
	−mit weitg. unvernetzter Struktur	1	3		
	naturfremde Intensivnutzungen				
	−Ackerflächen mit ausgeräumter Struktur	0	4	80 %	20 %
	−versiegelte Flächen	0	4		
	−andere Nutzungen	0	4		
	wichtige Pflanzengesellschaften und/ oder −arten: s. Anm. Auebereich Gesellschaften und/ oder Arten der „Roten Liste": keine				

Anhang

Anhang 3c: Gewässererhebungsbogen–Teil 3 DUSG III

Teil 3: Aufnahme anthropogener Störungsfaktoren

STÖRUNGSFAKTOREN	TEILRÄUME/ VERBREITUNG				
	A	$U_{l/r}$	$N_{l/r}$	$A_{l/r}$	$Ü_{l/r}$
I. Bergbau und Industrie					
1. Abbau von Bodenschätzen im Tagebau	–	–	....	....	....
2. Ablagerung von Abraumhalden	–	–	....	....	....
3. Anlage befestigter Wirtschaftswege	–	–	....	....	....
4. Anreicherung ökotoxischer Stoffe	3820 m	3790 m/ 3850 m	9,5 ha/ 9,6 ha	29,4 ha/ 13,4 ha	..../ ....
5. Bebauung zu nahe am Gewässer	–	–	–	–	–
6. Einleitung industrieller Abwässer (Z)	....	....	....	....	....
7. Einschränkung der Biotopvernetzung durch elektrische Freileitungen	1x	1x/ 1x	..../ 25 m	..../ 300 m	..../ 20 m
8. Flächenversiegelung durch Bauwerke	–	–	–	....	....
9. Gewinnung, Lagerung oder Verarbeitung ökotoxischer Stoffe	–	–	–	....	....
10. Immission von Luftschadstoffen aus lokalen Quellen	....	....	....	....	....
11. Verlust biotopbildender Gebäude (Z)	–	–	–	....	....
II. Forstwirtschaft					
1. Anlage befestigter Wirtschaftswege	–	–	....	....	....
2. Einrichtung von Forsten mit standortsfremden Gehölzen	–	–	....	....	....
Abkürzungen für die ökologisch-morphologischen Teilräume A Aquatischer Bereich $U_{l/r}$ orographisch linker/ rechter Uferbereich $N_{l/r}$ orographisch linker/ rechter Gewässernahbereich $A_{l/r}$ orographisch linker/ rechter Auebereich $Ü_{l/r}$ orographisch linker/ rechter Übergangsbereich	– = Störungsfaktor tritt im betreffenden Teilraum i.d.R. nicht auf. .... = Verbreitung des Störungsfaktors einsetzen (vgl. Kap. A.4.3.3.1).				

Anhang 3

Anhang 3c: Gewässererhebungsbogen–Teil 3 DUSG III

STÖRUNGSFAKTOREN	A	$U_{l/r}$	$N_{l/r}$	$A_{l/r}$	$Ü_{l/r}$
III. Freizeitnutzung					
1. Anlage von Freizeitparks	….	–	…./….	…./….	…./….
2. Anlage von Sportplätzen im Niederungsbereich	….	–	….	$3750\ m^2$	….
3. Ausräumung biotopbildender Strukturelemente	….	….	….	….	–
4. Ausübung der Sportfischerei in wertvollen Biotopen	….	….	….	….	–
5. Ausübung von Wassersport im Bereich wertvoller Biotope	….	….	….	….	….
6. Betreten wertvoller Biotope	….	….	….	….	….
7. Einrichtung von Parkanlagen	….	….	….	….	….
IV. Landwirtschaft					
1. Ackerflächen zu nahe am Gewässer oder an wertvollen Biotopen	–	–	$100\ m/100\ m$	…./….	…./….
2. Anlage befestigter Wirtschaftswege	–	–	….	….	….
3. Anlage von Grünfuttermieten (Z)	–	–	…./….	…./….	…./….
4. Ausräumung biotopbildender Strukturelemente durch Intensivnutzung	–	…./….	…./….	…./….	…./….
5. Bauschuttverkippung (Z)	–	–	….	4x	$5,4\ ha/0,8\ ha$
6. Beseitigung von Stillgewässern	–	–	…./….	…./….	…./….
7. Intensivierung der Grünlandnutzung	–	–	$150\ m$	$740\ m$	–
8. Umwandlung von Grünland in Ackerland	–	–	…./….	$2,8\ ha/2,5\ ha$	–
9. Viehtrittschäden im Uferbereich	–	–	$500\ m^2$	–	–

Anhang

Anhang 3c: Gewässererhebungsbogen–Teil 3 DUSG III

STÖRUNGSFAKTOREN	A	TEILRÄUME/ VERBREITUNG $U_{l/r}$	$N_{l/r}$	$A_{l/r}$	$Ü_{l/r}$
V. Siedlungsnutzung					
1. Anlage von Zier- und Schrebergärten	–	–	…./….	…./….	…./….
2. Bebauung zu nahe am Gewässer	–	–	500 m²	–	–
3. Flächenversiegelung durch Bauwerke	–	–	–	…./….	…./….
4. Ungeordnete Abfallbeseitigung (Z)	….	….	….	….	….
5. Verlust biotopbietender Gebäude (Z)	–	–	….	….	….
VI. Teichwirtschaft					
1. Anlage von Fischteichen (Z)	….	…./….	…./….	…./….	…./….
				1x	
VII. Verkehrsnutzung					
1. Anlage von Parkplätzen	–	–	….	….	….
2. Beseitigung von Stillgewässern (Z)	–	1x/1x	….	….	….
3. Einschränkung der Biotopvernetzung und Flächenversiegelung durch Verkehrsbauwerke	1x				
4. Schadstoffbelastungen durch	….	….	….	….	….
– Eisenbahnverkehr	300 m				
– Kraftverkehr (zweispurige Straßen)		300 m / 150 m	350 m / 100 m	720 m / 150 m	1050 m / 100 m
– Kraftverkehr (mehrspurige Straßen)	….	….	25 m / 25 m	520 m / 50 m	90 m / 15 m

Anhang 3c: Gewässererhebungsbogen–Teil 3 DUSG III

STÖRUNGSFAKTOREN	A	$U_{l/r}$	$N_{l/r}$	$A_{l/r}$	$Ü_{l/r}$
VIII. Wasserwirtschaft		TEILRÄUME/ VERBREITUNG			
1. Auflichtung des Ufergehölzgürtels im Mittelwasserbereich	–	1150 m / 945 m	–	–	–
2. Beseitigung von Stillgewässern (Z)	–	–	–	–	–
3. Einleitung kommunaler Abwässer (Z)	⋮	⋮	⋮	⋮	⋮
4. Einschränkung der Biotopvernetzung durch Flußdeiche	–	–	–	–	–
5. Einschränkung der Biotopvernetzung und/ oder der Fließdynamik durch Talsperren	⋮	⋮	⋮	⋮	⋮
6. Einschränkung der Biotopvernetzung und Fließdynamik durch Wehrbauten oder Sohlabstürze (Z)	–	–	–	–	–
7. Eutrophierung wertvoller Biotope durch abwasserführende Gräben	⋮	⋮	⋮	⋮	⋮
8. Mangelnde Naturnähe von Ausbaustrecken	⋮	–	–	–	–
9. Naturferne Unterhaltungsmaßnahmen	–	–	–	–	–
10. Nebengewässerbereich(e) in naturfernem Zustand	–	–	⋮	⋮	⋮
11. Schadstoffbelastung durch Abwasserverregnung	–	–	–	–	–
IX. Unterschiedliche Verursacher					
1. Verarmung der subaquatischen Vegetation	3820 m	–	–	–	–

Anhang

Anhang 3d: Gewässererhebungsbogen–Stillgewässer DUSG III

Im folgenden werden die Gewässererhebungsbögen für die Stillgewässer Nr. 1 und Nr. 3 im rechten Auebereich des DUSG III exemplarisch vorgestellt.

Teil 1: Allgemeine Übersicht

1	Name/ Nr. des Gewässers: Stillgewässer 1	2	Gewässerabschnitt des Hauptfließgewässers, Nr.: 39 Detailuntersuchungsgebiet III
3	Bearbeiter: N. Niehoff	4	Zeitraum der Erhebungen: Sommer 1991
5	Gemeinde: Stadt Braunschweig	6	TK 1: 25 000, Nr.: 3628 Blatt Wendeburg
7	Lage zum Hauptgewässer: ○ orographisch links ⊗ orographisch rechts auf Höhe von St.km 38,8 des Hauptgewässers, in ca.50 m Entfernung		○ im Gewässernahbereich ⊗ im Auebereich
8	Gewässertyp: ○ Abbaugewässer (Baggersee) ⊗ Altgewässer ○ Biotopanlage		○ Fischteich ○ anderer Gewässertyp
9	bei Altgewässern: Entwicklungsphase ○ Phase 1, frühes Stadium ⊗ Phase 2, fortgeschrittenes Stadium ○ Phase 3, spätes Stadium		Entstehung ⊗ natürlich ○ künstlich abgetrennt
10	Gesamtgröße: 1100 m^2	11	Größe der offenen Wasserfläche: 500 m^2
12	Naturschutzwert: hoch		Störungsintensität: mäßig
13	Bemerkungen: Nach Angaben von FROELICH & SPORBECK (1990) Vorkommen der seltenen Knoblauchkröte (*Pelobates fuscus*)		

Anhang 3

Anhang 3d: Gewässererhebungsbogen–Stillgewässer DUSG III

Teil 2: Standardverfahren, Aufnahme der Vegetationsbestände

I.	AQUATISCHER BEREICH

	Vegetationsbestand

Naturnähe	N	S	V	Naturnähe	N	S	V
weitgehend natürlich	4	0		naturfern	1	3	
naturnah	3	1		naturfremd	0	4	
bedingt naturnah	2	2	100 %				

wichtige Pflanzengesellschaften und/ oder –arten:
Wasserlinsendecken (3), *Phalaris arundinacea* (2)
Deckungsgrade: (1) = < 10 %, (2) = 10 % - < 20 %, (3) = ≥ 20 %
Die Massenentwicklung der Wasserlinsen deutet auf starke Eutrophierungseinflüsse hin, *Phalaris arundinacea* kann als typische Art in verlandenden Gewässern angesehen werden.

Gesellschaften und/ oder Arten der „Roten Liste: keine

II.	UFERBEREICH

	Vegetationsbestand

Vegetationseinheiten	N	S	V
Auewald	4	0	
geschlossene Gehölzsäume, standortstypisch, Lücken < 20 m	3	1	20 %
Feuchtgebüsch, flächenhaft in Flachuferbereichen	3	1	
sporadische Ufergehölze, standortstypisch, Lücken 20–100 m	2	2	
Gehölzneupflanzungen, standortstypisch	2	2	
standortsfremde Gehölze	1	3	
Röhrichte und Großseggensümpfe in Flachuferbereichen	4	0	20 %
Uferstaudenfluren und Ruderalsäume	1	3	60 %
Intensivgrünland			
–Viehweiden, die bis in das Uferprofil reichen	1	3	
–Rasenböschungen an ausgebauten Gewässerufern	1	3	
naturfremde Intensivnutzungen	0	4	

wichtige Pflanzengesellschaften und/ oder –arten sowie Gesellschaften und/ oder Arten der „Roten Liste": s. Artenliste auf folgender Seite

Anhang 3d: Gewässererhebungsbogen–Stillgewässer DUSG III

Teil 2: Standardverfahren, Aufnahme der Vegetationsbestände

II.	UFERBEREICH
	Vegetationsbestand, Artenliste
	wichtige Pflanzengesellschaften und/ oder –arten: Die Ufervegetation besteht im wesentlichen aus Arten der Vegetationseinheiten „Ufergehölzsäume" und „Röhrichte und Großseggensümpfe" sowie „Uferstaudenfluren", sie ist mit Arten des Feuchtgrünlands durchsetzt. Arten der Veg.-Einh. „Ufergehölzsäume": *Salix alba* (2); *Arrhenatherum elatius* (1), *Epilobium palustre* (1), *Humulus lupulus* (1) Arten der Veg.-Einh. „Röhrichte und Großseggenrieder in Flachuferbereichen": *Glyceria maxima* (1), *Phalaris arundinacea* (2), *Polygonum amphibicum* (1), *Sparganium erectum* (2) Arten der Veg.-Einh. „Uferstaudenfluren u. Ruderalsäume": *Sambucus nigra* (1); *Artemisia vulgaris* (2), *Calystegia sepium* (2), *Galeopsis tetrahit* (1), *Galium aparine* (2), *Humulus lupulus* (1), *Lamium album* (1), *Scrophularia nodosa* (1), *Solanum dulcamara* (1), *Urtica dioica* (2) Arten der Veg.-Einh. „Feuchtgrünland": *Angelica sylvestris* (1), *Cirsium palustre* (2), *Heracleum sphondyleum* (1), *Silene dioica* (1) weitere Pflanzenarten: *Valeriana spec.* (2) Deckungsgrade: (1) = < 10 %, (2) = 10 % – < 20 %, (3) = $\geq$ 20 %
	Gesellschaften und/ oder Arten der „Roten Liste": *Butomus umbellatus* (1), Gefährdungsgrad: 3 Gefährdungsgrade: 0 = ausgestorben/ verschollen, 1 = vom Aussterben bedroht, 2 = stark gefährdet, 3 = gefährdet, 4 = potentiell gefährdet

Anhang 3

Anhang 3d: Gewässererhebungsbogen–Stillgewässer DUSG III

Teil 1: Allgemeine Übersicht

1	Name/ Nr. des Gewässers: Stillgewässer 3	2	Gewässerabschnitt des Hauptfließgewässers, Nr.: 39 Detailuntersuchungsgebiet III
3	Bearbeiter: N. Niehoff	4	Zeitraum der Erhebungen: Sommer 1991
5	Gemeinde: Stadt Braunschweig	6	TK 1: 25 000, Nr.: 3628 Blatt Wendeburg
7	Lage zum Hauptgewässer: ○ orographisch links ⊗ orographisch rechts auf Höhe von St.km 38,9 des Hauptgewässers, in ca. 75 m Entfernung		○ im Gewässernahbereich ⊗ im Auebereich
8	Gewässertyp: ○ Abbaugewässer (Baggersee) ○ Altgewässer ○ Biotopanlage		⊗ Fischteich ○ anderer Gewässertyp
9	bei Altgewässern: Entwicklungsphase ○ Phase 1, frühes Stadium ⊗ Phase 2, fortgeschrittenes Stadium ○ Phase 3, spätes Stadium		Entstehung ○ natürlich ○ künstlich abgetrennt
10	Gesamtgröße: 2500 m^2	11	Größe der offenen Wasserfläche: 1000 m^2
12	Naturschutzwert: gering		Störungsintensität: hoch
13	Bemerkungen: aufgelassener Fischteich, Pauschalbewertung nach „modifiziertem Verfahren" (s. Kap. A.4.4.4)		

Anhang

Anhang 3e: Gewässerbewertungsbogen DUSG III

GEWÄSSERBEWERTUNGSBOGEN, Bewertungsebene Kriterien

Teilräume	Kriterien Bewertung (Naturschutzwertstufe/ Störungsstufe)						
	Ab	Au	Geom	GG	SG	Sed	Veg
Übergangsbereich lks.	–	–	–	–	–	–	0/ 4
Auebereich lks.	3/ 1	–	–	2/ 2	–	(0/ 4)	2/ 2
Gewässernahbereich lks.	3/ 1	–	–	2/ 2	–	(0/ 4)	2/ 2
Uferbereich lks.	2/ 2	4/ 0	4/ 1	2/ 2	–	0/ 3	3/ 3
Aquatischer Bereich	2/ 2	4/ 0	4/ 0	2/ 2	–	0/ 3	0/ 4
Uferbereich rts.	2/ 2	4/ 0	4/ 1	2/ 2	–	0/ 3	3/ 3
Gewässernahbereich rts.	3/ 1	–	–	2/ 2	–	(0/ 4)	2/ 2
Auebereich rts.	3/ 1	–	–	2/ 2	3/ 3	(0/ 4)	3/ 2
Übergangsbereich rts.	–	–	–	–	–	–	4/ 2

– = Bewertungskriterium wird im betreffenden Teilraum nicht klassifiziert.
..... = Bewertungsstufe einsetzen.

Bewertungskriterien

Ab	Abflußcharakter	SG	Stillgewässer
Au	Ausbauzustand	Sed	Sedimentzustand
Geom	geomorphologische Struktur	Veg	Vegetationszustand
GG	Gewässergüte		

GEWÄSSERBEWERTUNGSBOGEN, Bewertungsebene Teilräume

Teilräume	Bewertung			
	Naturschutz-wert	Stufe	Störungs-intensität	Stufe
Übergangsbereich lks.	sehr gering	0	sehr hoch	4
Auebereich lks.	hoch	3	mäßig	2
Gewässernahbereich lks.	hoch	3	mäßig	2
Uferbereich lks.	sehr hoch	4	hoch	3
Aquatischer Bereich	sehr hoch	4	mäßig	2
Uferbereich rts.	sehr hoch	4	hoch	3
Gewässernahbereich rts.	hoch	3	mäßig	2
Auebereich rts.	hoch	3	mäßig	2
Übergangsbereich rts.	sehr hoch	4	mäßig	2